2021年版

全国二级造价工程师职业资格考试培训教材

建设工程计量与计价实务

（安装工程）

◎ 四川省造价工程师协会　编

中 国 计 划 出 版 社

北　京

图书在版编目（CIP）数据

建设工程计量与计价实务. 安装工程 / 四川省造价工程师协会编. -- 2版. -- 北京 : 中国计划出版社, 2021.7
2021年版全国二级造价工程师职业资格考试培训教材
ISBN 978-7-5182-1306-1

Ⅰ. ①建… Ⅱ. ①四… Ⅲ. ①建筑安装－建筑造价管理－资格考试－教材 Ⅳ. ①TU723.3

中国版本图书馆CIP数据核字(2021)第127753号

2021年版全国二级造价工程师职业资格考试培训教材
建设工程计量与计价实务（安装工程）
JIANSHE GONGCHENG JILIANG YU JIJIA SHIWU（ANZHUANG GONGCHENG）
四川省造价工程师协会　编

责任编辑：刘　涛　　封面设计：韩可斌
责任校对：杨奇志　谭佳艺　　责任印制：李　晨

中国计划出版社出版发行
网址：www.jhpress.com
地址：北京市西城区木樨地北里甲11号国宏大厦C座3层
邮政编码：100038　电话：（010）63906433（发行部）
三河富华印刷包装有限公司印刷

787mm×1092mm　1/16　21.5印张　530千字
2021年7月第2版　2021年7月第1次印刷
印数1—10000册

ISBN 978-7-5182-1306-1
定价：80.00元

编审委员会名单

主　　任： 谢洪学

副 主 任： 王　飞　陶学明　胡兴福

委　　员： 李海凌　李开恕　明安辉　刁立军　舒志乐
雷春林　弋　理　谭茹文　熊　伟　王　辉
项　健　肖光朋　郭丹丹　叶　萍　周　勇
李雪梅　赖明华　李　敏　卢永琴　曹　军
闵　弘　袁春林　胡　松　辜　琴

编写人员

主　　编： 李海凌

副 主 编： 郭丹丹　叶　萍

编写人员： 陶学明　熊　伟　项　健　肖光朋　曹　军

审定人员

主　　审： 雷春林

审定人员： 谢洪学　周　勇　袁春林

前　言

为适应我国工程造价管理的改革和发展，满足工程建设计价需要，完善计价依据体系，维护工程建设各方的合法权益，四川省住房和城乡建设厅批准发布了2020年《四川省建设工程工程量清单计价定额》。为推进二级造价工程师职业资格制度的发展，满足建筑市场对二级造价工程师的迫切需求，使二级造价工程师职业资格考试和培训符合新的计价定额要求，四川省造价工程师协会按照考试大纲的要求，组织有关专家学者修订完成了2021年版全国二级造价工程师职业资格考试培训教材《建设工程计量与计价实务》，分为“土木建筑工程”和“安装工程”两册。

2021年版二级造价工程师职业资格考试培训教材在保持2019年版教材的整体框架不变的基础上，按照2020年《四川省建设工程工程量清单计价定额》的内容和规定，对工程量清单编制的相关内容进行了较大的增改，对工程计价的相关内容进行了全面修订，同时也对工程基础知识进行了个别调整。

本次修订工作得到了各位主编、副主编、编写人员和审定专家的大力支持和配合，在此表示衷心的感谢！《建设工程计量与计价实务（安装工程）》仍由李海凌任主编，郭丹丹、叶萍任副主编；第一章由李海凌、郭丹丹、陶学明修订；第二章由李海凌、叶萍、曹军修订；第三章由李海凌、陶学明、熊伟、项健、肖光朋修订；案例由李海凌修订。

本教材主要作为四川省二级造价工程师职业资格考试培训用书，也可作为其他工程造价人员、高等院校工程造价和工程管理等相关专业学生的参考用书。

若在使用过程中发现本教材有不足之处，敬请广大读者提出宝贵意见和建议，意见和建议请提交四川省造价工程师协会（地址：四川省成都市交子大道233号中海国际中心C座501，邮箱：2455236267@qq.com）。

四川省造价工程师协会

2021年5月

兑换增值服务说明

为了提供更优质、更高效的知识服务，我社为购买正版造价工程师考试用书的读者提供网上视频增值服务，由名师对考试用书的重点、难点内容进行详细讲解，帮助读者掌握理解，提高应试水平。网上增值服务使用方法如下：

1. 计算机用户

访问 weike.jhpress.com → 注册用户并登录 → 进入个人中心点击"兑换增值服务" → 输入封面二维码涂层下的 20 位数字，验证兑换 → 在个人中心"我的增值服务包"享受增值服务

2. 移动端用户

扫描上面微课程二维码 → 关注"计划社微课程"服务号 → 点击菜单"我的服务"—"兑换增值服务" → 扫描或输入封面二维码涂层下的 20 位数字，验证兑换 → 在个人中心"我的增值服务包"享受增值服务

注：增值服务从兑换之日起 12 个月内有效，提供形式为在线观看。如果输入卡号或扫码后无法通过验证，请及时与我社联系。

客服电话：400 670 6390（工作日 9：00—17：00）

网上增值服务如有不完善之处，敬请广大读者提出宝贵意见和建议！

目　录

第一章 安装工程基础知识

第一节 安装工程的分类、特点及基本工作内容

一、安装工程分类

（一）通用设备安装工程

通用设备安装工程包括机械设备安装工程、热力设备安装工程、静置设备与工艺金属结构安装工程、电气照明及动力设备安装工程等。

1. 机械设备安装工程

（1）常用机械设备的分类。按照使用范围将机械设备分为通用机械设备和专用机械设备。

通用机械设备（又称定型设备），指在工业生产中普遍使用的机械设备，如金属切削设备、锻压设备、铸造设备、泵、压缩机、风机、电动机、起重运输机械等。

专用机械设备，指专门用于石油化工生产或某个方面生产的机械设备，如干燥、过滤、压滤机械设备，污水处理、橡胶、化肥、医药加工机械设备，炼油机械设备，胶片生产机械设备等。

（2）固体运输设备。输送设备包括带式输送机、提升输送机、链式输送机、螺旋输送机、振动输送机等。

（3）电梯。按驱动方式分类分为电动式电梯和液压式电梯，按驱动电动机类型分为直流电动机电梯和交流电动机电梯。

自动扶梯由梯路（变形的板式输送机）和两旁的扶手（变形的带式输送机）组成，广泛用于车站、码头、商场、机场和地下铁道等人流集中的地方。

自动人行道是带有循环运行（板式或带式）的走道。结构与自动扶梯相似，主要由活动路面和扶手两部分组成。按结构形式可分为踏步式自动人行道（类似板式输送机）、带式自动人行道（类似带式输送机）和双线式自动人行道。自动人行道适用于机场、车站、码头、商场、展览馆和体育馆等人流集中的地方。

（4）泵。按照作用原理，泵可分为动力式泵类、容积式泵类及其他类型泵。

动力式泵（又称叶片式泵）。依靠旋转的叶轮对液体的动力作用，将能量连续地传递给液体，使液体的速度能（为主）和压力能增加，随后通过压出室将大部分速度能转换为压力能。各式离心泵、轴流泵、混流泵、旋涡泵均属于此类型泵。

容积式泵。在包容液体的密封工作空间里，依靠其容积的周期性变化把能量周期地传递给液体，使液体的压力增加并将液体强行排出。往复泵、回转泵为容积式泵。

其他类型泵。如射流（喷射）泵、水环泵、水锤泵等是依靠流动的流体能量输送液体的泵。

（5）风机。按产生压力的高低分类。根据排出气体压力的高低，风机又可分为通风机（排出气体压力小于或等于 14.7kPa），鼓风机（14.7kPa ＜排出气体压力≤ 350kPa）和压

缩机（排出气体压力大于350kPa）。

按结构形式分类。可分为离心式通风机和轴流式通风机。

2. 热力设备安装工程

按用途通常分为动力锅炉和工业锅炉两大类。

动力锅炉是用于发电和提供动力的锅炉。动力锅炉蒸汽的温度和压力都很高。如电站锅炉的额定蒸汽压力大于或等于3.9MPa，过热蒸汽温度大于或等于450℃。

工业锅炉是为工农业生产和建筑采暖及居民生活提供蒸汽或热水的锅炉，又称供热锅炉。包括额定工作压力大于0.04MPa但小于3.82MPa，且额定蒸发量不小于0.1t/h的蒸汽锅炉和额定出水压力大于0.1MPa的热水锅炉。

3. 静置设备与工艺金属结构安装工程

安装后处于静止状态即在生产操作过程中无需动力传动的设备称为静置设备。静置设备包括容器、塔、换热器、油罐、球罐、气柜、火炬、排气筒等。

工艺金属结构件的种类包括：

1）设备框架、管廊柱子、桁架结构、联合平台；

2）设备支架、梯子、平台；

3）漏斗、料仓、烟囱。

4. 电气照明及动力设备安装工程

（1）电动机。

1）按工作电源分类：根据电动机工作电源的不同，可分为直流电动机和交流电动机，其中交流电动机还分为单相电动机和三相电动机。

2）按结构及工作原理分类：可分为异步电动机和同步电动机。同步电动机还可分为永磁同步电动机、磁阻同步电动机和磁滞同步电动机。异步电动机可分为感应电动机和交流换向器电动机。感应电动机又分为三相异步电动机、单相异步电动机和罩极异步电动机。交流换向器电动机又分为单相串励电动机、交直流两用电动机和推斥电动机。

（2）常用低压电气设备。

1）开关：包括刀开关、转换开关、自动开关、行程开关、接近开关。

2）熔断器：由金属熔件（熔体、熔丝）、支持熔件的接触结构组成。

3）接触器：是一种自动化的控制电器。接触器主要用于频繁接通，分断交、直流电路，控制容量大，可远距离操作，配合继电器可以实现定时操作、连锁控制、各种定量控制和失压及欠压保护，广泛应用于自动控制电路。

4）磁力启动器：由接触器、按钮和热继电器组成。

5）继电器：可用于自动控制和保护系统。

6）漏电保护器：又叫漏电保护开关，是为防止人身误触带电体漏电而造成人身触电事故的一种保护装置。漏电保护器还可以防止由漏电而引起的电气火灾和电气设备损坏等事故。

（二）管道和设备工程

1. 给排水工程

（1）给水系统。

1）室外给水系统。包括：

①取水构筑物：用以从选定的水源（包括地下水源和地表水源）取水。

②水处理构筑物：将取来的原水进行处理，使其符合用户对水质的要求。

③泵站：用以将所需水量提升到要求的高度，可分为抽取原水的一级泵站、输送清水的二级泵站和设于管网中的加压泵站。

④输水管渠和管网：输水管是将原水输送到水厂的管渠，当输水距离 10km 以上时为长距离输送管道；配水管网则是将处理后的水配送到各个给水区的用户。

⑤调节构筑物：包括高地水池、水塔、清水池等，用以贮存和调节水量。高地水池和水塔兼有保证水压的作用。

2）室内给水系统。室内给水系统由引入管（进户管）、水表节点、附件（阀门、水表、配水龙头）等组成。当室外管网压力不足时，还需要设置加压贮水设备（水泵、水箱、贮水池、气压给水装置等）。

（2）排水系统。

1）排水系统分类。根据所接纳的污废水类型不同，可分为生活污水管道系统、工业废水管道系统和屋面雨水管道系统三类。生活污水管道系统是收集排除居住建筑、公共建筑及工厂生活间生活污水的管道，可分为粪便污水管道系统和生活废水管道系统。工业废水管道系统是收集排除生产过程中所排出的污废水，污废水按污染程度分为生产污水排水系统和生产废水排水系统。屋面雨水管道系统是收集排除建筑屋面上雨水、雪水的管道。

2）室外排水系统组成。室外排水系统由排水管道、检查井、跌水井、雨水口和污水处理厂等组成。室外污水排除系统与雨水排除系统可以采用合流制或分流制。

3）室内排水系统组成。室内排水系统的基本要求是迅速通畅地排除建筑内部的污废水，保证排水系统在气压波动下不致使水封破坏。其组成包括以下几部分：

①卫生器具或生产设备受水器：是排水系统的起点。

②存水弯：是连接在卫生器具与排水支管之间的管件，防止排水管内腐臭、有害气体，虫类等通过排水管进入室内。

③排水管道系统：由排水横支管、排水立管、埋地干管和排出管组成。排水横支管是将卫生器具或其他设备流来的污水排到立管中去。

④通气管系：是使室内排水管与大气相通，减少排水管内空气的压力波动，保护存水弯的水封不被破坏。常用的形式有器具通气管、环形通气管、安全通气管、专用通气管、结合通气管等。

⑤清通设备：是疏通排水管道的设备，包括检查口、清扫口和室内检查井。

（3）热水系统。热力系统由以下几部分组成：

1）热源供应设备：主要是锅炉，当有条件时也可以工业余热、废热、地热和太阳能为热源。

2）换热设备和热水贮存设备：换热设备常指加热水箱和换热器，它们用蒸汽或高温水把冷水加热成热水。热水贮存设备用于贮存热水，有热水箱和热水罐。

3）管道系统：有冷水供应和热水供应管道系统。管道系统除管道外，还在管道上安装有阀门、补偿器、排气阀、泄水装置等附件。

4）其他设备：在全循环、半循环热水供应系统中，循环管道上安装有循环水泵。为控制水温，在换热设备的进热媒管道上安装有温度自控装置，在蒸汽管道末端安装疏水阀。

（4）卫生器具。卫生器具主要包括大便器、小便器、洗面器、浴盆、妇用卫生盆、各类化验盆、洗涤盆以及淋浴器、淋浴房、便槽、喷淋管等。卫生器具一般常用的有陶瓷、搪瓷、塑料、玻璃钢、水磨石、人造大理石等制品。

2. 采暖工程

（1）采暖系统的组成。室内采暖系统（以热水采暖系统为例）一般由主立管、水平干管、支立管、散热器横支管、散热器、排气装置、阀门等组成。热水由入口经主立管、供水干管、各支立管、散热器供水支管进入散热器，放出热量后经散热器回水支管、立管、回水干管流出系统。排气装置用于排除系统内的空气，阀门起调节和启闭作用。

（2）采暖系统的主要设备及部件。

1）水泵：常用的水泵有循环水泵、补水泵、混水泵、凝结水泵。

2）散热器：散热器按制造的材质有铸铁、钢、铝、铜以及塑料、陶土、混凝土、复合材料等，其中常用的材质为铸铁、钢及铝。常用的散热器的结构形式有：柱形、翼形、板形、管形等。

3）排气装置：热水采暖系统运行时若管道中的空气不及时排除，易在系统中形成气塞，阻碍水的通行。因此在系统中需安装排气装置，收集和排除空气。排气装置的主要组成部分有集气罐、自动排气阀、冷风阀。

4）膨胀水箱：膨胀水箱的作用是容纳系统中水因温度变化而引起的膨胀水量，恒定系统的压力和补水，在重力循环上供下回系统和机械循环下供上回系统中它还起着排气作用。

5）除污器（或过滤器）：除污器一般应设置于供暖系统的入口调压装置前或各设备入口前，运行过程中应定期排污。除污器一般采用法兰连接，前后应安装阀门和设旁通管。

6）分水器、集水器、分汽缸：当需从总管接出两个以上分支环路时，考虑各环路之间的压力平衡和流量分配及调节，宜用分汽缸、分水器和集水器。分汽缸用于供汽管路上，分水器用于供水管路上，集水器用于回水管路上。

7）减压器：其作用是对蒸汽进行节流，以达到减压的目的，来满足不同用户对蒸汽参数的要求。减压器需要与其他部件在一起组装，一般应由压力表（高、低压）、安全阀（高、低压）、过滤器、旁通阀以及减压器检修时的控制阀门等组成。减压器与管道之间采用螺纹连接或法兰连接。

8）阀门：按功能可分为关断阀、止回阀、调节阀、安全阀以及平衡阀。

9）支座：根据对管道位移限制情况，可分为活动支座和固定支座。

3. 燃气工程

（1）室外燃气管道。燃气高压、中压管道通常采用钢管，中压和低压采用钢管或铸铁管，塑料管多用于工作压力小于或等于 0.4MPa 的室外地下管道。

天然气输送钢管为无缝钢管和螺旋缝埋弧焊接钢管等。适用于燃气管道的塑料管主要是聚乙烯（PE）管。

（2）室内燃气管道。低压管道当管径小于或等于 *DN*50mm 时，一般选用镀锌钢管，连接方式为螺纹连接；当管径大于 *DN*50mm 时，选用无缝钢管，材质为 $20^{\#}$ 钢，连接方式为焊接或法兰连接。中压管道选用无缝钢管，连接方式为焊接或法兰连接。

按安装位置选材：明装采用镀锌钢管，丝扣连接；埋地敷设采用无缝钢管，焊接，要求防腐。无缝钢管壁厚不得小于3mm；引入管壁厚不得小于3.5mm，公称直径不得小于40mm。

4. 工业管道工程

（1）热力管道系统。热力管道是输送蒸汽或过热水等热能介质的管道，其特点是输送的介质温度高、压力大、流速快，在运行时会给管道带来较大的膨胀力和冲击力。因此在设计和施工中必须解决好管道材质、管道伸缩补偿、管道支吊架、管道坡度及疏排水、放气装置等问题，以确保管道系统的安全运行。

1）热力管道布置形式。热力管道的平面布置主要有枝状和环状两种类型。

枝状管网（主干线呈树枝状）主要优点是结构比较简单、造价低、运行管理方便，其管径随着与热源距离的增加而减小；缺点是没有供热的后备性能，即当管网某处发生故障时，将影响部分用户的供热。

环状管网（主干线呈环状）的主要优点是具有供热的后备性能，但缺点是造价高，其投资和钢材耗量比枝状管网大得多。

2）热力管道敷设方式。热力管道的敷设方式分为地上敷设和地下敷设两类，地上敷设是将热力管道敷设在地面上、独立支架、桁架以及建筑物的墙壁上，又称架空敷设。地下敷设分为地沟敷设和直埋敷设，地沟敷设是将管道敷设在地下管沟内，直埋敷设是将管道直接埋设在土壤里。

（2）压缩空气管道系统。压缩空气是一种重要的动力源，可用于驱动各种风动机械、工具，如风钻、风动砂轮机、空气锤、喷砂、输送粉状物料；控制仪表及自动化装置；科研实验、产品及部件的气密性试验；空气分离生产氧气、氮气、氩气及其他稀有气体等。

1）压缩空气站设备。主要有：

①空气压缩机。在压缩空气站中，最广泛采用的是活塞式空气压缩机。在大型压缩空气站中，较多采用离心式或轴流式空气压缩机。

②空气过滤器。空气在进入压缩机之前，应经过空气过滤器以滤除其中所含灰尘、粉尘和其他杂质。

③后冷却器。空气经压缩机压缩后，其排气温度可达140~170℃，安装于压缩机后的后冷却器可降低压缩空气的温度，利于压缩空气中所含的机油和水分分离并被排除。

④贮气罐。活塞式压缩机都配备有贮气罐，目的是减弱压缩机排气的周期性脉动，稳定管网压力，同时可进一步分离空气中的油和水分。

⑤油水分离器。作用是分离压缩空气中的油和水分，使压缩到初步净化。

⑥空气干燥器。作用是进一步除去压缩空气中的水分，满足某些要求供给干燥压缩空气的用户。

2）压缩空气站管路系统。包括空气管路、冷却水管路、油水吹除管路、负荷调节管路以及放散管路等。

①空气管路是从空气压缩机进气管到贮气罐后的输气总管。在压缩机与贮气罐之间的管路上需安装止回阀，防止压缩空气倒流。

②冷却水的进水管和排水管通称冷却水管路，用于冷却压缩机的气缸、润滑油及各级冷却器中的压缩空气。

③油水吹除管路是指从各级别冷却器、贮气罐内向外排放油和水的管路，排放出来的油、水汇集在废油沉淀箱中。

④负荷调节管路是指从贮气罐到压缩机入口处减荷阀的一段管路。利用从贮气罐返流气体压力的变化，自动关闭或打开减荷阀，控制系统的供气量。

⑤放散管是指压缩机至后冷却器或贮气罐之间排气管上安装的手动放空管。在压缩动时打开放散管，使压缩机能空载启动，停车后通过其放掉该段管中残留的压缩空气。

5. 消防工程

（1）消火栓灭火系统。室内消火栓给水系统分为消防给水管网，消火栓、水带、水枪组成的消火栓箱柜，消防水池、消防水箱，增压设备等。

室内消火栓箱安装在建筑物内的消防给水管路上，由箱体、室内消火栓、水带、水枪及电气设备等消防器材组成。按出水口形式分为单出口室内消火栓、双出口室内消火栓。

当室内消防用水量不能满足消防要求时，消防车可通过水泵接合器向室内管网供水灭火。

（2）喷水灭火系统。

1）自动喷水灭火系统。根据使用要求和环境的不同，喷水灭火系统可分为湿式系统、干式系统、预作用系统、重复启闭预作用灭火系统等。

2）水喷雾灭火系统。水喷雾灭火系统是在自动喷水灭火系统的基础上发展起来的，仍属于固定式灭火系统的一种类型。水喷雾灭火系统主要用于保护火灾危险性大、火灾扑救难度大的专用设备或设施。由于水喷雾具有冷却、窒息、乳化、稀释作用，因此该系统用途广泛，不仅可用于灭火，还可用于控制火势及防护冷却等方面。

（3）气体灭火系统。

1）二氧化碳灭火系统。该系统通过向保护空间喷放二氧化碳灭火剂，稀释氧浓度、窒息燃烧和冷却等物理作用扑灭火灾。

2）七氟丙烷灭火系统。七氟丙烷是一种以化学方式灭火为主的洁净气体灭火剂，该灭火剂无色、无味、不导电，无二次污染，具有清洁、低毒、电绝缘性好、灭火效率高的特点，特别是它不含溴和氯，对臭氧层无破坏，在大气中的残留时间比较短，其环保性能明显优于卤代烷，是一种洁净气体灭火剂，被认为是替代卤代烷 1301、1211 灭火剂的最理想的产品之一。

（4）泡沫灭火系统。

1）固定式泡沫灭火系统。由固定的泡沫液消防泵、泡沫液贮罐、比例混合器、泡沫混合液的输送管道及泡沫产生装置等组成，并与给水系统连成一体。当发生火灾时，先启动消防泵、打开相关阀门、系统即可实施灭火。

2）半固定式泡沫灭火系统。该系统有一部分设备为固定式，另一部分是不固定的，发生火灾时，进入现场与固定设备组成灭火系统灭火。

3）移动式泡沫灭火系统。一般由水源（室外消火栓、消防水池或天然水源）、泡沫消防车或机动消防泵、移动式泡沫产生装置、水带、泡沫枪、比例混合器等组成。当发生火灾时，所有移动设施进入现场通过管道、水带连接组成灭火系统。

6. 通风空调工程

（1）通风管道的分类。通风系统的风管，按风管的材质可分为金属风管和非金属风管。金属风管包括钢板风管（普通薄钢板风管、镀锌薄钢板风管）、不锈钢板风管、铝板风管、塑料复合钢板风管等。非金属风管包括硬聚氯乙烯板风管、玻璃钢风管、炉渣石膏板风管等。此外还有由土建部门施工的砖、混凝土风道等。

（2）通风系统的组成。通风系统分为送风系统和排风系统。送风系统是将清洁空气送入室内，排风系统是排除室内的污染气体。

（3）通风（空调）主要设备及附件。

1）通风机：按风机的作用原理可分为离心式通风机、轴流式通风机、贯流式通风机。

2）风阀：是空气输配管网的控制、调节机构，基本功能是截断或开通空气流通的管路，调节或分配管路流量。

3）风口：基本功能是将气体吸入或排出管网，通风（空调）工程中使用最广泛的是铝合金风口，表面经氧化处理，具有良好的防腐、防水性能。

4）局部排风罩：主要作用是排除工艺过程或设备中的含尘气体、余热、余湿、毒气、油烟等。

5）除尘器：其技术性能指标包括除尘效率、压力损失、处理气体量与负荷适应性等。

6）消声器：是一种能阻止噪声传播，同时允许气流顺利通过的装置。在通风空调系统中，消声器一般安装在风机出口水平总风管上，也有将消声器安装在各个送风口前的弯头内，用来阻止或降低噪声由风管房间传播。

7）空气幕设备：近年来，已有一些工厂生产整体装配式空气幕和贯流式空气幕。前者设有加热器，适用于寒冷地区的民用与工业建筑，后者未设加热（冷却）装置，体型较小，适用于各类民用建筑和冷库等。

8）空气净化设备：

①吸收设备。用于需要同时进行有害气体净化和除尘的排风系统中。

②吸附设备。常用的吸附介质是活性炭，吸附设备有固定床活性炭吸附设备、移动床吸附设备、流动床吸附设备。

（4）空调系统的组成。空调系统包括送风系统和回风系统。在风机的动力作用下，室外空气进入新风口，与回风管中的回风混合，经空气处理设备处理达到要求后，由风管输送并分配到各送风口，由送风口送入室内。回风口将室内空气吸入并进入回风管（回风管上也可设置风机），一部分回风经排风管和排风口排到室外，另一部分回风经回风管与新风混合。空调系统基本由空气处理、空气输配、冷热源三部分组成，此外还有自控系统等。

（5）空调系统主要设备及部件。

1）喷水室：在空调系统中应用喷水室的主要优点在于能够实现对空气加湿、减湿、加热、冷却多种处理过程，并具有一定的空气净化能力，喷水室消耗金属少，容易加工，但有水质要求高、占地面积大、水泵耗能多的缺点，在以调节湿度为主要目的的空调中仍大量使用。

2）表面式换热器：包括空气加热器和表面式冷却器。

3）空气加湿设备：对于舒适性空调，空气机组一般不需要设加湿段，只有在冬季室外空气特别干燥的情况下才设置加湿段。对于医疗房间和生产过程的工艺性空调（如制药、半导体生产和纺织车间，计算机机房等），空气处理机中必须设置加湿设备。

4）空气减湿设备：前述的喷水室和表冷器都能对空气进行减湿处理。此外，减湿方法还有升温通风、冷冻减湿机减湿法、固体吸湿剂法和液体吸湿剂法。

5）空气过滤器：按过滤器性能划分可分为粗效过滤器、中效过滤器、高中效过滤器、亚高中效过滤器和高效过滤器。

6）空调系统的消声与隔振装置。

7）空调水系统设备：冷却塔、膨胀节、组合式空调机组。

（三）电气和自动化控制工程

1. 电气工程

（1）变配电工程。变配电工程是指为建筑物供应电能、变换电压和分配电能的电气工程。由于变配电工程的中间枢纽（核心）是变配电所，所以变配电工程也称变配电所工程。

变电所工程是包括高压配电室、低压配电室、控制室、变压器室、电容器室五个部分的电气设备安装工程，配电所与变电所的区别就是配电所内部没有装设电力变压器。高压配电室的作用是接受电力，变压器室的作用是把高压电转换成低压电，低压配电室的作用是分配电力，电容器室的作用是提高功率因数，控制室的作用是预告信号。这五个部分作用不同，需要安装在不同的房间，互相隔开，其中低压配电室要求尽量靠近变压器室，因为从变压器低压端子出来到低压母线这一段导线上电流很大，如果距离较远，电能损失增大。露天变电所也要求将低压配电室靠近变压器。

变配电工程安装的电气设备包括变压器、各种高压电器和低压电器。高压电器包括高压开关柜、高压断路器、高压隔离开关、高压负荷开关、高压熔断器、高压避雷器等；低压电器包括低压配电屏、继电器屏、直流屏、控制屏、硅整流柜等；此外，还有电容器补偿装置、室内电缆、接地母线、盘上高低压母线、室内照明等。

（2）高压变配电设备。

1）变压器。

2）高压断路器：其作用是通断正常负荷电流，并在电路出现短路故障时自动切断电流，保护高压电线和高压电器设备的安全。

3）高压隔离开关：主要功能是隔离高压电源，以保证其他设备和线路的安全检修。

4）高压负荷开关：高压负荷开关与隔离开关一样，具有明显可见的断开间隙。具有简单的灭弧装置，能通断一定的负荷电流和过负荷电流，但不能断开短路电流。

5）高压熔断器：主要功能是对电路及其设备进行短路和过负荷保护。

6）互感器：是电流互感器和电压互感器的合称。

7）避雷器：是用于保护电力系统中电气设备的绝缘免受沿线路传来的雷电过电压或由操作引起的内部过电压的损害的设备。

8）高压开关柜。

（3）低压变配电设备。低压电气设备是指在 1 000V 及以下的设备，这些设备在供配电系统中一般安装在低压开关柜内或配电箱内。

1）低压熔断器：用于低压系统中设备及线路的过载和短路保护。

2）低压断路器：是能带负荷通断电路，又能在短路、过负荷、欠压或失压的情况下自动跳闸的一种开关设备。低压断路器由触头、灭弧装置、转动机构和脱扣器等部分组成。

3）低压配电屏和配电箱：是按一定的线路方案将有关一、二次设备组装而成的一种成套配电装置，在低压配电系统中作动力和照明配电之用，两者没有实质的区别。不过低压配电屏的结构尺寸较大，安装的开关电器较多，一般装设在变电所的低压配电室内，而低压配电箱的结构尺寸较小，安装的开关电器不多，通常安装在靠近低压用电设备的车间或其他建筑的进线处。

（4）防雷接地系统。包括避雷网、避雷针、独立避雷针、避雷引下线等。

2. 自动化控制仪表安装工程

（1）自动控制系统设备。

1）传感器。测量某一非电的物理量，如温度、湿度、压力等常用的物理量时，首先要把该非电量的参数转变为电量参数，这种将非电量参数转变成电量参数的装置叫作传感器，包括温度传感器、压力传感器、流量传感器、液位检测传感器。

2）调节装置。

①位置调节：分双位调节和三位调节。

②比例调节：当被调参数与给定值有偏差时，调节器能按被调参数与给定值的偏差大小与方向发出与偏差成正比例的控制信号，不同的偏差值对应调节机构的不同位置。

③积分调节：是当被调参数与给定值发生偏差时，调节器输出使调节机构动作，一直到被调参数与给定值之间偏差消失为止。

④比例积分调节（PI）：当被调参数与给定值发生偏差时，调节器的输出信号不仅与输入偏差保持比例关系，同时还与偏差存在的时间长短成比例，比例积分调节综合了比例调节和积分调节的优点。

⑤比例微分调节（PD）：当被调参数与给定值发生偏差时，调节器的输出信号不仅与输入偏差保持比例关系，同时还与偏差的变化速度有关。

⑥比例积分微分调节（PID）：当被调参数与给定值发生偏差时，调节器输出信号不仅与输入偏差信号大小有关，与偏差存在时间长短有关，还与偏差变化的速度有关，引入微分环节可以大幅改善惯性滞后较大系统的调节品质，因为微分作用发生在过渡过程的初期。

3）终端设备。传感器把温度、湿度、压力等物理量转换成电量后，送到控制器中，控制器根据控制要求，把输入的电量与设定值进行比较，将其偏差经相应的调节后输出一个开 / 关或连续的控制信号，去调节控制相应的调节机构，使其达到控制目的。

（2）常用控制系统。

1）集散型控制系统。集散型控制系统由集中管理部分、分散控制部分和通信部分组成。集中管理部分主要由中央管理计算机与相关控制软件组成。分散控制部分主要由现场直接数字控制器及相关控制软件组成，用于对现场设备的运行状态、参数进行监测和控制。输入端连接传感器等探测设备，输出端与执行器连接在一起，完成对被控量的调节。通信部分连接集散型控制系统的中央管理计算机与现场直接数字控制器，完成数据、控制信号及其他信息的传递。

2）现场总线控制系统。现场控制器按其处理数据的类型可分为数字控制器和通用控制器。数字控制器仅能处理开/关信号，而不能输入与输出模拟信号。通用控制器既能接收数字量的开关信号，也能接收模拟量的输入信号，同样也能输出数字量的开关信号和模拟量的控制信号。现场控制器通常设置在靠近控制设备的地方，具有防尘，防潮，防电磁干扰，抗冲击、振动及耐高低温等恶劣环境的能力。

（3）检测仪表。检测仪表的类型及应用见本章第四节。

3. 通信设备和线路工程

通信是人类实现从一地向另一地进行信息传递和交换的过程，信息传递和交换是通过通信网络实现的。通信网络由终端设备、传输链路和交换设备三要素构成。

（1）网络设备和网络工程。

1）网络传输介质：双绞线、同轴电缆、光纤等。网络信息还利用无线电系统、微波无线系统和红外技术等传输。

2）网卡：主机和网络的接口，用于提供与网络之间的物理连接。一般根据接口总线与传输速率等来进行选择。

3）集线器：对网络进行集中管理的重要工具，是各分支的汇集点。

4）交换机：是网络节点上话务承载装置、交换级、控制和信令设备以及其他功能单元的集合体。交换机能把用户线路、电信电路和（或）其他要相互连接的部分连接起来。

5）路由器：是连接因特网中各局域网、广域网的设备。路由器分为本地路由器和远程路由器，本地路由器是用来连接网络传输介质的，如光纤、同轴电缆、双绞线；远程路由器是用来连接远程传输介质的，并要求有相应的设备，如电话线要配调制解调器，无线要通过无线接收机、发射机。

6）服务器：局域网中运行管理软件控制对网络或网络资源（磁盘驱动器、打印机等）进行访问的计算机，并能够为在网络上的计算机提供资源，使其像工作站那样进行操作。通常分为文件服务器、数据库服务器和应用程序服务器。

7）网络防火墙：位于计算机和它所连接的网络之间的软件或硬件，是在内部网和外部网之间、专用网与公共网之间界面上构造的保护屏障。

（2）有线电视和卫星接收系统。

1）有线电视的系统组成：信号源、前端设备、干线传输系统、用户分配系统、用户部分。

2）卫星电视接收系统的组成：接收天线、高频头、卫星接收机。

（3）电话通信系统的组成。电话通信系统由用户终端设备、电话传输系统和电话交换设备三大部分组成。

1）用户终端设备：用来完成信号的发送和接收，设备主要有电话机、传真机及计算机终端等。

2）电话传输系统：按传输媒介分为有线传输（电缆、光纤等）和无线传输（短波、微波中继、卫星通信等）。有线传输按传输信息工作方式又分为模拟传输和数字传输两种。

3）电话交换设备：现在广泛采用程控交换机作为电话交换设备。程控是把计算机的存储程序控制技术应用到电话交换设备中。电话交换机按其使用场合可分为两大类：一类是用于公用电话网的大型交换机，另一类是企事业单位内部进行电话交换的专用交换机。

（4）扩声和音响系统的组成。扩声和音响系统的基本功能是对声音进行处理、放大和重放，对声音重放的不同要求和不同的场合决定了不同的系统组成。

系统由信号源设备、信号处理和放大设备、扬声器系统组成。

4. 建筑智能化工程

（1）建筑智能化系统。智能建筑是以建筑物为平台，兼备信息设施系统、信息化应用系统、建筑设备管理系统、公共安全系统等，集结构、系统、服务、管理及其优化组合于一体，向人们提供安全、高效、便捷、节能、环保、健康的建筑环境。

（2）建筑自动化系统。建筑自动化系统（BAS）是一套采用计算机、网络通信和自动控制技术，对建筑物中的设备、安保和消防进行自动化监控管理的中央监控系统。根据我国行业标准，建筑自动化系统（BAS）可分为设备运行管理与监控子系统（BA）、消防子系统（FA）和安全防范子系统（SA）。建筑自动化系统（BAS）包括供配电、给排水、暖通空调、照明、电梯、消防、安全防范、车库管理等监控子系统。

（3）安全防范自动化系统。安全防范自动化系统包括防盗报警、电视监控、出入口控制、访客对讲、电子巡更等。

1）防盗报警系统。防盗报警系统是用探测器对建筑内、外重要地点和区域进行布防。

2）电视监控系统。电视监视系统是在重要的场所安装摄像机，保安人员在控制中心便可监视现场情况。监视系统接到示警信号后，能自动进行实时录像，供事后重放分析。

3）出入口控制系统。通常在大楼的入口、档案室门、电梯等处安装出入控制装置，比如磁卡 /IC 卡识别器或者密码键盘等。

4）访客对讲系统。访客对讲系统由对讲管理主机、大门口主机、门口主机、用户分机、电控门锁等相关设备组成。访客对讲系统分为可视、非可视、可视与非可视混合、单户型、单元型和联网型等。

5）电子巡更系统。电子巡更系统是管理者考察巡更者是否在指定时间按巡更路线到达指定地点的一种系统，巡更系统帮助管理者了解巡更人员的表现，而且管理人员可通过软件随时更改巡逻路线，以配合不同场合的需要。

（4）火灾报警系统。火灾探测器将火灾发生初期所产生的烟、热、光转变成电信号送入报警系统，报警器将收到的报警电信号显示和传递，联动控制由一系列控制系统组成，如报警、灭火、防排烟、广播、消防通信等。

（5）办公自动化系统。办公自动化（Office Automation，OA）的主要目的是把部门的知识有形化、实用化、制度化、系统化，充分利用组织的知识资源，通过协作和交流，简化员工工作，提高员工的办公效率和质量。

（6）综合布线系统。综合布线系统能使数据、语音、图像设备和交换设备相连接，也能与其他信息管理系统相连，并能使这些设备与外部通信网络相连接。综合布线系统包括传输介质、相关连接硬件（如配线架、连接器、插座、插头、适配器）以及电气保护设备等。

二、通用设备安装工程安装特点和基本工作内容

（一）机械设备安装工程

1. 常用机械设备安装

（1）安装的准备。安装准备工作包括技术准备、组织准备、供应准备。

技术准备：研读机械设备使用说明书、安装工程施工图、机械设备安装规范和质量标准等，对安装人员进行技术培训，对大中型、特殊的或复杂的安装工程编制施工组织设计或施工方案。

组织准备：根据工程特点和施工部门的具体情况和条件，成立施工组织机构。

供应准备：备齐技术准备工作中所需机具、材料，并及时将所要安装的机械设备运抵现场；设备开箱检查，成箱设备运输到安装现场后，必须开箱检查、清理；设备拆卸、清洗和润滑。

1）设备拆卸。设备在清洗时，需要先行拆卸。拆卸前必须熟悉机件的构造，测量被拆卸的装配间隙及零件间的相对位置。然后根据不同的拆卸对象，选择不同的拆卸工具与拆卸方法。设备开箱检查、拆卸后，要清除所涂的防锈剂和内部残留的铁屑、锈蚀及运输、存放中堆积的灰尘等秽物，清洗干净后才能进行装配。当设备及零部件表面有锈蚀时，应进行除锈处理，除锈方法可见表 1.1.1。

表 1.1.1　金属表面的常用除锈方法

金属表面粗糙度（μm）	常用除锈方法
>50	用砂轮、钢丝刷、刮具、砂布、喷砂或酸洗除锈
6.3~50	用非金属刮具、油石或粒度 150# 的砂布沾机械油擦拭或进行酸洗除锈
1.6~3.2	用细油石或粒度为 150#~180# 的砂布沾机械油擦拭或进行酸洗除锈
0.2~0.8	先用粒度为 180# 或 240# 的砂布沾机械油擦拭，然后用干净的绒布沾机械油和细研磨膏的混合剂进行磨光

2）设备润滑。设备润滑常用润滑油和润滑脂。设备各部分清洗干净后才可进行加油（脂）润滑。润滑油（脂）必须经过化验，确定符合要求后才可以使用。加入设备前，润滑油（脂）必须过滤，所加油（脂）量应达到规定位置，所有润滑部分及油孔应加满润滑油（脂）。与润滑油相比，润滑脂有以下优点：

①与可比黏度的润滑油相比，润滑脂具有更高的承载能力和更好的阻尼减震能力。

②由于稠化剂结构体系的吸收作用，润滑脂具有较低的蒸发速度，因此在缺油润滑状态下，特别是在高温和长周期运行中，润滑脂有更好的特性。

③与可比黏度的润滑油相比，润滑脂的基础油爬行倾向小。

④润滑脂能形成具有一定密封作用的脂圈，可防止固体或流体污染物的侵入，有利于在潮湿和多尘环境中使用。

⑤润滑脂能牢固地黏附在润滑表面上，在倾斜甚至垂直表面上不流失。在外力作用下，它能发生形变，像油一样流动。

⑥润滑脂可简化设备的设计与维护。

⑦润滑脂黏附性好，不易流失，停机后再启动仍可保持满意的润滑状态。

⑧通常只需将少量润滑脂涂于润滑表面，可大大节约油品的需求量。

润滑脂的缺点：冷却散热性能差，内摩擦阻力大，供脂换脂不如油方便。

（2）设备基础安装。

1）地脚螺栓的分类及适用范围。在许多机械设备安装工程中，地脚螺栓是不可缺少的附件之一，其作用是将设备与基础牢固地连接起来，避免设备在运转时发生位移和倾覆。

地脚螺栓主要包括固定地脚螺栓、活动地脚螺栓、锚固式地脚螺栓、黏接地脚螺栓四类。

①固定地脚螺栓：又称短地脚螺栓，与基础浇灌在一起，底部做成开叉形、环形、钩形等形状，以防止地脚螺栓旋转和拔出，适用于没有强烈振动和冲击的设备。

②活动地脚螺栓：又称长地脚螺栓，是一种可拆卸的地脚螺栓，这种地脚螺栓比较长，或者是双头螺纹的双头式，或者是一头螺纹、另一头T字形头的T形式，适用于有强烈振动和冲击的重型设备。

③锚固式地脚螺栓：锚固式地脚螺栓中心到基础边沿的距离不小于7倍的胀锚直径，安装胀锚的基础强度不得小于10MPa，常用于固定静置的简单设备或辅助设备。

④黏接地脚螺栓：黏接为近年常用的一种地脚螺栓，其方法和要求同胀锚。在黏接时应把孔内的杂物吹净，使用环氧树脂砂浆锚固地脚螺栓。

2）地脚螺栓的施工。地脚螺栓的埋设分为直埋和后埋。直埋是浇筑混凝土前将螺栓定位，混凝土浇筑成型后，螺栓埋设好；后埋是浇筑混凝土时预留埋设螺栓孔洞，待混凝土达到一定强度后插入螺栓，二次浇筑混凝土。直埋地脚螺栓的优点是混凝土一次浇筑成型，混凝土强度均匀，整体性强，抗剪强度高；缺点是螺栓无固定支撑点，如果螺栓定位出现误差，则处理相当烦琐。后埋地脚螺栓的优点是螺栓有可靠的支撑点（已达到一定强度的基础混凝土），定位准确，不容易出现误差；缺点是预留孔洞部分混凝土浇筑后硬化收缩，容易与原混凝土之间产生裂缝，降低整体的抗剪强度，使结构的整体耐久性受到影响。螺栓加固安装如图1.1.1所示。

3）垫铁。垫铁是机械设备安装中不可缺少的重要部件。在设备底座下安放垫铁组，通过对垫铁组厚度的调整，使设备达到安装要求的标高和水平度，使设备底座各部分都能与基础充分接触，具有减震、支撑的作用。

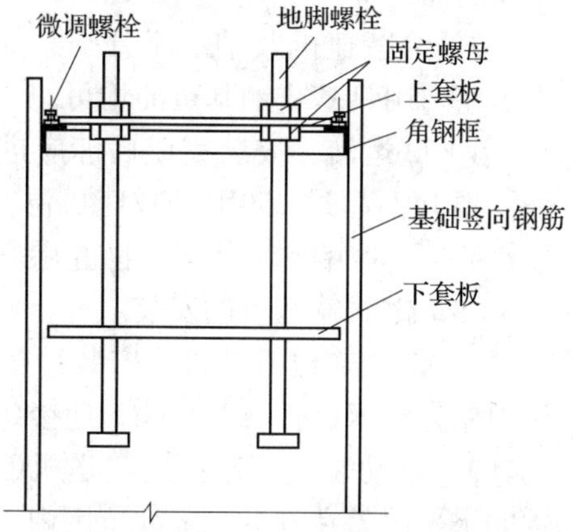

图1.1.1　地脚螺栓的固定示意图

（3）设备安装。设备安装包括设备的吊装、找平与找正、安装位置上的检测及机械装配等。

1）设备吊装：安装工程中，机械厂的设备吊装大部分在厂房内进行，多数厂房内设置有桥式起重机，因此机械厂厂房土建部分完成后，首先应安装桥式起重机。桥式起重机吊装能力不足时，可使用汽车吊、抱杆或其他吊装方法。

2）设备找平与找正：设备在基础上就位后，根据中心标板上的基点，将设备找平、找正，确定设备正确位置。位置确定后，根据要求调整单台设备及各设备之间应有的高度。在调整设备标高的同时，应兼顾其水平情况，二者同时进行调整。设备找正应注意在机械设备处于自由状态下进行，不得用拧紧地脚螺栓或局部施加外力等方法强制其变形来达到安装精度的要求。

3）设备在安装位置上的检测：机械设备安装后，其安装位置的检测工作是保证设备可靠、正常运转，达到设计要求必不可少的重要工作。工作内容主要有：

①机器和设备及零件的直线度、平面度和水平度；

②机器和设备及零件的垂直度；

③安装 2 个或 2 个以上设备表面间的平行度；

④安装 2 个或 2 个以上设备表面间的同轴度及垂直度；

⑤某一个或几个安装表面与基准、基准线的跳动。

4）机械设备装配。机械设备都是由一些基本零件组成的，如螺栓、键、销、滑动轴承、滚动轴承、齿轮、蜗轮、蜗杆、联轴节与液压传动装置等。

（4）设备检验、调整。

设备校验的目的是考查装配安装是否正确，是否符合技术规范有关要求，若检查出问题，必须分析其原因，进行必要调整。在安装过程中，随时进行装配质量的检验，随时加以调整。

2. 固体输送设备安装

（1）固定式胶带输送机安装。

1）机架安装。包括中间架支腿安装、托辊安装、滚筒安装、驱动装置安装、垂直框架或水平车式拉紧装置安装。

2）皮带的黏接方法。皮带的黏接方法一般有冷接和热接两种。冷接方法工艺简单，广泛适用于各种宽度不同的皮带（胶带）的黏接；热接方法需要蒸汽加热，工艺比较复杂，使用范围受到限制。

（2）斗式提升机的安装。

1）斗式提升机必须安装在坚固的混凝土基础上，混凝土基础的表面应平整。

2）机壳安装好后，安装链条及料斗。料斗连接用的 U 形螺丝，既是链条接头，又是料斗的固定件。U 形螺丝的螺母一定要扭紧并可靠防松。

3）给减速机及轴承座分别添加适当数量的机油和黄油。减速机用工业齿轮油润滑，轴承座内用钙基或钠基黄油均可。

4）试运转，安装完成后即应进行空车试运转。空运转不小于 2h，不应有过热现象，轴承温升不超过 250℃，减速机温升不超过 300℃。空运转一切正常即可进行负荷试车。带负荷试车时喂料应均匀，防止喂料过多，堵塞下部造成“闷车”。

（3）链式输送机的安装。

1）链式输送机的机架安装：在输送机的全长上拉引中心线，每个机架对中心线的允许误差为每米机长 ±0.1mm；连接各单节；安装给料和卸料装置。

2）驱动装置安装：使输送机的传动轴与该机中心线垂直，所有轴和滚筒都应找平。轴的水平误差在 0.5~1.5mm 范围内。安装驱动装置的同时，可以安装尾轮等拉紧装置。

3）托辊安装：安装托辊、机架和滚筒时必须满足下列要求：

①所有托辊必须排成行，互相平行，并保持横向水平。

②所有的滚筒排成行，互相平行。

③支承结构架必须呈直线，而且保持横向水平。为此，在驱动滚筒及托辊架安装后，应对输送机的中心线和水平做最后校准。

4）挂设输送带。挂设带条可使用0.5~1.5t的手摇绞车。拉紧带条时，对小车及螺旋式拉紧装置要向传动装置方向拉移，而垂直式拉紧装置要使滚筒移到最上，在拉紧输送带前，应安装好减速器和电动机，倾斜式输送机要装好制动装置。

5）输送机安装后，需进行空转试机。各部件都正常后才可负载试运转。如果采用螺旋式拉紧装置，在负载试运转时还要对其松紧度再进行一次调整。

（4）螺旋输送机的安装。螺旋输送机安装要求：

1）进、出料口的凸缘支承面与螺旋机的轴线平行，与漏斗的连接处应紧密贴合，不得有间隙。

2）进、出料口的连接法兰面应互相平行，并不应强行连接；连接后应紧密，不应有间隙。

3）驱动装置的低速轴和螺旋机的前轴应在同一轴线上。

4）机壳连接处应紧密贴合，不得有间隙。

5）对驱动装置地脚螺栓一次灌浆，强度达到70%后初步固定。

（5）振动输送机的安装。振动输送机的安装顺序：

1）测定各隔振弹簧支撑点的标高，或在附近墙壁画上水平线。

2）将底架垫起找平。

3）将槽体支撑在底架上，并找平。

4）在底架下面安装隔振弹簧及弹簧下座板。

5）将导向杆与剪切橡胶弹簧焊接于或用螺钉固定于槽体和底架上。

6）安装传动轴组件和电动机，焊接激振板。

7）将机器落下，焊接给料口和排料口，安装密封套，固定好两端盖板。

3. 电梯的安装

（1）安装导轨架和导轨。

1）安装导轨架。导轨固定在导轨架上，导轨架之间的距离一般为1.5~2.0m，但上端最后一个导轨架与机房楼板的距离不得大于500mm。导轨架的位置必须让开导轨接头，让开的距离必须在200mm以上。每根导轨应有2个以上导轨架。

2）吊装和校正导轨。吊装导轨时，一般通过预先装置在机房楼板下的滑轮和尼龙绳由下往上逐根吊装对接，并随时用压导板和螺栓把导轨固定在导轨架上。

（2）安装承重梁、曳引机、导向轮、发电机组。

1）安装承重梁。安装承重梁时，应根据电梯的不同运行速度、曳引方式、井道顶层高度、隔声层、机房高度、机房内各部件的平面布置，确定不同的安装方法。对于有减速器的曳引机和无减速器的曳引机，其承重梁的安装方法略有差异。

2）安装曳引机。曳引机的安装方法与承重梁的安装形式有关。承重梁安装在机房楼板下时，多按曳引机的外轮廓尺寸，先制作一个高250~300mm的混凝土台座，在承重梁的上方摆设好减振橡皮，待混凝土台座凝固后，将其吊放在减振橡皮上，并经调整校正校平后，把曳引机吊装在混凝土台座上，再经调整校正校平后把固定螺栓上紧，使台座和曳引机连成一体。

3）安装导向轮和复绕轮。

①安装导向轮。导向轮经调整校正后，导向轮与曳引轮的不平行度不应大于 1mm；导向轮的不垂直度不应大于 0.5mm；导向轮的位置偏差在前后方向不应大于 ±5mm，在左右方向不应大于 ±1mm。

②安装复绕轮。必须将复绕轮与曳引轮沿水平方向偏离一个等于曳引绳槽间距 1/2 的差值。复绕轮经安装调整校正后，挡绳装置距曳引绳的间隙应为 3mm。

（3）组装轿厢和安全钳。组装前的准备工作完成后可开始组装轿厢和安全钳，边装边校正，组装后的每个零部件都要分别达到规定要求，全部机件装配完成后再进行一次全面的检查校正工作，以确保安装质量。

（4）安装厅门及门锁。厅门也叫层门，是电梯产品的安全设施之一。厅门最常见的有手动开关门和自动开关门两种。门锁是电梯的重要安全设施。电梯试运行时，应先在慢速运行状态下对门锁装置进行认真的检查调整。当任一层楼的厅门关闭后，在厅门外均不能用手把门扒开。

（5）安装限速装置。限速装置和安全钳是电梯的重要安全设施。限速装置由限速器、张紧装置和钢丝绳三部分组成。限速器一般位于机房内，根据安装平面布置图的要求，多将限速器安装在机房楼板上，但也可以将限速器直接安装在承重梁上。

（6）安装缓冲器和对重装置。缓冲器和对重装置的安装工作都在井道底坑内进行。缓冲器安装在底坑槽钢或底坑地面上。对重装置安装在底坑里的对重导轨内，在距底坑地面 700~1 000mm 处组装。

4. 泵的安装

（1）泵的开箱检查。

1）清点泵的零件和部件，管口保护物和堵盖应完好，并按装箱单清点随机所带的工具、备件、附属材料和密封件等。

2）泵的主要安装尺寸应与工程设计相符。

3）应核对输送特殊介质的泵的主要零件、密封件及垫片的品种和规格。

（2）泵的清洗检查（以离心泵为例）。

1）整体出厂的泵在防锈保证期内，其零件不宜拆卸，只清洗外表。当超过保证期或需拆卸时，其拆卸、清洗和检查应符合设备技术文件的规定。无规定时，应符合下列要求：

①拆下叶轮部件应清洗洁净，叶轮应无损伤；

②冷却水管路应清洗洁净，并应保持畅通；

③管道泵和共轴泵不宜拆卸。

2）解体安装的泵在厂内预装后往往拆成组件或部件的方式运到施工现场，其组件或部件的加工面所涂的防锈漆或油脂也必须清洗洁净，并经检查合格后再组装。泵的清洗和检查应符合下列要求：

①泵的主要零件、部件和附属设备、中分面和套装零件的端面不得有擦伤和划痕，轴的表面不得有裂纹、压伤及其他缺陷。清洗洁净后应去除水分，并应将零件、部件和设备表面涂上润滑油和按装配的顺序分类放置。

②泵壳垂直中分面不宜拆卸和清洗。

（3）泵的安装和试运转（以离心泵为例）。

1）泵的安装。

①整体安装的泵，纵向安装水平偏差不应大于 0.10/1 000，横向安装水平偏差不应大于 0.20/1 000；解体安装的泵，纵向和横向安装水平偏差均不应大于 0.05/1 000。

②泵的找正。泵的找正应符合下列要求：

a．驱动机轴与泵轴、驱动机轴与变速器轴以联轴器连接时，两半联轴器的径向位移、端面间隙、轴线倾斜均应符合设备技术文件的规定；

b．驱动机轴与泵轴以皮带连接时，两轴的平行度、两轴的偏移应符合现行国家标准《机械设备安装工程施工及验收通用规范》GB 50231 的规定；

c．汽轮机驱动的泵和输送高温、低温液体的泵（锅炉给水泵、熟油泵、低温泵等）在常温状态下找正时，应按设计规定预留温度变化的补偿值。

2）泵的试运转。试运转前应检查地脚螺栓紧固程度，二次灌浆和抹面应达到设计强度要求。冷却、传热、保温、保冷、冲洗、过滤、除湿、润滑、液封等系统及管道连接应正确无渗漏，并冲洗干净保持畅通。机械密封应有冷却并装配正确，轴端填料松紧适宜，高温高压下填料的减压、降温设施应符合要求。检查驱动机转向是否与泵的转向相符。盘车应灵活、无异常现象。

5. 风机

（1）风机的安装（以离心通风机为例）。

1）整体机组的安装，应直接放置在基础上用成对斜垫铁找平。

2）现场组装的机组，底座上的切削加工面应妥善保护，不应有锈蚀或操作，底座放置在基础上时，应用成对斜垫铁找平。

3）轴承座与底座应紧密接合，纵向不水平度不应超过 0.2/1 000，用水平仪在主轴上测量；横向不水平度不应超过 0.3/1 000，用水平仪在轴承座的水平中分面上测量。

4）轴瓦研刮前应先将转子轴心线与机壳轴心线校正，同时调整叶轮与进气口间的间隙和主轴与机壳后侧板轴孔间的间隙，使其符合设备技术文件的规定。

5）主轴和轴瓦组装时，应按设备技术文件的规定进行检查。轴承盖与轴瓦间应保持 0.03~0.04mm 的过盈（测量轴瓦的外径和轴承座的内径）。

6）机壳组装时，应以转子轴心线为基准找正机壳的位置，并将叶轮进气口与机壳进气口间的轴向和径向间隙应调整至设备技术文件规定的范围内，同时检查地脚螺栓是否紧固。其间隙值如设备技术文件无规定时，一般轴向间隙应为叶轮外径的 1/100，径向间隙应均匀分布，其数值应为叶轮外径的 1.5/1 000~3/1 000（外径小者取大值）。调整时力求间隙值小一些，以提高风机效率。

7）离心通风机找正时，风机轴与电动机轴的不同轴度：径向定位移不应超过 0.05mm，倾斜不应超过 0.2/1 000。

8）滚动轴承装配的风机，两轴承架上轴承孔的不同轴度可待转子装好后，以转动灵活为准。

（2）风机试运转。风机试运转一般均应以空气为压缩介质，风机的计算以空气进行试运转时所需的功率和压缩后的温升是否影响正常运转为准，如有影响，必须用规定的介质进行设计负荷试运转。

1）风机试运转前，应符合以下要求：

①润滑油数量应符合设备技术文件的规定；

②鼓风机和压缩机的循环供油系统的连锁装置、防飞动装置、轴位移警报装置、密封系统的连锁装置、水路系统调节装置、阀件和仪表等均应灵敏可靠，并符合设备技术文件的规定；

③电动机或汽轮机、燃气轮机的转向应与风机的转向相符；

④盘动风机转子时，应无卡住和摩擦现象；

⑤阀件和附属装置应处于风机运转时负荷最小的位置；

⑥机组中各单元设备均应按设备技术文件的规定进行单机试运转。

2）风机运转时，应符合以下要求：

①风机运转时，以电动机带动的风机均应进行一次起动立即停止运转的试验，并检查转子与机壳等确无摩擦和不正常声响后，方得继续运转（汽轮机、燃气轮机带动的风机的起动应按设备技术文件的规定执行）；

②风机起动后，不得在临界转速附近停留（临界转速由设计规定）；

③风机起动时，润滑油的温度一般不应低于25℃，运转中轴承的进油温度一般不应高于40℃；

④风机停止转动后，应待轴承回油温度降到小于45℃后，再停止油泵工作；

⑤有起动油泵的机组，应在风机起动前开动起动油泵，待主油泵供油正常后才能停止起动油泵，风机停止运转前，应先开动起动油泵，风机停止转动后应待轴承回油温度降到45℃后再停止起动油泵；

⑥风机运转达额定转速后，应将风机调整到最小负荷（罗茨、叶氏鼓风机除外）进行机械运转至规定的时间，然后逐步调整到设计负荷下检查原动机是否超过额定负荷，如无异常现象则继续运转至所规定的时间；

⑦高位油箱的安装高度，以轴承中分面为基准面，距此向上不应低于5m；

⑧风机的润滑油冷却系统中的冷却水压力必须低于油压。

（二）热力设备安装工程

1. 工业锅炉部分本体安装

锅炉按结构可分为火管锅炉和水管锅炉。

火管锅炉是工业上早期应用的一种锅炉，利用火焰和高温烟气加热炉胆、火管、烟管，把热量传递给水；水管锅炉是利用火焰和烟气加热水冷壁、对流管束、过热器、省煤器等，把热量传递给工质。

（1）锅炉钢架安装。

1）基础工作。对基础位置和尺寸进行检查，其允许偏差应符合现行国家标准《锅炉安装工程施工及验收规范》GB 50273中的规定。

2）锅炉钢架安装。锅炉钢架是整个锅炉的骨架，其安装质量直接影响到锅筒、集箱、对流排管等的安装及炉墙的砌筑。

（2）锅筒安装。

1）锅筒检查。主要检查外观、外形、尺寸；胀接管孔壁的表面粗糙度不应大于

12.5μm，且不应有凹痕、边缘毛刺和纵向刻痕，管孔的环向或螺旋形刻痕深度不得大于0.5mm，宽度不应大于1mm，刻痕至管孔边缘的距离不应小于4mm。

2）锅筒支承物的安装。双横锅筒的支承有三种方法：第一种是下锅筒设支座，上锅筒靠对流管束（或升降管）支撑；第二种是下锅筒设支座，而上锅筒用吊环吊挂；第三种是上、下锅筒均设支座。锅筒支座由滚柱和底板两部分组成。

3）锅筒的就位与调整。上、下锅筒采用吊车或抱杆进行吊装就位。锅筒就位后，应对锅筒的纵向中心线、横向中心线、锅筒两端面的垂直中心线按设计要求进行调整。

4）锅筒内部装置的安装应在水压试验合格后进行。

（3）受热面管子（对流管束）的安装。对流管束通常是由连接上、下锅筒间的管束构成。全部对流管束都布置在烟道中，受烟气的冲刷而换热，也称对流受热面。连接方式有胀接和焊接两种。

（4）省煤器安装。省煤器通常由支承架、带法兰的铸铁翼片管、铸铁弯头或蛇形管等组成，安装在锅炉尾部烟管中，水进入省煤器后，经与高温烟气换热使水温提高。

省煤器在安装前先核对支架，再检查省煤器。铸铁省煤器安装前，应逐根（或组）进行水压试验。

（5）空气预热器安装。空气预热器分为板式、管式和回转式三种结构形式，常采用的是管式和回转式预热器。空气经过预热器变成热风进入燃烧室，既能改变燃烧条件，又能充分利用排烟的余热。该装置安装前，应对管箱进行外表质量检查，对损伤的管子应修复，预热器上方无膨胀节时，应留出适当的膨胀间隙。

（6）过热器安装。过热器是将锅筒内产生的饱和水蒸气再一次进行加热，使之成为过热蒸汽的设备，饱和蒸汽又称湿蒸汽，经过热器加热后变成干蒸汽。

过热器安装时，先将过热器联箱和减温器上位。吊装组合件时，其次序是先一级后二级，每级由里向外，逐排上位，逐排焊接。焊接质量要好，防止漏烟。安装膨胀节时，注意膨胀方向不要装错，密封装置不要漏掉。

（7）炉排安装。工业锅炉中用得较多的有链条炉排、抛煤机炉排、往复推动炉排和振动炉排，各种形式的炉排安装工序和要求各不相同，应按锅炉安装使用说明书的要求进行安装。

（8）锅炉安全附件的安装。锅炉安全附件主要指的是压力表、水位计和安全阀。

1）压力表安装。工业锅炉上常用的有液柱式、弹簧式、波纹管式压力表，以及压力变送器。安装时应注意以下几点：

①压力测点应选在管道的直线段介质流束稳定的地方，取压装置端部不应伸入管道内壁。

②测量低压的压力表或变送器的安装高度宜与取压点的高度一致；测量高压的压力表安装在操作岗位附近时，宜距地面1.8m以上，或在仪表正面加防护罩。

③锅筒压力表的表盘上应标有表示锅筒工作压力的红线。

④压力表应安装在便于观察和吹扫的位置。

2）液位检测仪表的安装。液位检测仪表（水位计）用于指示锅炉内水位的高低，常用的水位计有玻璃管式、平板式、双色、磁翻柱液位计以及远程水位显示装置等。水位计安装时应注意以下几点：

①蒸发量大于0.2t/h的锅炉，每台锅炉应安装两个彼此独立的水位计，以便能校核锅炉内的水位。

②水位计应装在便于观察的地方。水位计距操作地面高于6m时，应加装远程水位显示装置。

③水位计和锅筒（锅壳）之间的汽－水连接管其内径不得小于18mm，连接管的长度要小于500mm，以保证水位计灵敏准确。

④水位计应有放水阀门和接到安全地点的放水管。

⑤水位计与汽包之间的汽－水连接管上不能安装阀门，更不得装设球阀。如装有阀门，在运行时应将阀门全开，并予以铅封。

3）安全阀安装。锅炉内压力达到安全阀开启压力时，安全阀自动打开，排出汽包中的一部分蒸汽，使压力下降，避免过压造成事故。中、低压锅炉常用的安全阀主要有弹簧式和杠杆式两种。

蒸汽锅炉安全阀的安装和试验应符合下列要求：

①安装前安全阀应逐个进行严密性试验。

②蒸发量大于0.5t/h的锅炉，至少应装设两个安全阀（不包括省煤器上的安全阀）。

③蒸汽锅炉安全阀应铅垂安装，其排气管管径应与安全阀排出口径一致，其管路应畅通，并直通至安全地点，排气管底部应装有疏水管。省煤器的安全阀应装排水管。在排水管、排气管和疏水管上不得装设阀门。

④省煤器安全阀整定压力调整应在蒸汽严密性试验前用水压的方法进行。

⑤蒸汽锅炉安全阀经调整检验合格后，应加锁或铅封。

4）锅炉水压试验。锅炉的汽、水压力系统及其附属设备安装完毕后，必须进行水压试验。

锅炉水压试验的范围包括有锅筒、联箱、对流管束、水冷壁管、过热器、锅炉本体范围内管道及阀门等，安全阀应单独做水压试验。水压试验要求如下：

①准备工作。将上、下锅筒内清理干净，对升降管、水冷壁管进行通球试验，封闭人孔、手孔，拆下安全阀并以盲板封住。每台锅炉装压力表两块，打开锅炉上的主气阀（此时该阀代替排气阀）；关闭排污阀，将锅炉、手压泵以管道与水源连接。

②试验压力。水压试验的试验压力见表1.1.2。

表1.1.2　锅炉本体水压试验的试验压力（MPa）

锅筒工作压力	试 验 压 力
<0.8	锅筒工作压力的1.5倍，但不小于0.2
0.8~1.6	锅筒工作压力加0.4
>1.6	锅筒工作压力的1.25倍

③试验介质。水压试验时，试验用水应清洁，水温应高于周围露点温度，且不高于70℃；试压环境温度不得低于5℃，当环境温度低于5℃时，应采取必要的防冻措施。

④试验过程。打开注水阀，向锅炉内注水至满，空气排尽后关闭放气阀和注水阀。当初步检查无漏水现象时，再缓慢升压，当升至0.3~0.4MPa时，应进行一次检查，必要时拧紧人孔、手孔和法兰的螺栓。当水压升至额定工作压力时，暂停升压，检查各部位，且

应在无漏水或变形等异常现象时关闭就地水位计，继续升到试验压力。

⑤锅炉水压试验不合格时，应返修。返修后应重新做水压试验。

⑥锅炉水压试验后，应及时将锅炉内的水全部放尽。立式过热器内的水不能放尽时，在冰冻期应采取防冻措施。

2. 锅炉辅助设备

（1）燃料供应设备。

1）贮煤场与灰渣场。

①贮煤场。贮煤场应符合下列要求：火车和船舶运煤时，为10~25d的锅炉房最大耗煤量；汽车运煤时，为5~10d的锅炉房最大耗煤量。

②灰渣场。灰渣场一般设在锅炉房常年主导风向的下方，且同锅炉房间的距离大于10m。灰渣场的贮存量应根据灰渣综合利用情况和运输方式等条件确定，一般应能贮存3~5昼夜锅炉房最大排灰渣量。

2）锅炉房的运煤系统及设备。

①煤的制备。煤的制备系统中常设置有碎煤装置、筛选装置、给煤设备（电磁振动给煤机、往复振动给煤机）、煤的计量装置等。

②制粉设备。对沸腾炉，原煤必须经过制粉才能使用，制粉设备一般包括原煤仓、给煤机、磨煤机、粗粉分离器等。其中最重要的设备是磨煤机。

③运煤设备。常用的运煤设备有卷扬翻斗上煤机、摇臂翻斗上煤机、电动葫芦掉煤罐、埋刮板输送机、胶带输送机及波状挡边带式输送机等。

（2）灰渣处理设备。

1）人工除灰渣。人工除灰渣即锅炉房的灰渣完全靠人力来装卸和输送。灰渣应先浇水冷却之后才能从锅炉房向外运。由于人工除灰渣劳动强度大、卫生条件差，该方法只用于小容量锅炉房。

2）机械除灰渣系统。锅炉房常用的几种机械除灰渣设备有重型框链除渣机、螺旋除渣机、马丁碎渣机、圆盘除渣机等。

3）水力除灰渣系统。水力除灰渣系统是利用有一定压力的水，将锅炉落入灰渣沟内的碎渣及细灰冲走，送至渣池的运灰渣系统。水力除灰渣系统分为低压、高压和混合式除灰渣三种。工业锅炉房一般采用低压水力除灰渣系统。

（3）烟气净化设备。烟气净化设备包括烟气的除尘设备、脱硫设备、脱硝设备。

1）锅炉的除尘设备。工业锅炉中常用的除尘方式有干法除尘和湿法除尘两种。工业锅炉常用的干法除尘设备为旋风除尘器。常用的湿法除尘设备有麻石水膜除尘器和旋风水膜除尘器。

2）除尘设备的选用。选择除尘设备时，应根据有关标准和规定，考虑不同燃烧方式的锅炉在额定蒸发量下出口的烟尘浓度和除尘器对负荷的适应性等因素，经技术经济比较，选用高效、低阻、设备投资少、运行费用低的除尘器。

3）烟气脱硫。在锅炉燃烧中，产生的烟气中除了烟尘外，还有SO_2、SO_3、NO、NO_2以及碳氢化合物等有害气体。防止SO_2对大气污染的途径主要有：

①燃烧前脱硫；

②燃烧中脱硫；

③烟气脱硫。

（三）静置设备与工艺金属结构制作安装工程

1. 容器

根据容器不同的形状分类，主要有矩形、球形和圆筒形三种。矩形容器一般由平板焊接而成，制造方便，但承压能力差，只用作小型常压储槽。

球形容器由数块弓形板拼焊而成，承压能力好，但由于安置内件不方便且制造工艺复杂，多用作承受一定压力的大中型储罐，如储气罐。

圆筒形容器是由圆柱形筒体和各种成型封头所组成，制造容易，安装内件方便，且承压能力较好，因此这类容器被广泛应用在各类项目中。

2. 塔器

塔设备是化工、石油工业中广泛使用的重要生产设备。用以实现蒸馏和吸收两种分离操作的塔设备分别称为蒸馏塔和吸收塔。这类塔设备的基本功能是提供气、液两相充分接触的机会，使传质、传热过程能够迅速有效地进行，还要求完成传质、传热过程之后的气、液两相能及时分开，互不夹带。

3. 换热设备

常用的换热器有夹套式、蛇管式、套管式、列管式、板片式等。

（1）夹套式换热器。夹套式换热器构造简单，换热器的夹套安装在容器的外部，夹套与器壁之间形成密封的空间，作为载热体（加热介质）或载冷体（冷却介质）的通路。夹套式换热器主要用于反应过程的加热或冷却。在用蒸汽进行加热时，蒸汽由上部接管进入夹套，冷凝水则由下部接管流出。作为冷却器时，冷却介质（如冷却水）由夹套下部的接管进入，由上部的接管流出。

（2）蛇管式换热器。蛇管式换热器的传热面是由弯曲成蛇形的管子组成，制作蛇管的材料有钢管、铜管或其他有色金属管、陶瓷管、石墨管等。蛇管式换热器可分沉浸式和喷淋式两种。

1）沉浸式蛇管换热器。蛇管多以金属管弯制，制成适应容器要求的形状，沉浸在容器中。两种流体分别在蛇管内、外流动而进行热量交换。

2）喷淋式蛇管换热器。喷淋式蛇管换热器多用作冷却器。固定在支架上的蛇管排列在同一垂直面上，热流体在管内流动，自最下端管进入，由最上端管流出。冷却水由最上面的多孔分布管（淋水管）流下，分布在蛇管上，并沿其两侧流至管子表面，最后流入水槽而排出。

（3）套管式换热器。套管式换热器是用管件将两种尺寸不同的标准管连接成为同心圆的套管，然后用 180° 的回弯管将多段套管串联而成。

套管式换热器的优点是：构造较简单；能耐高压；传热面积可根据需要而增减；适当的选择管子内径、外径，可使流体的流速较大，且双方的流体可做严格的逆流，有利于传热。缺点是：管间接头较多，易发生泄漏，单位换热器长度具有的传热面积较小。

（4）列管式换热器。列管式换热器是目前生产中应用最广泛的换热设备。与前述的各种换热管相比，主要优点是单位体积所具有的传热面积大以及传热效果好，且结构简单、制造的材料范围广、操作弹性较大。因此在高温、高压的大型装置上多采用列管式换热器。

（5）板片式换热器。板片式换热器的传热面是由冷压成形或经焊接的金属板材构成的。属于这类的换热器有螺旋板式换热器、板式换热器和板翅式换热器等。

1）螺旋板式换热器。螺旋板式换热器是用两张平行的金属薄板卷制而成。

2）板式换热器。板式换热器由很多波纹或半球形突出物的传热板按一定间隔通过垫片压紧而成。

3）板翅式换热器。板翅式换热器主要是由平板、翅板、封条三部分组成。

（6）非金属换热器。在化工生产中有不少具有强腐蚀性的物料，这时用普通材料制成的换热设备不能满足需要。随着化学工业的发展，出现和发展了许多耐腐蚀的新型材料（如陶瓷、玻璃、聚四氟乙烯、石墨等）换热器。

4. 工艺金属结构的制作安装

（1）设备安装工程中金属结构工程的制作。设备安装工程中金属结构工程制作生产程序一般包括钢材堆放仓库设置、平台放样、平直加工、装配铆焊、油漆等一系列工作。

1）钢材堆放仓库设置。金属结构所用的钢材主要是型钢与管材，这些材料应按品种规格分类整齐放置，由专人管理。

2）平台放样。根据制作详图要求，在平台上画线放样。对加工件的几何尺寸，通过放样还可以进行校正。放样后，可进行下料工作。

3）钢板的平直。可采用手工平直和机械平直方法。手工平直方法是将钢板在常温或加热情况下，在平台上用大锤或平锤进行敲击，以消除钢板的不平度。机械平直方法是利用辊平机进行辊平。

4）型钢平直。可以利用压力机进行平直，小规格的型钢可以用人工锤打平直。

5）钢材加工。指对钢材按图纸进行切割、坡口，利用胎具煨制成各种形状的构件。

6）装配铆焊。对加工的半成品件，在平台上进行铆焊组合，有的是直接制成单件，如漏斗、机架、桁架结构等，有的则是设备上的连接，可直接安装。

7）油漆。对合格的加工件，已装配完好的组合构件，进行除锈和油漆。

（2）一般工艺金属结构件的安装。

1）较低位置结构件安装。指一些设备支座及一些烟道、平台、梯子等。这些结构件可用机械或半机械方法将其运至安装地点，然后在基础上就位，紧固地脚螺栓或焊固。

2）标高较高的结构件安装。有些设备安装就位后，设备的顶部需要安设结构件，这些设备金属结构件用半机械或机械吊车起吊、安装。也可以在地面上预制组装完后，再用吊车将其整体起吊安装。

3）平台、梯子的安装。静置设备周围安设的平台、梯子，根据具体情况可以采用与设备在地面安装好后作为一个整体吊装，也可先将设备本体吊起，然后安装平台、梯子。

4）烟囱安装。烟囱安装（吊装）有分节安装和整体吊装两种方法。锅炉房的小规格钢制烟囱可以用吊车一次整体吊装竖立。对安装高度高、直径大，由法兰连接的烟囱，可由塔吊分段吊装安装。

5. 静置设备无损检测

现行国家标准《石油化工静设备安装工程施工质量验收规范》GB 50461 规定，现场组焊的承压设备焊接接头无损检测应在形状尺寸及外观检验合格后，根据设计要求和《承压设备无损检测》NB/T 47013 的规定进行，有延迟裂纹倾向的材料应在焊接完成 24h 后进行，有再热裂纹倾向的材料应在热处理后再增加一次无损检测。

无损检测的方法主要包括射线、超声、磁粉、渗透和涡流检测等。应根据受检承压设备的材质、结构、制造方法、工作介质、使用条件和失效模式，预计可能产生的缺陷种类、形状、部位和方向，选择适宜的无损检测方法。

（1）射线检测。

1）射线检测能确定缺陷平面投影的位置、大小，缺陷的性质。

2）射线检测适用于金属材料制作承压设备熔化焊对接焊接接头的检测，用于制作对接焊接接头的金属材料包括碳素钢、低合金钢、不锈钢、铜及铜合金、铝及铝合金、钛及钛合金、镍及镍合金。射线检测不适用于锻件、管材、棒材的检测。T 形焊接接头、角焊缝以及堆焊层的检测一般不采用射线检测。

3）射线检测的穿透厚度主要由射线能量确定，依据现行国家标准《承压设备无损检测》NB/T 47013.1~13 确定。

（2）超声检测。

1）超声检测通常能确定缺陷的位置和相对尺寸。

2）超声检测适用于板材、复合板材、碳钢和低合金钢锻件、管材、棒材、奥氏体不锈钢锻件等承压设备原材料和零部件的检测，也适用于承压设备对接焊接接头、T 形焊接接头、角焊缝以及堆焊层等的检测。

3）采用超声直（斜）射法检测内部缺陷。

（3）磁粉检测。

1）磁粉检测通常能确定表面和近表面缺陷的位置、大小和形状。

2）磁粉检测适用于铁磁性材料制板材、复合板材、管材以及锻件等表面和近表面缺陷的检测，也适用于铁磁性材料对接焊接接头、T 形焊接接头以及角焊缝等表面和近表面缺陷的检测。磁粉检测不适用于非铁磁性材料的检测。

（4）渗透检测。

1）渗透检测通常能确定表面开口缺陷的位置、尺寸和形状。

2）渗透检测适用于金属材料和非金属材料板材、复合板材、锻件、管材和焊接接头表面开口缺陷的检测。渗透检测不适用于多孔性材料的检测。

（5）涡流检测。

1）涡流检测通常能确定表面及近表面缺陷的位置和相对尺寸。

2）涡流检测适用于导电金属材料和焊接接头表面和近表面缺陷的检测。

当采用两种或两种以上的检测方法对承压设备的同一部位进行检测时，应按各自的方法评定级别。

采用同种检测方法按不同检测工艺进行检测时，如果检测结果不一致，应以危险度大的评定级别为准。

（四）电气照明及动力设备安装工程

1. 灯器具安装

（1）一般规定。

1）灯头绝缘外壳不应有破损或裂纹等缺陷；带开关的灯头，开关手柄不应有裸露的金属部分。

2）连接吊灯灯头的软线应做保护扣，两端芯线应搪锡压线；当采取螺口灯头时，相线应接于灯头中间触点的端子上。

3）成套灯具的带电部分对地绝缘电阻值不应小于 2MΩ。

4）引向单个灯具的电线线芯截面积应与灯具功率相匹配，电线线芯最小允许截面积不应小于 $1mm^2$。

5）灯具表面及其附件等高温部位靠近可燃物时，应采取隔热、散热等防火保护措施。以卤钨灯或额定功率大于或等于 100W 的白炽灯泡为光源时，其吸顶灯、槽灯、嵌入灯应采用瓷质灯头，引入线应采用瓷管、矿棉等不燃材料作隔热保护。

6）变电所内，高低压配电设备及裸母线的正上方不应安装灯具，灯具与裸母线的水平净距不应小于 1m。

7）室外墙上安装的灯具，灯具底部距地面的高度不应小于 2.5m。

8）露天安装的灯具及其附件、接线盒等应有防腐蚀和防水措施。

9）成排安装的灯具中心线偏差不应大于 5mm。

10）质量大于 10kg 的灯具，其固定装置应按 5 倍灯具重量的恒定均布载荷全数做强度试验，历时 15min，固定装置的部件应无明显变形。

（2）常用灯具。

1）吸顶或墙面上安装的灯具固定用的螺栓或螺钉不应少于 2 个。室外安装的壁灯其泄水孔应在灯具腔体的底部。

2）悬吊式灯具安装应符合下列规定：

①带升降器的软线吊灯在吊线展开后，灯具下沿应高于工作台面 0.3m。

②质量大于 0.5kg 的软线吊灯，应增设吊链（绳）。

③质量大于 3kg 的悬吊灯具，应固定在吊钩上，吊钩的圆钢直径不应小于灯具挂销直径，且不应小于 6mm。

④采用钢管作灯具吊杆时，钢管应有防腐措施，其内径不应小于 10mm，壁厚不应小于 1.5mm。

（3）嵌入式灯具安装。接线盒引向灯具的电线应采用导管保护，电线不得裸露；导管与灯具壳体应采用专用接头连接。当采用金属软管时，其长度不宜大于 1.2m。

（4）庭院灯、建筑物附属路灯、广场高杆灯安装规定。灯具与基础应固定可靠，地脚螺栓应有防松措施；灯具接线盒盒盖防水密封垫应齐全、完整。

每套灯具应在相线上装设相配套的保护装置。

灯杆的检修门应有防水措施，并设置需使用专用工具开启的闭锁防盗装置。

（5）高压汞灯、高压钠灯、金属卤化物灯安装规定。

1）光源及附件必须与镇流器、触发器和限流器配套使用。触发器与灯具本体的距离应符合产品技术文件要求。

2）灯具的额定电压、支架形式和安装方式应符合设计要求。

3）电源线应经接线柱连接，不应使电源线靠近灯具表面。

4）光源的安装朝向应符合产品技术文件要求。

（6）安装于线槽或封闭插接式照明母线下方的灯具安装规定。

1）灯具与线槽或封闭插接式照明母线连接应采用专用固定件，固定应可靠。

2）线槽或封闭插接式照明母线应带有插接灯具用的电源插座，电源插座宜设置在线槽或封闭插接式照明母线的侧面。

（7）埋地灯安装规定。

1）埋地灯防护等级应符合设计要求。

2）埋地灯光源的功率不应超过灯具的额定功率。

3）埋地灯接线盒应采用防水接线盒，盒内电线接头应做防水、绝缘处理。

（8）专用灯具。

1）应急照明灯具安装应符合下列规定：

①应急照明灯具必须采用经消防检测中心检测合格的产品。

②安全出口标志灯应设置在疏散方向的里侧上方，灯具底边宜在门框（套）上方0.2m。地面上的疏散指示标志灯应有防止被重物或外力损坏的措施。当厅室面积较大，疏散指示标志灯无法装设在墙面上时，宜装设在顶棚下且距地面高度不宜大于2.5m。

③疏散照明灯投入使用后，应检查灯具始终处于点亮状态。

④应急照明灯回路的设置除符合设计要求外，尚应符合防火分区设置的要求。

⑤应急照明灯具安装完毕，应检验灯具电源转换时间，其值为：备用照明不应大于5s；金融商业交易场所不应大于1.5s；疏散照明不应大于5s；应急照明最少持续供电时间应符合设计要求。

2）霓虹灯的安装应符合下列规定：

①灯管应采用专用的绝缘支架固定。固定后的灯管与建筑物、构筑物表面距离应小于20mm。

②霓虹灯灯管长度不应超过允许最大长度。专用变压器在顶棚内安装时，应有防火措施，并不宜被非检修人员触及；在室外安装时，应有防雨措施。

③霓虹灯专用变压器的二次侧电线和灯管间的连接线应采用额定电压不低于15kV的高压绝缘电线。二次侧电线与建筑物、构筑物表面的距离不应小于20mm。

④霓虹灯托架及其附着基面应用难燃或不燃材料制作。室外安装时，应耐风压。

3）建筑物景观照明灯具安装应符合下列规定：

①在人行道等人员来往密集场所安装的灯具，无围栏防护时灯具底部距地面高度应在2.5m以上。

②灯具及其金属构架和金属保护管与保护接地线（PE）应连接可靠，且有标识。

4）航空障碍标志灯安装应符合下列规定：

①灯具安装在屋面接闪器保护范围外时，应设置避雷小针，并与屋面接闪器可靠连接。

②当灯具在烟囱顶上安装时，应安装在低于烟囱口1.5~3.0m的部位且呈正三角形水平布置。

5）手术台无影灯安装应符合下列规定：

①固定灯座的螺栓数量不应少于灯具法兰底座上的固定孔数，螺栓应采用双螺母锁紧。

②固定无影灯基座的金属构架应与楼板内的预埋件焊接连接，不应采用膨胀螺栓

固定。

③开关至灯具的电线应采用额定电压不低于 450V/750V 的铜芯多股绝缘电线。

6）紫外线杀菌灯的安装位置不得随意变更，其控制开关应有明显标识，且与普通照明开关位置分开设置。

7）游泳池和类似场所用灯具，安装前应检查其防护等级。自电源引入灯具的导管必须采用绝缘导管，严禁采用金属或有金属护层的导管。

8）建筑物彩灯安装应符合下列规定：

①当建筑物彩灯采用防雨专用灯具时，灯具应有泄水孔。

②建筑物彩灯宜采用 LED 等节能新型光源，不应采用白炽灯泡。

③彩灯配管应为热浸镀锌钢管，按明配敷设，并采用配套的防水接线盒，其密封应完好；管路、管盒间采用螺纹连接，连接处的两端用专用接地卡固定跨接接地线，跨接接地线采用绿 / 黄双色铜芯软电线，截面积不应小于 $4mm^2$。

④彩灯的金属导管、金属支架、钢索等应与保护接地线（PE）连接可靠。

9）太阳能灯具安装应符合下列规定：

①灯具内部短路保护、负载过载保护、反向放电保护、极性反接保护功能应齐全。

②太阳能灯具应安装在光照充足、无遮挡的地方，应避免靠近热源。

③太阳能电池组件应根据安装地区的纬度，调整电池板的朝向和仰角。

④系统接线顺序应为蓄电池—电池板—负载；系统拆卸顺序应为负载—电池板—蓄电池。

10）防爆灯具安装应符合下列规定：

①检查灯具的防爆标志、外壳防护等级和温度组别应与爆炸危险环境相适配。

②灯具的外壳应完整，无损伤、凹陷变形，灯罩无裂纹，防爆标志清晰。

③灯具的紧固螺栓应无松动、锈蚀现象，密封垫圈完好。

④灯具附件应齐全，不得使用非防爆零件代替防爆灯具配件。

⑤灯具的安装位置应离开释放源，且不得在各种管道的泄压口及排放口上方或下方。

⑥导管与防爆灯具、接线盒之间连接应紧密，密封完好；螺纹啮合扣数不应少于 5 扣，并应在螺纹上涂以电力复合脂或导电性防锈脂。

⑦防爆弯管工矿灯应在弯管处用镀锌链条或型钢拉杆加固。

2. 插座和开关安装

（1）插座。当交流、直流或不同电压等级的插座安装在同一场所时，应有明显的区别，且必须选择不同结构、不同规格和不能互换的插座。

插座的安装应符合下列规定：

1）当住宅、幼儿园及小学等儿童活动场所电源插座底边距地面高度低于 1.8m 时，必须选用安全型插座。

2）当设计无要求时，插座底边距地面高度不宜小于 0.3m；无障碍场所插座底边距地面高度宜为 0.4m，其中厨房、卫生间插座底边距地面高度宜为 0.7~0.8m；老年人专用的生活场所插座底边距地面高度宜为 0.7~0.8m。

3）暗装的插座面板紧贴墙面或装饰面，四周无缝隙，安装牢固，表面光滑整洁，无碎裂、划伤，装饰帽（板）齐全；接线盒应安装到位，接线盒内干净整洁，无锈蚀。暗装在装饰面上的插座，电线不得裸露在装饰层内。

4）地面插座应紧贴地面，盖板固定牢固，密封良好。地面插座应用配套接线盒。插座接线盒内应干净整洁，无锈蚀。

5）同一室内相同标高的插座高度差不宜大于 5mm，并列安装相同型号的插座高度差不宜大于 1mm。

6）应急电源插座应有标识。

7）当设计无要求时，有触电危险的家用电器和频繁插拔的电源插座应采用带开关的插座，开关断开相线，插座回路应设置剩余电流动作保护，插座数量不宜超过 10 个，用于计算机电源的插座数量不宜超过 5 个（组），并采用 A 型剩余电流动作保护装置，潮湿场所应采用防溅型插座，安装高度不应低于 1.5m。

（2）开关。

1）同一建筑物、构筑物内，开关的通断位置应一致，操作灵活，接触可靠。同一室内安装的开关控制有序不错位，相线应经开关控制。

2）开关的安装位置应便于操作，同一建筑物内开关边缘距门框（套）的距离宜为 0.15~0.2m。

3）同一室内相同规格相同标高的开关高度差不宜大于 5mm，并列安装相同规格的开关高度差不宜大于 1mm，并列安装不同规格的开关宜底边平齐，并列安装的拉线开关相邻间距不宜小于 20mm。

4）当设计无要求时，开关安装高度应符合下列规定：

①开关面板底边距地面高度宜为 1.3~1.4m。

②拉线开关底边距地面高度宜为 2~3m，距顶板不宜小于 0.1m，且拉线出口应垂直向下。

③无障碍场所开关底边距地面高度宜为 0.9~1.1m。

④老年人生活场所开关宜选用宽板按键开关，开关底边距地面高度宜为 1.0~1.2m。

3. 电机的安装

（1）电机基础、地脚螺栓孔、沟道、孔洞、预埋件及电缆管位置和质量，应符合设计要求和国家现行建筑工程施工及验收规范的有关规定。

（2）基础验收。一般基础承重量不应小于电机重量的 3 倍，基础各边应超出电机底座边缘 100~150mm。

（3）电机设备开箱检查及安装前检查。

（4）电机抽芯检查按国家标准规定要求进行。

（5）基础处理（放线、铲麻面），配制垫铁、地脚螺栓及电机底板。

（6）电机整体安装。

（7）电机干燥。

（8）电机控制和保护设备安装。

（9）电动机启动接线（三相异步电动机启动）。

（10）电机试运行。

（11）电机验收应提交有关资料和文件。

三、管道和设备工程安装特点和基本工作内容

（一）给排水、采暖、燃气工程

1. 室内给水系统安装

（1）给水管道材料的规格、性能和连接。

1）钢管。有低压流体输送用镀锌钢管和无缝钢管。

①镀锌钢管：是应用于给水系统最多的管材之一。钢管镀锌的目的是防锈，防腐，防止水质恶化、被污染，延长管道的使用寿命。

②无缝钢管：按制造方法分为热轧和冷轧两种，用普通碳素钢、优质碳素钢、普通低合金钢和合金结构钢制造，其有关标准见现行国家标准《输送流体用无缝钢管》GB/T 8163。无缝钢管承压能力较高，常用连接方式为焊接和法兰连接。

2）给水铸铁管。

①给水铸铁管：具有耐腐蚀、寿命长的优点，但是管壁厚、质脆、强度较钢管差，多用于 $DN \geqslant 75$mm 的给水管道中，尤其适用于埋地铺设。给水铸铁管采用承插连接，在交通要道等振动较大的地段采用青铅接口。

②球墨铸铁管：近年来，在大型的高层建筑中，将球墨铸铁管设计为总立管，应用于室内给水系统。球墨铸铁管较普通铸铁管壁薄、强度高。球墨铸铁管采用橡胶圈机械式接口或承插接口，也可以采用螺纹法兰连接的方式。球墨铸铁管也常用于室外给水系统。

3）给水塑料管。

①硬聚氯乙烯给水管（UPVC）：适用于给水温度不大于 45℃、给水系统工作压力不大于 0.6MPa 的生活给水系统。高层建筑的加压泵房内不宜采用 UPVC 给水管；水箱的进出水管、排污管、自水箱至阀门间的管道不得采用塑料管；公共建筑、车间内塑料管长度大于 20m 时应设伸缩节。

UPVC 给水管宜采用承插式黏接、承插式弹性橡胶密封圈柔性连接和过渡性连接。

②聚丙烯给水管（PP）：适用于工作温度不大于 70℃、系统工作压力不大于 0.6MPa 的给水系统。

特点是不锈蚀，可承受高浓度的酸和碱腐蚀；耐磨损、不结垢，内壁均匀光滑，流动阻力小；可显著减少由液体流动引起的振动和噪声；防冻裂，PP 材料弹性优良，管道截面可随冻胀的液体一起膨胀而不会胀裂；PP 材料属于不良导热体，可减少结露现象并减少热损失；重量轻、安装简单；使用寿命长，在规定使用条件下可使用 50 年。

PP 管材及配件之间采用热熔连接。PP 管与金属管件连接时，采用带金属嵌件的聚丙烯管件作为过渡，该管件与 PP 管采用热熔连接，与金属管采用丝扣连接。

用于给水还有其他塑料管，如聚乙烯（PE）管，适用于输送水水温不超过 40℃；交联聚乙烯管（PE-X）；聚丁烯管（PB），适于输送水水温为 -20~90℃。

4）其他管材包括铜管、不锈钢管、复合管。铜管和不锈钢管强度大，比塑料管材坚硬、韧性好，不易裂缝，不易折断，具有良好的抗冲击性能，延展性高，可制成薄壁管及配件，更适用于高层建筑给水和热水供应系统中。

复合管是金属与塑料复合型，现有铝塑复合管和钢塑复合管两类，结合了金属管材和塑料管材的优点，适用范围大，是很有前途的给水管材，适用于输送自来水、生活热水。

（2）室内给水管道安装。室内给水管道的敷设有明装或暗装两种形式。明装时，管道沿墙、梁柱、天花板、地板等处敷设。暗装时，给水管道敷设于吊顶、技术层、管沟和竖井内。暗装时应考虑管道及附件的安装、检修可能性，如吊顶留活动检修口，竖井留检修门。

给水管道的安装顺序应按引入管、水平干管、立管、水平支管安装，亦即按给水的水流方向安装。

1）引入管的敷设。室内给水管网供水应根据建筑物的供水安全要求设计成环状管网、枝状管网或贯通枝状管网。每条引入管上应装设阀门和水表、止回阀。当生活和消防共用给水系统，且只有一条引入管时，应绕水表旁设旁通管，旁通管上设阀门。

2）干管安装。给水横干管宜敷设在地下室、技术层、吊顶内，宜设 2‰~5‰ 的坡度，坡向泄水装置。

3）立管、支管安装。给水管道的布置不得妨碍生产操作、交通运输和建筑物的使用。不应布置在遇水会引起燃烧、爆炸或损坏的设备上方。给水管道不得穿越设备基础、风道、烟道、橱窗、壁柜、木装修，不得穿过大便槽、小便槽等。当给水立管距小便槽端部小于或等于 0.5m 时，应采用建筑隔断措施。不得敷设在排水沟内，不得穿过伸缩缝、沉降缝。如必须穿过时，给水立管可以敷设在管道井内。给水立管明装时宜布置在用水量大的卫生器具或设备附近的墙角、墙边或立柱旁。

冷、热给水管上下并行安装时，热水管在冷水管的上面；垂直并行安装时，热水管在冷水管的左侧。

4）塑料管的安装。塑料管道一般宜明装，在管道可能受到碰撞的场所，宜暗装或采取保护措施。UPVC 给水管宜暗装，干管和立管应暗装敷设在吊顶、管井、管窿内，支管宜敷设在楼（地）面的找平层内或沿墙开凿的管槽内。PP 给水管宜暗装，暗装的方式分为直埋和非直埋两种。直埋是指嵌墙或地坪面层内敷设，多用于支管；非直埋是指管道井、吊顶内或地坪架空层敷设，多用于干管或立管。

5）附件的设置。常用的给水附件有水表、阀门、止回阀、减压阀、倒流防止器等。

（3）管道防护及水压试验。

1）管道防腐。为防止金属管道锈蚀，在敷设前应对其进行防腐处理。管道防腐包括表面清理和喷刷涂料。表面清理一般分为除油、除锈和酸洗三种。喷刷的涂料分为底漆和面漆两类，涂料一般采用喷、刷、浸、洗等方法附着在金属表面上。

埋地的钢管、铸铁管一般采用涂刷热沥青绝缘防腐，在安装过程中某些未经防腐的接头处也应在安装后进行以上防腐处理。

2）管道防冻、防结露。其方法是对管道进行绝热，由绝热层和保护层组成。常用的绝热层材料有聚氨酯、岩棉、毛毡等。保护层可以用玻璃丝布包扎，薄金属板铆接等方法进行保护。管道的防冻、防结露应在水压试验合格后进行。

3）水压试验。给水管道安装完成确认无误后，必须进行系统的水压试验。室内给水管道试验压力为工作压力的 1.5 倍，但是不得小于 0.6MPa。

4）管道冲洗、消毒。生活给水系统管道试压合格后，应将管道系统内存水放空。各配水点与配水件连接后，在交付使用之前必须进行冲洗和消毒。冲洗方法应根据对管道的使用要求、管道内表面污染程度确定。冲洗顺序应先室外，后室内；先地下，后地上。室内部分的冲洗应按配水干管、配水管、配水支管的顺序进行。

管道冲洗宜用清洁水进行。冲洗前，应将不允许冲洗的设备和管道与冲洗系统隔离，应对系统的仪表采取保护措施。节流阀、止回阀阀芯和报警阀等应拆除，已安装的孔板、喷嘴、滤网等装置也应拆下保管好，待冲洗后及时复位。冲洗前，还应考虑管道支架、吊架的牢固程度，必要时还应该进行临时加固。

（4）给水设备设置。建筑给水设备包括贮水池、水箱、水泵、气压给水设备等。

1）贮水池。当室外管网的供水能力不能满足室内给水系统的用水量时，应设贮水池。当室外管网供水能力足够，但是不允许水泵直接从外网抽水时，可设吸水井。贮水池可以设置在独立泵房的屋顶上，也可以在地面露天或地下设置，一般多布置在室内地下室。贮水池一般由钢筋混凝土制成，也可采用各类钢板或玻璃钢制成。贮水池应设有进水管、出水管、通气管、溢流管、泄水管（有可能时）、人孔（应加盖加锁）、爬梯和液位计。溢流管排水应有断流措施和防虫网。

2）水箱。水箱安装方式有整体水箱安装和组装水箱安装。整体水箱一般容量较小，而组装水箱可以组成容量较大的水箱，但组装水箱容易二次污染和漏水。

3）水泵。在建筑给水系统中一般采用离心泵。水泵设置要求如下：

给水系统无任何水量调节设施时，水泵应利用变频调速装置调节水压、水量，使其运行于高效段内；水泵的扬程应满足最不利处的配水点或消火栓所需的水压。系统有水箱时，水泵将水送至高位水箱，再由水箱送至管网，水泵的扬程应满足水箱进水所需水压和消火栓所需水压。

室外给水管网允许直接吸水时，水泵直接从室外管网吸水，此时吸水管上装阀门、止回阀和压力表，并应绕水泵设置装有阀门的旁通管。每台水泵的出水管上应装设止回阀、阀门和压力表，并应设防水锤措施，如气囊式水锤消除器、缓闭止回阀等。建筑物内的水泵应设置减振措施。

4）气压给水设备。气压给水设备是一种集贮存、调节和压送水量功能于一体的设备。工作流程是将水源来水经水泵压入密闭压力罐至最高水位后，在压缩空气的作用下由密闭罐将水送至建筑物内各用水点。

5）给水处理设备。给水处理设备主要是对原水进过滤、杀菌、消毒、灭藻、除垢、净化等，使原水达到使用标准的装置。给水处理器有：

①电子水处理器；

②水质净化器；

③水箱自洁器；

④紫外线杀菌设备。

2. 室内排水管道安装

室内排水管道一般按排出管、立管、通气管、支管和卫生器具的顺序安装，也可以随土建施工的顺序进行排水管道的分层安装。

（1）排出管安装。排出管一般铺设在地下室或地下。排出管穿过地下室外墙或地下构筑物的墙壁时应设置防水套管，穿过承重墙或基础处应预留孔洞，并做好防水处理。

排出管与室外排水管连接处设置检查井。一般检查井中心至建筑物外墙的距离不小于3m，不大于10m。排出管在隐蔽前必须做灌水试验，其灌水高度不应低于底层卫生器具的上边缘或底层地面的高度。

（2）排水立管安装。排水立管通常沿卫生间墙角敷设，不宜设置在与卧室相邻的内墙，宜靠近外墙。排水立管在垂直方向转弯时，应采用乙字弯或两个45°弯头连接。立管上的检查口与外墙成45°角。立管上应用管卡固定，管卡间距不得大于3m，承插管一般每个接头处均应设置管卡。立管穿楼板时，应预留孔洞。排水立管应做通球试验。

（3）排水横支管安装。一层的排水横支管敷设在地下或地下室的顶棚下，其他层的排水横支管在下一层的顶棚下明设，有特殊要求时也可以暗设。排水管道的横支管与立管连接，宜采用45°斜三通或45°斜四通和顺水三通或顺水四通。卫生器具排水管与排水横支管连接时，宜采用90°斜三通。排水横支管、立管应做灌水试验。

（4）排水铸铁管安装。排水铸铁管安装前，需逐根进行外观检查。排水管材常用砂轮切割机切断，要求断口齐整，无缺口和裂缝，管口端面与管中心线垂直，偏差不大于2mm。

排水立管的高度在50m以上，或在抗震设防8度地区的高层建筑，应在立管上每隔两层设置柔性接口；在抗震设防9度地区，立管和横管均应设置柔性接口。

（5）UPVC排水管安装。管道可以明装或暗装。管道埋地铺设时，先做室内部分，将管子伸出外墙250mm以上。待土建施工结束后，再铺设室外部分，将管子接入检查井。埋地管穿越地下室外墙时，应采用防水措施。

UPVC排水管连接时采用专用胶黏剂，应轴向涂刷管材与管件的接合面；冬季施工时尤须注意，应先涂承口后涂插口；承插接口连接完后，应将挤出的胶黏剂用棉纱或干布蘸少许丙酮等清洁剂擦洗干净，根据胶黏剂的性能和气候条件静至接口固化为止。

敷设在高层建筑室内的塑料排水管道管径大于或等于110mm时，应在下列位置设置阻火圈。

①明敷立管穿越楼层的贯穿部位。

②横管穿越防火分区的隔墙和防火墙两侧。

③横管穿越管道井井壁或管窿围护墙体的贯穿部位外侧。

3. 通气管的安装

（1）伸顶通气管。伸顶通气管高出屋面不得小于0.3m，且必须大于最大积雪厚度。在通气管口周围4m以内有门窗时，通气管口应高出门窗顶0.6m或引向无门窗一侧。在经常有人停留的平屋面上，通气管口应高出屋面2.0m并根据防雷考虑设置防雷装置。伸顶通气管的管径不小于排水立管的管径。但是在最冷月气温低于−13℃的地区，应在室内平顶或吊顶以下处将管径放大一级。

（2）辅助通气系统。对卫生要求较高的排水系统，宜设置器具通气管，器具通气管设在存水弯出口端。连接4个及以上卫生器具并与立离大于12m的污水横支管和连接6个及以上大便器的污水横支管设环形通气管。环形通气管在横支管最始端的两个卫生器具间接出，并在排水支管中心线以上与排水管呈垂直或45°连接。

专用通气立管只用于通气，专用通气立管的上端在最高层卫生器具上边缘或检查口以上与主通气立管以斜三通连接，下端应在最低污水横支管以下与污水立管以斜三通连接。专用通气立管应每隔2层，主通气立管每隔8~10层与排水立管以结合通气管连接。专用通气管的安装过程同排水立管的安装，并按排水立管的安装要求安装伸缩节。

4. 清通设备

（1）检查口和清扫口。检查口为可双向清通的管道维修口，清扫口仅可单向清通。

立管上检查口之间的距离不大于10m，但在最低层和设有卫生器具的二层以上坡屋顶建筑物的最高层设置检查口，平顶建筑可用通气管顶口代替检查口。立管上如有乙字管，则在该层乙字管的上部设检查口。

在连接2个及以上的大便器或3个及以上的卫生器具的污水横管上，应设清扫口。在转弯角度小于135°的污水横管的直线管段，应按一定距离设置检查口或清扫口。污水横管上如设清扫口，应将清扫口设置在楼板或地坪上与地面相平。

（2）地漏。地漏用于排泄卫生间、淋浴室、厨房等室内的地面积水。地漏应设置在易溅水的洗涤盆、洗脸盆、拖布池、小便器（槽）卫生器具附近的地面。形式有钟罩式、筒式、浮球式等。

地漏的选用：由于地漏埋在楼地面以下，且要求密封好，所以不能经常更换，因此选择适当的材质非常重要。地漏应具备排水快、防臭气、防堵塞、防蟑螂、防病毒、防返水、防干涸、易清理等特性。地漏与排水管直连并且开口在室内地面上，故应优先采用防臭地漏。

地漏的安装：地漏安装应修整排水预留孔，使其与地漏完全吻合。对于箅子的开孔孔径应控制在6~8mm，可防止头发、污泥、沙粒等污物的进入。

（3）检查井。不散发有害气体或大量蒸汽的工业废水的排水管道可以在建筑物内设置检查井，可以在管道转弯和连接支管处，管道的管径、坡度改变处，直线管段上隔一定的距离处设置。生活污水排水管道，不得在建筑物内设检查井。

5. 热水供应管道

（1）热水管网应采用耐压管材及管件，一般可采用热浸镀锌钢管或塑钢管、铝塑管、聚丁烯管、聚丙烯管、交联聚乙烯管等。宾馆、高级公寓和办公楼等宜采用铜管和铜管件。

（2）附件。

1）水表。设在水加热器的冷水进水干管上，用于计量系统热水总用量；用于计量分户用水或个别供水点用水量的水表，一般布置在配水支管上。

2）阀门。在热水供应系统中主干管、配水立管、接出超过5个配水点支管、加热设备、贮水器、自动温度调节器、疏水器、循环水泵等进、出水管应装设阀门。

止回阀应装设在闭式水加热器、贮水器的给水供水管上，开式加热水箱给水管、加热水箱与其补给水箱的连通管上，热媒为蒸汽的有背压疏水器后的管道上，热水供应管网的回水管上、循环水泵出水管上，阻止水逆流输配。

安全阀为系统泄压，防止系统发生超压事故。

在热交换站内汇集、分配热介质，以供应几个室内热水供应系统而设的集水器、分水器、分汽缸。

3）管道热伸长补偿器。用管道敷设形成的L形和Z字弯曲管段来补偿管道的温度变形。对室内热水供应管道长度超过40m时，一般应设套管伸缩器或方形补偿器。

4）排气和泄水装置。在上行横干管最高处或干管向上抬高管段最高处设自动排气阀，以利于排气。泄水装置设于管网最低处或向下凹的管段以利于泄空管网中的存水。

5）疏水器。靠近凝结水管末端处或蒸汽管水平下凹敷设的下部设置，排除凝结水。

6）膨胀水罐与膨胀管。在闭式集中热水供应系统中设膨胀水罐、膨胀管，用于补偿贮热设备及管网中水温升高后水体积的膨胀量。

7）热水温度、压力观测和水温自动调节装置。为便于观测水加热器、贮水器和冷热水混合器中的水温，均应装设温度计。对有压的设备，如闭式水加热器、贮水罐、锅炉、分水缸、分汽缸上装设压力表。

（3）管道安装。热水管道有明装和暗装两种方式。一般建筑的采用明装，只有在建筑或生产工艺有特殊要求时采用暗装。热水管道的安装顺序为：水平横干管、立管、水平横支管。

热水横干管可以敷设在建筑内地沟内、地下室顶部、建筑物最高层或设备技术层内。热水立管可以沿墙、柱敷设，也可以在管道竖井内、预留沟槽内安装。明装管道尽可能设在卫生间、厨房或非居住人的房间。配水横干管应有沿水流方向上升，回水横管应有沿水流方向下降的不小于 3‰ 的坡度。管道穿楼板及墙壁应有套管，穿楼板套管应高出地面 50~100mm。

热水管道可以用固定和活动导向支架固定。固定支架一般设于伸缩器或自然补偿管道的两侧，活动导向支架置于固定支架之间。热水管道的室外部分不能在管沟内敷设时，可采用保温材料聚氨酯硬质泡沫塑料直埋地敷设。

（4）保温。热水供应系统中的水加热器、贮水器、热水箱及配水干管、回水管等应进行保温。常用的保温材料有超细玻璃棉、玻璃棉、膨胀珍珠岩、石棉、岩棉、聚氨酯现场发泡、矿渣棉等。

（5）水压试验。热水管道试验压力应符合设计要求，当设计未标明时，水压试验应为系统顶点的工作压力加 0.1MPa，在系统顶点的试验压力不小于 0.3MPa。

6. 卫生器具安装

安装卫生器具具有共同的要求：平、稳、牢、准、不漏、使用方便、性能良好。

7. 采暖管道和散热设备安装

（1）管材、管道连接及管道安装。采暖管道通常采用钢管，室外采暖管道采用无缝钢管和钢板卷焊管，室内采暖管道常采用焊接钢管或镀锌钢管；常用的地板采暖管主要有交联聚乙烯（PE–X）管、交联铝塑复合（XPAP）管、聚丁烯（PB）管、无规共聚聚丙烯（PP–R）管。钢管的连接可采用焊接、法兰连接和丝扣连接。焊接连接可靠、施工简便迅速，广泛用于管道之间及补偿器等的连接。法兰连接装卸方便，通常用在管道与设备、阀门等需要拆卸的附件连接上。对于室内采暖管道，通常借助三通、四通、管接头等管件，进行丝扣连接，也可采用焊接或法兰连接。一些塑料管材也可以采用热熔连接。

（2）管道安装要求。

1）安装前，必须清除管道和设备内的污垢和杂物；安装中断或安装完后，在各敞口处应该临时封闭，以免管道堵塞。

2）采暖管道的安装，管径大于 32mm 宜采用焊接或法兰连接。

3）管道穿过基础、墙壁和楼板，应配合土建施工预留孔洞。

4）在同一房间内，安装同类型的采暖设备及管道配件，除特殊要求者外，应安装在同一高度上。

5）安装管道时，应有坡度。其坡度应符合下列规定：热水采暖和汽、水同向流动的蒸汽和凝结水管道，坡度一般为 3‰，但不得小于 2‰。汽、水逆向流动的蒸汽管道，坡度不得小于 5‰。

6）管道从门窗或其他洞口、梁柱、墙垛等部位绕过，转角处如果高于或低于管道水平走向，在其最高点或最低点应分别安装排气或泄水装置。

7）管道穿过墙或楼板，应设置填料套管。安装在内墙壁的套管，套管直径比管道大两号为宜，其两管端应与墙壁饰面取平。管道穿过外墙或基础时，应加设防水套管，套管直径比管道直径大两号为宜。安装在楼板内的套管，其顶部要高出楼板地坪 20mm，管道穿过厨房、厕所、卫生间等容易积水的房间楼板，应加设填料套管，其顶部应高出地面不小于 30mm，底部则与楼板齐平。

8）明装钢管成排安装时，直管部分应相互平行，曲线部分其曲率半径应相等。

9）水平管道纵、横方向弯曲，立管垂直度，成排管段和成排阀门安装允许偏差须符合有关规定。

10）管径小于或等于 *DN*32mm 不保温采暖双立管道，两管中心距应为 80mm，允许偏差为 5mm。热水或蒸汽立管应置于面向的右侧，回水立管则置于左侧。

11）管道支架附近的焊口，要求焊口距支架净距大于 50mm，最好位于两支座间距的 1/5 位置上，在这个位置上的焊口受力最小。

12）采暖系统安装完后，在使用前，应用水冲洗，直到污浊物冲洗干净为止。

13）管道应除锈、刷油和保温。

（3）共用立管。共用立管的水平分环系统所供的层数根据系统水力平衡散热器承受能力以及塑料管材的寿命等因素确定，超过已确定的层数时应进行竖向压力分区，一般不宜超过 16 层。共用立管设于管道井内，管道井宜紧邻楼梯间或户外公共空间，各分户系统入口装置安装在管道井内，并具备查验及检修条件。

（4）户内管道。户内地面的管道可安装在本层地面下沟槽或垫层内，或镶嵌在踢脚板内。

（5）采暖设备安装。

1）散热器制作、安装。排管散热器一般用钢管现场制作。钢串片式、板式和扁管式散热器，其规格、接口以及防腐处理等，厂家在出厂前已做好。对于目前使用较多的翼型（圆翼型和长翼型）散热器和柱型（铸铁和钢制）散热器，圆翼型散热器的长度及接口法兰是生产中已确定的，一般不再需要串接。钢制柱形散热器一般是按设计要求的片数成组供应，两端一正丝、一反丝的 *DN*32 的接口也已在出厂前焊好。而铸铁长翼型、柱形散热器，则需根据设计要求，先组对成组，经试压合格后，再就位固定等，其安装过程包括安装前的检查、散热器片的除锈及刷油、散热器的组对、散热器试压和散热器就位固定。

2）膨胀水箱安装。膨胀水箱顶部的人孔盖应用螺栓紧固，水箱下方垫枕木或角钢架。膨胀水箱如安装在非采暖房间里，膨胀水箱要保温。膨胀管在重力循环系统中宜接在供水主立管的顶端兼作排气用；机械循环系统中接至系统定压点，一般宜接在水泵吸入口前，如安装有困难时，也可接在采暖系统中回水干管上。膨胀管上严禁安装阀门，但当建筑物内同时设有空调用膨胀水箱时，可安装阀门，夏季空调系统运行时，可将此阀门关闭。

3）排气装置的安装。

①集气罐。一般可用厚 4~5mm 的钢板卷成或用 *DN*100~250mm 的钢管焊成，集气罐的直径应比连接处干管直径大 1 倍以上，便于气体逸出并聚集于罐顶。

②自动排气阀。通常安装在供水干管的末端。自动排气阀常因失灵而漏水，为便于维

修更换应在自动排气阀与管路之间装一个阀门。

4）除污器的安装。除污器应单独设置支架。先安装支架，将除污器在支架或砖支座上就位并且与管道连接，一般与管道采用法兰连接。安装时应注意方向，即热介质应从管板孔的网格外进入，如将出水口作为进水口，会使大量沉积物积聚在出水管内而堵塞。系统试压与冲洗后，应将除污器内沉积物及时清理，以防止管道堵塞影响系统中热水循环。

5）减压器安装。减压器应垂直安装，并注意安全阀的方向性，应使阀体箭头与介质流动方向一致，为减少减压器后面的阻力，减压器出口（低压侧）管道应比进口（高压侧）管道公称直径大 1~2 个规格。

6）平衡阀的安装。平衡阀宜安装在水温较低的回水管上，总管上的平衡阀安装在供水总管水泵后，平衡阀尽可能安装在直管段上，注意新系统与原系统水流量的平衡，系统增设或取消环路时应重新调试整定。

（6）采暖系统清洗、试压及试运行。

1）采暖系统清洗。清洗前应将管路上的流量孔板、滤网、温度计、止回阀等部件拆下，清洗后再装上。热水采暖系统用清水冲洗，如系统较大、管路较长，可分段冲洗。蒸汽采暖系统可用蒸汽吹洗，从总汽阀开始分段进行，一般设一个排汽口，排气管接到室外安全处。吹洗过程中要打开疏水器前的冲洗管或旁通阀门，不得使含污的凝结水通过疏水器排出。

2）采暖系统试压。室内采暖系统试压，可以分段试压，也可以整个系统试压。采暖系统的试验压力一般按设计要求进行，若设计无明确规定时，可按相关规定执行。试压前，在试压系统最高点设排气阀，在系统最低点装设手压泵或电泵。打开系统中全部阀门，但需关闭与室外系统相通的阀门。对热水采暖系统水压试验，应在隔断锅炉和膨胀水箱的条件下进行。

3）采暖系统试运行。包括系统充水、启动运行和初调节。

8. 用户燃气系统

（1）室外燃气管道安装。

1）钢管：一般采用三层 PE 防腐钢管，焊接，直埋敷设；管道与管件焊接完毕，接口处现场做防腐。三层 PE 防腐层的结构：环氧粉末底层—胶黏剂中间层—聚乙烯外层。

2）球墨铸铁管：机械接口比承插连接接口具有接口严密、柔性好、抵抗外界振动及挠动的能力强、施工方便等特点。胶圈应采用符合燃气输送管使用要求的橡胶制成。螺栓采用耐腐蚀螺栓。

3）燃气聚乙烯（PE）管：采用电熔连接（电熔承插连接、电熔鞍形连接）或热熔连接（热熔承插连接、热熔对接连接、热熔鞍形连接），不得采用螺纹连接和黏接。聚乙烯管与金属管道连接，采用钢塑过渡接头连接。当 $De<90$mm 时，宜采用电熔连接，当 $De \geqslant 90$mm 时，宜采用热熔连接。

（2）室内燃气管道安装。燃气管道严禁敷设在易燃、易爆品的仓库，有腐蚀性介质的房间、配电间、变电室、电缆沟、暖气沟、烟道和进风道等部位。

1）燃气引入管安装：引入管坡度不得小于 3‰，坡向干管；距建筑物外墙 1.0m 以内的地下管及套管内不许有接头；燃气引入管不得敷设在卧室、浴室、密闭地下室；居民用户的引入管应尽量直接引入厨房内，也可以由楼梯间引入；公共设施的引入管，应尽量直接引至安装燃气设备或燃气表的房间内。

2）燃气管道应沿墙安装，当与其他管道相遇时，应符合下列要求：

①水平平行敷设时，净距不宜小于 150mm。

②竖向平行敷设时，净距不宜小于 150mm，并应位于外侧。

③交叉敷设时，净距不宜小于 50mm。

3）输送干燃气的管道可不设置坡度，输送湿燃气（包括气相液化石油气）的管道，其敷设坡度不应小于 3‰。必要时，燃气管道应设排污管。

4）燃气立管管卡的安装：层高小于或等于 5m，每层不少于 1 个管卡；层高大于 5m 时，每层不得少于 2 个管卡。管卡安装高度距地面宜为 1.5~1.8m，2 个以上管卡可匀称布置。50m 及以上的高层建筑敷设的燃气管道，立管每隔 2~3 层应设置限制水平位移的支撑；立管高度为 60~120m 时至少设 1 个固定支架；大于 120m 时至少设 2 个固定支架，立管每延伸 120m 时应再增加 1 个固定支架。2 个固定支架之间必须设伸缩补偿器，补偿器应可排水和清污。

5）燃气管道敷设高度（从地面到管道底部或管道保温层部）应符合下列要求：

①在有人行走的地方，敷设高度不应小于 2.2m。

②在有车通行的地方，敷设高度不应小于 4.5m。

6）室内燃气管道必须穿越浴室、厕所、吊平顶（垂直穿）、客厅时，管道应安装在套管中，套管比燃气管道大两档，套管两端伸出墙面侧边 10~20mm。

燃气管道穿越楼板、楼梯平台、墙壁和隔墙时，必须安装在套管中，套管管径比燃气管道大两档。穿越楼板的套管上端应高出楼板 80~100mm，下端与楼板平齐；穿越墙壁的套管两端应与墙面平齐。

室内燃气管道不宜穿越水斗下方，当必须穿越时，应加设套管，套管比燃气管大两档，套管与燃气管均应无接口，套管两端伸出水斗侧边 10~20mm。

（3）管道的吹扫、试压、探伤、刷油及保温。

1）燃气管在安装完毕、压力试验前应进行吹扫。吹扫介质为压缩空气，吹扫流速不宜低于 20m/s，吹扫压力不应大于工作压力。吹扫应反复数次，直至吹净，在管道末端用白布检查无沾染为合格。

2）室内燃气管道安装完毕后必须按规定进行强度和严密性试验，试验介质宜采用空气，严禁用水。

3）管道的探伤：燃气管道采用焊接连接时，低压燃气管道焊缝的无损探伤按设计规定执行；当设计无规定时，应对每个焊工所焊焊缝按焊口总数不少于 15% 进行抽查，且每条管线上的探伤长度不少于一个焊口，焊缝的质量应符合现行国家标准《现场设备、工业管道焊接工程施工规范》GB 50236 规定的Ⅲ级焊缝标准；中压 B 级天然气管道全部焊缝需 100% 超声波无损探伤，地下管 100%X 射线拍片，地上管 30%X 射线拍片（无法拍片部位除外）。

4）燃气管道应喷涂（刷）识别漆，一般采用黄色防腐漆。

5）输送湿燃气的燃气管道敷设在气温低于 0℃的房间或输送气相液化石油气管道处的环境温度低于露点温度时，均应采取保温措施。

（4）引入口。引入口是指燃气管道入口时需通过引入口由室外进入室内，当引入口遇到暖气沟或地下室时，因规范不允许燃气管道通过，必须从室外绕行，故需做地上引入口。

引入口保护台的砌筑，要求内外采用 M7.5 砂浆抹面，深度 H 按规范要求计算。

（5）燃气器具的安装。常用燃气器具有：燃具、热水器、开水炉、采暖炉、沸水器、气嘴等。

（6）计量装置的安装。燃气表的选择：燃气用户应根据燃气的最大工作压力和周期用量等选择气表。主要有两种，一种为传统式的机械式膜式燃气表，另一种为预付费膜式燃气表。智能燃气表主要有 IC 卡智能燃气表、CPU 卡智能燃气表、射频卡智能燃气表、直读式远传燃气表（有线远传表）以及无线远传燃气表等几大类。燃气表的主要作用是统计用户的耗气量，是收缴燃气费的唯一依据。

（二）工业管道工程

1. 热力管道的安装

（1）热力管道应设有坡度，汽、水同向流动的蒸汽管道坡度一般为 3‰，汽、水逆向流动时坡度不得小于 5‰。热水管道应有不小于 2‰ 的坡度，坡向放水装置。

（2）蒸汽支管应从主管上方或侧面接出，热水管应从主管下部或侧面接出。

（3）水平管道变径时应采用偏心异径管连接，当输送介质为蒸汽时，取管底平，以利排水；输送介质为热水时，取管顶平，以利排气。

（4）蒸汽管道一般敷设在其前进方向的右侧，凝结水管道敷设在左侧。热水管道敷设在右侧，而回水管道敷设在左侧。

（5）管道穿墙或楼板应设置套管。

（6）直接埋地管道穿越铁路、公路时交角不小于 45°，管顶距铁路轨面不小于 1.2m，距道路路面不小于 0.7m，并应加设套管，套管伸出铁路路基和道路边缘不应小于 1.0m。

（7）减压阀应垂直安装在水平管道上，安装完毕后应根据使用压力调试。减压阀组一般设在离地面 1.2m 处，如设在离地面 3m 左右处时，应设置永久操作平台。

（8）管道安装完毕后，按设计或规范要求进行试压、冲洗。

2. 补偿器安装

（1）拼装方形补偿器应在平地上进行，4 个弯头应在同一平面内，平面歪扭偏差不得大于 3mm/m，全长不得大于 10mm。补偿器悬臂的长度偏差不应大于 ±10mm。

（2）方形补偿器安装时需预拉伸，对于输送介质温度低于 250℃的管道，拉伸量为计算伸长量的 50%；输送介质温度为 250~400℃时，拉伸量为计算伸长量的 70%。实际拉伸量与规定的偏差不应大于 ±10mm。

（3）水平安装的方形补偿器应与管道保持同一坡度，垂直臂应呈水平。垂直安装时，应有排水、疏水装置。

（4）方形补偿器两侧的第一个支架宜设置在距补偿器弯头起弯点 0.5~1.0m 处，支架为滑动支架。导向支架只宜设在离弯头 $40DN$ 以外处。

（5）填料式补偿器活动侧管道的支架应为导向支架，使管道不致偏离中心线，并保证能自由伸缩。单向填料式补偿器应装在固定支架附近，外壳一端连接固定支架处管道，内套管一端连接热膨胀管道。双向填料式补偿器安装在固定支架中间，补偿器外壳应固定。

3. 压缩空气管道的安装

（1）压缩空气管道一般选用低压流体输送用焊接钢管、低压流体输送用镀锌钢管及无缝钢管，或根据设计要求选用。公称通径小于50mm时，也可采用螺纹连接，以白漆麻丝或聚四氟乙烯生料带作填料；公称通径大于50mm时，宜采用焊接方式连接。

（2）管路弯头应尽量采用摵弯，其弯曲半径一般为$4D$，不应小于$3D$。

（3）从总管或干管上引出支管时，必须从总管或干管的顶部引出，接至离地面1.2~1.5m处，并装一个分气筒，分气筒上装有软管接头。

（4）管道应按气流方向设置不小于2‰的坡度，干管的终点应设置集水器。

（5）压缩空气管道安装完毕后，应进行强度和严密性试验，试验介质一般为水。

（6）强度及严密性试验合格后进行气密性试验，试验介质为压缩空气或无油压缩空气。

4. 夹套管制作、安装

（1）夹套管制作。夹套管的加工应符合设计文件的规定。一般夹套管的制作程序如下：

1）管子、管道附件、阀门及弹簧支吊架检验。夹套管所用的管子、管道附件及阀门必须具有制造厂的质量证明书。

阀门在施工前应进行外观检查，检查阀门内部零部件的材质，阀芯与阀座连接情况及垫片、填料材质等，如有不合格的，则应逐只检查。

2）内管预制。夹套管内管预制时，应注意高压管不得有焊缝；中压、低压管不宜有焊缝。如有焊缝，该焊缝应按相同类别管道的探伤比例进行射线检验，并经试压合格后，方可封入夹套。

内管的几何尺寸和形状应便于外管的套入，因此应综合考虑管道的分段、焊缝的布局、检测点的设置等。

3）定位板设置。

①定位板尺寸。为了保证内管、外管的夹套间隙均匀，应在内管外壁上焊以相同材质的定位板。定位板与外管内壁的间隙宜大于或等于1.5mm。

②定位板的安装。定位板的安装应不影响介质的流动和不妨碍内管与外管的胀缩。

4）外管预制。外管制作时，其长度应比内管段短50~100mm，以方便内管的检测和试验，并保证螺栓拆装方便。外管的封闭焊接，应在内管施工完毕、各项检测和试验合格后进行。

（2）夹套管安装。夹套管安装应在有关设备和支吊架就位、固定、找平后进行，且夹套管的安装应先于邻近有关管道的安装。

夹套管安装前，应对预制的管段按照图纸核对编号，检查各管段质量及施工记录，再对内管进行清理检查，并在合格后再进行封闭连接及安装就位。

夹套管安装使用的阀门、夹套法兰、仪表等，安装前已按国家现行有关规范进行检查、清洗和检验，调试合格。

夹套管安装构成系统后，应进行内管、外管的吹扫工作，凡不能参与吹扫的管道、设备、阀门、仪表等，应拆除或用盲板隔离。内管应用干燥无油压缩空气进行系统吹扫，气体流速不小于20m/s，在管子出口处放置白布进行检查，以无铁锈、脏物为合格。热水夹套系统的吹扫要求同内管。而蒸汽夹套系统用低压蒸汽吹扫，吹扫顺序为先主管、后支管、最后进入夹套管的环隙。操作时需充分暖管，缓慢开启控制阀后连续吹扫10~20min，重复 3~4 次。

5. 合金钢及有色金属管道

（1）合金钢管道的安装。

1）管道组成件及管道支承件必须具有制造厂的质量证明书。

2）合金钢管道宜采用机械方法切断，当原有标记被裁掉或分成几块时，应在材料切割前完成标记的移植。切口及坡口表面应平整。

3）合金钢管道的焊接，底层应采用手工氩弧焊，以确保焊口管道内壁焊肉饱满、光滑、平整，其上各层可用手工电弧焊接成型。合金钢管焊接应进行焊前预热和焊后热处理，预热时应使焊口两侧及内外壁温度均匀；焊后热处理应在焊接完毕后立即进行，若不能及时进行热处理，则应焊接后冷却至 300~350℃时进行保温，使之缓慢冷却。异种钢材焊前预热温度应按可焊性较差的一侧确定，焊后热处理的要求按合金成分较低的一侧进行，不合格的返修及硬度不符合规定的焊缝应重新进行热处理。

4）合金钢管系统安装完毕后，应检查材质标记，发现无标记时必须查验钢号。

（2）不锈钢管道的安装。

1）不锈钢管道安装时，不锈钢管及管件应有制造厂的合格证书、化学成分和力学性能等资料；外观不得有裂缝、起皮、机械损伤等现象，对表面机械损伤应进行修整，同时要进行酸洗及钝化处理；输送腐蚀介质的不锈钢管又未注明晶间腐蚀试验结果的，应进行晶间腐蚀的试验；不锈钢管的运输与存放应避免与碳钢材料相互碰撞、摩擦、挤压，同时应注意防止雨水、铁锈等的腐蚀。

2）不锈钢具有较高的韧性及耐磨性，宜采用机械和等离子切割机等进行切割。注意切割速度不宜过快，采用砂轮机切割或修磨时应使用不锈钢专用砂轮片，不得使用切割碳素钢管的砂轮，以免受污染而影响不锈钢管的质量。

3）不锈钢管坡口宜采用机械、等离子切割机、砂轮机等制出，用等离子切割机加工坡口必须打磨掉表面的热影响层，并保持坡口平整。

4）不锈钢管焊接一般可采用手工电弧焊及氩弧焊。为确保内壁焊接成型、平整光滑，薄壁管可采用钨极惰性气体保护焊，壁厚大于 3mm 时应采用氩电联焊。焊接材料应与母材化学成分相近，且应保证焊缝金属性能和晶间腐蚀性能不低于母材。

5）不锈钢管道焊接时，应采取防止管道污染的措施。在焊口两侧各 100mm 范围内，采取防护措施，如用非金属片遮住或涂白垩粉，防止焊接时的飞溅物沾污焊件表面。

6）奥氏体不锈钢焊缝要求进行酸洗、钝化处理，酸洗后的不锈钢表面不得有残留酸洗液和颜色不均匀的斑痕。钝化后应用水冲洗，呈中性后应擦干水迹。

7）法兰连接可采用焊接法兰、焊环活套法兰、翻边活套法兰。不锈钢法兰应使用不锈钢螺栓。

8）不锈钢管道安装时不得用铁质工具及材料敲击和挤压；在碳钢支、吊架与不锈钢管道之间应垫入不锈钢片或氯离子含量不超过 0.025‰ 的非金属垫片。

9）不锈钢管道穿过墙壁、楼板时，应加设套管。管子与套管之间应填加不含铁质的不燃材料。

10）不锈钢管组对时，管口组对卡具应采用硬度低于管材的不锈钢材料制作，最好采用螺栓连接形式。严禁将碳素钢卡具焊接在不锈钢管口上用来对口。

（3）钛及钛合金管道安装。

1）钛及钛合金管及管件在安装前必须进行检查，应具有制造厂合格证和质量证明书（包括牌号、炉号、规格、化学成分和力学性能）；内外表面应光滑，清洁，无针孔、裂缝、划痕、折叠和过腐蚀等缺陷；管材内、外表面的局部缺陷应予清除，清除后外径或壁厚不得超出规定的负偏差值；其端部应平整无毛刺，壁厚应符合要求。钛及钛合金管运输及存入时应注意不与铁质材料接触、碰撞。

2）钛及钛合金管的切割应采用机械方法，切割速度应以低速为宜，以免因高速切割产生的高温使管材表面产生硬化；钛管用砂轮切割或修磨时，应使用专用砂轮片；不得使用火焰切割。坡口宜采用机械方法加工。

3）钛及钛合金管焊接应采用惰性气体保护焊或真空焊，不能采用氧乙炔焊或二氧化碳气体保护焊，也不得采用普通手工电弧焊。焊丝的化学成分和力学性能应与母材相当；若焊件要求有较高塑性时，应采用纯度比母材高的焊丝。

4）钛及钛合金管安装时不得用铁质的工具及材料敲击和挤压。碳钢支、吊架与钛、钛合金管道之间应垫入橡胶板或软塑料板，钛合金管道穿楼板时应加装套管，其间隙不应小于 10mm，并填塞绝缘物，绝缘物中不应含有铁质杂质。

5）钛及钛合金管不宜与其他金属管直接焊接。

（4）铝及铝合金金属管道。

1）铝及铝合金管安装前应进行外观检查，应无裂缝、起皮、氧化、大于 0.03mm 深度的纵向划痕等现象，壁厚符合要求；由于材质较软，运输与存放时应注意避免碰撞、挤压、擦伤管材，存放时应与铁、不锈钢、铜等金属隔离，以免引起电化学腐蚀。

2）铝及铝合金管安装前的管段调直应逐段进行，使用木制等质地较软的工具，避免管子与钢平台及混凝土平台或砂石地面直接接触，以防管子表面刮伤、划伤；切割可用手工锯条、机械（锯床、车床等）及砂轮机，不得使用火焰切割；坡口宜采用机械加工，不得使用氧乙炔等火焰；固定管子的器具与管子之间应垫以木板以免夹伤管子。

3）铝及铝合金管连接一般采用焊接和法兰连接，焊接可采用手工钨极氩弧焊、氧乙炔焊及熔化极半自动氩弧焊；当厚度大于 5mm 时，焊前应全部或局部预热至 150~200℃；氧乙炔焊主要用于焊接纯铝、铝锰合金、含镁较低的铝镁合金和铸造铝合金以及合金铸件的补焊。采用氧乙炔焊时，焊前预热温度不得超过 200℃。

4）焊接后使焊缝接头在空气中自然冷却，直至能用手直接触摸时方可进行焊后的清理工作；用 60~80℃的热水冲洗，并用毛刷或铜刷将焊缝区域内的残渣洗刷干净，然后用 30% 硝酸溶液洗涤，再用清水冲洗；干燥后如焊缝区域内仍有白色斑点，说明仍有溶剂未清理干净，必须重新处理，直至清除干净为止。

5）管道支架间距应比钢管密一些，热轧铝管的支架间距可按相同管径和壁厚的碳钢管支架间距的 2/3 选取，冷轧硬化铝管按相应碳钢管 3/4 间距选取。管子与支架之间须垫毛毡、橡胶板、软塑料等进行隔离。

6）管道保温时，不得使用石棉绳、石棉板、玻璃等保温材料。

（5）铜及铜合金管道。

1）供安装用的铜及铜合金管，表面与内壁均应光洁，无裂缝、结疤、层裂及气孔，黄铜管不得有绿锈和严重脱锌。外观检查：管壁厚小于或等于 2mm 的，纵向划痕深度不得超过 0.04mm；管壁厚大于 2mm 的，纵向划痕深度不得大于 0.05mm；用作导管时纵向划痕深度不得超过 0.3mm；偏横向的凸凹高度与深度不得大于 0.35mm；瘢疤、碰伤、起泡及凹坑，其深度不得超过 0.03mm，其面积不应超过管子表面积的 30%。用作导管时其面积不应超过管子表面积的 0.5%。

2）铜及铜合金管的切断可采用手工钢锯、砂轮切管机；因管壁较薄且铜管质地较软，制坡口宜采用手工锉；厚壁管可采用机械方法加工；不得用氧乙炔焰切割坡口。

3）铜及铜合金管因热弯时管内填充物不易清理，应采用冷弯。管径大于 100mm 者采用压制弯头或焊接弯头，弯管的直边长度不应小于管径，且不应小于 30mm。

4）铜及铜合金管的连接方式有螺纹连接、焊接（承插焊和对口焊）、法兰连接（焊接法兰、翻边活套法兰和焊环活套法兰）。大口径铜及铜合金管对口焊接也可用加衬焊环的方法焊接。

5）黄铜管焊前预热温度为：壁厚 5~10mm 时，400~500℃；壁厚大于 15mm 时，550℃；黄铜管采用氧乙炔焊时，预热宽度以焊口中心为基准，每侧 150mm；焊接后，焊缝应进行焊后热处理，其温度为 400~450℃；软化退火处理为 550~600℃。热处理应在焊后及时进行。

（6）铸铁管承插连接一般工序及方法。

1）管口处理。铸铁管铺设前，应清除粘砂、飞刺、沥青块等，并烤去承插部位的沥青涂层。

2）连接材料准备。

①油麻。填塞用麻应有韧性、纤维应较长，并应无麻皮。应经石油沥青浸透，晾干后将油麻拧成油麻辫，油麻辫的粗细应为接口间隙的 1.5 倍。

②橡胶圈。管道接口所用的橡胶圈不应有气孔，橡胶圈应平展、压实，不得有松动、扭曲、断裂等。

③石棉水泥。

④膨胀水泥。

⑤青铅。将小铅块放入铅锅内，点火燃至铅熔化，拨开液铅表面浮层，视其颜色为紫红色即可使用。

3）捻口。

①打油麻。

②打橡胶圈。

③石棉水泥填料密封。

④膨胀水泥填料密封。

⑤青铅填料密封。

4）养护。

①石棉水泥与自应力水泥接口捻打完毕后，用湿泥土或湿草绳缠绕在接口上，并浇水进行养护。石棉水泥接口每天浇水 2~4 次，养护时间宜为 3d。刚刚接口完毕的接口不允许直接泡在水中。应湿养护 1~2 昼夜，寒冷季节应有防冻措施。

②膨胀水泥接口在完成接口工作后，随即润湿养护。可用泥糊口，填土浇水养护。

（7）塑料管道安装。

1）管材检查。管材表面应光滑、平整，不允许有气泡、裂口及显著的波纹、凹陷、杂质、颜色不均、分解变色等。

2）管子切断采用机械方法。公称直径小于 20mm 的管道应尽量用热弯弯头。在不能采用热弯弯头的情况下，可采用焊接弯头，焊接弯头的弯曲半径不应小于 1.5*DN*。焊接弯头的节数不应少于 3 节，45° 焊接弯头的节数不应少于 2 节。

3）塑料管的连接方法有黏接、焊接、电熔合连接、法兰连接和螺纹连接等。

①塑料管黏接。塑料管黏接必须采用承插口形式，承口不得有裂缝、歪斜及厚度不均的现象，管道承插接头必须插足；聚氯乙烯管道采用过氯乙烯清漆或聚氯乙烯胶作为黏接剂；聚丙烯管道黏接前需先做表面活化处理后才可进行黏接，承接口有油污染时应用丙酮溶液擦拭后才能进行黏接。

②塑料管焊接。塑料管管径小于 200mm 时一般应采用承插口焊接，插入深度应大于管径 15~30mm，承受压力较高的管道，可先用黏接，外口再用焊条焊接补强。焊接一般采用热风焊。管径大于 200mm 的管子可采用直接对焊，焊好后，外面应套装一个套管，将套管两端焊接或黏接在管子上。焊接主要用于聚烯烃管，如 LDPE、HDPE 及 PP 管。

③电熔合连接。电熔合连接应用于 PP-R 管、PB 管、PE-RT 管、金属复合管等新型管材与管件连接，是目前家装给水系统应用最广的连接方式。该方法是将电阻丝预先埋在管件中，在施工现场，只需将专用焊接仪的插头与管件的插口连接，便可将管件与管材熔合在一起，电熔合连接要求管材与管件配合间隙适当，接触部位干净；HDPE 管可以注塑热熔管件现场用热熔承插焊机对接方式连接，也可用热熔对接焊机将两管端面热熔后对接，其中较大口径管件是用多角焊机加工成型。

④法兰连接。应用广泛，*DN*15~*DN*2000 甚至以上的工业管道、城市热力管道等都可以用法兰连接，通常承受的压力是中压、高压、超高压。法兰连接是管道与阀门、设备、仪表进行连接的主要形式。按法兰与管道的固定方式分为螺纹法兰、焊接法兰、松套法兰。

⑤螺纹连接。主要用于 *DN*50 及以下管道的连接，或者仪表的表头与表座之间的连接、仪表布线所走的穿线管等压力等级不高场合。螺纹连接比较安全可靠。由于要开螺纹，管材管件的壁厚要求厚一些，螺纹填料可采用白漆丝或生料带。

（8）衬胶管道安装。

1）衬胶管道的预制。衬胶管与管件的基体一般为碳钢、铸铁，要求表面平整，无砂眼、气孔等缺陷，故大多采用无缝钢管。

①管道焊接应采用对焊，内侧的焊缝不应有气孔、焊瘤、焊渣，并应修磨平滑，不得有凹陷。

②采用平焊法兰时，法兰内口焊缝应修磨成半径大于或等于 5mm 的圆弧。采用对焊法兰时，焊缝内表面应修磨，不得有凹凸不平、气孔、夹渣、焊瘤等缺陷，转角处的圆弧半径应大于或等于 5mm。

③现场加工的钢制弯管，弯曲角度不应大于 90°，弯曲半径不应小于管外径的 4 倍，且只允许一个平面弯。

④衬里管段及管件的预制长度，应考虑法兰间衬里层和垫片的厚度，并能满足衬里施工的要求。

⑤管段及管件的机械加工，焊接、热处理等应在衬里前进行完毕，并经预装、编号、试压及检验合格。

2）衬胶管道的安装。

①防腐衬里管道未衬里前应先预安装。安装好后，需进行水压试验，试验压力为0.3~0.6MPa，经检查合格后，拆下送衬里点进行衬里。

②防腐衬里管道的第一次安装装配不允许强制对口硬装，否则在衬里后就有装不上的可能。因此尺寸必须准确，装配必须合理。试压合格后，应认真做好记录后再拆下。

③搬运和堆放衬胶管件时，应做到轻拿轻放，防止剧烈振动或相互碰撞。衬胶管道、管件及衬胶材料应存放在温度为5~40℃的室内，避免阳光和热源辐射，不得与潮湿物件和油脂等接触。

④衬胶管道在安装前，应检查衬胶完好情况，并保持管内清洁。检查方法是用电解液、检波器及目测来检查保护层的完整情况。

⑤衬胶管道安装时，不得再进行施焊、局部加热、扭曲或敲打。预制加工的衬里管道，预安装后必须在管壁上做好标记，并按图进行编号，确保在衬里后仍能按原图编号进行安装。

⑥衬里管道安装应采用软质或半硬质垫片，安装时垫片应方正，必要时可用斜垫片调正连接口。

6. 高压管道安装

（1）高压管道加工。

1）高压管道的加工应在图纸会审的基础上，绘制管道加工图，加工图的尺寸由现场实测与施工图计算得到，但封闭管段的尺寸必须实测。

2）在确定加工图尺寸时，应考虑法兰、焊口的设置，应方便管子的加工、安装与检修，不得设置于墙壁、楼板或管架上。相邻两管道的外壁（包括保温层）不得相碰，间距必须大于50mm。管段加工后的尺寸，其允许误差为：封闭段 ±3mm，自由段 ±5mm。

3）合金钢、不锈钢高压管子应采用机械方法切割。所有钢号的管子在切断后应及时在无标识的管段上标上原有的符号。

4）在车制管端密封面时，其端面应与管子中心垂直，不得有划痕、刮伤、凹穴、啃刀等缺陷。在车制锥角密封面的每种规格的第一个密封口时，要用标准透镜垫着色印检查，其接触线不得间断或偏位。

（2）高压管子弯管加工。

1）钢号为20、15MnV、12CrMo、1Cr18Ni9Ti、Cr18Ni13Mo2Ti的高压管子，应尽量采用冷弯，冷弯后可不进行热处理。

2）采用热弯时应遵循下列规定：

①20号钢热弯时，热弯温度以800~900℃为宜，其加热温度不应高于1 000℃，终弯温度不得低于800℃。

②15MnV钢管热弯时，热弯温度以950~1 000℃为宜，其加热温度不应高于1 050℃，终弯温度不得低于800℃。

③12CrMo、15CrMo、Cr5Mo钢管热弯时，热弯温度以800~900℃为宜，其加热温度不应高于1 050℃，终弯温度不得低于750℃；12CrMo、15CrMo钢管热弯后，须经过

850~900℃正火处理，在5℃以上的空气中冷却。Cr5Mo钢管热弯时严禁浇水，热弯后须经850~875℃退火处理。

④奥氏体不锈钢管热弯时，加热温度以900~1 000℃为宜，加热温度不应高于1 100℃，终弯温度不得低于850℃，热弯后须整体进行固溶淬火处理（1 050~1 100℃水淬）。同时，取同批管子试样2件，做晶间腐蚀倾向试验。如有不合格者，则全部做热处理。但热处理不得超过3次。

⑤高压管子热弯时，不得用煤或焦炭作燃料，应当用木炭作燃料，以免渗碳。

⑥高压管在弯曲和热处理后，应再进行表面无损探伤，需要热处珪的应在热处理后进行；当有缺陷时，可进行修磨。修磨后的弯管壁厚不得小于管子公称壁厚的90%，且不得小于设计壁厚。

⑦高压管子中心线弯曲半径R及最小直边长度L应符合要求：$R \geqslant 5D$（管子外径），$L \geqslant 1.3D$（但不大于60mm）。高压钢管弯管加工合格后，应填写“高压管件加工记录”。

（3）高压管道安装。

1）高压管道安装前应将内部清理干净，用白布检查，达到无铁锈、脏物、水分等为合格。

2）安装管道时应使用正式管架固定。管道支架应按设计图纸要求制作、安装，在管子与管架之间加置木垫、软金属片或橡胶石棉板。

3）高压螺纹法兰的安装方法及要求应符合有关规定。

4）高压管道的焊缝坡口应采用机械方法，坡口形式根据壁厚及焊接方法选择V形或U形，当壁厚小于16mm时，采用V形坡口；壁厚为7~34mm时，可采用V形坡口或U形坡口。

（三）消防工程

1. 室内消火栓系统安装

（1）管道的布置要求。

1）室内消火栓系统管网应布置成环状，当室外消火栓设计流量不大于20L/s，且室内消火栓不超过10个时，可布置成枝状；

2）室内消火栓环状给水管道检修时应符合下列要求：

①室内消火栓竖管应保证检修管道时关闭的竖管不超过1根，当竖管超过4根时，可关闭不相邻的2根。

②每根竖管与供水横干管相接处应设置阀门。

③当生产、生活用水量达到最大，且市政给水管道仍能满足室内外消防用水量时，室内消防泵进水管宜直接从市政管道取水。

④室内消火栓给水管网与自动喷水灭火设备的管网应分开设置，如有困难应在报警阀前分开设置。

⑤高层建筑的消防给水应采用高压或临时高压给水系统，与生活、生产给水系统分开独立设置。

（2）消防水箱、水池及水泵的设置要求。

1）消防水箱。

①常高压给水系统的建筑物，如能保证最不利点水压时，可不设消防水箱。

②高层建筑采用高压给水系统时，可不设高位消防水箱；采用临时高压给水系统时，应设高位消防水箱，水箱的设置高度应保证最不利点消火栓静水压力。不能满足要求时，应设增压设施。

③消防水箱应储存 10min 的消防用水量，与其他水合并时，应有消防用水不作他用的技术措施。除串联消防给水系统外，发生火灾后由消防泵供给的水不应进入消防水箱。

④高位消防水箱的设置应符合下列要求：

a. 当在屋顶露天设置时，水箱的入孔以及进出水管的阀门等应采用锁具或阀门箱等保护措施。

b. 寒冷地区的消防水箱应设置在消防水箱间内，水箱间应通风良好，不结冰；当必须在屋顶露天设置时，应采用防冻措施，环境温度或水温不应低于 5℃。

2）消防水池。符合下列规定之一，应设置消防水池：

①当生产、生活用水量达到最大时，市政给水管网或入户引入管不能满足室内、室外消防给水设计流量。

②当采用一路消防供水或只有一条入户引入管，且室外消火栓设计流量大于 20L/s 或建筑高度大于 50m。

③市政消防给水设计流量小于建筑室内外消防给水设计流量。

3）水泵及配管。消防水泵机组应由水泵、驱动器和专用控制柜等组成；一组消防水泵可由同一消防给水系统的工作泵和备用泵组成。同一泵组的消防水泵型号宜一致，且工作泵不宜超过 3 台；多台消防水泵并联时，应校核流量叠加对出口压力的影响。

消防水泵应采用自灌式吸水。从市政管网直接抽水时，应在消防水泵出水管上设置有空气隔断的倒流防止器。

一组消防水泵的吸水管不应少于 2 条，当其中 1 条损坏或检修时，其余吸水管应仍能通过全部消防用水量；临时高压消防给水系统应采用防止消防水泵低流量空转过热的技术措施。

当设计无要求时，消防水泵的出水管上应安装止回阀和压力表，并宜安装检查和试水用的放水阀门；消防水泵泵组的总出水管上还应安装压力表和泄压阀，安装压力表时应加设缓冲装置。压力表和缓冲装置之间应安装旋塞，压力表量程应为工作压力的 2.0~2.5 倍。

（3）管道的连接方式。

1）室内消火栓给水管道，管径不大于 100mm 时，宜用热镀锌钢管或热镀锌管，管道连接宜采用螺纹连接、卡箍（沟槽式）管接头或法兰连接；管径大于 100mm 时，采用焊接钢管或无缝钢管，管道连接宜采用焊接或法兰连接。

2）消火栓系统的无缝钢管采用法兰连接，在保证镀锌加工尺寸要求的前提下，其管配件及短管连接采用焊接连接。

2. 喷水灭火系统安装

（1）系统组件、喷头、阀门的检验。

1）自动喷水灭火系统管道施工前应对系统组件、管件等进行检查，并符合下列要求：

①系统组件、管件等应符合设计要求和国家现行标准的规定，具有出厂合格证。

②喷头、报警阀、压力开关、水流指示器等主要系统组件应经国家消防产品质量监督检验中心检测合格。

2）喷头的现场检验应符合下列要求：

①型号、规格符合设计要求，商标、型号、制造厂及生产年月等标志齐全。

②外观无加工缺陷和机械损伤，螺纹密封面无伤痕、毛刺、缺丝或断丝现象。

③闭式喷头应进行密封性能试验，以无渗漏、无损伤为合格。

3）阀门及其附件的现场检验应符合下列要求：

①阀门的型号、规格符合设计要求，阀门及其附件配备齐全，报警阀商标、型号、规格及水流方向标志齐全。

②外观无加工缺陷和机械损伤，报警阀和控制阀的阀瓣及操作机构动作灵活、无卡涩现象。水力警铃的铃锤转动灵活，无阻滞现象。

③报警阀应逐个进行渗漏试验，试验压力为额定工作压力的 2 倍，试验时间为 5min，阀瓣处应无渗漏。

4）压力开关、水流指示器及水位、气压、阀门限位等自动监测装置应有清晰的铭牌，安全操作指示标志和产品说明书、水流指示器还应有水流方向标志。上述系统组件在安装前应逐个进行主要功能检查，不合格者不得使用。

（2）管道安装。

1）自动喷水灭火系统管道的安装顺序为先配水干管、后配水管和配水支管，与土建配合施工时，先将水平横管安装到位并开出喷淋头三通，然后在土建吊龙骨时穿插安装支管和喷淋头。对于暗敷在平顶内的管道，为保证今后喷头安装位置正确，宜侧向或向上开出喷淋头三通，通过弯头盘绕使喷头准确到位。

2）管道安装前应清除管内杂物。在腐蚀性场所安装管道时，应按设计要求对管子、管件进行防腐处理。

3）管道变径时，宜采用异径接头；在管道弯头处不得采用补芯；当需要采用补芯时，三通上可用 1 个，四通上不应超过 2 个；公称直径大于 50mm 的管道上不宜采用活接头。

4）管道安装位置应符合设计要求，管道的支架、吊架、防晃支架的安装应符合设计要求。

5）管道穿过建筑物的变形缝时设置柔性短管；穿过墙体或楼板时加设套管，套管长度不得小于墙体厚度或应高出楼面或地面 50mm，套管与管道的间隙用不燃材料填塞密实。

6）管道横向安装宜设 2‰~5‰ 的坡度，坡向排水管。当喷头数量少于或等于 5 只时，可在管道低凹处加设堵头；当喷头数量多于 5 只时，宜装设带阀门的排水管。

（3）喷头安装。

1）喷头应在系统管道试压、冲洗合格后安装，安装时应使用专用扳手，严禁利用喷头的框架施拧。喷头安装时不得对喷头进行拆装、改动，喷头上不得附加任何装饰性涂层。安装在易受机械损伤处的喷头，应加设防护罩。

2）当喷头的公称通径小于 10mm 时，应在配水干管或配水管上安装过滤器。

3）喷头安装时，溅水盘与吊顶、门、窗、洞口或墙面的距离应符合设计要求。当喷头溅水盘高于附近梁底或宽度小于 1.2m 的通风管道腹面时，喷头溅水盘高于梁底、通风管道腹面的最大垂直距离应符合有关规定。当通风管道大于 1.2m 时，喷头应安装在其腹面以下部位。

（4）报警阀组安装。应在供水管网试压、冲洗合格后进行。安装时应先安装水源控制阀、报警阀，然后进行报警阀辅助管道的连接，水源控制阀、报警阀与配水干管的连接应使水楼方向一致。报警阀组安装的位置应符合下列要求：

1）压力表应安装在报警阀上便于观测的位置。

2）排水管和试验阀应安装在便于操作的位置。

3）水源控制阀安装应便于操作，且应有明显开闭标志和可靠的锁定设施。

4）在报警阀与管网之间的供水干管上，应安装由控制阀，检测供水压力、流量用的仪表及排水管道组成的系统流量压力检测装置，其过水能力应与系统过水能力一致，干式报警阀组、雨淋报警阀组安装检测时水流不得进入系统管网的信号控制阀门。

（5）水流指示器安装。

1）水流指示器的安装应在管道试压和冲洗合格后进行，水流指示器的规格、型号应符合设计要求。

2）水流指示器一般安装在每层的水平分支干管或某区域的分支干管上，应使电器元件部位竖直安装在水平管道上侧，倾斜度不宜过大，其动作方向应和水流方向一致；安装后的水流指示器桨片、膜片应动作灵活，不应与管壁发生碰擦，水流指示器前后应保持有5倍安装管径长度的直管段。

3）信号阀应安装在水流指示器前的管道上，与水流指示器的距离不宜小于300mm。

3. 气体灭火系统组成及一般规定

气体灭火系统是以气体作为灭火介质的灭火系统。我国目前常用的气体灭火系统主要有二氧化碳灭火系统、七氟丙烷灭火系统等。气体灭火系统比传统的水喷淋灭火系统、消火栓灭火系统有一个显著的优点就是灭火后不留任何痕迹，无二次污染，但由于气体灭火系统大都采用高压贮存、高压输送，相比水喷淋系统危险系数要大。

（1）储存装置应符合下列规定：

1）二氧化碳灭火管网系统的储存装置由储存容器、容器阀和集流管等组成，七氟丙烷预制灭火系统的储存装置由储存容器、容器阀等组成，热气溶胶预制灭火系统的储存装置由发生剂罐、引发器和保护箱（壳）体等组成。

2）容器阀和集流管之间应采用挠性连接。储存容器和集流管应采用支架固定。

3）储存装置上应设耐久的固定铭牌，并应标明每个容器的编号、容积、皮重、灭火剂名称、充装量、充装日期和充压压力等。

4）管网灭火系统的储存装置宜设在专用储瓶间内。储瓶间宜靠近防护区，且应有直接通向室外或疏散走道的出口。

5）储存装置的布置应便于操作、维修及避免阳光照射。

6）在储存容器或容器阀上，应设安全泄压装置和压力表。组合分配系统的集流管应设安全泄压装置。

7）在通向每个防护区的灭火系统主管道上，应设压力信号器或流量信号器。

8）组合分配系统中的每个防护区应设置控制灭火剂流向的选择阀，选择阀的位置应靠近储存容器且便于操作。选择阀应设有标明其工作防护区的永久性铭牌。

9）喷头应有型号、规格的永久性标识。设置在有粉尘、油雾等防护区的喷头应有防护装置。

10）喷头的布置应满足喷放后气体灭火剂在防护区内均匀分布的要求。当保护对象属可燃液体时，喷头射流方向不应朝向液体表面。

（2）管道及管道附件应符合下列规定：

1）输送气体灭火剂的管道应采用无缝钢管。无缝钢管内外应进行防腐处理，防腐处理宜采用符合环保要求的方式。

2）输送气体灭火剂的管道安装在腐蚀性较大的环境里，宜采用不锈钢管。

3）输送启动气体的管道宜采用铜管。

4）管道的连接，当公称直径小于或等于 80mm 时，宜采用螺纹连接；大于 80mm 时，宜采用法兰连接。钢制管道附件应做内外防腐处理，防腐处理宜采用符合环保要求的方式。使用在腐蚀性较大的环境里，应采用不锈钢的管道附件。

4. 火灾报警装置

火灾报警装置见本章建筑智能化工程。

（四）通风空调工程

1. 通风系统的安装

（1）通风管道的断面形状。有圆形和矩形两种。在同样断面积下，圆形管道周长最短，耗钢量小，强度大，但占有效空间大，其弯管与三通需较长距离。矩形管道四角存在局部涡流，在同样风量下，矩形管道的压力损失要比圆形管道大，矩形管道占有效空间较小，易于布置，明装较美观。在一般情况下通风风管（特别是除尘风管）都采用圆形管道，只是有时为了便于和建筑配合才采用矩形断面，空调风管多采用矩形风管，高速风管宜采用圆形螺旋风管。

此外，在一些特殊场合还采用异形风管，如螺旋形圆形风管、椭圆形风管（简称扁管）、铝箔伸缩软管等。

（2）风管的规格和厚度。为最大限度地利用板材，实现风管制作、安装机械化、工厂化，确定了统一的通风管道规格和厚度，见现行国家标准《通风与空调工程施工质量验收规范》GB 50243。

（3）风管的制作和安装。

1）风管支架制作与安装。常用风管支架的形式有托架、吊架及立管夹。

①托架的安装。通风管道沿墙壁或柱子敷设时，经常采用托架来支承风管。

②吊架的安装。当风管敷设在楼板或桁架下面离墙较远时，一般采用吊架来安装风管。矩形风管的吊架由吊杆和横担组成。

③立管夹。垂直风管可用立管夹进行固定。

2）风管的制作与连接。

①风管可现场制作或工厂预制，风管制作方法分为咬口连接、铆钉连接、焊接。

镀锌钢板及含有各类复合保护层的钢板应采用咬口连接或铆接，不得采用焊接连接。

管径较大的风管，为保证断面不变形且减少由管壁振动而产生的噪声，需要加固。高压风管的单咬口缝应有加固、补强措施。

②风管连接有法兰连接和无法兰连接。

a．法兰连接。法兰连接时，按设计要求确定垫料后，把两个法兰先对正，穿上几个螺栓并戴上螺母，暂时不要紧固。待所有螺栓都穿上后，再把螺栓拧紧。为避免螺栓滑扣，紧固螺栓时应按十字交叉、对称均匀地拧紧。连接好的风管，应以两端法兰为准，拉线检查风管连接是否平直。

b. 无法兰连接。

圆形风管无法兰连接：其连接形式有承插连接、芯管连接及抱箍连接。

矩形风管无法兰连接：其连接形式有插条连接、立咬口连接及薄钢材法兰弹簧夹连接。

2. 风管部件的安装

（1）风阀安装。通风系统安装的风阀有多叶调节阀、三通调节阀、蝶阀、防火阀、排烟阀、插板阀、止回阀等。风阀安装前应检查其框架结构是否牢固，调节装置是否灵活。安装时，应使风阀调节装置设在便于操作的部位。

（2）风口制作与安装。

1）风口的制作。风口加工工艺基本上分为划线、下料、冲盘压框、钻孔、焊接和组装成型。

①风口表面应平整。与设计尺寸的允许偏差不应大于 2mm，矩形风口两对角线之差不应大于 3mm，圆形风口任意正交直径的允许偏差不应大于 2mm。

②风口的转动调节部分应灵活，叶片应平直，同边框不得碰擦。

③插板式及活动箅板式风口，其插板、箅板应平整，边缘光滑，拉动灵活。活动箅板式风口组装后应能达到完全开启和闭合。

④百叶式风口的叶片间距应均匀，两端轴的中心应在同一条直线上。手动式风口的叶片与边框铆接应松紧适当。

⑤散流器的扩散环和调节环应同轴，轴向间距分布应匀称。

⑥孔板式风口，孔口不得有毛刺。孔径和孔距应符合设计要求。

⑦旋转式风口，活动件应轻便灵活。

2）风口的安装。风口与风管的连接应严密、牢固；边框与建筑面贴实，外表面应平整不变形；同一房间内的相同风口的安装高度应一致，排列整齐。

①风口在安装前和安装后都应扳动一下调节柄或杆。

②安装风口时，应注意风口与房间的顶线和腰线协调一致。风管暗装时，风口应服从房间的线条。吸顶安装的散流器应与顶面平齐。散流器的每层扩散圈应保持等距，散流器与总管的接口应牢固可靠。

（3）排气罩安装。排气罩的安装位置应正确，牢固可靠，支架不得设置在影响操作的部位。用于排出蒸汽或其他气体的伞形排气罩，应在罩口内边采取排除凝结液体的措施。

（4）柔性短管安装。柔性短管安装用于风机与空调器、风机等设备与送回风管间的连接，以减少系统的机械振动。柔性短管的安装应松紧适当，不能扭曲。

3. 通风设备安装

（1）风机安装。

1）风机安装的基础和防震装置应符合有关设计的要求。

2）风机的开箱检查应符合下列要求：

①核对叶轮、机壳和其他部位（如地脚孔中心距，进、排气口法兰孔径和方位及中心距、轴的中心标高等）的主要安装尺寸是否与设计相符。

②进、排气口应有盖板严密遮盖，防止尘土和杂物进入。

③检查风机外露部分各加工面的防锈情况，和转子是否发生明显的变形或严重锈蚀、碰伤等。

3）风机的润滑、油冷却和密封系统的管路除应清洗干净和畅通外其受压部分均应做强度试验，试验压力如设备技术文件无规定时，用水压试验时试验压力应为最高工作压力的 1.25~1.50 倍，用气压试验时试验压力应为工作压力的 1.05 倍；现场配制的润滑、密封管路应进行除锈、清洗处理。

4）风机的进气管、排气管、阀件调节装置和气体加热或冷却装置油路系统管路等均应有单独的支撑并与基础或其他建筑物连接牢固；各管路与风机连接时法兰面应对中贴平。

（2）除尘器安装。安装除尘器应符合设计要求，除尘器的排灰阀、卸料阀、排泥阀的安装必须严密。根据不同类型除尘器的结构特点，在安装时还应注意以下操作要点：

1）机械式除尘器。属于机械除尘器类型的有重力除尘器、惯性式除尘器和旋风式除尘器等。组装时，除尘器各部分的相对位置和尺寸应准确，各法兰的连接处应垫石棉垫片，并拧紧螺栓；除尘器与风管的连接必须严密不漏风；除尘器安装后，在联动试车时应考核其气密性，如有局部渗漏应进行修补。

2）过滤式除尘器。各部件的连接必须严密；布袋应松紧适度，接头处应牢固；安装的振打或脉冲式吹刷系统应动作正常可靠。

3）湿式除尘器。对于水浴式、水膜式除尘器，其本体的安装要确保液位系统的准确；对于喷淋式的洗涤器、喷淋装置的安装，应使喷淋均匀无死角，保证除尘效率。

4）电除尘器。清灰装置动作灵活可靠，不能与周围其他部件相碰；不属于电晕部分的外壳、安全网等均有可靠的接地；电除尘器的外壳应做保温层。

（3）消声器安装。

1）运输消声设备时，应避免外界冲击和过大振动，以防消声器出现变形。

2）消声器支架、吊架的生根必须牢固可靠，如需要生根于非承重结构上，应征得设计方的同意。消声弯管应单独设置支架，不得由风管来支撑。

3）安装阻抗复合式消声器，一定要注意把抗性消声器部分放在前面（即气流的入口端），把阻性消声器部分放在后面，一般情况下产品外部有气流方向标识。

4）消声器在运输和吊装过程中，应避免振动，特别对于填充消声器多孔材料的阻、抗式消声器，应防止由于振动而改变填充材料的均布而降低消声效果。

5）消声器安装就位后，可用拉线或吊线的方法进行检查，对不符合要求的应进行修整，直到满足设计和使用要求。

6）当通风、空调系统有恒湿、恒温要求时，消声设备外壳与风管同样做保温处理。

7）消声器在系统中应尽量安装在靠近使用房间的部位，如必须安装在机房内，应对消声器外壳及消声器之后位于机房内的部分风管采取隔声处理。

4. 通风（空调）系统试运转及调试

通风（空调）系统试运转及调试一般包括设备单体试运转、联合试运转、综合效能试验。

（1）设备单体试运转。主要内容包括：

①通风机试运转；

②水泵试运转；

③制冷机试运转；

④检测空气处理室表面热交换器工作是否正常；

⑤带有动力的除尘器与空气过滤器的试运转。

（2）联合试运转。内容包括：

①通风机风量、风压及转速测定，通风（空调）设备风量、余压与风机转速测定；

②系统与风口的风量测定与调整；

③通风机、制冷机、空调器噪声的测定；

④制冷系统运行的压力、温度、流量等各项技术数据应符合有关技术文件的规定；

⑤防排烟系统正压送风前室静压的检测；

⑥空气净化系统，应进行高效过滤器的检漏和室内洁净度级别的测定；

⑦空调系统带冷、热源的正常联合试运转应大于 8h，当竣工季节条件与设计条件相差较大时，仅做不带冷、热源的试运转。通风、除尘系统的连续试运转应大于 2h。

5. 空调系统的安装

（1）风机盘管安装。

1）风机盘管在安装前对机组的换热器应进行水压试验，试验压力为工作压力的 1.5 倍，不渗不漏即可。

2）安装卧式机组时，应合理选择好吊杆和膨胀螺栓，并使机组的凝水管保持一定的坡度，以利于凝结水的排出。吊装的机组应平整牢固、位置正确。

3）机组进出水管应加保温层，以免夏季使用时产生凝结水。机组进出水管与外接管路连接时必须对准，最好采用挠性接管（软接）或铜管连接，连接时切忌用力过猛造成管子扭曲。

4）机组凝结水盘的排水软管不得压扁、折弯，以保证凝结水排出畅通。

5）在安装时应保护换热器翅片和弯头，不得倒塌或碰漏。

（2）诱导器安装。

1）诱导器安装前必须逐台进行质量检查，检查项目如下：

①各连接部分不能松动、变形和产生破裂等情况。

②静压箱封头处缝隙密封材料不能有裂痕和脱落；一次风调节阀必须灵活可靠，并调到全开位置。

2）诱导器与一次风管连接处应严密，防止漏风。

3）诱导器水管接头方向和回风面朝向应符合设计要求。立式双面回风诱导器为利于回风，靠墙一面应留 50mm 以上空间。卧式双回风诱导器要保证靠楼板一面留有足够空间。

4）暗装卧式诱导器应由支、吊架固定，并便于拆卸和维修。

（3）窗式空调器安装。

1）安装位置不要受阳光直射，要通风良好，远离热源，且排水（凝结水）顺利。安装高度以 1.5m 左右为宜，若空调器的后部（室外侧）有墙或其他障碍物，其间距必须大于 1m。

2）空调器室外侧可设遮阳防雨棚罩，但决不允许用铁皮等物将室外侧遮盖起来。否则因空调器散热受阻而使室内无冷气。

3）空调器的送风、回风百叶口不能受阻，气流要保持通畅。

4）空调器凝结水盘要有坡度，室外排水管路要畅通，以利排水。

5）空调器搬运和安装时，不要倾斜 30°，以防冷冻油进入制冷系统内。

（4）吊顶式新风空调箱安装。

1）在机组风量和重量均不太大，而机组的振动又较小的情况下，吊杆顶部采用膨胀螺栓与楼板连接，吊杆底部采用螺扣加装橡胶减振垫与吊装孔连接的办法。对于大风量吊装式新风机组，重量较大，则应采取一定的保证措施。

2）合理考虑机组振动，采取适当的减振措施。

3）机组的送风口与送风管道连接时应采用帆布软管连接形式。

（5）组合式空调机组安装。组合式空调机组安装操作要点如下：

1）安装前，按装箱清单进行开箱验货，检查各功能段部件的完好情况，检查风阀、风机等转动件是否灵活，核对部件数量是否与清单所列数量一致。

2）将冷却段（水表冷段或直接蒸发表冷段）按设计图纸定位，然后安装两侧其他段的部件。段与段之间采用专用法兰连接，接缝用 7mm 的乳胶海绵板作垫料。

3）机组中的新、回风混合段，二次回风段，中间段，加湿段，加热段，喷淋段，电加热段等有左式、右式之分，应按设计要求进行安装。

4）各段组装完毕后，则按要求配置相应的冷热媒管路、给排水管路。冷凝水排出管应畅通。全部系统安装完毕后，应进行试运转，一般应连续运行 8h 无异常现象为合格。

（6）热交换器安装。

1）热交换器的散热面应保持清洁、完整。

2）热交换器安装时如缺少合格证明，应做水压试验。试验压力等于系统最高工作压力的 1.5 倍，且不小于 0.4MPa，水压试验的观测时间为 2~3min，压力下降。

3）空气冷却器的底部应安装滴水盘和泄水管；当冷却器叠放时，在两个冷却器之间应装设中间滴水盘和泄水管，泄水管应设水封，以防吸入空气。

4）蒸汽加热器入口的管路上，应安装压力表和调节阀，在凝水管路上应安装疏水阀。热水加热器的供回水管路上应安装调节阀和温度计，加热器上还应安装放气阀。

（7）冷却塔的安装。

1）在冷却塔下方不另设水池时，冷却塔应自带盛水盘，盛水盘应有一定的盛水量，并设有自动控制的补给水管、溢水管和排污管。

2）多台冷却塔并联时，为防止并联管路阻力不等、水量分配不均匀，以致水池发生漏流现象，各进水管上要设阀门，借以调节进水量；同时在各冷却塔的底池之间用与进水干管相同管径的均压管（即平衡管）连接。此外，为使各冷却塔的出水量均衡，出水干管宜采用比进水干管大两号的集管并用 45° 弯管与冷却塔各出水管连接。

3）冷却塔应安装在通风良好的地方，尽量避免装在有热量产生、粉尘飞扬的场所的下风向，并应布置在建筑的下风向。

4）单列布置的冷却塔的长边应与夏季主导风向相垂直，而双列布置时长边应与主导风向平行。

5）横流式抽风冷却塔若为双面进风，应为单列布置。若为单面进风，应为双列布置。

四、电气和自动化控制工程安装特点和基本工作内容

（一）电气工程

1. 变配电工程安装

（1）变压器的检查和安装。

1）变压器安装之前的检查。包括变压器外观检查及混凝土基础轨距与变压器的轨距一致性检查。

2）器身检查。变压器到达现场后应进行器身检查，器身检查可以吊罩或吊器身，或者不吊罩直接进入油箱内进行。

3）变压器干燥。安装变压器是否需要进行干燥，应根据施工及验收规范的要求进行综合分析判断后确定。

4）变压器安装。变压器安装分室外、柱上、室内三种场所：

①室外安装。变压器、电压互感器、电流互感器、避雷器、隔离开关、断路器一般都装在室外。只有测量系统及保护系统开关柜、盘、屏等安装在室内。

②柱上安装。变压器容量一般都在 320kV · A 以下，变压器台可根据容量大小选用杆型，有单杆台、双杆台和三杆台等。变压器安装高度为离地面 2.5m 以上，台架采用槽钢制作，变压器外壳、中性点和避雷器三者合用一组接地引下线接地装置。接地极根数与土壤的电阻率有关，每组一般 2~3 根。要求变压器台及所有金属构件均做防腐处理。

③室内安装。变压器安装在混凝土基础上时，基础上的构件和预埋件由土建施工，用扁钢与钢筋焊接，这种安装方式适合于小容量变压器的安装。变压器安装在双层空心楼板上，这种结构使变压器室内空气流通，有助于变压器散热。变压器安装时要求变压器中性点、外壳及金属支架必须可靠接地。

（2）油断路器安装。油断路器在运输及吊装过程中不得倒置、碰撞或受到剧烈振动。多油断路器在运输时应处于合闸状态。运到现场后，应按规范要求进行全面检查，包括基础的中心距离及高度的误差，预埋螺栓中心的误差。断路器应垂直安装并固定牢靠，底座或支架与基础的垫片按规定要求安装，各片间应焊接牢固。

（3）隔离开关与负荷开关安装。隔离开关安装在墙上的支架上，应先把支架预埋在墙上，待土建完成后，再安装隔离开关，操作机构与隔离开关应同时安装，拉杆的内径与操作机构轴的直径相配合，两者的间隙不大于 1mm，连接部分的销子不应松动。

（4）避雷器安装。避雷器的安装应严格按照规范的要求：

1）避雷器不得任意拆开，以免破坏密封和损坏元件。

2）普通阀型避雷器安装时，同相组合单元之间的非线性系数的差值应符合规范要求。

3）避雷器各连接处的金属接触表面应洁净、没有氧化膜和油漆、导通良好。

4）并列安装的避雷器三相中心应在同一直线上，相间中心距离允许偏差为 10mm。

（5）漏电保护器的安装。

1）漏电保护器应安装在进户线小配电盘上或照明配电箱内。安装在电度表之后，熔断器（或胶盖刀闸）之前。对于电磁式漏电保护器，也可装于熔断器之后。

2）所有照明线路导线，包括中性线在内，均须通过漏电保护器。

3）电源进线必须接在漏电保护器的正上方，即外壳上标有“电源”或“进线”端；

出线均接在下方，即标有“负载”或“出线”端。

4）安装漏电保护器后，不能拆除单相闸刀开关或瓷插、熔丝盒等。这样要求一是因为维修设备时有一个明显的断开点，二是因为在刀闸或瓷插中装有熔体起着短路或过载保护作用。

5）漏电保护器安装后若是始终合不上闸，应将保护器的“负载”端下的电线拆开（即将照明线拆下来），表明用户线路对地漏电超过了额定漏电动作电流值，应对线路进行整修，合格后才能送电。

6）漏电保护器在安装后带负荷分、合开关三次，不得出现误动作，再用试验按钮试验三次，应能正确动作（即自动跳闸，负载断电）。按动试验按钮时间不要太长，以免烧坏保护器，然后用试验电阻接地试验一次，应能正确动作，自动切断负载端的电源。

7）运行中的漏电保护器，每月至少用试验按钮试验一次，以检查保护器的动作性能是否正常。

（6）高压开关柜的安装。高压开关柜在地坪上安装，有螺栓连接固定和点焊焊接固定两种方法。用螺栓连接固定时，槽钢与预埋底板焊接，再将扁钢焊接在槽钢上，然后在扁孔上钻孔，用螺栓连接固定。其优点是易于调换新柜，便于维修。用点焊焊接固定时，先将槽钢与预埋底板进行焊接，然后将高压开关柜点焊在槽钢上，此法易于施工。

（7）母线安装。

1）裸母线。裸母线分为硬母线和软母线两种。硬母线又称汇流排，软母线包括组合软母线。母线按材质可分为铝母线、铜母线和钢母线三种。按形状可分为矩形、圆形、槽形、管形母线四种，按安装方式，带形母线有每相 1 片、2 片、3 片和 4 片，组合软母线有 2 根、3 根、10 根、14 根、18 根和 36 根等。

母线安装，其支持点的距离要求如下：低压母线不得大于 900mm，高压母线不得大于 700mm。低压母线垂直安装，且支持点间距无法满足要求时，应加装母线绝缘夹板。母线的连接方式有焊接和螺栓连接两种。

母线的安装不包括支持绝缘子安装和母线伸缩接头的制作、安装。焊接采用氩弧焊。凡是高压母线穿墙敷设时，必须采用穿墙套管。

低压母线穿墙板时，先将角钢预埋在配合土建施工预留洞的四个角上，然后将角钢支架焊接在洞口的预埋件上，再将绝缘板（上、下两块）用螺栓固定在角钢支架上。

2）低压封闭式插接母线。封闭式母线配线适用于干燥和无腐蚀气体的室内，负载大的场所。封闭式母线都由制造厂成套供应，出厂时各段外壳上都标有分段单元及相应编号。施工中应注意：

①支架必须安装牢固。

②封闭式母线配线，水平敷设时，底边离地距离不宜小于 2.2m；除敷设在电气设备间及设备层外，垂直敷设时，距地面高 1.8m 及以下的部位应有防止机械损伤的保护措施。

③母线安装时，必须按分段图、相序、编号、方向和标志予以正确放置，不得随意互换。每项外壳的纵向间隙应分配均匀。

④母线与外壳间必须同心，其误差不得超过 5mm。母线直线段安装应平直，水平度与垂直度偏差不宜大于 1.5‰，全长最大偏差不宜大于 20mm。母线段与段连接以及与支架、吊架等的固定不应强行组装，两相邻段母线及外壳应对准，连接后不得使母线受到额

外的附加应力。

⑤封闭式母线不得用钢丝绳起吊和绑扎，母线上不得任意堆物，不得在地面上拖拉，不得在外壳上进行其他任何作业，外壳内不得有遗留物，外壳内及绝缘子必须擦拭干净。

⑥封闭式母线的终端，当无引出线时，端部应采用专用的封板进行封闭。

⑦封闭式母线，直线段距离超过 80m 时，每 50~60m 应设置膨胀节。当制造厂有特殊要求时，应按产品技术文件的要求执行。当它水平跨越建筑物的伸缩缝或沉降缝时，应有措施。

⑧封闭式母线的插接分支点应设在安全及安装维护方便的地方。封闭式母线的连接，不应在穿楼板或墙壁处进行。当其穿越防火墙及防火楼板时，应采取防火隔离措施。

⑨外壳的相间短路板应位置正确，连接良好，否则将改变封闭母线的原来磁路而引起封闭式母线外壳的严重发热。相间支撑板应安装牢固，分段绝缘的外壳应做好绝缘措施。

⑩母线焊接必须在封闭式母线各段全部就位，并经调整合格，绝缘子、盘形绝缘子和电流互感器经试验合格后才进行。

2. 电气线路工程安装

（1）架空线路。

1）架空线路的敷设。架空导线间距不小于 300mm，靠近混凝土杆的两根导线间距不小于 500mm。上下两层横担间距：直线杆时为 600mm，转角杆时为 300mm。广播线、通信电缆与电力线同杆架设时应在电力线下方，二者垂直距离不小于 1.5m。低压电杆杆距宜在 30~45m。

2）横担。横担应架设在电杆的靠负载一侧。导线在横担上排列应符合如下规律，即当面向负载时，从左侧起 L1、N、L2、L3；和保护零线在同一横担上架设时，导线相序排列的顺序是：面向负载，从左侧起为 L1、N、L2、L3、PE；动力线、照明线在两个横担上分别架设时，上层横担面向负载从左侧起为 L1、L2、L3；下层横担：单相三线时面向负载从左侧起为 L1（或 L2、L3）、N、PE；在两上层横担上架设时，最下层横担面向负载，最右边的导线为保护零线 PE。

3）架空线。主要用绝缘线或裸线。市区 0.4kV 室外架空线路应采用多芯铝绞绝缘导线，导线截面统一选用 $35mm^2$、$70mm^2$、$95mm^2$、$120mm^2$ 四种规格。在同一横担上导线截面等级不应超过三级。

（2）电缆安装。电缆安装前要进行检查。1kV 以上的电缆要做直流耐压试验，1kV 以下的电缆用 500V 摇表测绝缘，检查合格后方可敷设。当对纸质油浸电缆的密封有怀疑时，应进行潮湿判断。直埋电缆、水底电缆应经直流耐压试验合格，充油电缆的油样试验合格。电缆敷设时，不应破坏电缆沟和隧道的防水层。

1）电缆敷设的一般技术要求。

①在三相四线制系统，必须采用四芯电力电缆，不应采用三芯电缆另加一根单芯电缆或以导线、电缆金属护套作中性线的方式。在三相系统中，不得将三芯电缆中的一芯接地运行。

②并联运行的电力电缆应采用相同型号、规格及长度的电缆，以防负荷不按比例分配，从而影响运行。

③电缆敷设时，在电缆终端头与电源接头附近均应留有备用长度，以便在故障时提供检修。直埋电缆尚应在全长上留少量宽裕度，并做波浪形敷设，以补偿运行时因热胀冷缩

而引起的长度变化。

④电缆各支持点的距离应按设计规定执行。

⑤电缆的弯曲半径不应小于现行国家标准的规定。

2）电缆安装方法。

①电缆在室外直接埋地敷设。埋设深度不应小于0.7m（设计有规定者按设计规定深度埋设），经过农田的电缆埋设深度不应小于1m，埋地敷设的电缆必须是铠装，并且有防腐保护层，裸钢带铠装电缆不允许埋地敷设。

直埋电缆时，先将埋设电缆土沟（按电缆埋深加100mm）挖好，在沟底铺不小于100mm厚的细沙（软土）。敷好电缆后，在电缆上再铺不小于100mm厚细沙（软土），然后盖砖或盖保护板（根据设计规定，设计无规定时，按盖砖计算），上面回填土略高于原有地面。多根电缆同沟敷设时，10kV以下电缆平行距离为350mm。

②电缆在室内外电缆沟内敷设。分无支架和有支架敷设。

无支架敷设是将电缆直接敷设在电缆沟底上，沟顶盖水泥盖板。在两种不同等级电压下利用接地线屏蔽，接地线焊在预埋件上，预埋件间距为1 000mm。有支架敷设是将电缆支架安装在电缆沟内的两侧（双侧支架）或一侧（单侧支架），然后将电缆托在支架上。支架又分角钢支架、槽钢支架（装配式支架）、预制钢筋混凝土支架三种。装配式支架为成品支架，须在现场组装，然后运到电缆沟内进行安装。

③电缆沿支架敷设。先将支架螺栓预埋在墙上，并把在施工现场制作好的支架固定在预埋螺栓上，然后将电缆固定在电缆支架上。电缆直接固定在墙上的，也应先将螺栓预埋在墙上，然后用卡子将电缆与螺栓固定。

④电缆沿墙吊挂敷设和卡设。电缆沿墙吊挂敷设，是先将挂钉预埋在墙内，然后将挂钩挂在挂钉上，电缆放入挂钩即可。挂钩间距：电力电缆为1.0m，控制电缆为0.8m。挂钩不超过3层。电缆沿墙卡设，是先将预制好的电缆支架预埋在墙内，然后把电缆用卡子固定在预埋支架上。

⑤电缆沿柱卡设。先将抱箍支架卡设在柱子上，再将保护钢管卡设在支架上，此法适用于电缆穿钢管沿柱垂直敷设。

⑥电缆穿导管敷设。指整条电缆穿钢管敷设。先将管子敷设好（明设或暗设），再将电缆穿入管内，穿入管中电缆的数量应符合设计要求，要求管道的内径等于电缆外径的1.5~2倍，管子的两端应做喇叭口。交流单芯电缆不得单独穿入钢管内。敷设电缆管时应有0.1%的排水坡度。

⑦电缆沿钢索卡设。先将钢索两端固定好，其中一端装有花篮螺栓，用以调节钢索松紧程度，再用卡子将电缆固定在钢丝绳上。固定电缆卡子的距离：水平敷设时电力电缆为750mm，控制电缆为600mm；垂直敷设时电力电缆为1 500mm，控制电缆为750mm。此法一般用于软电缆。

⑧电缆桥架敷设。电缆桥架由立柱、托臂、托盘、隔板和盖板等组成。电缆一般敷设在托盘内。电缆桥架悬吊式立柱安装是由土建专业预埋铁件，安装时用膨胀螺栓将立柱固定在预埋铁件上，然后将托臂固定于立柱上，托盘固定在托臂上，电缆放在托盘内。

⑨电缆顶管。当埋地电缆横过厂内马路或厂外公路，且不允许挖开马路或公路路面时，则采用钢管从马路的底部顶穿过去。这种将管子顶穿过马路的方法叫作顶管施工。

3. 防雷及接地系统安装

（1）防雷系统安装方法及要求。

1）避雷网安装。

①沿混凝土块敷设。混凝土块为一正方梯形体，在土建做屋面层之前按照图纸及规定的间距把混凝土块制作完成（混凝土块为预制），待土建施工完毕，混凝土块已基本牢固，然后将避雷带用焊接或用卡子固定于混凝土块的支架上；在屋脊上水平敷设时，要求支座间距为 1.0m，转弯处为 0.5m。

②沿支架敷设。根据建筑物结构、形状的不同分为沿天沟敷设、沿女儿墙敷设。所有防雷装置的各种金属件必须镀锌。水平敷设时要求支架间距为 1.0m，转弯处为 0.5m。

2）避雷针安装。

①在烟囱上安装。根据烟囱的不同高度，一般安装 1~3 根避雷针，要求在引下线离地面 1.8m 处加断接卡子，并用角钢加以保护，避雷针应采用热镀锌。

②在建筑物上安装。避雷针在屋顶上及侧墙上安装应参照有关标准进行施工。避雷针安装应包括底板、肋板、螺栓等。避雷针由安装施工单位根据图纸自行制作。

③在金属容器上安装。避雷针在金属容器顶上安装应按有关标准要求进行。

④避雷针（带）与引下线之间的连接应采用焊接或热剂焊（放热焊接）。

⑤避雷针（带）的引下线及接地装置使用的紧固件均应使用镀锌制品。当采用没有镀锌的地脚螺栓时应采取防腐措施。

⑥装有避雷针的金属筒体，当其厚度不小于 4mm 时，可作避雷针的引下线。筒体底部应至少有 2 处与接地体对称连接。

⑦建筑物上的避雷针或防雷金属网应和建筑物顶部的其他金属物体连接成一个整体。

⑧避雷针（网、带）及其接地装置应采取自下而上的施工程序。首先安装接地装置，然后安装引下线，最后安装接闪器。

3）独立避雷针安装。

①独立避雷针安装分为钢筋混凝土环形杆独立避雷针和钢筋结构独立避雷针两种。

②独立避雷针及其接地装置与道路或建筑物的出入口等的距离应大于 3m。当小于 3m 时，应采取均压措施或铺设卵石或敷设沥青地面。

③独立避雷针的接地装置与接地网的地中距离不应小于 3m。

4）引下线安装。引下线可采用扁钢和圆钢敷设，也可利用建筑物内的金属体。单独敷设时，必须采用镀锌制品，且其规格必须不小于下列规定：扁钢截面积为 $48mm^2$，厚度为 4mm；圆钢直径为 12mm。为了便于测量引下线的接地电阻，引下线沿外墙明敷时，宜在离地面 1.5~1.8m 处加断接卡子。暗敷时，断接卡子可设在距地 300~400mm 的墙内的接地端子测试箱内。

5）均压环安装。均压环是高层建筑为防侧击雷而设计的环绕建筑物周边的水平避雷带。

①建筑物的均压环从哪一层开始设置、间隔距离、是否利用建筑物圈梁主钢筋等应由设计确定。如果设计不明确，当建筑物高度超过 30m 时，应在建筑物 30m 以上设置均压环。建筑物层高小于或等于 3m 的每两层设置一圈均压环，层高大于 3m 的每层设置一圈均压环。

②均压环可利用建筑物圈梁的两条水平主钢筋（大于或等于 ϕ12mm），圈梁的主钢筋直径小于 12mm 的，可用其四根水平主钢筋，用作均压环的圈梁钢筋应用同规格的圆钢接

地焊接。没有圈梁的可敷设 40mm × 4mm 扁钢作为均压环。

③用作均压环的圈梁钢筋或扁钢应与避雷引下线（钢筋或扁钢）连接，与避雷引下线连接形成闭合回路。

④在建筑物 30m 以上的金属门窗、栏杆等应用 ϕ10mm 圆钢或 25mm × 4mm 扁钢与均压环连接。

（2）接地系统安装方法及要求。

1）接地极制作、安装。接地极制作、安装分为钢管接地极、角钢接地极、圆钢接地极、扁钢接地极、铜板接地极等。常用的为钢管接地极和角钢接地极。

①接地极垂直敷设。根据图纸中的位置开沟，一般沟深为 0.8m，下口宽为 0.4m，上口宽为 0.5m。再将角钢或钢管接地极的一端削尖，将有尖的一头立放在已挖好的沟底上，垂直打入土沟内 2m 深，在沟底上部余留 50mm。将图纸规定的数量敷设完。再用扁钢将角钢接地极连接起来，最后回填土。

②接地极水平敷设。在土壤条件极差的山石地区采用接地极水平敷设。首先在山石地段开挖接地沟（采用爆破方法），沟内全部回填黄黏土并分层夯实。从底部分层夯实至 0.5m 标高时，将接地扁钢按图纸的要求水平排列 3 根，间距为 160mm，长度为 1.5m，再用 40mm × 4mm × 700mm 的扁钢，在垂直方向与上述 3 根水平排列的扁钢用焊接连接起来，每隔 1.5m 的间距焊接 1 根，要求接地装置全部采用镀锌扁钢，所有焊接点处均刷沥青。接地电阻应小于 4Ω，超过时，应补增接地装置的长度。

③高电阻率土壤地区降低接地电阻的措施：采取换土；对土壤进行降阻处理，常用的材料有炉渣、木炭、电石渣、石灰、食盐等。

2）户外接地母线敷设。

①户外接地母线大部分采用埋地敷设。

②接地线的连接采用搭接焊，其搭接长度是：扁钢为宽度的 2 倍（且至少 3 个棱边焊接）；圆钢为直径的 6 倍；圆钢与扁钢焊接时，其长度为圆钢直径的 6 倍；扁钢与钢管或角钢焊接时，为了连接可靠，除应在其接触部位两侧进行焊接外，还应焊以由钢带弯成的弧形（或直角形）卡子，或直接用钢带弯成弧形（或直角形）与钢管（或角钢）焊接。

③回填土时，不应夹有石块、建筑材料或垃圾等，外取的土壤不得有较强的腐蚀性，在回填土时应分层夯实。

3）户内接地母线敷设。

①户内接地母线大多是明设，分支线与设备连接的部分大多数为埋设。

②明设接地线支持件间的距离，在水平直线部分宜为 0.5~1.5m；垂直部分宜为 1.5~3.0m；转弯部分宜为 0.3~0.5m。

③接地线沿建筑物墙壁水平敷设时，离地面距离宜为 250~300mm；接地线与建筑物墙壁间的间隙宜为 10~15mm。

④明敷接地线，在导体的全长度或区间段及每个连接部位附近的表面，应涂以 15~100mm 宽度相等的绿色和黄色相间的条文标识。当使用胶带时，应使用双色胶带。中性线宜涂淡蓝色标识。

（3）电气调整试验。电气调整试验的目的是在电气安装工作基本完成的条件下，并保证人身和设备安全的前提下，使电气装置的性能较好地满足设计和生产工艺要求。可以分以下步骤：准备工作、单体调试、分系统调试和整体调试。

1）准备工作：技术理论准备与施工图准备。编写调试方案。检查设备及其元件的型号、规格应符合设计要求。保证设备及其元件的质量和安装质量应符合安装质量要求。

2）单体调试：指电气设备及元件的本体试验和调校。如变压器、电缆、绝缘子等元件的本体绝缘、耐压和特性等试验和调校。

3）分系统调试：指可以独立运行的一个小电气系统的调试。如一台变压器的分系统调试，包括该系统中的一次开关装置、变压器和二次开关装置等主回路调试。

4）整体调试：指成套电气设备的整套启动调试。如一套发电机组的电气整体调试，一个变压所的整体调试，一套轧钢电机的整体调试或一条送电线路的整体调试等。

（二）自动化控制仪表安装工程

（1）室内 / 外温度传感器安装。

1）室内温度传感器不应安装在阳光直射的地方，应远离室内冷 / 热源，如暖气片、空调机出风口。远离窗、门直接通风的位置。如无法避开则与之距离不应小于 2m。

2）室内温度传感器安装要求美观，多个传感器安装距地高度应一致，高度差不应大于 1.0mm，同一区域内高度差不应大于 5mm。

3）室外温度传感器安装应设有遮阳罩，避免阳光直射，应设有防风雨防护罩，远离风口、过道。避免过高的风速对室外温度检测的影响

（2）湿度传感器安装。

1）应安装在风速平稳，能反映风温的位置。

2）风管保温层完成后安装传感器，安装在风管直管段或应避开风管死角的位置。

3）应安装在便于调试、维修的地方。

（3）压力传感器安装。

1）压力传感器应安装在便于调试、维修的位置。

2）风管型压力传感器宜安装在远离风口、过道的地方。

3）风管型压力传感器应安装在风管的直管段，避开风管内通风死角和弯头。风管型压力传感器的安装应在风管保温层完成之后。

4）水管压力传感器不宜在焊缝及其边缘上开孔和焊接安装。水管压力传感器的开孔和焊接应与工艺管道安装同时进行。

5）水管压力传感器宜选在管道直管部分，不宜选在管道弯头、阀门等阻力部件的附近，水流流束死角和振动较大的位置。

6）水管压力传感器应加装接缓冲弯管和截止阀。

（4）流量测量仪表安装。

1）电磁流量计。

①电磁流量计应安装在无电磁场干扰的场所。

②电磁流量计应安装在直管段。

③电磁流量计的前端应有长度为 10*D*（*D* 为管径）的直管，流量计的后端应有长度为 5*D* 的直管段。

④传感器前后的管道中安装有阀门和弯头等影响流量平稳的设备，则直管段的长度还需相应增加。

⑤系统如有流量调节阀，电磁流量计应安装在流量调节阀的前端。

2）涡轮式流量计。

①涡轮式流量计应水平安装，流体的流动方向必须与流量计所示的流向标志一致。

②涡轮式流量计应安装在直管段，流量计的前端应有长度为 10*D*（*D* 为管径）的直管，流量计的后端应有长度为 5*D* 的直管段。

③如传感器前后的管道中安装有阀门和弯头等影响流量平稳的设备，则直管段的长度还需相应增加。

④涡轮式流量变送器应安装在便于维修并避免管道振动的场所。

（5）电量变送器安装。

1）被测回路加装电流、电压互感器，互感器输出电流、电压范围应符合电流、电压变送器的电流、电压输入范围。

2）变送器接线时，应严防电压输入端短路和电流输入端开路。

3）变送器的输出应与现场直接数字控制器输入通道的特性相匹配。

（6）电动调节阀安装。阀门驱动器按输出方式可分直行程、角行程和多转式三种类型，分别同直线移动的调节阀、旋转的蝶阀、多转式调节阀配合工作。

电动调节阀和工艺管道同时安装，在管道防腐和试压前进行安装。

1）应垂直安装于水平管道上，尤其对大口径电动阀不能有倾斜。

2）阀体上的水流方向应与实际水流方向一致。一般安装在回水管上。

3）阀旁应装有旁通阀和旁通管路，阀位指示装置安装在便于观察的位置，手动操作机构应安装在便于操作的位置。

4）电动调节阀的行程、阀前 / 后压力必须满足设计和产品说明书的要求。

（7）仪表回路模拟实验。自控仪表的调试工作是安装过程的重要组成部分。

1）单体调试。单体调试的目的是检查仪表是否符合各性能指标。

2）系统调试。系统调试是在仪表安装完毕后对回路系统进行的调试，又称为二次调试。目的是检测自控仪表回路，包括管路、线路在内各环节是否可靠。

（三）通信设备和线路工程

1. 通信线路路由的确定

（1）选择线路路由应在线路规划的基础上充分研究分路敷设的可能（包括在道路两侧敷设的可能），以满足基站接入的需要和线路网络的灵活性。

（2）通信线路路由应远离电蚀和化学腐蚀地带。

（3）选择地下、地上障碍物较少的街道。

（4）避免在已有规划而尚未定型，或虽已成型但土壤未沉实的道路上，以及流砂、翻浆地带修建线路。

2. 通信线路位置的确定

（1）宜敷设在人行道下。如不允许，可建在慢车道下，不宜建在快车道下。

（2）高等级公路的通信线路敷设位置选择依次是：隔离带下、路肩和防护网以内。

（3）为便于电缆引上，线路位置宜与杆路同侧。

（4）通信线路中心线应平行于道路中心线或建筑红线。

（5）通信线路位置不宜敷设在埋深较大的其他管线附近。

（6）通信线路应尽量避免与燃气线路、高压电力电缆在道路同侧敷设，不可避免时通信线路、通道与其他地下管线及建筑物间的最小净距（指线路外壁之间的距离）应符合相应的规定。

（7）通信线路与铁道及有轨电车道的交越角不宜小于60°。交越时，与道岔及回归线的距离不应小于3m。

（8）人孔内不得有其他管线穿越。

3. 线路器材检验与安装

（1）核对单盘光、电缆的规格、程式和制造长度，应符合设计要求。

（2）填充型光、电缆应检查填充物是否饱满，填充物的物理特性应符合国家标准的规定；充气型光、电缆应检查气闭特性，气闭性能应符合有关规定。

（3）检查光纤色谱、电缆芯线色谱是否正确，确定光缆的端别，并做好标记。

（4）检查光缆出厂产品合格证和测试记录，审查光缆的几何、光学和传输特性、机械物理性能是否符合合同或设计要求。

（5）对光缆进行光纤长度、衰减测试，电气性能测试，气压维护。

（6）进行光缆金属保护层对地绝缘电阻的测试（厂验）。

4. 线路施工

（1）路由复测。路由复测应以批准的施工图设计为依据。路由复测的主要内容为：

1）复核路由的具体走向、敷设方式、环境条件以及接头点的具体位置。

2）复测路由地面距离，核对施工图纸，统计各施工项目的工程量。

（2）光电缆配盘。

1）配盘：根据路由复测资料计算出光缆敷设总长度以及光纤全程传输质量要求，选配单盘光缆。不同敷设方式及不同的环境温度，应根据设计规定选用相适应的光缆。

2）光缆接头点：埋光缆接头应安排在地势平坦和地质稳固的地点，应避开水塘、河流、沟渠及道路等。管道光缆接头应避开交通要道口。架空光缆接头应落在杆上或杆旁1.0m左右。

（3）光、电缆敷设。

1）光电缆敷设的一般规定。

①光缆的弯曲半径不应小于光缆外径的15倍，施工过程中不应小于20倍。

②布放光缆的牵引力不应超过光缆允许张力的80%。瞬间最大牵引力不得超过光缆允许张力的100%，主要牵引力应加在光缆的加强芯上，牵引端头与牵引索之间应加入转环。光缆布放完毕，应检查光纤是否良好，光缆端头应做密封防潮处理。

2）管道光电缆敷设。准备材料、工具和设备—检查和安装人孔硬件—选择管道的管孔—通管道—穿放子管—确定牵引方案—牵引机具的装设—牵引光缆—挂光缆标牌及保护—人孔及端站光缆的安装—完成。

3）直埋光电缆敷设。准备材料、工具和设备—检查挖掘工具—挖沟—确定光缆的段长和配盘—填平沟底—布缆—小回填—设防护装置、铺放标志带、回填—埋设标识—完成。

4）架空及墙壁光电缆敷设。立电杆—安装拉线—敷设吊线—架挂光缆。

5. 光、电缆接续及测试

（1）光缆接续。光缆接续步骤：开剥光缆—分纤将光纤穿过热缩管—打开熔接机电源—制作光纤端面、放置光纤—移出光纤用加热炉加热热缩管—盘纤固定—密封和挂起。

（2）光缆测试。使用光功率计或光时域反射图示仪（OTDR）对光纤进行定量测量，测出光纤和接头的衰减，甚至可测出光纤的断点位置。

（3）电缆接续。拗正电缆—剖缆—编排线序—芯线接续前的测试—接续（包括模块直接、模块的芯线复接、扣式接线子的直接、扣式接线子的复接、扣式接线子的不中断复接）—接头封合。

（4）电缆测试。

1）用户线路测试分为电缆线对（间）、对地绝缘电阻、分线设备环路电阻。

2）中继电缆线路测试分为近端串音衰减、对地绝缘电阻、环路电阻。

（四）建筑智能化工程

1. 建筑自动化系统

建筑自动化系统（BAS）包括供配电、照明、给排水、暖通空调、电梯、保安、消防等监控子系统，现分述如下：

（1）供配电监控系统。供配电监控系统的主要功能是保证建筑物安全可靠的供电，主要是对各级开关设备的状态、主要回路的电流、电压、变压器的温度以及发电机运行状态进行监测。在保障安全可靠供电的基础上，系统还可包括用电计量、各户用电费用分析计算、用电高峰期对次要回路的限制供电控制等功能。

（2）照明监控系统。照明监控系统主要是对门厅、走廊、庭院和停车场等处照明的按顺序启停控制、对照明回路的分组控制、用电过大时自动切断以及对厅堂、办公室等地的无人熄灯控制等。这些控制可以通过计算机设定启停时间表、值班人员远动等方式来进行，也可以采用门锁、红外线等方式探测是否无人，从而自动熄灭的控制方式。

（3）给排水监控系统。给排水的监控目标是保证建筑物的给水 / 排水系统的正常运行，基本功能是对各给水泵、排水泵、污水泵及饮用水泵的运行状态及故障情况进行监测，对各种水箱及污水池的水位、给水系统压力、流量进行监测以及根据这些水位及压力状态启 / 停相应的水泵。

（4）暖通空调监控系统。通过对大楼环境温湿度的监测，对冷冻机组、空调机组及水泵等设备状态的监控，实现对空调系统所需冷热源的温度、流量等的自动调节。暖通空调监控系统功能为：设备最佳启 / 停控制、空调及制冷机的节能优化控制、设备运行周期控制、电力负荷控制、蓄冷系统优化控制等。

（5）电梯监控系统。电梯一般都带有完备的控制装置，但需要将这些控制装置与楼宇自动化系统相连并实现它们之间的数据通信，使管理中心能够随时掌握各个电梯的工作状况，当有多部电梯时进行群控优化，并在火灾、非法入侵等特殊场合对电梯的运行进行直接的管理控制。

（6）保安监控系统。保安监控系统又称 SAS，一般有如下内容：

1）出入口控制系统：将门禁开关、电子锁或读卡机等装置安装于进入建筑物或主要管理区的出入口，从而对这些通道进行出入对象控制或时间控制。

2）防盗报警系统：将由红外或微波技术构成的运动信号探测器安装于一些无人值守的位置，当发现所监视区出现移动物体时，即发出信号通知控制中心。

3）闭路电视监视系统：将摄像机装于需要监视控制的区域，通过电缆将图像传至控制中心，使中心可以随时监视各监控区域的现场状态，计算机技术还可进一步对这些图像进行分析，从而辨别出运行物体、火焰、烟及其他异常状态，并报警及自动录像。

4）保安人员巡逻管理系统：指定保安人员的巡逻路线，在路径上设巡视开关或读卡机，从而计算机可确认保安人员是否按顺序在指定路线下巡逻，以保证保安人员的安全。

（7）消防监控系统。消防监控系统又称 FAS（Fire Automation System），是一个相对独立的系统，由火灾报警、水喷淋、送风与排烟、消防通信与紧急广播等子系统组成，传递火灾报警系统的各种状态和报警信息。FAS 主要由火灾自动报警系统和消防联动控制两部分构成。

（8）BAS 的集中管理协调。在智能建筑中，各种系统在许多情况下需要相互协调。这些协调控制需要在 BAS 控制中心通过计算机和值班人员的相互配合来实现。

2. 火灾报警系统的设备

（1）火灾探测器。

按信息采集类型分为感烟探测器、感温探测器、火焰探测器、特殊气体探测器。

按设备在现场的安装方式分为点式探测器、缆式探测器、红外光束探测器。

按探测器与控制器的接线方式分为总线制、多线制，总线制又分编码的和非编码的，而编码的又分电子编码和拨码开关编码，拨码开关编码的又叫拨码编码，又分为二进制编码、三进制编码。

（2）火灾报警控制器。火灾报警控制器是能够为火灾探测器供电，并能接收、处理及传递探测点的火警电信号，发出声、光报警信号，同时显示及记录火灾发生的部位和时间，向联动控制器发出联动通信信号的报警控制装置。

（3）联动控制器。联动控制器除具有普通火灾控制器功能外，还具有：

1）切断火灾发生区域的正常供电电源，接通消防电源。

2）能启动消火栓灭火系统的消防泵，能启动自动喷水灭火系统的喷淋泵并显示状态。

3）能打开雨淋灭火系统的控制阀，启动雨淋泵；能打开气体或化学灭火系统的容器阀，能在容器阀动作之前手动急停，并显示状态。

4）能控制防火卷帘门的半降、全降；能控制平开防火门，显示所处的状态。

5）能关空调送风系统的送风机；能开防排烟系统的排烟机，显示状态。

6）能控制常用电梯，使其自动降至首层。

7）能使受其控制的火灾应急广播、应急照明系统工作。

8）能使相关的疏散、诱导指示设备、警报装置进入工作状态。

（4）火灾现场报警装置。

1）手动报警按钮。它是由现场人工确认火灾后，手动输入报警信号的装置。

2）声、光报警器。火警时可发出声、光报警信号。其工作电压由外控电源提供，由联动控制器的配套执行器件（继电器盒、远程控制器或输出控制模块）控制。

3）警笛、警铃。火警时可发出声报警信号（变调音）。同样由联动控制器输出控制信号驱动现场的配套执行器件完成对警笛、警铃的控制。

（5）消防通信设备。

1）消防广播。

2）消防电话。消防专用电话应为独立的消防通信网络系统。消防控制室应设置消防专用电话总机。重要场所应设置电话分机，分机应为免拨号式的。

第二节 安装工程材料

一、安装工程常用材料

(一)型材、板材和管材

1. 型材

型材是铁或钢及具有一定强度和韧性的材料(如塑料、铝、玻璃纤维等)通过轧制、挤出、铸造等工艺制成的具有一定几何形状的物体。常见有型钢、塑钢型材等。

普通型钢主要用于建筑结构,如桥梁、厂房结构,但个别也用于粗大的机械构件。普通型钢可分为冷轧和热轧两种,其中热轧最为常用。型材按其断面形状分为圆钢、方钢、六角钢、角钢、槽钢、工字钢、H 型钢和扁钢等。

2. 板材

(1)钢板。在安装工程中金属薄板是应用较多的材料,如制作风管、气柜、水箱及维护结构。普通钢板(黑铁皮)、镀锌钢板(白铁皮)、塑料复合钢板和不锈耐酸钢板等为常用钢板。普通钢板具有良好的加工性能,结构强度较高,且价格便宜,应用广泛。镀锌钢板表面有保护层,起防锈作用,一般无需再刷防锈漆。

钢板规格表示方法为宽度 × 厚度 × 长度(mm)。钢板分厚板(厚度 >4mm)和薄板(厚度≤ 4mm)两种。

(2)铝合金板。铝合金板的延展性能好、耐腐蚀,适宜咬口连接,且具有传热性能良好,在摩擦时不易产生火花的特性,所以铝合金板常用于防爆的通风系统。

(3)塑料复合钢板。塑料复合钢板是在普通薄钢板表面喷涂一层 0.2~0.4mm 厚的塑料层,塑料层具有较好的耐腐蚀性和装饰性能。塑料复合钢板在建筑工程中应用广泛。

3. 管材

(1)金属管材。

1)无缝钢管。无缝钢管可以用普通碳素钢、普通合金钢和不锈钢制成。无缝钢管是用一定尺寸的钢坯经过穿孔机、热轧或冷拔等工序制成的中空而横截面封闭的无焊接缝的钢管。所以无缝钢管比焊缝钢管有较强的强度,一般能承受 3.2~7.0MPa 的压力。

2)焊接钢管。焊接钢管又称黑铁管。将焊接钢管镀锌后为镀锌钢管(白铁管)。按焊缝的形状可分为直缝钢管、螺纹缝钢管和双层卷焊钢管,按其用途不同又可分为水、煤气输送钢管,按壁厚可分为薄壁管和加厚管等。

3)合金钢管。合金钢管用于各种锅炉耐热管道和过热器管道等。合金强度高,在同等条件下采用合金钢管可达到节省钢材的目的。耐热合金钢管具有强度高、耐热性好的优点,其规格范围为公称直径 15.0~500.0mm,适应范围为 -40~570℃。

4)铸铁管。铸铁管分给水铸铁管和排水铸铁管两种。其特点是经久耐用、抗腐蚀性强、质较脆,多用于耐腐蚀介质及给排水工程。铸铁管的连接常用承插式和法兰式连接。

给水承插铸铁管分为高压管(P<1.0MPa)、普压管(P<0.75MPa)和低压管(P<0.45MPa)。

排水承插铸铁管适用于污水的排放,一般都是自流式,不承受压力。

5）有色金属管。有色金属管通常用外径 × 壁厚来表示，有铅及铅合金管、铜及铜合金管、铝及铝合金管、钛及钛合金管。

（2）非金属管材。

1）混凝土管。混凝土管有预应力钢筋混凝土管和自应力钢筋混凝土管两种。主要用于输水管道，管道连接采取承插连接，用圆形截面橡胶圈密封接口。另外还有混凝土排水管，包括素混凝土管和轻、中型钢筋混凝土管，主要用于输送水。

2）陶瓷管。陶瓷管分普通陶瓷管和耐酸陶瓷管两种。一般都是承插接口。普通陶瓷管多用于建筑工程室外排水管道。耐酸陶瓷管用于化工和石油工业输送酸性介质的工艺管道，以及工业中蓄电池间酸性溶液的排水管道等。耐酸陶瓷管耐腐蚀，用于输送除氢氟酸、热磷酸和强碱以外的各种浓度的无机酸和有机溶剂等介质。

3）玻璃管。玻璃管具有表面光滑，不易挂料，输送流体时阻力小，耐磨且价格低廉，并具有保持产品高纯度和便于观察生产过程等特点。用于输送除氢氟酸、氟硅酸、热磷酸和热浓碱以外的腐蚀性介质和有机溶剂。

4）玻璃钢管。玻璃钢管质量轻、隔热，耐腐蚀性好，可输送氢氟酸和热浓碱以外的腐蚀性介质和有机溶剂。

5）石墨管。石墨管热稳定性好，能导热、线膨胀系数小，不污染介质，能保证产品纯度，抗腐蚀，具有良好的耐酸性和耐碱性，主要用于高温耐腐蚀生产环境中。

6）铸石管。铸石管的特点是耐磨、耐腐蚀，具有很高的抗压强度。多用于承受各种强烈磨损、强酸和碱腐蚀的地方。

7）橡胶管。橡胶具有较好的物理机械性能和耐腐蚀性能。根据用途不同可分为输水胶管、耐热胶管、耐酸碱胶管、耐油胶管和专用胶管（氧乙炔焊接专用管等）。

8）塑料管。塑料管具有质量轻、耐腐蚀、易成型和施工方便等特点。

①硬聚氯乙烯管（UPVC 管）。硬聚氯乙烯管分轻型管和重型管两种，硬聚氯乙烯管具有耐腐蚀性强、重量轻、绝热、绝缘性能好和易加工安装等特点。可输送多种酸、碱、盐和有机溶剂。硬聚氯乙烯管材的安装采用承插焊（黏）接、法兰、丝扣和热熔焊接等方法。

②氯化聚氯乙烯管（CPVC 管）。氯化聚氯乙烯冷热水管道是现今新型的输水管道。该管与其他塑料管材相比，具有刚性高、耐腐蚀、阻燃性能好、导热性能低、热膨胀系数低及安装方便等特点。

③聚乙烯管（PE 管）。PE 管材无毒、质量轻、初性好、可盘绕，耐腐蚀，在常温下不溶于任何溶剂，低温性能、抗冲击性和耐久性均比聚氯乙烯好。目前 PE 管主要应用于饮用水管、雨水管、气体管道、工业耐腐蚀管道等领域。PE 管强度较低，一般适用于压力较低的工作环境，且耐热性能不好，不能作为热水管使用。

④超高分子量聚乙烯管（UHMWPE 管）。UHMWPE 管是分子量在 150 万以上的线型结构 PE（普通 PE 的分子量仅为 2 万 ~ 30 万）管。UHMWPE 管的许多性能是普通塑料管无法相比的，耐磨性为塑料之冠。UHMWPE 管适用于输送散物料、浆体、冷热水、气体等。

⑤交联聚乙烯管（PEX 管）。在普通聚乙烯原料中加入硅烷接枝料，使塑料大分子链从线性分子结构转变成三维立体交联网状结构。PEX 管的连接方式有夹紧式、卡环式、插

入式三种。PEX 管适用于建筑冷热水管道、供暖管道、雨水管道、燃气管道以及工业用的管道等。

⑥聚丙烯管（PP 管）。PP 管材无毒、价廉，但抗冲击强度差。通过共聚合的方法使聚丙烯改性，可提高管材的抗冲击强度等性能。改性聚丙烯管有三种，即均聚共聚聚丙烯管（PP-H 管）、嵌段共聚聚丙烯管（PP-B 管）、无规共聚聚丙烯管（PP-R 管）。PP-R 管是第三代改性聚丙烯管。PP-R 管是最轻的热塑性塑料管，相对聚氯乙烯管、聚乙烯管来说，PP-R 管具有较高的强度，较好的耐热性，最高工作温度可达 95℃，在 1.0MPa 下长期（50 年）使用温度可达 70℃，另外 PP-R 管无毒、耐化学腐蚀，在常温下无任何溶剂能溶解，目前被广泛地用在冷热水供应系统中。但其低温脆化温度仅为 -15~0℃，在北方地区其应用受到一定限制；每段长度有限，且不能弯曲施工。

⑦聚丁烯管（PB 管）。PB 管具有很高的耐久性、化学稳定性和可塑性，重量轻，柔韧性好，用于压力管道时耐高温特性尤为突出（-30~100℃），抗腐蚀性能好、可冷弯、使用安装维修方便、寿命长（可达 50~100 年），适于输送热水。但紫外线照射会导致老化，易受有机溶剂侵蚀。聚丁烯管可采用热熔连接，小口径管也可采用螺纹连接。

⑧工程塑料管（ABS 管）。ABS 管是丙烯腈、丁二烯、苯乙烯三种单体共聚物组成的热塑性塑料管，具有质优耐用的特性。其中，丙烯腈具有耐热性、抗老性、耐化学性；丁二烯具有耐撞击性、高坚韧性、低温性能好的特点；苯乙烯具有施工容易及管面光滑的特性。工程塑料管用于输送饮用水、生活用水、污水、雨水，以及化工、食品、医药工程中的各种介质。

⑨耐酸酚醛塑料管。耐酸酚醛塑料是一种具有良好耐腐蚀性和热稳定性的非金属材料，是用热固性酚醛树脂为黏合剂，耐酸材料如石棉、石墨等作填料制成。它用于输送除氧化性酸（如硝酸）及碱以外的大部分酸类和有机溶剂等介质，特别能耐盐酸、低浓度和中等浓度硫酸的腐蚀。

（3）复合材料管材。

1）铝塑复合管。铝塑复合管是中间为一层焊接铝合金，内外各一层聚乙烯，经胶合层粘结而成的三层管子，具有聚乙烯塑料管耐腐蚀和金属管耐高压的优点，采用卡套式铜配件连接。铝塑复合管按聚乙烯材料不同分为两种：适用于热水的交联聚乙烯铝塑复合管和适用于冷水的高密度聚乙烯铝塑复合管。铝塑复合管规格为 ϕ14~32，主要用于建筑内配水支管和热水器管。

2）钢塑复合管。钢塑复合管是由镀锌管内壁置放一定厚度的 UPVC 塑料而成，因而同时具有钢管和塑料管材的优越性。管径为 ϕ15~150，以铜配件丝扣连接，使用水温为 50℃以下，多用作建筑给水冷水管。

3）钢骨架聚乙烯管（PE 管）。钢骨架聚乙烯管（PE 管）是以优质低碳钢丝为增强相，高密度聚乙烯为基体，通过对钢丝点焊成网与塑料挤出填注同步进行，在生产线上连续拉膜成型的新型双面防腐压力管道。管径为 ϕ50~500，常采用法兰或电熔连接方式，主要用于市政和化工管网。

4）涂塑钢管。涂塑钢管是在钢管内壁融熔一层厚度为 0.5~1.0mm 的聚乙烯（PE）树脂、乙烯 - 丙烯酸共聚物（EAA）、环氧（EP）粉末、无毒聚丙烯（PP）或无毒聚氯乙烯（PVC）等有机物而构成的钢塑复合型管材，它不但具有钢管的高强度、易连接、耐水流冲击等优点，还克服了钢管遇水易腐蚀、污染、结垢及塑料管强度不高、消防性能差等缺点，设计寿命可达50年。主要缺点是安装时不得进行弯曲、热加工和电焊切割等作业。

5）玻璃钢管（FRP管）。采用合成树脂与玻璃纤维材料，使用模具复合制造而成，耐酸碱气体腐蚀，表面光滑，重量轻，强度大，坚固耐用，制品表面经加强硬度及防紫外线老化处理，适用于输送潮湿和酸、碱等腐蚀性气体的通风系统，可输送氢氟酸和热浓碱以外的腐蚀性介质和有机溶剂。

6）硬聚氯乙烯/玻璃钢（UPVC/FRP）复合管。UPVC/FRP复合管是由UPVC（硬聚氯乙烯）、薄壁管作内衬层，外用高强度FRP纤维缠绕多层呈网状结构作增强层，通过界面黏合剂，经过特定机械缠绕制造而成。性能集UPVC耐腐蚀和FRP强度高、耐温性好的优点，能在小于80℃时耐一定压力。产品用于油田、化工、机械、冶金、轻工、电力等行业。

（二）焊接材料

1. 手工电弧焊焊接材料

焊条就是涂有药皮的供电弧焊使用的熔化电极，由焊芯和药皮两部分组成。

（1）焊芯。焊条中被药皮包覆的金属芯称为焊芯。焊接时，焊芯有两个作用：一是传导焊接电流，产生电弧把电能转换成热能。二是焊芯本身熔化为填充金属与母材金属熔合形成焊缝。

（2）药皮。压涂在焊芯表面的涂层称为药皮。药皮是由各种矿物类、钛合金、有机物和化工产品（水玻璃类）原料组成。若采用无药皮的光焊条焊接，则在焊接过程中，空气中的氧和氮会大量侵入熔化金属，将金属铁和有益元素碳、硅、锰等氧化和氮化，并形成各种氧化物和氮化物残留在焊缝中，造成焊缝夹渣或裂纹。药皮的作用是保证被焊接金属获得具有合乎要求的化学成分和力学性能，并使焊条具有良好的焊接工艺性能。

2. 电弧刨割条

电弧刨割条的外形与普通焊条相同，是利用药皮在电弧高温下产生的喷射气流，吹除熔化金属，达到刨割的目的。工作时只需交、直流弧焊机，不用空气压缩机。操作时其电弧必须达到一定的喷射能力，才能除去熔化金属。

3. 埋弧焊焊接材料

埋弧焊也是利用电弧作为热源的焊接方法。埋弧焊时电弧是在一层颗粒状的可熔化焊剂覆盖下燃烧，电弧不外露，埋弧焊由此得名。它是由焊丝和焊剂两部分组成，所用的金属电极是不间断送进的光焊丝。

（1）焊丝。埋弧焊所用焊丝有实心焊丝与药芯焊丝两种。普遍使用的是实心焊丝，有特殊要求时使用药芯焊丝。焊丝一般由电动机驱动的送丝滚轮送进，随应用的不同，焊丝数目可以有单丝、双丝或多丝。根据所焊金属材料的不同，埋弧焊用焊丝有碳素结构钢焊丝、合金结构钢焊丝、高合金钢焊丝、各种有色金属焊丝和堆焊焊丝。按焊接工艺的需要，除不锈钢焊丝和非铁金属焊丝外，焊丝表面均镀铜，以利于防锈并改善导电性能。

（2）焊剂。埋弧焊焊剂按用途分为钢用焊剂和非铁金属用焊剂，按制造方法分为熔炼焊剂、烧结焊剂和陶质焊剂。

（三）防腐材料

在安装工程中常用的防腐材料主要有各种涂料、玻璃钢、橡胶制品、无机板材等。

1. 涂料

涂料按其所起的作用，可分成底漆和面漆两种。防锈漆和底漆都能防锈，区别是：底漆的颜料较多，可以打磨，漆料对物体表面具有较强的附着力，而防锈漆其漆料偏重于满足耐水、耐碱等性能的要求。防锈漆一般分为钢铁表面防锈漆和有色金属表面防锈漆两种；底漆不但能增强涂层与金属表面的附着力，而且对防腐蚀也起到一定的作用。

目前常用的底漆主要有：生漆（也称大漆）、漆酚树脂漆、酚醛树脂漆、环氧－酚醛漆、环氧树脂涂料、过氯乙烯漆、沥青漆、呋喃树脂漆、聚氨基甲酸酯漆、无机富锌漆、聚氨酯漆、环氧煤沥青、三聚乙烯防腐涂料、氟－46 涂料。

2. 玻璃钢

玻璃钢一般是指用不饱和聚酯树脂、环氧树脂与酚醛树脂为基体，以玻璃纤维或其制品作增强材料的增强塑料。玻璃钢由于有玻璃纤维的增强作用，具有较高的机械强度和整体性，受到机械碰击等也不容易出现损伤。

根据使用的树脂品种不同，玻璃钢的种类有环氧玻璃钢、聚酯玻璃钢、环氧酚醛玻璃钢、环氧煤焦油玻璃钢、环氧呋喃玻璃钢和酚醛呋喃玻璃钢等。玻璃钢质轻而硬，不导电，机械强度高，回收利用少，耐腐蚀。可以代替钢材制造机器零件和汽车、船舶外壳等。

3. 橡胶

目前用于防腐的橡胶主要是天然橡胶。一般硬橡胶的长期使用温度为 0~65℃，软橡胶、半硬橡胶的使用温度为 –25~75℃。橡胶的使用温度与使用寿命有关，温度过高会加速橡胶的老化，破坏橡胶与金属间的结合力，导致脱落；温度过低橡胶会失去弹性（橡胶的膨胀系数比金属大三倍）。由于软橡胶的弹性比硬橡胶好，故其耐寒性也较好。

用作化工衬里的橡胶是生胶经过硫化处理而成。经过硫化后的橡胶具有一定的耐热性能、机械强度及耐腐蚀性能，可分为软橡胶、半硬橡胶和硬橡胶三种。橡胶硫化后具有优良的耐腐蚀性能，除强氧化剂（如硝酸、浓硫酸、铬酸）及某些溶剂（如苯、二硫化碳、四氯化碳等）外，能耐受大多数无机酸、有机酸、碱、各种盐类及酸类介质的腐蚀。

目前用于化工防腐蚀的主要有聚异丁烯橡胶，具有良好的耐腐蚀性、耐老化性、耐氧化性及抗水性，不透气性比所有橡胶都好，但强度和耐热性较差。聚异丁烯橡胶使用最高温度一般为 50~60℃，在低温下仍有良好的弹性及足够的强度。在 50℃时由于聚异丁烯板开始软化，因而不能经受机械作用。聚异丁烯橡胶能耐各种浓度的盐酸、浓度小于 80% 的硫酸、稀硝酸、浓度小于 40% 的氢氟酸、碱液及各种盐类溶液等介质的腐蚀，但不耐氟、氯、溴及部分有机溶剂如苯、四氯化碳、二硫化碳、汽油、矿物油及植物油等介质的腐蚀。

二、管道及设备常用管件和附件

当管道需要连接、分支、转弯、变径时，就需要用管件进行连接。常用的管件有弯头、三通、异径管和管接头等。

（一）管件

1. 螺纹连接管件

螺纹连接管件分镀锌和非镀锌两种，一般均采用可锻铸铁制造。常用的螺纹连接管件有：

（1）管接头。用于两根管子的连接或与其他管件的连接。

（2）异径管（大小头）。用于连接两根直径不同的管子。

（3）等径与异径三通、等径与异径四通。用于两根管子平面垂直交叉时的连接。

（4）活接头用于需经常拆卸的管道上。

螺纹连接管件主要用于煤气管道、供暖和给排水管道。在工艺管道中，除需要经常拆卸的低压管道外，其他物料管道上很少使用。

2. 冲压和焊接弯头

（1）冲压无缝弯头。该弯头是用优质碳素钢、不锈耐酸钢和低合金钢无缝钢管在特制的模具内压制成型的，有 90° 和 45° 两种。

（2）冲压焊接弯头。该弯头采用与管道材质相同的板材用模具冲压成半块环形弯头，然后组对焊接而成。通常按组对的半成品出厂，施工时根据管道焊缝等级进行焊接。

（3）焊接弯头。该弯头制作方法有两种，一种是用钢板下料，切割后卷制焊接成型，多数用于钢板卷管的配套，另一种是用管材下料，经组对焊接成型。

3. 高压弯头

高压弯头是采用优质碳素钢或低合金钢锻造而成。根据管道连接形式，弯头两端加工成螺纹或坡口，加工精度很高。

（二）附件

1. 吹扫接头

吹扫接头（胶管活动接头）有以下两种连接形式：

（1）接头的一端与胶管相连，另一端与丝扣阀相连。

（2）接头的一端与胶管相连，另一端与钢管相连。

2. 管端封堵

用在管端起封闭作用的管件，有管帽、管堵和盲板三种。

（1）管帽。指与管道端部焊接或与管端外螺纹连接的帽状管件。焊接在管端或装在管端外螺纹上以封堵管子的管件，用来封闭管路。

（2）管堵。指用于堵塞管道端部内螺纹的外螺纹管件。有方形管堵、六角形管堵。

（3）盲板。盲板有焊接盲板及法兰盖（法兰盖为螺栓连接）两种，焊接盲板也称死盲板、平盖封头。

3. 凸台

凸台也称管嘴，是自控仪表在工艺管道上的一次性部件，用于连接主管和其他部件。

（三）法兰

1. 法兰种类

（1）按连接方式分类。法兰按照连接方式可分为整体法兰、平焊法兰、对焊法兰、松套法兰和螺纹法兰。

1）整体法兰。整体法兰系指泵、阀、机等机械设备与管道连接的进出口法兰，通常和这些管道设备制成一体，作为设备的一部分。

2）平焊法兰。又称搭焊法兰。平焊法兰与管子固定时，是将管道端部插至法兰承口底或法兰内口，且低于法兰内平面，焊接法兰外口或里口和外口，使法兰与管道连接。

3）对焊法兰。又称为高颈法兰。与其他法兰不同之处在于从法兰与管子焊接处到法兰盘有一段长而倾斜的高颈，此段高颈的壁厚沿高度方向逐渐过渡到管壁厚度，改善了应力的不连续性，因而增加了法兰强度。对焊法兰主要用于工况比较苛刻的场合（如管道热膨胀或其他载荷而使法兰处受的应力较大）或应力变化反复的场合以及压力、温度大幅度波动的管道和高温、高压及零下低温的管道。

4）松套法兰。俗称活套法兰，分为焊环活套法兰、翻边活套法兰和对焊活套法兰，多用于铜、铝等有色金属及不锈钢管道上。松套法兰的连接实际也是通过焊接实现的，只是这种法兰是松套在已与管子焊接在一起的附属元件上，然后通过连接螺栓将附属元件和垫片压紧以实现密封，法兰（即松套）本身不接触介质。

5）螺纹法兰。螺纹法兰是将法兰的内孔加工成管螺纹，并和带外螺纹的管子配合实现连接，是一种非焊接法兰。与焊接法兰相比，具有安装、维修方便的特点，可在一些现场不允许焊接的场合使用。但在温度高于 260℃和低于 –45℃的条件下，建议不使用螺纹法兰，以免发生泄漏。

（2）按密封面形式分类。法兰的密封面主要根据工艺条件、密封口径以及垫片等进行选择。

1）容器法兰的密封面形式有平面、凹凸面、榫槽面等，其中以凹凸面、榫槽面最为常用。

2）法兰密封面形式有全平面、突面、凹凸面、榫槽面、O 形圈面和环连接面六种。

2. 垫片

垫片按材质可分为非金属垫片、半金属垫片和金属垫片三大类，用于管道之间的密封连接、机器设备的机件与机件之间的密封连接。

（1）非金属垫片。非金属垫片质地柔软、耐腐蚀、价格便宜，但耐温和耐压性能差，多用于常温和中温的中低压容器或管道的法兰密封。非金属垫片包括橡胶垫、石棉垫、石棉橡胶垫、柔性石墨垫和塑料垫片等。

（2）半金属垫片。半金属垫片又称金属复合垫片。非金属材料具有很好的柔软性、压缩性和螺栓载荷能力低等优点，但也存在强度不高、回弹性差、不适合高压高温场合等缺点。而金属材料具有强度高、回弹性好，经受得起高温的特点。将两者组合形成的垫片即为半金属垫片。半金属垫片主要有金属包覆垫片、金属缠绕垫片、金属波纹复合垫片、金属齿形复合垫片等。

（3）金属垫片。在高温、高压以及载荷循环频繁等苛刻操作条件下，各种金属材料是密封垫片的首选材料。金属垫片常用的材料有铜、铝、低碳钢、不锈钢、铬镍合金钢等。为了减少螺栓载荷和保证结构紧凑，除了金属平垫尽量采用窄宽度外，各种具有线接触特征的环垫结构垫片是其优选的形式。金属垫片主要包括平形金属垫片、波形金属垫片、齿形金属垫片、环形金属垫片。

3. 法兰用螺栓

用于连接法兰的螺栓，有单头螺栓和双头螺栓两种，其螺纹一般都是三角形公制粗螺纹。单头螺栓分为半精制和精制两种，常用的材质有 Q235、25# 钢和 25Cr2MoV 钢等。双头螺栓多数采用等长双头精制螺栓，制造材质有 35#、40# 钢和 37SiMn2MoV 等。螺母分为半精制和精制两种，按螺母形式又分为 a 型和 b 型两种，半精制单头螺栓多采用 a 型螺母，精制双头螺栓多采用 b 型螺母。

（四）阀门

一般由阀体、阀瓣、阀盖、阀杆及手轮等部件组成。

1. 阀门型号及表示方法

在设备及工业管道系统中，常用阀门有闸阀、截止阀、节流阀、球阀、蝶阀、隔膜阀、旋塞阀、止回阀、安全阀、柱塞阀、减压阀和疏水阀等。

阀门的型号表示方法如图 1.2.1 所示。

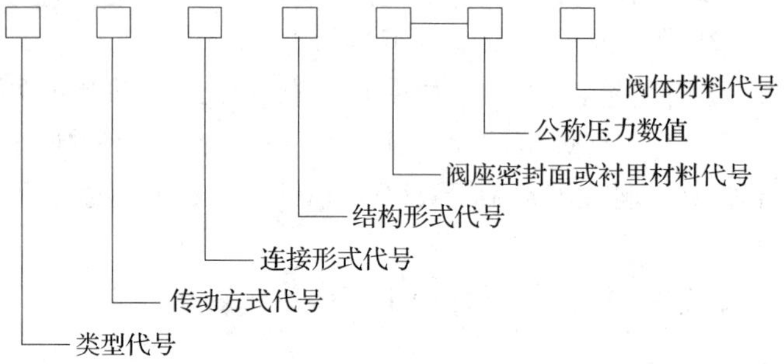

图 1.2.1　阀门的型号表示方法

（1）类型代号。阀门类型代号用汉语拼音首字母表示，若有重复，用第二个汉字拼音首字母。闸阀— Z，止回阀— H，节流阀— L。低温（低于 –40℃）、保温（带加热套）和带波纹管的阀门，在类型代号前分别加汉语拼音字母“D”“B”和“W”。

（2）传动方式代号。传动方式代号用阿拉伯数字表示，电磁动— 0，电 – 液动— 1，液动— 7 等。

1）手轮、手柄和扳手传动以及安全阀、减压阀、疏水阀省略本代号。

2）对于气动或液动，常开式用 6K、7K 表示；常闭式用 6B、7B 表示；气动带手动用 6S 表示；防爆电动用 9B 表示。

（3）阀座密封面或衬里材料代号。阀座密封面或衬里材料代号用汉语拼音首字母表示，若有重复，用第二个汉字拼音首字母。例如：铜合金— T，橡胶— X。由阀体直接加工的阀座密封面材料代号用“W”表示；当阀座和阀瓣（阀板）密封面材料不同时，用低硬度号表示（隔膜阀除外）。

（4）阀体材料代号。阀体材料代号用汉语拼音首字母表示，若有重复，用第二个汉字拼音首字母。

（5）连接形式代号。连接形式代号用阿拉伯数字表示。例如：内螺纹— 1，外螺纹— 2 等。

（6）阀门命名省略的内容。以下几种形式在命名中均予省略。

1）连接形式为“法兰”。

2）结构形式为闸阀的“明杆”“弹性”“刚性”和“单闸板”，截止阀、节流阀的“直通式”，球阀的“浮动”和“直通式”，蝶阀的“垂直板式”，隔膜阀的“屋脊式”，旋塞阀的“填料”和“直通式”，止回阀的“直通式”和“单瓣式”，安全阀的“不封闭式”。

3）阀座密封面材料。

（7）型号和名称表示方法示例。

1）电动机传动、法兰连接、明杆楔式双闸板、阀座密封面材料由阀体直接加工，公称压力为 0.1MPa，阀体材料为灰铸铁的闸阀，如 Z942W–1 为电动楔式双闸板闸阀。

2）手动、外螺纹连接、浮动直通式，阀座密封材料为氟塑料，公称压力为 4.00MPa，阀体材料为 1Cr18Ni9Ti 的球阀，如 Q21F–40P 为外螺纹球阀。

3）气动常开式、法兰连接、屋脊式、衬里材料为衬胶，公称压力为 0.60MPa，阀体材料为灰铸铁的隔膜阀，如 G6K41J–6 为气动常开式衬胶隔膜阀。

4）液动、法兰连接、垂直板式、阀座密封面材料为铸铜，阀瓣密封面材料为橡胶，公称压力为 0.25MPa，阀体材料为灰铸铁的蝶阀，如 D741X–2.5 为液动蝶阀。

5）电动机传动、焊接连接、直通式、阀座密封面材料为堆焊硬质合金，温度在 540℃时，其工作压力为 17.00MPa，阀体材料为铬钼钒钢的截止阀，如 J61Y–P54170 为电动焊接截止阀。

2. 各种阀门的结构及选用特点

阀门的种类很多，但按其动作特点分为两大类，即驱动阀门和自动阀门。

驱动阀门是用手操纵或其他动力操纵的阀门。如截止阀、节流阀（针型阀）、闸阀、旋塞阀等均属这类阀门。

自动阀门是借助于介质本身的流量、压力或温度参数发生变化而自行动作的阀门。如止回阀（逆止阀、单流阀）、安全阀、浮球阀、减压阀、跑风阀和疏水器等，均属自动阀门。

工程中管道与阀门的公称压力划分为：$0<P \leqslant 1.6$MPa 为低压；$1.6<P \leqslant 10$MPa 为中压；$10<P \leqslant 42$MPa 为高压。工作温度大于或等于 500℃时升为高压。一般水、暖各种工业管道采用中压、高压或超高压系统。

（1）截止阀。截止阀主要用于热水供应及高压蒸汽管路中，它的严密性较高，制造和维修方便，阻力比较大。流体经过截止阀时要改变流向，因此水流阻力较大，所以安装时要注意流体“低进高出”，方向不能装反。

选用特点：结构比闸阀简单，制造、维修方便，也可以调节流量，应用广泛。但流动阻力大，为防止堵塞和磨损，不适用于带颗粒和黏性较大的介质。

（2）闸阀。闸阀又称闸门或闸板阀，是利用闸板升降控制开闭的阀门，流体通过阀门时流向不变，因此阻力小。闸阀广泛用于冷、热水管道系统中。

选用特点：密封性能好，流体阻力小，开启、关闭力较小，也有调节流量的作用，并且能从阀杆的升降高低看出阀的开度大小，主要用在一些大口径管道上。

（3）止回阀。止回阀又名单流阀或逆止阀，是一种根据阀瓣前后的压力差而自动启闭的阀门。它有严格的方向性，只许介质向一个方向流通，而阻止其逆向流动。用于不让介质倒流的管路上，如用于水泵出口的管路上作为水泵停泵时的保护装置。

根据结构不同，止回阀可分为升降式和旋启式。

选用特点：一般适用于清洁介质，不适用于带固体颗粒和黏性较大的介质。

（4）蝶阀。蝶阀适合安装在大口径管道上。蝶阀不仅在石油、煤气、化工、水处理等一般工业上得到广泛应用，而且应用于热电站的冷却水系统。

蝶阀结构简单、体积小、重量轻，只由少数几个零件组成，只需旋转 90° 即可快速启闭，操作简单，同时具有良好的流体控制特性。蝶阀处于完全开启位置时，蝶板厚度是介质流经阀体时唯一的阻力，通过该阀门所产生的压力降很小，具有较好的流量控制特性。

常用的蝶阀有对夹式蝶阀和法兰式蝶阀两种。对夹式蝶阀是用双头螺栓将阀门两管道法兰之间，法兰式蝶阀是阀门上带有法兰，用螺栓将阀门上两端法兰连接在管道法兰上。

（5）旋塞阀。旋塞阀又称考克或转心门，主要由阀体和塞子构成。扣紧式塞阀在旋塞的下端有一螺帽，把塞子紧压在阀体内，以保证严密。旋塞塞子中有一孔道，当旋转时，即开启或关闭。旋塞阀构造简单，开启和关闭迅速，旋转 90° 就全开或全关，阻力较小，但保持其严密性比较困难。旋塞阀通常用于温度和压力不高的管路上，热水龙头也属旋塞阀的一种。

选用特点：结构简单，外形尺寸小，启闭迅速，操作方便，流体阻力小，便于制造三通或四通阀门，可作分配换向用。但密封面易磨损，开关力较大。此种阀门不适用于输送高压介质（如蒸汽），只适用于一般低压流体作开闭用，不宜作调节流量用。

（6）球阀。球阀分为气动球阀、电动球阀和手动球阀三种。球阀阀体可以是整体的，也可以是组合式的。它是近十几年来发展最快的阀门品种之一。

球阀是由旋塞阀演变而来的，它的启闭件作为一个球体，利用球体绕阀杆的轴线旋转 90° 实现开启和关闭的目的。球阀在管道上主要用于切断、分配和改变介质流动方向，设计成 V 形开口的球阀还具有良好的流量调节功能。

球阀具有结构紧凑、密封性能好、结构简单、体积较小、重量轻、材料耗用少、安装尺寸小、驱动力矩小、操作简便、易实现快速启闭和维修方便等特点。

选用特点：适用于水、溶剂、酸和天然气等一般工作介质，而且还适用于工作条件恶劣的介质，如氧气、过氧化氢、甲烷和乙烯等，且适用于含纤维、微小固体颗料等的介质。

（7）节流阀。节流阀的构造特点是没有单独的阀盘，而是利用阀杆的端头磨光代替阀盘。节流阀多用于小口径管路上，如安装压力表所用的阀门常用节流阀。

选用特点：阀的外形尺寸小巧，重量轻，该阀主要用于节流。制作精度要求高，密封较好。不适用于黏度大和含有固体悬浮物颗粒的介质。该阀可用于取样，其公称直径小，一般在 25.00mm 以下。

（8）安全阀。安全阀是一种安全装置，当管路系统或设备（如锅炉、冷凝器）中介质的压力超过规定数值时，便自动开启阀门排汽降压，以免发生爆炸危险。当介质的压力恢复正常后，安全阀又自动关闭。

安全阀一般分为弹簧式和杠杆式两种。

选用安全阀的主要参数是排泄量，排泄量决定安全阀的阀座口径和阀瓣开启高度。

（9）减压阀。减压阀又称调压阀，用于管路中降低介质压力。常用的减压阀有活塞式、波纹管式及薄膜式等几种。各种减压阀的原理是介质通过阀瓣通道小孔时阻力增大，经节流造成压力损耗从而达到减压目的。减压阀的进、出口一般要伴装截止阀。

选用特点：减压阀只适用于蒸汽、空气和清洁水等清洁介质。在选用减压阀时要注意，不能超过减压阀的减压范围，保证在合理情况下使用。

（10）疏水阀。疏水阀又称疏水器，它的作用在于阻气排水，属于自动作用阀门。它的种类有浮桶式、恒温式、热动力式以及脉冲式等。

（五）其他附件

管道及设备附件种类很多，它们在工艺管道和设备中各自起着不同的作用，这里对几种主要的管道及设备附件介绍如下：

1. 除污器

除污器是在石油化工工艺管道中应用较广的一种部件。其作用是防止管道介质中的杂质进入传动设备或精密部位，使生产设备发生故障或影响产品的质量。其结构形式有Y形除污器、锥形除污器、直角式除污器和高压除污器，其主要材质有碳钢、不锈耐酸钢、锰钒钢、铸铁和可锻铸铁等。内部的过滤网有铜网和不锈耐酸钢丝网。

2. 阻火器

阻火器是化工生产常用的部件，多安装在易燃易爆气体的设备及管道的排空管上，以防止管内或设备内气体直接与外界火种接触而引起火灾或爆炸。常用的阻火器有砾石阻火器、金属网阻火器和波形散热式阻火器。

3. 视镜

视镜又称为窥视镜，其作用是通过视镜直接观察管道及设备内被传输介质的流动情况，多用于设备的排液、冷却水等液体管道上。常用的有玻璃板式、三通玻璃板式和直通玻璃管式三种。

4. 阀门操纵装置

阀门操纵装置是为了在适当的位置能够操纵距离比较远的阀门而设置的一种装置。

5. 套管

套管分为柔性防水套管、刚性防水套管、钢套管、塑料套管等几种，前两种套管用填料密封，适用于穿过水池壁、防爆车间的墙壁等。后两种套管只适用于穿过一般建筑物楼层或墙壁不需要密封的管道。

6. 补偿器

（1）自然补偿。自然补偿是利用管路几何形状所具有的弹性吸收热能产生变形。自然补偿器分为L形和Z形两种，安装时应正确确定弯管两端固定支架的位置。

（2）人工补偿。人工补偿是利用管道补偿器来吸收热能产生变形的补偿方式，常用的有方形补偿器、填料式补偿器、波形补偿器、球形补偿器等。

三、电气和通信常用材料及器材

（一）电气材料

1. 导线

导线一般采用铜、铝、铝合金和钢等材料制造。按照导线线芯结构一般可以分为单股导线和多股导线两大类，按照有、无绝缘和导线结构可分为裸导线和绝缘导线两大类。

（1）裸导线。裸导线是没有绝缘层的导线，包括铜线、铝线、铝绞线、铜绞线、铜芯铝绞线和各种型线等。裸导线主要用于户外架空电力线路以及室内汇流排和配电柜、箱内连接线等用途。

裸导线的表示方法：裸导线的型号、类别、用途等用汉语拼音表示。

（2）绝缘导线。绝缘导线由导电线芯、绝缘层和保护层组成，常用于电气设备、照明装置、电工仪表、输配电线路的连接等。绝缘电线按绝缘材料可分为聚氯乙烯绝缘、聚乙烯绝缘、交联聚乙烯绝缘、橡皮绝缘和丁腈聚氯乙烯复合物绝缘等。电磁线也是一种绝缘线，它的绝缘层是涂漆或包缠纤维，如丝包、玻璃丝及纸等。

绝缘导线按工作类型可分为普通型、防火阻燃型、屏蔽型及补偿型等。导线芯按使用要求的软硬又可分为硬线、软线和特软线等结构类型。

绝缘导线名称及型号如表 1.2.1 所示。

表 1.2.1　绝缘导线名称及型号

型　号	名　称	备　注
BX（BLX） BXF（BLXF） BXR	铜（铝）芯橡皮绝缘线 铜（铝）芯氯丁橡皮绝缘线 铜芯橡皮绝缘软线	适用于交流 500V 及以下或直流 1 000V 及以下的电气设备及照明装置
BV（BLV） BVV（BLVV） BVVB（BLVVB） BVR	铜（铝）芯聚氯乙烯绝缘线 铜（铝）芯聚氯乙烯绝缘氯乙烯护套圆形电线 铜（铝）芯聚氯乙烯绝缘氯乙烯护套平型线 铜芯聚氯乙烯绝缘软线	适用于各种交、直流电气装置，电工仪表、仪器，电信设备，动力及照明线路固定敷设
RV RVB RVS RXS RX	铜芯聚氯乙烯绝缘软线 铜芯聚氯乙烯绝缘平型软线 铜芯聚氯乙烯绝缘绞型软线 铜芯橡皮绝缘棉纱编织绞型软电线 铜芯橡皮绝缘棉纱编织圆形软电线	适用于各种交、直流电器，电工仪器，家用电器，小型电动工具，动力及照明装置的连接； 适用电压分别有 500V 及 250V 两种，用于室内、外明装固定敷设或穿管敷设
BBX BBLX	铜芯橡皮绝缘玻璃丝编织电线 铝芯橡皮绝缘玻璃丝编织电线	—

2. 电力电缆

电力电缆是用于传输和分配电能的一种电缆，电力电缆的使用电压范围宽，可从几百伏到几百千伏，并具有防潮、防腐蚀、防损伤、节约空间、易敷设、运行简单方便等特点。

（1）电缆型号表示法。电缆型号的内容包含有用途类别、绝缘材料、导体材料、铠装保护层等，电缆型号表示及含义如图 1.2.2、表 1.2.2 所示。

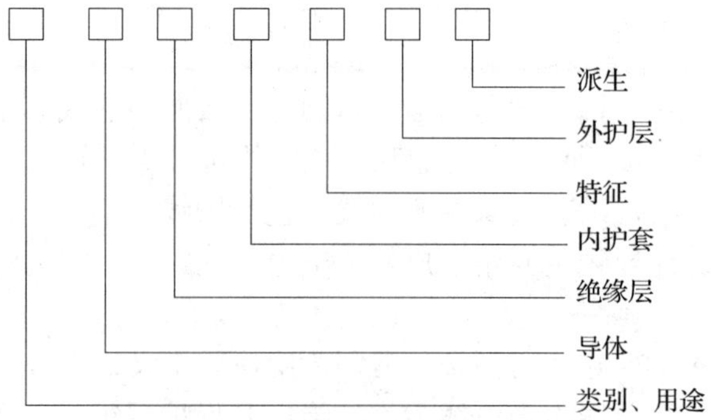

图 1.2.2　电缆型号表示法

表 1.2.2 电缆型号含义

类别	导体	绝缘	内护套	特征
电力电缆（省略不表示）	T—铜	Z—油浸纸	Q—铅套	D—不滴油
K—控制电缆	（可省略）	X—天然橡胶	L—铝套	F—分相
P—信号电缆	L—铝线	（X）D—丁基橡胶	H—橡胶套	CY—充油
YT—电梯电缆		（X）E—乙丙橡胶	（H）P—非燃性橡胶	P—屏蔽
Y—移动式软缆		VV—聚氯乙烯	VF—复合物	C—滤尘用或重型
UZ—电钻电缆		YJ—交联聚乙烯	HD—耐寒橡胶	
DC—电气化车辆用电缆		E—乙丙胶		G—高压

电缆如有外护层时，在表示型号的汉语拼音字母后面用两个阿拉伯数字表示外护层的结构。其外护层的结构按铠装层和外被层的结构顺序用阿拉伯数字表示，前一个数字表示铠装结构，后一个数字表示外被层结构类型。

表 1.2.3 为电缆通用外护层型号数字含义，表 1.2.4 为非金属套电缆外护层型号数字含义。

表 1.2.3 电缆通用外护层型号数字含义

第一个数字		第二个数字	
代号	铠装层类型	代号	外被层类型
0	无	0	无
1	钢带	1	纤维线包
2	双钢带	2	聚氯乙烯护套
3	细圆钢丝	3	聚乙烯护套
4	粗圆钢丝	4	—

表 1.2.4 非金属套电缆外护层型号数字含义

<table>
<tr><th rowspan="2">表示符号</th><th colspan="3">外护层机构</th></tr>
<tr><th>内衬型</th><th>铠装型</th><th>外被型</th></tr>
<tr><td>12</td><td rowspan="5">绕包型：塑料带
或无纺布带
挤出型：塑料套</td><td>连锁铠装</td><td>聚氯乙烯外套</td></tr>
<tr><td>22</td><td rowspan="2">双钢带铠装</td><td>聚氯乙烯外套</td></tr>
<tr><td>23</td><td>聚乙烯外套</td></tr>
<tr><td>32</td><td rowspan="2">单细圆钢丝铠装</td><td>聚氯乙烯外套</td></tr>
<tr><td>33</td><td>聚乙烯外套</td></tr>
<tr><td>42</td><td rowspan="5">塑料套</td><td rowspan="3">单粗圆钢丝铠装</td><td>聚氯乙烯外套</td></tr>
<tr><td>43</td><td>聚乙烯外套</td></tr>
<tr><td>41</td><td rowspan="3">胶黏涂料－聚丙烯或电缆沥青
浸渍麻－电缆沥青－白垩粉</td></tr>
<tr><td>441</td><td>双粗圆钢丝铠装</td></tr>
<tr><td>241</td><td>双钢带粗圆钢丝铠装</td></tr>
</table>

实际建筑工程中，一般优先选用交联聚乙烯电缆，其次用不滴油纸绝缘电缆，最后选普通油浸纸绝缘电缆。当电缆水平高差较大时，不宜使用黏性油浸纸绝缘电缆。工程中直埋电缆必须选用铠装电缆。

（2）几种常用电缆及其特性。

1）聚乙烯绝缘电力电缆。聚氯乙烯绝缘聚氯乙烯护套电力电缆长期工作温度不超过70℃，电缆导体的最高温度不超过160℃，短路最长持续时间不超过5s，施工敷设最低温度不得低于0℃，最小弯曲半径不小于电缆直径的10倍。

2）交联聚乙烯绝缘电力电缆。简称XLPE电缆，是利用化学或物理的方法使电缆的绝缘材料聚乙烯塑料的分子由线型结构转变为立体状结构，即把原来是热塑性的聚乙烯转变成热固性的交联聚乙烯塑料，从而大幅度地提高了电缆的耐热性能和使用寿命，且仍保持其优良的电气性能。

交联聚乙烯绝缘电力电缆电场分布均匀，没有切向应力，质量轻，载流量大，常用于500kV及以下的电缆线路中，主要优点包括：优越的电气性能，良好的耐热性热和机械性能，敷设安全方便。

3. 控制及综合布线电缆

（1）控制电缆。控制电缆适用于交流50Hz，额定电压450/750V、600/1 000V及以下的工矿企业、现代化高层建筑等的远距离操作、控制、信号及保护测量回路，作为各类电气仪表及自动化仪表装置之间的连接线，起着传递各种电气信号，保障系统安全、可靠运行的作用。

控制电缆按工作类别可分为普通、阻燃（ZR）、耐火（NH）、低烟低卤（DLD）、低烟无卤（DW）、高阻燃类（GZR）、耐温类、耐寒类控制电缆等，控制电缆表示方法如表1.2.5所示。

表1.2.5　控制电缆表示方法

类别用途	导体	绝缘材料	护套、屏蔽特征	外护层	派生、特征
K—控制电缆	T—铜芯 L—铝芯	Y—聚乙烯 V—聚氯乙烯 X—橡皮 YJ—交联聚乙烯	Y—聚乙烯 V—聚氯乙烯 F—氯丁胶 Q—铝套 P—编织屏蔽	02，03 20，22 23，30 32，33	80，105 1—铜丝缠绕屏蔽 2—铜带绕包屏蔽

1）聚氯乙烯绝缘聚氯乙烯护套控制电缆。聚氯乙烯绝缘聚氯乙烯护套控制电缆适用于交流额定电压600/1 000V及以下控制、监控回路及保护线路等场合，作为电气装备之间的控制接线。具有优良的电气性能、机械性能、耐热老化性能、耐环境应力性能、耐化学腐蚀性能和不延燃性能，以及结构简单、使用方便、不受敷设落差限制等优点。

2）阻燃控制电缆。阻燃控制电缆适用于交流额定电压600/1 000V及以下有特殊阻燃要求的控制、监控回路及保护线路等场合，作为电气装备之间的控制接线。主要包括阻燃A类控制电缆、特种阻燃控制电缆、低烟无卤阻燃控制电缆、低烟低卤阻燃控制电缆、交联聚乙烯绝缘控制电缆及阻燃控制电缆等。

（2）综合布线电缆。综合布线电缆用于传输语言、数据、影像和其他信息的标准结构化布线系统，其主要目的是在网络技术不断升级的条件下，仍能实现高速率数据的传输要求。只要各种传输信号的速率符合综合布线电缆规定的范围，则各种通信业务都可以使用综合布线系统。综合布线系统使语言和数据通信设备、交换设备和其他信息管理设备彼此连接。

综合布线系统使用的传输媒体有各种大对数铜缆和各类非屏蔽双绞线及屏蔽双绞线。

4. 母线及桥架

（1）母线。母线是各级电压配电装置中的中间环节，它的作用是汇集、分配和传输电能。主要用于电厂发电机出线至主变压器、厂用变压器以及配电箱之间的电气主回路的连接，又称它为汇流排。

母线分为裸母线和封闭母线两大类。裸母线分为两大类：一类是软母线（多股铜绞线或钢芯铝线），用于电压较高（350kV 以上）的户外配电装置，另一类是硬母线，用于电压较低的户内外配电装置和配电箱之间电气回路的连接。

封闭母线是用金属外壳将导体连同绝缘等封闭起来的母线。封闭母线包括离相封闭母线、共箱（含共箱隔相）封闭母线和电缆母线，广泛用于发电厂、变电所、工业和民用电源的引线。

（2）桥架。桥架由托盘、梯架的直线段、弯通、附件以及支吊架组合构成，用以支撑电缆的具有连接的刚性结构系统的总称，广泛应用在发电厂、变电站、工矿企业、各类高层建筑、大型建筑及各种电缆密集场所或电气竖井内，集中敷设电缆，使电缆安全可靠运行，减少外力对电缆的损害并方便维修。电缆桥架具有制作工厂化、系列化，质量容易控制，安装方便等优点。

桥架按制造材料分类分为钢制桥架、铝合金桥架、玻璃钢阻燃桥架等，按结构形式分为梯级式、托盘式、槽式、组合式。

（二）有线通信线缆

有线传输常用双绞线、同轴电缆和光缆为介质。传输介质是设备、终端间连接的中间介质，也是信号传输的媒体。接续设备是系统中各种连接硬件的统称，包括连接器、连接模块、配线架、管理器等。其中双绞线和同轴电缆传输电信号，光缆传输光信号。

1. 同轴电缆

同轴电缆是指有两个同心导体，而导体和屏蔽层又共用同一轴心的电缆。有线通信系统中大量使用同轴电缆作为传输介质，同轴电缆性能的好坏将直接影响到系统的质量。

同轴电缆由同轴结构的内、外导体构成，芯线为单股或多股铜线，外包绝缘物，绝缘物外面为用金属丝编织网或金属箔，最外面用塑料护套或其他特种护套保护。

电缆的芯线越粗，其损耗越小。长距离传输多采用内导体粗的电缆。同轴电缆的损耗与工作频率的平方根成正比。电缆的衰减与温度有关，随着温度增高，其衰减值也增大。我国对电缆型号的符号标注由四部分组成，如图 1.2.3 所示。字母代号的含义如表 1.2.6 所示。

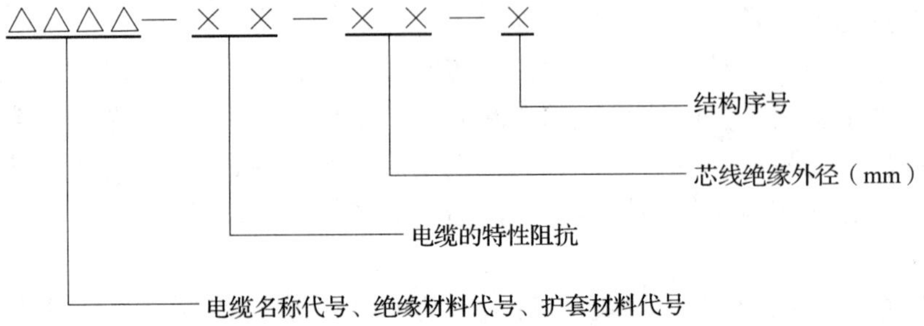

图 1.2.3　电缆型号的符号标注

表 1.2.6　字母代号的含义

字　　母		绝 缘 材 料		护 套 材 料	
符号	含义	符号	含义	符号	含义
S	同轴射频电缆	y	聚乙烯	V	聚氯乙烯
SE	对称射频电缆	W	稳定聚乙烯	Y	聚乙烯
SJ	强力射频电缆	F	氟塑料	F	氟塑料
SG	高压射频电缆	X	橡皮	M	棉纱
SZ	延迟射频电缆	I	聚乙烯空气绝缘	B	玻璃丝编织浸硅
ST	特性射频电缆	D	稳定聚乙烯空气绝缘	H	橡皮
SS	电视电缆	K	藕芯		

2. 双绞线（双绞电缆）

双绞线是由两根绝缘的导体扭绞封装在一个绝缘以对为单位，并把它作为电缆的内核，根据用途不同，其芯线要覆以不同的护套。扭绞的目的是使对外的电磁辐射和遭受外部的电磁干扰减少到最小。双绞线按其电气特性的不同进行分级或分类。

双绞线分屏蔽双绞线和非屏蔽双绞线两种。

（1）屏蔽双绞线。根据屏蔽方式的不同，屏蔽双绞线又分为两类，即 STP（Shielded Twisted–Pair）和 FTP（Foil Twisted–Pair）。STP 是指每条线都有各自屏蔽层的屏蔽双绞线，而 FTP 则是采用整体屏蔽的屏蔽双绞线。

屏蔽双绞线电缆的外层由铝箔包裹，以减小辐射，但并不能完全消除辐射。屏蔽双绞线价格相对较高，安装时要比非屏蔽双绞线电缆困难。类似于同轴电缆，它必须配有支持屏蔽功能的特殊连接器和相应的安装技术。

（2）非屏蔽双绞线。非屏蔽双绞线电缆是由多对双绞线和一个塑料外皮构成。美国电气与电子工程师学会为双绞线电缆定义了五种不同的质量级别。计算机网络中常使用的是第三类和第五类以及超五类以及目前的六类非屏蔽双绞线电缆。第三类双绞线适用于大部分计算机局域网络，而第五类、第六类双绞线利用增加缠绕密度、高质量绝缘材料，极大地改善了传输介质的性质。

双绞线可以分为：1 类、2 类、3 类、4 类、5 类、超 5 类、6 类、超 6 类、7 类共 9

种双绞线类型。类型数字越大，版本越新、技术越先进、带宽也越宽，价格也越贵。

（三）光缆

光缆主要是由光导纤维（细如头发的玻璃丝）和塑料保护套管及塑料外皮构成，光缆内没有金属导线，一般无回收价值。光缆是一定数量的光纤按照一定方式组成缆心，外包有护套，有的还包覆外护层，用以实现光信号传输的一种通信线路。

1. 光纤结构

光纤是由中心的纤芯和外围的包层同轴组成的圆柱形细丝。纤芯的折射率比包层稍高，损耗比包层更低，光能量主要在纤芯内传输。

纤芯是一种能够传导光信号的极细而柔软的直径为 50~150μm 的导光介质。有许多种玻璃和塑料可用来制造光导纤维。

按光在光纤中的传输模式可分为多模光纤和单模光纤。

2. 光缆的特点

光缆的基本结构一般是由缆芯、加强钢丝、填充物和护套等几部分组成，另外，根据需要还有防水层、缓冲层、绝缘金属导线等构件。

用光缆传输电视信号具有传输损耗小、频带宽、传输容量大、频率特性好、抗干扰能力强、安全可靠等优点，是有线电视信号传输技术手段的发展方向。

光纤只导光不导电，不怕雷击，也不需用接地保护，而且保密性好。光纤损耗小，一般短波长（0.85μm）的损耗为 2~3dB/km，长波长（1.3μm）的损耗为 0.5dB/km，波长（1.55μm）的损耗为 0.2dB/km，且损耗和带宽不受环境温度影响。

第三节　安装工程主要施工工艺及施工技术

一、切割、焊接、热处理

（一）切割

切割是各种板材、型材、管材焊接成品加工过程中的首要步骤，也是保证焊接质量的重要工序。常用的切割方法有机械切割、火焰切割、电弧切割和激光切割等。

1. 机械切割

机械切割是利用机械方法将工件切断。常用的切割机械主要有剪板机、弓锯床、螺纹钢筋切断机、砂轮切割机等。

2. 火焰切割

火焰切割是利用可燃气体在氧气中剧烈燃烧及被续切割的方法。其工作原理是：用氧气与可燃气体混属表面加热到燃点，然后喷出高速切割氧流，使金属剧烈氧化并放出大量的热，高压切割氧流同时将氧化燃烧形成的熔渣从割口间隙中吹除，形成割口，将被割金属分离。

火焰切割按所使用的燃气种类，可分为氧乙炔火焰切割（俗称气割）、氧 - 丙烷火焰切割、氧 - 天然气火焰切割和氧 - 氢火焰切割。实际生产中应用最广的是氧乙炔火焰切割。

3. 电弧切割

电弧切割按生成电弧的不同可分为等离子弧切割和碳弧气割。

（1）等离子弧切割。等离子弧切割是一种常用的切割金属和非金属材料的工艺方法。它是利用高速、高温和高能的等离子气流来加热和熔化被切割材料，并借助内部的或者外部的高速气流或水流将熔化材料排开，直至等离子气流束穿透背面而形成割口。

（2）碳弧气割。碳弧气割是利用碳极电弧的高温，把金属局部加热到熔化状态，同时用压缩空气的气流把熔化金属吹掉，从而达到对金属进行切割的一种加工方法。利用该方法也可在金属上加工沟槽。

4. 激光切割

激光切割是利用经聚焦的高功率密度激光束熔化或气化被割材料，同时借助与光束同轴的高速气流吹除熔融物质，并使激光束移动而实现的无接触切割方法。激光切割可分为激光汽化切割、激光熔化切割、激光氧气切割和激光划片与控制断裂四类。

5. 几种常见的切割设备

（1）小车式切割机。小车式切割机是切割行业传统的板材下料设备，由于操作简便、使用灵活等特点，在各行业中应用十分广泛，多用于火焰切割和等离子切割。

（2）门式数控切割机。我国门式数控切割机生产技术发展很快，我国仿形切割仍以门式数控切割机为主，只有这种数控切割方式才能有效地保证切割过程中的工序完全自动化。目前这类切割机仍以火焰式和普通等离子式切割机为主，大型水下等离子切割、精细等离子切割、激光切割等先进切割技术已开始应用在门式数控切割机中。

（二）焊接

1. 焊接

焊接是通过加热或加压或二者并用的方法，将两种或两种以上的同种或异种材料，通过原子或分子之间的结合和扩散连接成一体的工艺过程，可以连接金属材料和非金属材料。

（1）焊接的分类及特点。按照焊接过程中金属所处的状态及工艺的特点，可以将焊接方法分为熔化焊（熔焊）、压力焊（压焊）和钎焊三大类，如图 1.3.1 所示。

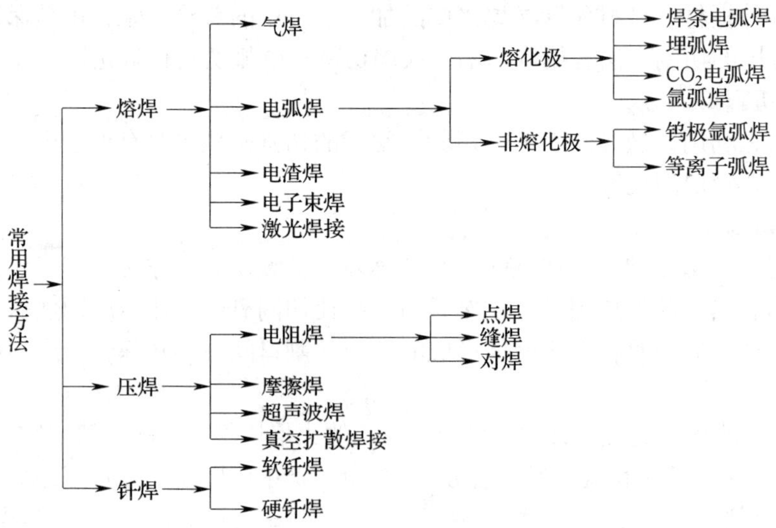

图 1.3.1　焊接方法分类

1）熔化焊。熔化焊是利用局部加热的方法将连接处的金属加热至熔化状态，然后冷却结晶成一体的焊接方法，可形成牢固的焊接接头。熔化焊包括气焊、电弧焊、气体保护电弧焊（气电焊）、等离子弧焊、电渣焊、激光焊。

2）压力焊。压力焊是利用焊接时施加的一定压力，使两个连接表面的原子相互接近到晶格距离，从而在固态条件下实现连接。压力焊包括电阻焊、摩擦焊、电渣压力焊（ESW）。

3）钎焊。钎焊是采用熔点低于焊件（母材）的钎料与焊件一起加热，使钎料熔化（焊件不熔化）后，依靠钎料的流动充填在接头预留空隙中，并与固态的母材相互扩散、溶解，冷却后实现焊接的方法。钎焊接头一般强度较低，耐热性差。

（2）常用焊接材料的选择及焊接设备。

1）焊条的选用。

①考虑焊缝金属的力学性能和化学成分。对于普通结构钢，通常要求焊缝金属与母材等强度，应选用熔敷金属抗拉强度等于或稍高于母材的焊条；对于合金结构钢有时还要求合金成分与母材相同或接近。在焊接结构刚性大、接头应力高、焊缝易产生裂纹的不利情况下，应考虑选用比母材强度低一级的焊条。当母材中碳、硫、磷等元素的含量偏高时，焊缝中易产生裂纹，应选用抗裂性能好的低氢型焊条。

②考虑焊接构件的使用性能和工作条件。对承受强度要求外，主要应保证焊缝金属具有较高的塑性和韧性，可选用塑性、韧性指标较高的低氢型焊条。对接触腐蚀介质的焊件，应根据介质的性质及腐蚀特征选用不锈钢类焊条或其他耐腐蚀焊条。在高温、低温、耐磨或其他特殊条件下工作的焊件，应选用相应的耐热钢、低温钢、堆焊或其他特殊用途焊条。

③考虑焊接结构特点及受力条件。对结构形状复杂、刚性大的厚大焊件，在焊接过程中，冷却速度快，收缩应力大，易产生裂纹，应选用抗裂性好、韧性好、塑性高、氢裂纹倾向低的焊条。如低氢型焊条、超低氢型焊条和高韧性焊条。

④考虑施焊条件。当焊件的焊接部位不能翻转时，应选用适用于全位置焊接的焊条。对受力不大、焊接部位难以清理的焊件，应选用对铁锈、氧化皮、油污不敏感的酸性焊条。

⑤考虑生产效率和经济性。在酸性焊条和碱性焊条都可满足要求时，应尽量选用酸性焊条。对焊接工作量大的结构，有条件时应尽量选用高效率焊条，如铁粉焊条、重力焊条、底层焊条、立向下焊条和高效不锈钢焊条等。

焊条除根据上述原则选用外，有时为了保证焊件的质量还需通过试验最后确定。为了保障焊工的身体健康，在允许的情况下应尽量多采用酸性焊条。

2）焊丝和焊剂的选用。耐热钢、低温钢、耐蚀钢的焊接可选用中硅或低硅型焊剂配合相应的合金钢焊丝。

普通结构钢、低合金钢的焊接可选用高锰、高硅型焊剂，如HJ431和HJ430焊剂。对焊接韧性要求较高的低合金钢厚板，应选用低锰、低硅型或无锰中硅型焊剂，如HJ172、HJ170焊剂。焊接不锈钢以及其他高合金钢时，应选用以氟化物为主要组分的焊剂，如HJ171和HJ172焊剂或HJ107Nb无锰中硅型焊剂，也可采用SJ602烧结焊剂。铁素体、奥氏体等高合金钢，一般选用碱度较高的熔炼焊剂或烧结陶质焊剂，以降低合金元素的烧损及掺加较多的合金元素。

3）焊接设备。电弧焊机的主要设备是弧焊机。弧焊机可分为交流弧焊机和直流弧焊机两类。交流弧焊机具有结构简单、价格低廉、保养和维护方便等优点。直流弧焊机具有焊接电流稳定，焊接质量高等优点。

①手弧焊设备。手弧焊使用的设备简单、方法简便灵活、适应性强，但对焊工操作要求高。手弧焊适用于碳钢、低合金钢、不锈钢、铜及铜合金等金属材料的焊接。

②埋弧焊设备。埋弧焊设备由焊接电源、埋弧焊机和辅助设备构成。其电源可以用交流、直流或交直流并用。埋弧焊机分为自动焊机和半自动焊机两大类。

③ CO_2 气体保护焊设备。半自动 CO_2 气体保护焊设备主要由焊接电源、供气系统、送丝机构和焊枪等组成。CO_2 气体保护焊设备还应有控制系统，其作用是对 CO_2 气体保护焊的供气、送丝和供电系统进行控制。

④惰性气体保护焊设备。手工惰性气体保护焊设备包括焊枪、焊接电源与控制装置、供气和供水系统四大部分。如采用手工电弧焊机作电源，则配用单独的控制箱。焊接电流较小时（小于 300A）采用空气冷却焊枪，不需要冷却系统。

自动惰性气体保护焊设备除上述四大部分外，还有自动焊小车，其上有行走机构、送丝机构、调节旋钮与控制开关、指示灯及仪表等。

⑤等离子弧焊设备。等离子弧焊设备主要包括焊接电源、控制系统、焊枪、气路系统和水路系统。根据不同的需要有时还包括送丝系统、机械旋转系统或行走系统以及装夹系统等。

⑥电焊条烘干箱。电焊条在使用前须进行烘干去除药皮中的水分，以防止药皮中的水分在焊接过程中将分解出来的氢残留在焊缝周围的金属中，致使焊缝产生冷裂缝，发生焊接质量事故。

电焊条烘干原理为：电焊条烘干箱接通电源后，发热元件即将电能转换为热能，通过远红外辐射元件以大量的远红外线照射到电焊条上，在辐射的作用下，使电焊条药皮内的水分迅速蒸发，达到去除水分、烘干焊条的目的。

（3）焊接接头、坡口及组对。焊接连接形成的焊接接头是焊接结构最基本要素，在多数情况下，它又是焊接结构上的薄弱环节。其突出问题是形成应力集中、劣质区、变形及残余应力的存在。所以焊接接头类型的选择必须正确，制造、使用要参照相应国家标准进行。

1）焊接接头的分类及基本类型。焊接接头由焊缝、熔合区、热影响区及其相邻的母材组成。焊接接头主要起两方面作用：一是连接作用，二是传力作用。

按焊接方法不同，焊接接头可以分为熔焊接头、压焊接头和钎焊接头三大类。

根据接头构造形式不同，焊接接头可以分为对接接头、T 形接头、十字接头、搭接接头、盖板接头、套管接头、塞焊（槽焊）接头、角焊接头、卷边接头和端接接头等 10 种类型。如再考虑接头传力特点，T 形与十字接头可归为一类；盖板接头、套管接头、塞焊（槽焊）接头实质上是搭接接头的变形，而不同的卷边接头可分属于对接接头、角接接头和端接接头。所以焊接接头的基本类型可归纳为 5 种，即对接接头、T 形（十字）接头、搭接接头、角接接头和端接接头。

上述五类接头基本类型都适用于熔焊；一般压焊（高频电阻焊除外）多采用搭接接

头，个别情况才采用对接接头；高频电阻焊一般采用对接接头，个别情况才采用搭接接头。钎焊连接的接头也有多种形式，即搭接接头、T形接头、套接接头、舌形与槽形接头，如图 1.3.2 所示。

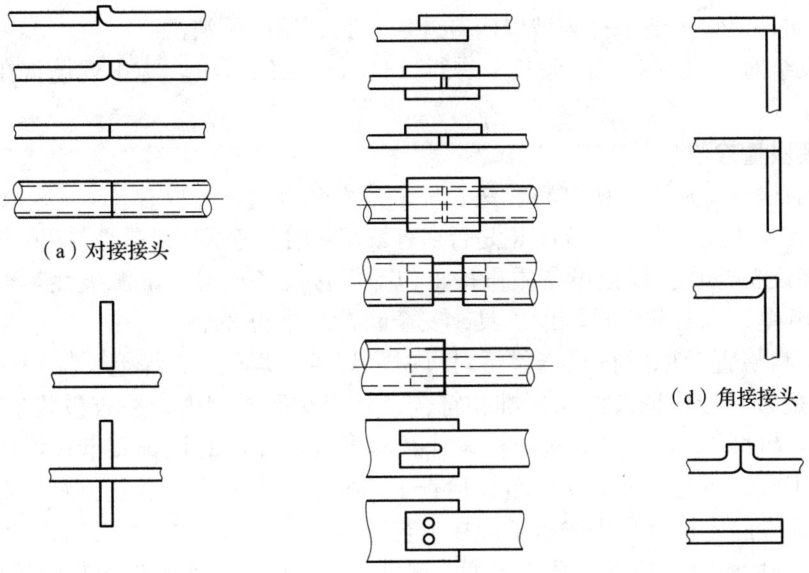

（a）对接接头　（b）T形（十字）接头　（c）搭接接头　（d）角接接头　（e）端接接头

图 1.3.2　焊接接头的基本形式

2）焊接接头与坡口。对接接头是熔焊中受力比较理想的接头形式。为保证焊接质量、减少焊接变形和焊接材料消耗，需把被焊工件的边缘加工成各种形式的坡口，进行坡口对焊。熔焊接头的坡口根据其形状的不同，可分为基本型、组合型和特殊型三类。

3）焊接接头的选择原则。为正确合理地选择焊接接头的类型、坡口形状和尺寸，主要应综合考虑以下几个方面：

①设计要求——保证接头满足使用要求；

②焊接的难易与焊接变形——焊接容易实现，变形能够控制；

③焊接成本——接头准备和实际焊接所需费用低；

④施工条件——制造施工单位具备完成施工要求所需的技术、人员和设备条件。

4）管材的坡口、组对与焊接。

①管材的坡口。管材的坡口主要有三种：I 形坡口、V 形坡口和 U 形坡口。

②坡口的加工方法。坡口的加工方法一般有以下几种：

a．低压碳素钢管，公称直径小于或等于 50mm 的，采用手提砂轮磨坡口；直径大于 50mm 的，用氧乙炔切割坡口，然后用手提砂轮机打掉氧化层并打磨平整。

b．中压碳素钢管、中低压不锈耐酸钢管和低合金钢管以及各种高压钢管，用车床加工坡口。

c．有色金属管，用手工锉坡口。

③接头组对。

a．管子、管件组对时，应检查坡口质量，坡口表面不得有裂纹、重皮等缺陷。并对其内、外侧进行清理，清理合格后应及时组对施焊。

b．管口处理。焊接前手工清理坡口毛刺，管件坡口用破布打光。不锈钢管焊缝两侧分别涂 100mm 长白垩粉，并用丙酮洗净油污。铬钼钢管管壁厚大于或等于 6mm 时，焊前应当预热。铜、铝管用破布打去坡口内、外氧化膜，用丙酮清洗。

c．管段组对可以在专用的胎具上进行，也可采用组对机。施工现场常在平台或平地上进行。

2. 焊接质量检验

（1）焊前检查。从人、机、料、法、环、检六个方面进行检查。

1）焊工资格检查。检查焊工资格是否在有效期限内，考试项目是否与实际焊接相符合。

2）焊接设备检查。焊接设备质量检查包括焊接设备型号、电源极性是否符合工艺要求，焊炬、电缆、气管和焊接辅助工具，安全防护等是否齐全。

3）原材料检查。原材料检查包括对母材、焊条（焊丝）、焊剂、保护气体、电极等进行检查，是否与合格证及国家标准相符合，是否在保质期内，检查包装是否破损等。

4）技术文件的检查。对焊接结构设计及施焊技术文件的检查要审查焊件结构是否设计合理、便于施焊、易保证焊接质量；检查工艺要求是否齐全、表达清楚。新材料、新产品、新工艺施焊前应检查是否进行了焊接工艺试验。

5）焊接环境检查。检查对环境温度、湿度、风、雨等是否采取可靠防护措施。

（2）焊接中检验。

1）焊接工艺。焊接中是否执行了焊接工艺要求，包括焊接方法、焊接材料、焊接规范（电流、电压、线能量）、焊接顺序、焊接变形及温度控制。

2）焊接缺陷。多层焊层间是否存在裂纹、气孔、夹渣等缺陷，缺陷是否已清除。

3）焊接过程的检查。质检员从焊接工序初始，对人、机、料、法、环等各因素进行过程检查、监控，检查装配质量是否符合图样要求，坡口表面是否清洁、装夹具及点固焊是否合理，装配间隙和错边是否符合要求，是否要考虑焊接收缩量等。

（3）焊后成品质量检验。

1）焊缝质量分级。焊缝射线探伤质量，根据缺陷性质和数量可将焊缝质量分为四级：

Ⅰ级：应无裂纹、未熔合、未焊透和条状夹渣；

Ⅱ级：应无裂纹、未熔合和未焊透；

Ⅲ级：应无裂纹、未熔合及双面焊或加垫板的单面焊缝中的未焊透，不加垫板的单面焊中的未焊透允许长度按条状夹渣长度Ⅲ级评定；

Ⅳ级：焊缝缺陷超过Ⅲ级者。

2）焊后成品质量检验内容：

①外观检查（VE）；

②表面及近表面缺陷的检查；

③内部缺陷的检查；

④压力管道、压力容器焊接接头强度试验；

⑤致密性检查（泄漏试验）。

焊接质量检验方法如图 1.3.3 所示。

- 焊接检验
  - 破坏性检验
    - 力学性能检验
      - 拉伸试验
      - 弯曲试验
      - 硬度试验
      - 冲击试验
      - 断裂韧性试验
      - 疲劳试验
      - 其他
    - 化学分析及试验
      - 化学分析
      - 腐蚀试验
      - 含氢量测定
    - 金相检验
      - 宏观组织
      - 微观组织
    - 焊接性试验
    - 其他检验
  - 非破坏性检验
    - 外观检验
    - 致密性检验
      - 气密性试验
      - 氢气试验
      - 煤油试验
      - 水压试验
      - 气压试验
    - 无损探伤检验
      - 萤光渗透试验
      - 着色检验
      - 磁粉检验
      - 超声波检验
      - 射线检验
        - X射线检验
        - γ射线检验
        - 高能射线检验

图 1.3.3 焊接质量检验方法

（三）焊接热处理

热处理是通过加热和冷却固态金属的操作方法改变其内部组织结构，并获得所需金属的物理、化学和力学性能的一种工艺。

热处理一般由加热、保温和冷却三阶段组成。热处理工艺是通过确定加热温度、保温时间和冷却介质等参数，来达到改善材料性能的目的。

安装工程施工中，常遇到的热处理是指焊接接头部位的热处理，包括设备、构件全部的焊接接头同时进行的热处理。

通过热处理工艺来使焊接残余应力松弛、淬硬区软化，改善内部组织结构，降低氢量，提高耐腐蚀性、冲击韧性、蠕变极限等。

1. 常用热处理方法

安装工程施工中的热处理一般分为焊前预热和焊后热处理两部分。

（1）焊前预热。预热可防止或减少应力的产生。对于焊接某些重要构件，如高压厚壁容器或塑性较差以及淬火倾向很强的焊件，都要进行焊前预热，以防止焊接过程中产生裂纹。预热的作用在于提高焊接接头温度，减少焊缝金属与母材间的温差，降低焊缝冷却速度，控制钢材组织转变，避免在热影响区中形成脆性马氏体，减轻局部硬化，改善焊缝质量，同时由于预热减缓熔池冷却速度，有利于排气、排渣，故可减少气孔、夹渣等缺陷。

焊件是否需要预热以及预热的温度，应根据钢材的化学成分、板厚、容器的结构刚性、焊接形式、焊接方法和焊接材料及环境温度等综合考虑。具体情况可参照有关规范。通常情况下，当环境温度低于0℃时，一般除有色金属外都应进行适当预热。对35、45钢预热温度可选用150~250℃；含碳量再增高或工件刚性很大时，可将预热温度提高到250~400℃；局部预热的加热范围为焊口两侧150~200mm。对黄铜焊接时，当壁厚为5~15mm，其预热温度为400~500℃；壁厚大于15mm时，预热温度升高到550℃。

（2）焊后热处理。焊后热处理应在外观检查和规定的无损检测合格后进行，对容易产生焊接延迟裂纹的钢材，焊后应及时进行焊后热处理。焊后热处理主要有退火、回火、正火及淬火工艺。

1）钢的退火工艺。根据钢材的加热温度、保持时间及冷却状况可分为完全退火、不完全退火、去应力退火三种。

2）钢的正火工艺。正火是将钢件加热到临界点A_{c3}或A_{cm}以上的适当温度，保持一定时间后在空气中冷却，得到珠光体基体组织的热处理工艺。其目的是消除应力、细化组织、改善切削加工性能及淬火前的预热处理，也是某些结构件的最终热处理。

正火较退火的冷却速度快，过冷度较大，其得到的组织结构不同于退火，性能也不同，如经正火处理的工件其强度、硬度、韧性较退火为高，而且生产周期短，能量耗费少，故在可能情况下，应优先考虑正火处理。

3）钢的淬火工艺。淬火是将钢奥氏体化后以适当的冷却速度冷却，使工件在横截面内全部或一定范围发生马氏体不稳定组织结构转变的热处理工艺。其目的是为了提高钢件的硬度、强度和耐磨性，多用于各种工模具、轴承、零件等。

4）钢的回火工艺。回火是将经过淬火的工件加热到临界点A_{t1}以下的适当温度，保持一定时间，随后用符合要求方式冷却，以获得所需的组织结构和性能。其目的是调整工件的强度、硬度、韧性等力学性能，降低或消除应力，避免变形、开裂，并保持使用过程中的尺寸稳定。

回火按不同的加热温度可分为：低温回火、中温回火、高温回火。

（3）热处理方法的选择。焊后热处理一般选用单一高温回火或正火加高温回火处理。对于气焊焊口采用正火加高温回火处理。这是因为气焊的焊缝及热影响区的晶粒粗大，需细化晶粒，故采用正火处理。然而单一的正火不能消除残余应力，故需再加高温回火，以消除应力。单一的中温回火只适用于工地拼装的大型普通低碳钢容器的组装焊缝，其目的是为了达到部分消除残余应力和去氢。绝大多数场合是选用单一的高温回火。高温回火温度范围为 500~780℃（一般要求不超过 800℃）。

2. 焊后热处理的加热方法

（1）感应加热。钢材在交变磁场中产生感应电势，因涡流和磁滞作用使钢材发热，即感应加热。

现在工程上多采用设备简单的工频感应加热，其中中频感应加热有效率高、省电、升温速度快、调节方便、无剩磁等优点，但设备结构复杂、成本高、维护困难。

（2）辐射加热。辐射加热由热源把热量辐射到金属表面，再由金属表面把热量向其他方向传导。所以，辐射加热温度差别大，其加热效果较感应加热差。敷设加热常用火焰加热法、电阻加热法、红外线加热法。

（四）无损检测（探伤）

无损检测是在不损害或基本不损害材料或构件的情况下，采用物理、化学等方法和手段对各种工程材料、零部件和结构件进行有效的检验和测试，借以评价它们的完整性、连续性、安全可靠性及某些物理性能。包括探测材料或构件中是否存在缺陷，并判断缺陷的形状、性质、大小、位置、取向、分布和内含物等情况，还能提供涂层厚度、材料成分、组织状态、应力分布等信息。

无损检测方法主要包括射线检测、声和超声检测、电学和电磁检测、力学和光学检测、热力学方法和化学分析方法。在工业生产、安装质量检验中，目前应用最广泛的无损检测方法主要是射线探伤、超声波探伤、渗透探伤、磁粉探伤和涡流探伤。

1. 射线探伤（RT）

射线探伤是利用 X 射线、γ 射线和中子射线易于穿透物体，在穿透物体过程中受到吸收和散射而衰减的性质，在感光材料上获得与材料内部结构和缺陷相对应的黑度不同的图像，从而检测出物体内部缺陷的种类、大小、分布状况，并做出评价。

由于射线检测对缺陷形象直观，对缺陷的尺寸和性质判断比较容易。如用 X 射线计算机断层成像技术（CT）还可知晓缺陷的断面情况，便于分析处理；如用底片记录法则可作为原始资料长期保存；如用计算机图像处理技术还可使评定分析自动化。此外，射线检测对物体既不破坏也不存在污染，所以射线探伤是现代生产、施工检验上应用非常广泛的一种无损探伤技术。

（1）X 射线、γ 射线探伤。X 射线或 γ 射线就本质而言与可见光相同，都属于电磁波，只是波长不同，故性质也有差异。γ 射线的波长较 X 射线短，故其射线更硬，穿透力更强。

（2）中子射线检测。中子射线检测是通过物体对入射中子束强度的衰减而获得物体内部物理完整性两维图像的一种无损检测方法。

中子射线检测的独特优点是使检验封闭在高密度金属材料中的低密度材料如非金属材料成为可能，此方法与 X 射线法是互为补充的，在某些场合，试件既用 X 射线又用中子射线做全面的检测。中子射线检测的缺点是中子源和屏蔽材料大而重，便携源价高，所需曝光时间相当长，此 X 射线法检测曝光程序较复杂，需要解决工作人员的安全防护问题。

2. 超声波探伤（UT）

超声波是频率超过 20kHz 的机械振动波。超声波探伤是指使超声波与试件相互作用，就反射、透射和散射的波进行研究，对试件进行宏观缺陷检测、几何特性测量、组织结构和力学性能变化的检测和表征，并进而对其特定应用性进行评价的技术。

超声波探伤与X射线探伤相比，具有较高的探伤灵敏度、周期短、成本低、灵活方便、效率高、对人体无害等优点。缺点是对工作表面要求平滑、要求富有经验的检验人员才能辨别缺陷种类、对缺陷没有直观性。超声波探伤适合于厚度较大的零件检验。

3. 涡流探伤

涡流探伤是利用电磁感应原理，检测导电构件表面和近表面缺陷的一种探伤方法。其原理是用激磁线圈使导电构件内产生涡电流，借助探测线圈测定涡电流的变化量，从而获得构件缺陷的有关信息。

涡流探伤只能检查金属材料和构件的表面和近表面缺陷。在检测时并不要求探头与工件接触，所以这为实现高速自动化检测提供了条件。涡流法可以一次测量多种参数，如对管材的涡流检测，可以检查缺陷的特征。此外，还可以测量管材的内径、外径、壁厚和偏心率等。

涡流探伤的主要优点是检测速度快，探头与试件可不直接接触，无需耦合剂。主要缺点是只适用于导体，对形状复杂试件难做检查，只能检查薄试件或厚试件的表面、近表面缺陷。

4. 磁粉探伤（MT）

磁粉探伤是应用较早的一种无损检测方法。它具有设备简单、操作方便、速度快、观察缺陷直观和有较高的检测灵敏度、费用低廉等优点，在工业生产中应用极为普遍。

磁粉探伤是通过磁粉在缺陷附近漏磁场中的堆积以检测铁磁性材料表面或近表面处缺陷的一种无损探伤方法，可检出的缺陷最小宽度可约为1μm，几乎不受试件大小和形状的限制。局限性是只能用于铁磁性材料；只能发现表面和近表面缺陷，可探测的深度一般为1~2mm；宽而浅的缺陷也难以检测；检测后常需退磁和清洗；试件表面不得有油脂或其他能黏附磁粉的物质。

5. 渗透探伤（PT）

渗透探伤是检验非疏孔性金属和非金属试件表面上开口缺陷的一种无损检测方法。将溶有荧光染料或着色染料的渗透液施加在经清洗、干燥表面，渗透剂由于毛细作用能渗入到各种类型开口于表面的细小缺陷中，然后除去附着在试件表面上的多余渗透液，施加显像剂后，在黑光或白光下用肉眼或借助10倍以下的放大镜观察，缺陷处可分别相应地发出黄绿色的荧光或呈现红色。

渗透检测可用于检验各种类型的裂纹、气孔、分层、缩孔、疏松、冷隔、折叠及其他开口于表面的缺陷，广泛用于检验有色金属和黑色金属的铸件、锻件、粉末冶金件、焊接件以及各种陶瓷、塑料及玻璃制品等。

液体渗透检验的优点是不受被检试件几何形状、尺寸大小、化学成分和内部组织结构的限制，也不受缺陷方位的限制，一次操作可同时检验开口于表面中的所有缺陷；不需要特别昂贵和复杂的电子设备和器械；检验的速度快，操作比较简便，大量的零件可以同时进行批量检验，因此大批量的零件可实现100%的检验；缺陷显示直观，检验灵敏度高。最主要的限制是只能检出试件开口于表面的缺陷，不能显示缺陷的深度及缺陷内部的形状和大小。

二、除锈、防腐蚀和绝热工程

（一）除锈和刷油

为了防止工业大气、水及土壤对金属材料的腐蚀，设备、管道以及附属钢结构外部的涂层是防腐蚀的重要措施。

1. 除锈（表面处理）

（1）钢材表面原始锈蚀分级。钢材表面原始锈蚀分为A、B、C、D四级。

A级——全面覆盖着氧化皮而几乎没有铁锈的钢材表面；

B级——已发生锈蚀，且部分氧化皮已经剥落的钢材表面；

C级——氧化皮已因锈蚀而剥落或者可以刮除，且有少量点蚀的钢材表面；

D级——氧化皮已因锈蚀而全面剥离，且已普遍发生点蚀的钢材表面。

（2）金属表面处理方法。金属的表面处理方法主要有手工方法、机械方法、化学方法及火焰除锈方法等。目前最常用的是机械方法中的喷砂处理。

1）手工方法。手工除锈是一种最简单的方法，主要使用刮刀、纱布、钢丝刷、锤、凿等手工工具，进行手工打磨、刷、铲、敲击等操作，从而去除锈垢，然后再用有机溶剂如汽油、丙酮、苯等，将浮锈和油污洗净。适用于一些较小的工件表面及没有条件采用机械方法进行表面处理的设备表面处理。

2）机械方法。机械除锈是利用机械产生的冲击、摩擦作用对工件表面除锈的一种方法，适用于大型金属设备表面的处理。可分为干喷砂法、湿喷砂法、密闭喷砂法、抛丸法和高压水流法等。

3）化学方法（也称酸洗法）。化学除锈就是把金属制件在酸液中进行浸蚀加工，以除掉金属表面的氧化物及油垢等。主要适用于对表面处理要求不高、形状复杂的零部件以及在无喷砂设备条件的除锈场合。

4）火焰除锈方法。火焰除锈的主要工艺是先将基体表面锈层铲掉，再用火焰烘烤或加热，并配合使用动力钢丝刷清理加热表面。此种方法适用于除掉旧的防腐层（漆膜）或带有油浸过的金属表面工程，不适用于薄壁的金属设备、管道，也不能用于退火钢和可淬硬钢的除锈。

（3）钢材表面处理质量等级。钢材表面处理质量等级分为：手工或动力工具除锈St_2、St_3两级，喷射或抛射除锈Sa_1、Sa_2、$Sa_{2.5}$、Sa_3四级。另外，还有火焰除锈质量等级F_1和化学除锈质量等级P_i。

St_2——彻底的手工和动力工具除锈。

St_3——非常彻底的手工和动力工具除锈。

Sa_1——轻度的喷射或抛射除锈。

Sa_2——彻底的喷射或抛射除锈。

$Sa_{2.5}$——非常彻底的喷射或抛射除锈。

Sa_3——使钢材表观洁净的喷射或抛射除锈。

F_1——火焰除锈。

P_i——化学除锈。

2. 刷油（涂覆）

刷油方法可分为涂刷法、喷涂法、浸涂法和电泳涂装法等。

（1）涂刷法。涂刷法的优点包括漆膜渗透性强，可以深入到细孔、缝隙中；设备简单，投资少，操作容易掌握，适应性强；对工件形状要求不严，节省涂料等。缺点是劳动强度大，生产效率低，涂膜易产生刷痕，外观欠佳。

（2）喷涂法。

1）空气喷涂法。空气喷涂法利用专门的喷枪工具以压缩空气把涂料吸入，由喷枪的喷嘴喷出并使气流将涂料冲散成微粒射向被涂物体表面，使之附着于工件表面。

2）高压无气喷涂法。高压无气喷涂是使涂料通过加压泵加压后经喷嘴小孔喷出。它的主要特点是没有一般空气喷涂时发生的涂料回弹和大量漆雾飞扬的现象，因而不仅节省了漆料，而且减少了污染，改善了劳动条件。

3）静电喷涂法。涂料经喷嘴雾化后喷出，被雾化的涂料微粒通过枪口的极针或喷盘、喷杯的边缘时因接触而带电，当经过电晕放电所产生的气体电离区时，将再一次增加其表面电荷密度。这些带负电荷的涂料微粒在静电场作用下，向导极性的工件表面运动，并沉积在工件表面上形成均匀的涂膜。

4）火焰喷涂法。在氧乙炔焰中，粉末以 50m/s 左右的速度通过喷枪口的高温区，受热成为熔融或半熔融状态，喷至被预热的表面上，直到所需的厚度。

5）热熔敷法。是介于火焰喷涂和流化床之间的工艺，其过程是先将工件预热至粉末熔融温度以上，然后用喷枪把粉末喷上，借工件热量来熔融成涂层。

（3）浸涂法。浸涂法是将被涂工件全部浸没在盛漆的容器里，经过一定时间，将被涂工件从容器里取出，让表面多余的漆液自然滴落，干燥成膜。这种方法适用于小型零件和工件内外表面的涂覆。其优点是设备简单、生产效率高、操作简便。缺点是不适用于干燥快的涂料，因易产生不均匀的漆膜表面。

（4）电泳涂装法。电泳涂装是利用外加电场使悬浮于电泳液中的颜料和树脂等微粒定向迁移并沉积于电极之一的工件表面的涂装方法。电泳涂装法的主要特点有：

1）采用水溶性涂料，可节省有机溶剂，降低了大气污染和环境危害，安全卫生，同时避免了火灾的隐患。

2）涂装效率高，涂料损失小，涂料的利用率可达 90%~95%。

3）涂膜厚度均匀，附着力强，涂装质量好，工件各个部位如内层、凹陷、焊缝等处都能获得均匀、平滑的漆膜，解决了其他涂装方法对复杂形状工件的涂装难题。

4）生产效率高，施工可实现自动化连续生产，大幅提高劳动效率。

5）设备复杂，投资费用高，耗电量大，施工条件严格，并需进行废水处理。

（二）衬里

衬里是一种综合利用不同材料的特性、具有较长使用寿命的防腐方法。根据不同的介质条件，多是在钢铁或混凝土设备上选衬各种非金属材料，如玻璃钢衬里、橡胶衬里、砖板衬里等。对于温度、压力较高的场合，可衬耐蚀金属，如不锈钢、铅、钛、铜、铝等。

1. 纤维增强塑料衬里

（1）纤维增强塑料衬里（如玻璃钢衬里）是指以树脂为胶黏剂，纤维及其织物为增强材料铺贴或喷射的设备、管道衬里层及隔离层。

（2）用于该类衬里的黏结剂材料主要有环氧树脂、不饱和聚酯树脂、呋喃树脂和酚醛树脂等热固性树脂；纤维主要包括玻璃纤维布、毡、有机纤维及其织物等。

（3）铺贴法是用手工糊制贴衬纤维增强塑料，可连续施工或间断施工。纤维树脂衬里应采用间断法施工。

（4）纤维增强材料的涂胶可以采用刷涂法，也可采用浸揉法处理。即将纤维增强材料放置在配好的胶料里浸泡揉挤，使纤维增强材料完全浸透后，挤出多余胶料，将纤维增强材料拉平进行贴衬。用纤维增强塑料做设备、管道及管件衬里隔离层时，可不涂刷面层胶料。

（5）纤维增强塑料衬里也可采用手持喷枪喷射成型工艺。首先在处理后的基体表面均匀喷涂封底胶料。再将增强纤维无捻粗纱切成25~30mm长度，与树脂一起喷到基体表面。喷射后采用辊子将沉积物压实，表面应平整、无气泡。

2. 橡胶衬里

热硫化橡胶板衬里施工一般采用手工黏合，其工艺过程为：

（1）设备表面处理。金属表面不应有油污、杂质。一般采用喷砂除锈，也有采用酸洗处理的。对铸铁件，在喷砂前应用蒸汽或其他方法加热除去铸件气孔中的空气及油垢等。

（2）胶浆的配制。胶浆调制时，先将胶料剪成小块放入部分汽油进行调胶，调制时应搅拌均匀，使其成糊状，再按配比加入汽油，配成浓度为1∶4~1∶10的胶浆。

（3）涂刷胶浆。一般施工温度不低于15℃，但也不宜超过30~35℃。设备与橡胶板一般至少要涂刷三层胶浆。每层用胶浆浓度不同，第一层较稀，第二层较浓，第三层更浓一些。每次涂刷后的干燥时间一般为10~30min。

（4）硫化。硫化是生胶与硫黄物理化学变化的过程。硫化后的橡胶具有良好的弹性、硬度、耐磨性及耐腐蚀性能。软橡胶含硫量少，它与金属的黏结力比硬橡胶和半硬橡胶差。

硫化的方法有间接硫化（硫化釜内硫化）、直接本体硫化（衬橡胶设备本体硫化）和常压硫化三种。

3. 衬铅和搪铅衬里

衬铅和搪铅是两种覆盖铅的方法。

（1）衬铅：将铅板用搪钉、螺栓或压板固定在设备或被衬工件表面上，再用铅焊条将铅板之间的缝隙焊接起来，形成一层将设备与介质隔离开的铅防腐层，称为衬铅。分别称为搪钉固定法、螺栓固定法和压板条固定法。

（2）搪铅：采用氢—氧焰将铅条熔融后贴覆在被衬的工件或设备表面上形成具有一定厚度密实的铅层。

（3）比较。衬铅的施工方法比搪铅简单，生产周期短，相对成本也低，适用于立面、静荷载和正压下工作，搪铅与设备器壁之间结合均匀且牢固，没有间隙，传热性好，适用于负压、回转运动和震动下工作。

4. 砖、板衬里

它是将砖、板块材用具有一定黏接性和耐蚀性能的胶泥砌衬在金属或非金属设备、管道内壁表面达到防腐蚀作用的一种防腐手段。砖、板衬里常用的材料有：

（1）铸石。其主要性能是硬度高、耐磨性好、抗腐蚀性能强，除氢氟酸和热磷酸外，能抗任何酸碱的腐蚀（耐酸性大于96%，耐碱性大于98%）。耐磨性比锰钢高5~10倍，比碳素钢高数十倍；其硬度高，莫氏硬度为7~8，仅次于金刚石和刚玉。但其韧性、抗冲击性较差，切削加工困难。

（2）辉绿岩。辉绿岩可分为橄榄辉绿岩、石英辉绿岩等。可做建筑石材或工艺石料，是铸石原料。用于各种设备的衬里和各种形式的零件。

（3）耐酸瓷砖。耐酸瓷砖是以石英、长石、黏土为主要原料，经窑炉高温烧制而成，具有耐酸度高，吸水率低，在常温下不易氧化，不易被介质污染等特性。耐酸瓷砖具有耐压、耐腐、易清洁、耐酸碱的特点。广泛应用于堵、池、罐、槽的防腐内衬。

（4）不透性石墨板。由石墨浸渍酚醛或呋喃树脂制成。其导热好，易于加工，耐磨性好，但机械强度低，价格贵。

（三）金属热喷涂

金属热喷涂是指利用某种热源，如电弧、等离子弧、燃烧火焰等将粉末状或丝状的金属涂层材料加热到熔融或半熔融状态，然后借助焰流本身的动力或外加的高速气流雾化，并以一定的速度喷射到经过预处理的基体材料表面，与基体材料结合而形成具有各种功能的表面金属覆盖层。金属热喷涂采用的金属材料为金属丝或金属粉末，故称为金属丝喷涂法和金属末喷涂法。机电安装工程项目应用最多的金属材料是锌、锌铝合金、铝和铝镁合金。

热喷涂工艺流程包括基体表面预处理、热喷涂、后处理、精加工等过程。

（四）绝热工程

绝热工程是为了维持正常生产的温度范围，减少热载体（如过热蒸汽、饱和水蒸气、热水和烟气等）和冷载体（如液氨、液氮、冷冻盐水和低温水等）在输送、贮存和使用过程中热量和冷量的散失，降低能源消耗和产品成本，对设备和管道采取的保温或保冷措施。

1. 常用绝热材料

绝热材料应选择导热系数小、无腐蚀性、耐热、不易燃、持久、性能稳定、质量轻、有足够强度、吸湿性小、易于施工成型的材料。

绝热材料的种类很多，比较常用的有矿（岩）棉、玻璃棉、硅藻土、膨胀珍珠岩、泡沫玻璃、硬质聚氨酯泡沫塑料、聚苯乙烯泡沫塑料等。

2. 设备及管道绝热结构组成

（1）保冷结构的组成及各层的功能。由内到外，保冷结构由防腐层、保冷层、防潮层、保护层组成。

1）防腐层。将防腐材料涂敷在保冷设备及采用碳钢或铁素体合金钢的保冷管道的外表面，防止其因受潮而腐蚀。凡需进行绝热的碳钢设备、管道及其附件应设防腐层；不锈钢、有色金属及非金属材料制造的设备、管道及其附件则不需设防腐层。

2）保冷层。是保冷结构的核心层，将绝热材料敷设在保冷层外，阻止外部环境的热流进入，减少冷量损失，维持保冷功能。

3）防潮层。是保冷层的维护层，将防潮材料敷设在保冷层外，阻止外部环境的水汽渗入，防止保冷层材料受潮后降低保冷功效乃至破坏保冷功能。

4）保护层。是保冷结构的维护层，将保护层材料敷设在保冷层或防潮层外部，使保冷结构内部免遭水分侵入或外力破坏，使保冷结构外形整洁、美观，延长保冷结构使用年限。

在保护层外表面根据需要可涂刷防腐漆，采用不同颜色的防腐漆或制作相应色标，以识别设备及管道内介质的类别和流向。

（2）保温结构的组成及各层的功能。保温绝热结构由防腐层、保温层、保护层组成。各层的功能与保冷结构各层的功能相同。与保冷结构不同的是，保温结构通常只有在潮湿环境或埋地状况下才需增设防潮层。

3. 绝热施工

（1）绝热层施工。绝热层施工包括：涂抹绝热层、充填绝热层、绑扎绝热层、粘贴绝热层、钉贴绝热层、浇灌式绝热层、喷塑绝热层、闭孔橡胶挤出发泡材料。

（2）防潮层施工。过去常用沥青油毡和麻刀石灰泥为主要材料制作防潮层，但是沥青油毡过分圈折时会断裂，且施工作业条件较差，仅适用于大直径和平面防潮层。现在工程上用作防潮层的材料主要有两种：一种是以玻璃丝布做胎料，两面涂刷沥青玛琋脂制作，另一种是以聚氯乙烯塑料薄膜制作。

（3）保护层施工。绝热结构外层必须设置保护层，以阻挡环境和外力对绝热材料的影响，延长绝热结构的寿命。保护层应使绝热结构外表整齐、美观，保护层结构应严密和牢固，在环境变化和振动情况下不渗雨、不裂纹、不散缝、不坠落。

三、辅助工程

（一）吹洗、脱脂、钝化和预膜

1. 吹扫与清洗

管道系统安装后，在压力试验合格后，应进行吹扫与清洗。

（1）吹扫与清洗要求。管道吹扫与清洗方法选用应根据管道的使用要求、工作介质、系统回路、现场条件及管道内表面的脏污程度确定，除设计文件有特殊要求的管道外，一般应符合下列规定：

1）$DN \geq 600$mm 的液体或气体管道，宜采用人工清理。

2）$DN<600$mm 的液体管道，宜采用水冲洗。

3）$DN<600$mm 的气体管道，宜采用压缩空气吹扫。

4）蒸汽管道应采用蒸汽吹扫，非热力管道不得采用蒸汽吹扫。

5）需要时可采取高压水冲洗、空气爆破吹扫或其他吹扫与清洗方法。

6）对不允许吹扫与清洗的设备及管道，应进行隔离。

7）管道吹洗前的保护措施。

8）吹扫与清洗的顺序应按主管、支管、疏排管依次进行，吹出的脏物不得进入已吹扫与清洗合格的管道。

9）吹扫排放的脏物不得污染环境，严禁随意排放。

10）管道吹扫与清洗时应设置禁区和警戒线，并应挂警示牌。

11）管道吹扫与清洗合格后，不得再进行影响管内清洁的作业。

（2）空气吹扫。

1）空气吹扫宜利用生产装置的大型空压机或大型储气罐进行间断性吹扫。吹扫压力不得大于系统容器和管道的设计压力，吹扫流速不宜小于 20m/s。

2）吹扫忌油管道时，应使用无油压缩空气或其他不含油的气体进行吹扫。

3）吹扫过程中，当目测排气无烟尘时，应在排气口设置贴有白布或涂白漆的木质或金属靶板进行检验，5min 内靶板上无铁锈、泥土、水分及其他杂物即为合格。

4）当吹扫的系统容积大、管线长、口径大，并不宜用水冲洗时，可采取“空气爆破法”进行吹扫。爆破吹扫时，向系统充注的气体压力不得超过 0.5MPa，并应采取相应的安全措施。

（3）蒸汽吹扫。

1）蒸汽吹扫前，管道系统的保温隔热工程应已完成。

2）蒸汽吹扫应以大流量蒸汽进行吹扫，流速不应小于 30m/s。

3）蒸汽吹扫前，应先进行暖管，并及时疏水。暖管时应检查管道的热位移，当有异常时，应及时进行处理。

4）蒸汽吹扫应按加热、冷却、再加热的顺序循环进行。吹扫时宜采取每次吹扫一根和轮流吹扫的方法。

5）经蒸汽吹扫后应对吹扫靶板进行检验，靶板无脏物为合格。

（4）水冲洗。

1）水冲洗应使用洁净水，冲洗不锈钢、镍及镍合金管道时，水中氯离子含量不得超过 0.025‰（25ppm）。

2）水冲洗的流速不应小于 1.5m/s，冲洗压力不得超过管道的设计压力。

3）冲洗排放管的截面积不应小于被冲洗管截面积的 60%。排水时，不得形成负压。

4）管道水冲洗应连续进行，以排出口的水色和透明度与入口处目测一致为合格。

5）对有严重锈蚀和污染的管道，当使用一般清洗方法未能达到要求时，可采取将管道分段进行高压水冲洗。

6）当管道经水冲洗合格后暂不运行时，应及时将管内积水排净，并用压缩空气或氮气及时吹干。

大管道可采用闭式循环冲洗技术。它利用水在管内流动时所产生的动力以及水对杂物的浮力，使管内残存物质随着流体运动被带出管外。适用于城市供热管网、供水管网，还适用于各种以水为冲洗介质的工业、民用管网冲洗。

（5）油清洗。

1）油清洗方法适用于大型机械设备的润滑油、密封油、控制油管道系统的清洗。

2）润滑、密封及控制系统的油管道，应在设备和管道吹洗、酸洗合格后，系统试运行前进行油清洗。不锈钢管道宜采用蒸汽吹净后进行油清洗。

3）经酸洗钝化或蒸汽吹扫合格的油管道，宜在两周内进行油清洗。

4）油清洗应采用系统内循环方式进行，油循环过程中，每 8h 应在 40~70℃内反复升降油温 2~3 次，并及时清洗或更换滤芯。

5）当设计文件无规定时，管道油清洗后用过滤网检验。

6）油清洗合格的管道，应采取封闭或充氮保护的措施。

（6）酸洗。对设备和管道内壁有特殊清洁要求的，如液压、润滑管道的除锈可采用酸洗法。

1）常用的酸洗液为盐酸（或硫酸）加上一定量表面活性剂组成。

2）管道的酸洗应尽量在管道配置完成且已具备冲洗条件后进行，对涂有油漆的管子，在酸洗前应把油漆除净；内壁有明显的油斑时，酸洗前应将管道进行脱脂处理。

3）油库或液压站的管道宜采用槽式酸洗法，从油库或液压站至使用点或工作缸的管道，可采用循环酸洗法。

4）循环酸洗法时，组成回路的管道长度可根据管径、管压和实际情况确定，但不宜超过 300m，回路的构成应使所有管道的内壁全部能接触酸液。

5）循环酸洗回路中，应在最高部位设排气点。酸洗前应将管道内的空气排尽。管道最低处应设在排空点，在酸洗完成后，应将溶液排净。

6）酸洗时，应保持酸液的浓度及温度。

7）采用系统循环法酸洗时，一般工序应为：试漏—脱脂—冲洗—酸洗—中和—钝化—冲洗—干燥—涂油和复位。

8）酸洗时可采用脱脂、酸洗、中和、钝化四个工序合一的清洗液进行管道清洗。

9）液压、润滑油系统的管道在酸洗合格后，应采用工作介质或相当于工作介质的液体进行冲洗。

10）酸洗后的管道以目测检查，内壁呈金属光泽为合格。

11）酸洗合格后的管道，如不能及时投入运行，应采取封闭或充氮保护的措施。

2. 脱脂

忌油系统要进行脱脂处理。在进行脱脂前应对设备、附件进行清扫除锈，碳素钢材、管件和阀门都要进行除锈。不锈钢钢管、铜管、铝合金管只需要将表面的污物清扫干净即可。

脱脂完毕后，应按设计规定进行脱脂质量检验。当设计无规定时，脱脂质量检验的方法及合格标准如下：

（1）直接法。

1）用清洁干燥的白滤纸擦拭管道及其附件的内壁，纸上应无油脂痕迹。

2）用紫外线灯照射，脱脂表面应无紫蓝荧光。

（2）间接法。

1）用蒸汽吹扫脱脂时，盛少量蒸汽冷凝液于器皿内，并放入数颗粒度小于 1mm 的纯樟脑，以樟脑不停旋转为合格。

2）有机溶剂及浓硝酸脱脂时，取脱脂后的溶液或酸进行分析，其含油和有机物不应超过 0.03%。

3. 钝化和预膜

（1）钝化。钝化是指在经酸洗后的设备和管道内壁金属表面上用化学的方法进行流动或浸泡清洗以形成一层致密的氧化铁保护膜的过程。酸洗后的管道和设备，必须迅速进行钝化。钝化结束后，要用偏碱的水冲洗，保护钝化膜，以防管道和设备在空气中再次锈蚀。通常钝化液采用亚硝酸钠溶液。

（2）预膜。预膜即化学转化膜，是金属设备和管道表面防护层的一种类型，是在系统清洗之后、正常运行之前化学处理的一个必要步骤。特别是酸洗和钝化合格后的管道，可利用预膜的方法加以防护。其防护功能主要是依靠降低金属本身的化学活性来提高它在环境介质中的稳定性。此外，也依靠金属表面上的转化产物对环境介质的隔离起到防护作用。

形成预膜的方法有电化学法和化学法。前者常称为阳极化，后者通过浸液法或喷液法。预膜工作的要求类同于酸洗过程。特别强调的是，预膜用的废液不能随意排放，以防止污染环境。

（二）管道压力试验

依据现行国家标准《工业金属管道工程施工规范》GB 50235 的规定，管道安装完毕、热处理和无损检测合格后，应对管道系统进行压力试验。目的是检查设备或管道的强度和密封性能。

管道压力试验按试验使用的介质可分为液压试验和气压试验两种。管道的压力试验一般以液体为试验介质。当管道的设计压力小于或等于 0.6MPa 时（或现场条件不允许进行液压试验时）采用气压为试验介质。

1. 液压试验

液压试验应使用清洁水。当对不锈钢、镍及镍合金管道，或对连有不锈钢、镍及镍合金管道或设备的管道进行试验时，试验用水中氯离子含量不得超过 0.025‰（25ppm）。也可采用其他无毒液体进行液压试验。当采用可燃液体介质进行试验时，其闪点不得低于 50℃，并应采取安全防护措施。

2. 气压试验

气压试验是根据管道输送介质的要求，选用空气或惰性气体作为介质进行的压力试验。常用的气体为干燥洁净的空气、氮气或其他不易燃和无毒的气体。承受内压钢管及有色金属管的强度试验压力应为设计压力的 1.15 倍，真空管道的试验压力应为 0.2MPa。

（三）设备压力试验

依据现行国家标准《石油化工静设备安装工程施工质量验收规范》GB 50461 的规定，石油化工静置设备在设备本体及与本体相焊的焊接和检验工作完成，需要进行焊后热处理的设备，热处理工作已完成条件下进行压力试验。压力试验可分为液压试验、气压试验和气密性试验。液压试验、气压试验统称为设备耐压试验。

1. 液压试验

液压试验介质宜采用工业用水。对于奥氏体不锈钢设备，试验用水的氯离子含量不应超过 0.025‰（25ppm）。试验介质也可采用不会导致发生危险的其他液体。

试验介质的温度：碳素钢、Q345R、Q370R 制设备在液压试验时，液体温度不得低于 5℃；其他低合金钢制设备液压试验时，液体温度不得低于 15℃。

2. 气压试验

气压试验介质应采用干燥洁净的空气、氮气或惰性气体。

气压试验时气体的温度：碳素钢和低合金钢制气压试验时气体温度不得低于 15℃；其他材料制设备，气压试验时气体的温度按设计文件规定执行。

3. 气密性试验

气密性试验的主要目的是检查连接部位的密封性能。因气体比液体检漏的灵敏度高，因此用于密封性要求高的容器。

气密性试验应在耐压试验合格后进行。对进行气压试验的设备，气密性试验可在气压试验压力降到气密性试验压力后一并进行。

第四节　安装工程常用施工机械及检测仪表

一、常用施工机械的类型及应用

安装工程中，管道或设备的搬运、移动或安装都可能需要借助一些工具和运用起重吊装方法，从而减轻体力劳动强度和提高劳动生产率，加快安装进度。了解常用的起重吊装机具及简易起重吊装方法是非常必要的。

1. 常用的索具

常用的吊装用的索具包括绳索（白棕绳、钢丝绳）和吊具（撬杠与滚杠、吊钩、吊索）。

2. 轻小型起重设备

（1）滑车。滑车（滑轮）是广泛使用的一种小型起重工具，用它与钢丝绳穿绕在一起，配以卷扬机，即可进行重物的起吊运输作业。一只滑车只能改变力的方向，并不能省力；如果用两只滑车并用钢丝绳把它们穿绕在一起组成滑车组，则不仅能改变力的方向，而且能省力。在起重运输作业中，单门滑车作为导向滑车使用，用滑车组配以卷扬机作起重使用。

（2）千斤顶。在安装中，常用千斤顶校正安装偏差和矫正构件的变形，也可以顶升设备等。

千斤顶的顶升高度一般在100~400mm，起重能力在3~500t。千斤顶有机械式和液压式两类，前者又有螺旋千斤顶和齿条千斤顶两种；液压式一般分普通液压千斤顶和分离式液压起顶机两种类型。

（3）绞磨。绞磨由推杆（绞杠）、磨头、卷筒、磨架和制动器等部件组成，如图1.4.1所示。绞磨构造简单，操作方便，但是推动比较费力，目前只在偏僻地区没有电源的情况下使用。

（4）起重葫芦。可分为手拉葫芦、手扳葫芦、电动葫芦、气动葫芦、液动葫芦等。

（5）卷扬机。卷扬机又称绞车，是设备吊装中常用的牵引设备，有手摇、电动两种，一般大、中型设备吊装均使用电动卷扬机。

手摇卷扬机的卷扬能力一般为0.5~3t，电动卷扬机的卷扬能力一般为1~10t。

3. 常用的起重设备

常用的起重设备分为半机械化吊装设备和机械化吊装设备。

（1）半机械化吊装设备。半机械化吊装设备按结构和吊装形式不同，分为独脚桅杆、人字桅杆、三脚架及四脚架或桅杆式起重机。

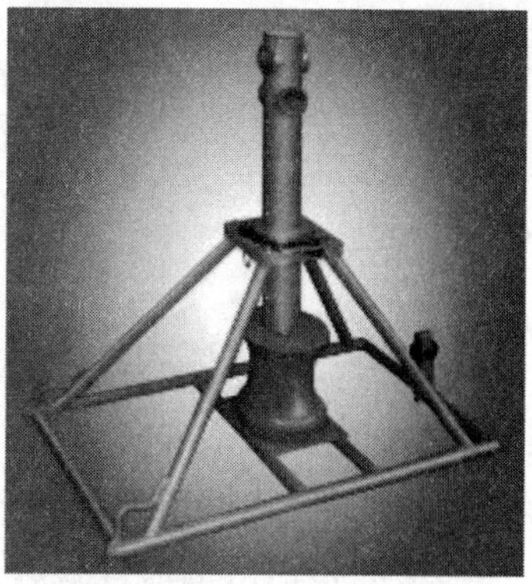

图1.4.1　绞磨实物图

1）独脚桅杆。独脚桅杆简称“拔杆”“抱杆”，按制作材料的不同，可分为木独脚桅杆、钢管独脚桅杆和用型钢制作的格构式独脚桅杆等。木独脚桅杆的起重高度在 15m 以内，起重量在 20t 以下；钢管独脚桅杆的起重高度一般在 25m 以内，起重量在 30t 以下；格构式独脚桅杆的起重高度可达 70m，起重量可达 100t。独脚桅杆如图 1.4.2 所示。

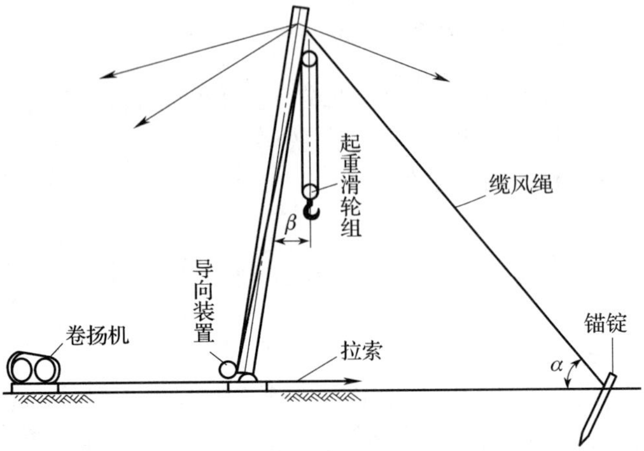

图 1.4.2　独脚桅杆

2）人字桅杆。用两根钢管、圆木或格构式钢架组成人字形架，架顶可以采用绑扎或铰接并悬挂滑轮组。桅杆两脚距离约为高度的 1/3~1/2，并在下部系防滑拉紧绳（或杆），桅杆顶部要有 5 根以上的缆风绳，它可以和绞磨及卷扬机联合使用。人字桅杆如图 1.4.3 所示。

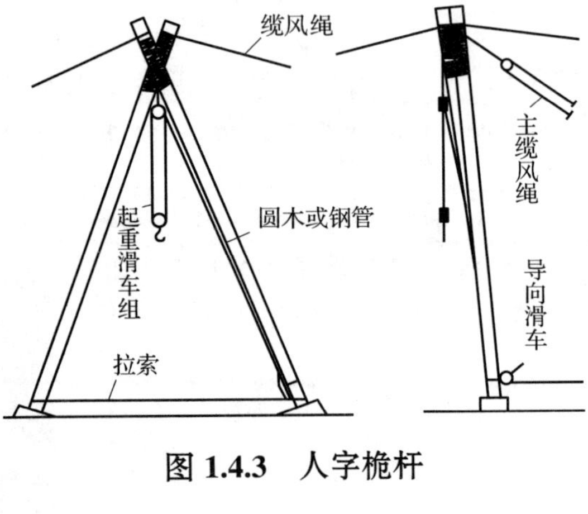

图 1.4.3　人字桅杆

3）三脚架及四脚架。对于直径较大的管子下地沟，可采用挂有滑车的三脚或四脚架。三脚架如图 1.4.4 所示。

4）桅杆式起重机。按制作材料的不同，可分为圆木制桅杆式起重机、钢管制作的桅杆起重机和钢格构桅杆式起重机等。

圆木制桅杆式起重机起重量 5t，可吊装小型构件；钢管制作的桅杆起重机起重量达

10t 左右，可吊装较大型设备；钢格构桅杆式起重机可吊装 15t 以上的大型设备。

图 1.4.5 是一台钢格构桅杆式起重机。

图 1.4.4 三脚架

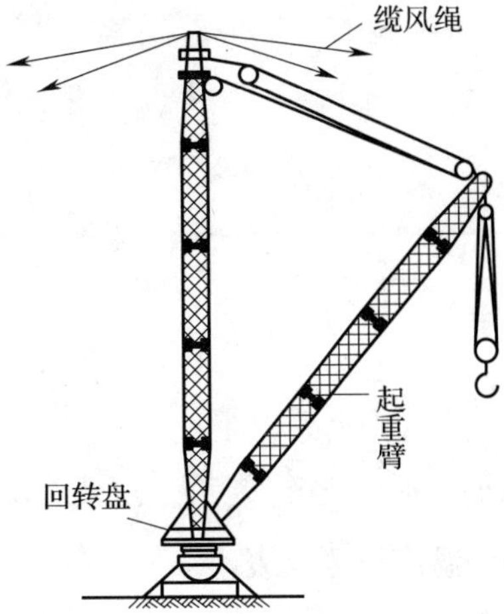

图 1.4.5 钢格构桅杆式起重机

（2）机械化吊装设备。安装工程常用的机械化吊装设备有汽车式、轮胎式、履带式和桥式起重机 4 种类型，用于大型设备及大直径的管道吊装。

1）汽车式起重机。又叫汽车吊，起重机构及旋转盘安装在载重车的底盘上，起重机设动力控制室，与汽车驾驶室分开。底盘两侧设置四个可以升降的支撑盘作为支撑点，增强起重时机器的稳定性。汽车吊行驶速度快，机动灵活，转移迅速方便。

2）轮胎式起重机。轮胎式起重机行驶与起重合用一套动力装置，车身采用大轮胎和大轮间距，底盘两侧设外伸支撑点，稳定性好，起重量大，但行驶速度低于汽车吊。

3）履带式起重机。履带行驶机构和起重机构分别设置，起重臂、动力装置、卷扬机和操纵室装置在旋转盘上，能旋转 360°，履带既是行驶机构，起重时也起支座作用。履带式起重机起重能力较强，可达到 100t。履带式起重机可在高低不平及泥泞松软的施工场地或道路行驶，自重较大，行驶速度慢，履带对路有破坏作用。

4）桥式起重机。包括电动双梁桥式起重机、桥式锻造起重机和装料及双钩梁桥式起重机。

电动双梁桥式起重机主要部件为桥架部分、桥架运行机构和行车部分。主要用于厂矿、仓库、车间，在固定跨度间作起重装卸及搬运重物之用。桥式锻造起重机用于水压机车间，是为了配合水压机进行锻造工作的。除此以外还可以进行运输工作，一般配合 1 600~8 000t 水压机用。装料及双钩梁桥式起重机主要用于对炼钢车间平炉进行加料工作，还可以用于平炉炉内平整炉料、扒渣和补修平炉时的起重运输工作等。

桥式起重机在起重量大于起吊设备的重量时，可直接吊装。使用单台桥式起重机吊装，如吊装设备载荷较大，桥式起重机起重量不足时，可用两台桥式起重机抬吊设备。

图 1.4.6 为电动双梁桥式起重机。

图 1.4.6　电动双梁桥式起重机

二、检测仪表的类型及应用

1. 温度检测仪表

（1）压力式温度计。压力式温度计利用密封系统中测温物质的压力随温度的变化来测量温度。适用于工业场合测量各种对铜无腐蚀作用的介质温度。若介质有腐蚀作用应选用防腐型。

（2）双金属温度计。该温度计在设计原理及结构上具有防水、防腐蚀、隔爆、耐震动、直观、易读数、无汞害、坚固耐用等特点，可取代其他形式的测量仪表，广泛应用于石油、化工、机械、船舶、发电、纺织、印染等工业和科研部门。

（3）玻璃液位温度计。玻璃液位温度计多用来测量室温。玻璃温度计还可以按其他特殊要求制成带金属保护管的，在易碰撞的地方与不能裸露挂置的地方使用。

（4）热电偶温度计。热电偶温度计用于测量各种温度物体，测量范围极大，远远大于酒精、水银温度计。它适用于测量炼钢炉、炼焦炉等高温场合，也可测量液态氢、液态氮等低温物体。

（5）热电阻温度计。热电阻是中低温区最常用的一种温度检测器。它的主要特点是测量精度高、性能稳定。其中铂热电阻的测量精确度是最高的，它不仅广泛应用于工业测温，而且被制成标准的基准仪。

2. 压力检测仪表

（1）一般压力表。一般压力表适用于测量无爆炸危险、不结晶、不凝固及对钢和铜合金不起腐蚀作用的液体、蒸汽和气体等介质的压力。一般压力表按其作用原理分为液柱式、活塞式、弹性式及电气式四大类。

1）液柱式压力计。结构简单，使用、维修方便，但信号不能远传。

2）活塞式压力计。测量精度很高，可用来检测低一级的活塞式压力计或检验精密压力表，是一种主要的压力标准计量仪器。

3）弹性式压力计。构造简单、牢固可靠、测压范围广、使用方便、造价低廉、有足够的精度，可与电测信号配套制成遥测遥控的自动记录仪表与控制仪表。

4）电气式压力计。可将被测压力转换成电量进行测量。多用于压力信号的远传、发信或集中控制，广泛用于工业自动化和化工过程中。

（2）远传压力表。远传压力表适用于测量对钢及铜合金不起腐蚀作用的液体、蒸汽和气体等介质的压力。此外，远传压力表还能就地指示压力，以便于现场工作检查。

3. 流量仪表

常用的流量仪表有电磁流量计、气远传转子流量计、涡轮流量计、椭圆齿轮流量计和电动转子流量计。常见的流量计特征见表 1.4.1。

表 1.4.1　常见的流量计特征

名　称	适 用 场 合	相对价格	特　点
玻璃管转子流量计	空气、氮气、水及与水相似的其他安全流体小流量测量	较便宜	①结构简单，维修方便； ②精度低； ③不适用于有毒性介质及不透明介质； ④属于面积式流量计
涡轮流量计	适用于黏度较小的洁净流在宽测量范围的高精度测量	较贵	①精度较高，适于计量； ②耐温耐压范围较广； ③变送器体积小，维护容易； ④轴承易磨损，连续使用周期短； ⑤涡轮流量计是一种速度式流量计
椭圆齿轮流量计	适用于高黏度介质流量的测量	较贵	①精度较高； ②计量稳定； ③不适用于含有固体颗粒的液体； ④属于容积式流量计
节流装置（差压式）流量计	非强腐蚀的单向流体流量测量，允许一定的压力损失	较便宜	①使用广泛； ②结构简单； ③对标准节流装置不必个别标定即可使用； ④属于差压计（流量计）
均速管流量计	大口径、大流量的各种液体流量测量	较便宜	①结构简单； ②安装、拆卸、维修方便； ③压损小，能耗少； ④属于差压计（流量计）； ⑤输出差压较低

4. 电工测量仪表

电工测量仪表分为电工测量指示仪表和较量仪表两大类。

（1）指示仪表。能够直读被测量对象的大小和单位的仪表，如电压表、电流表、钳形表、电能（度）表、万用表和兆欧表等。指示仪表的分类很多，常见的分类方法有：按工作原理分为磁电系、电磁系、电动系、感应系和静电系等；按使用方式分为安装式和便携式。

（2）较量仪表。把被测量与度量器进行比较后确定被测量的仪器，如电桥和电位差计等。

电工测量仪器仪表的性能由被测量对象决定，其测量的对象不同，性能也有所差别。测量对象包括电流、电压、功率、频率、相位、电能、电阻、电容和电感等电参数，以及磁场强度、磁通、磁感应强度、磁滞、涡流损耗和磁导率等参数。随着技术的进步，以集成电路为核心的数字式仪表、以微处理器为核心的智能测量仪表得到了高速的发展和应用，这些仪表不仅具有常规仪表的测量和显示功能，而且通常都带有参数设置、界面切换和数据通信等功能。

第五节　安装工程施工组织设计

施工组织设计是以施工项目为对象编制的，用以规范和指导施工的技术、经济和管理的综合性文件，是解决工程项目如何建造的问题的文件。由于受建筑产品及其施工特点的影响，每一个工程项目开工前，都必须根据工程特点与施工条件来编制施工组织设计。

一、施工组织设计概述

（一）施工组织设计的作用

施工组织设计是根据国家有关技术政策、建设项目要求、施工组织的原则，结合工程的具体条件，确定经济合理的施工方案，对拟建工程在人力和物力、时间和空间、技术和组织等方面统筹安排，以保证按照既定目标，优质、低耗、高速、安全地完成施工任务。其主要作用是：

（1）根据国家有关技术、建设项目要求，结合工程的具体条件，明确工程的具体施工方案、施工顺序、劳动组织措施、施工进度计划及资源需用量与供应计划，明确临时设施、材料和机具的具体位置，有效地使用施工场地，提高经济效益。

（2）指导工程招投标和签订施工合同，并作为投标文件的主要内容及合同文件的组成部分，参与招标投标活动的竞争。

（3）统筹和协调施工中建设单位、施工单位、监理单位及政府质量监督、安全监督等的工作衔接。

（4）是从承接工程任务开始到竣工验收合同交付使用为止的施工阶段全过程控制质量、安全、进度和工程成本的规范性文件。

（5）是工程造价进度款结算、工程变更、竣工结算的重要依据。

（二）施工组织设计分类

1. 按编制阶段分类

根据编制阶段的不同，施工组织设计可划分为两类：一类是投标前编制的施工组织设计，简称“标前设计”，另一类是中标后编制的施工组织设计，简称“标后设计”。

（1）标前设计是投标前编制的施工组织设计。在工程投标阶段编制的施工组织设计，应充分反映对招标工程的施工计划安排、组织实施、控制措施的统筹方法和施工企业的综合实力，是实现中标、提高市场竞争力的重要途径。

（2）标后设计是签订工程承包合同后编制的施工组织设计，其主要作用是指导施工进场前的准备工作和工程施工全过程的管控工作。

2. 按编制对象范围分类

施工组织设计按编制对象和范围不同可划分为三类：施工组织总设计、单位工程施工组织设计和分部分项工程施工组织设计（施工方案）。

（1）施工组织总设计是以一个建设项目为编制对象，规划其施工全过程各项活动的技术、经济的全局性、控制性文件。它是整个建设项目施工的战略部署，涉及范围较广，内容比较概括。一般是由总承包单位的总工程师负责，会同建设和分包单位的工程师共同编制。施工组织总设计是施工单位编制年度施工计划和单位工程施工组织设计的依据。

（2）单位工程施工组织设计是以单位工程为编制对象，用来指导其施工全过程各项活动的技术、经济的局部性、指导性文件。它是拟建工程施工的战术安排，是施工单位年度施工计划和施工组织总设计的具体化，内容更详细。它是在施工图设计完成后，由承包单位工程项目主管工程师负责编制的，可作为编制季度、月度计划和分部分项工程施工组织设计的依据。

（3）分部分项工程施工组织设计，也称施工方案。它是以某些新结构、新工艺、技术复杂的或缺乏施工经验的分部分项工程为编制对象，如大型吊装工程、复杂的基础工程以及有特殊要求的高级装饰工程等。用来指导其施工活动的技术、经济文件。它结合施工单位的月、旬作业计划，把单位工程施工组织设计进一步具体化，是部分特殊专业工程的具体施工设计。

（三）施工组织设计编制原则

（1）必须执行工程建设程序，遵守现行相关法律、法规，贯彻落实工程项目所在地的管理制度及政策。

（2）符合施工合同或招标文件中有关工程进度、质量、安全、环境保护、造价等方面的要求。

（3）积极开发、使用新技术和新工艺，推广应用新材料和新设备。在目前市场经济条件下，施工企业应当积极利用工程特点、组织开发、创新施工技术和施工工艺。

（4）坚持科学的施工程序和合理的施工顺序，采用流水施工和网络计划等方法。科学配置资源，合理布置现场，采取季节性施工措施，实现均衡施工，达到合理的技术经济指标。

（5）采取技术和管理措施，推广建筑节能和绿色施工。

（6）与质量、环境和职业健康安全三个管理体系有效结合，采取必要的技术管理措施，大力推进科学文明施工。

（四）施工组织设计编制依据

（1）与工程建设有关的法律、法规和相关文件。

（2）国家现行有关标准和技术经济指标。

（3）工程所在地区行政主管部门的批准文件，建设单位对施工的要求。

（4）工程施工合同和招标投标文件。

（5）工程设计文件。

（6）工程施工范围内的现场条件、工程地质及水文地质、气象等自然条件。

（7）与工程有关的资源供应情况。

（8）施工企业的生产能力、机具设备状况、技术水平等。

二、施工组织设计的编制内容

施工组织设计的内容是根据不同工程的特点和要求，以及现有的和可能创造的施工条件，从实际出发，决定人力、材料、机械、资金和施工方法等各种生产要素的结合方式。不同类型的施工组织设计的主要内容各不相同，一般包括工程概况、施工部署与施工方案、施工进度计划、施工平面布置图、劳动力、机械设备、材料和构件等供应计划、建筑工地施工业务的组织规划、主要技术经济指标的确定等。

（一）工程概况

（1）本项目的性质、规模、建设地点、结构特点、建设期限、分批交付使用的条件、合同条件。

（2）本地区地形、地质、水文和气象情况。

（3）施工力量、劳动力、机具、材料、构配件等资源供应情况。

（4）施工环境及施工条件等。

（二）施工部署及施工方案

（1）根据工程情况，结合人力、材料、机械设备、资金、施工方法等条件，全面部署施工任务，合理安排施工顺序，确定主要工程的施工方案。

（2）对拟建工程可能采用的几个施工方案进行定性、定量的分析，通过技术经济评价，选择最佳方案。

（三）施工进度计划

施工进度计划是对构成整个施工项目的各项施工活动做出全盘统筹的预期进展计划。编制施工进度计划要结合施工合同、施工方案、施工程序、工期、资源条件以及各单位（单项）工程的制约关联等，对各个单位（单项）工程的施工进展做出协调安排。据此确定出各个单位（单项）工程的准备工作、施工期限及其开工和竣工的日期。

施工进度计划是施工组织设计在时间上的体现和安排。编制施工进度计划应采用先进的计划理论和方法，如流水施工横道图、垂直图、网络图等，合理确定施工顺序和各工序的作业时间，使工期、成本和资源的利用达到最佳结合状态，即资源均衡、工期合理、成本低廉。其主要内容包括：编制说明，施工进度计划，分期分批施工工程的开工日期、完工日期以及工期一览表，资源需要量以及供应平衡表等。

编制施工进度计划的具体步骤如下：

（1）列出工程项目一览表及其各项工程量。

（2）确定各单位工程的施工期限。

（3）确定各单位工程开工、竣工时间和相互搭接关系。根据施工期限、施工程序、单位工程之间相互制约关系，借助网络计划等工具和软件，确定各单位工程的开工、竣工时间和相互可能搭接的施工时间。

（4）编制施工进度计划。施工进度计划属于控制性计划，不宜过细，一般用图表表示，通常有横道图和网络图两种。当采用横道图表达进度计划时，项目的排列可按施工总体方案所确定的工程展开程序排列，并进行流水施工排序优化。横道图上应表达出各施工项目的开工、竣工时间及其施工持续时间。

当采用网络图表达施工进度计划时，应确定关键工作、关键线路和进行工期优化。用网络图表达进度计划比横道图更加直观、明了，既能够清楚表达出各项目之间的逻辑关系，同时又可以应用计算机进行计算和输出，对进度计划进行动态调整、优化、统计资源数量和输出图表等。

（四）资源需要量计划

施工资源是为完成施工项目所需的人力、物资设备、资金和技术资源等生产要素的总称。施工进度计划编制好后，即可根据工程项目的工程量和总进度计划对施工强度的要求，通过查定额指标或类似工程的经验资料，编制出劳动力、材料、构件、半成品和施工机械设备等各种主要资源的需要量计划，以便按施工先后顺序有效组织运输供应和劳动力的合理调配，保证施工按计划、正常进行。资源需要量计划包括以下几个方面：

（1）综合劳动力需要量计划。

（2）主要材料、构件及半成品需要量计划。

（3）主要施工机械需要量计划。

（4）资金需要量计划。项目实施以前，只有对所需的资金做出初步估计，才能对资金筹措与使用做出合理规划，平衡资金的供求，减少资金的占用，提高资金使用效益。资金需要量计划主要包括预测项目的现金流入量、现金流出量，以及确定各时期现金的不足或多余。

（五）施工总平面图设计

施工总平面图是施工组织设计的一个重要组成部分，是以整个工程为对象，具体指导现场施工部署的平面表达，用来正确处理全工地在施工期间所需各项设施和永久性建筑之间的空间关系。通常按施工方案、施工进度的要求对施工现场的交通道路、仓库、加工场所、水电管线等临时建筑和临时设施做出合理规划，并反映在施工总平面图上。

施工总平面图设计的内容包括：

（1）项目施工用地范围内的地形状况、施工用的各种道路。

（2）地上、地下相邻的既有建筑物、构筑物及其他设施的位置和尺寸。

（3）全部拟建的建筑物、构筑物及其基础设施的位置和尺寸。

（4）临时施工设施，包括生产、生活设施及施工现场必备的文明、安全、消防、保卫、防污染设施和环境保护设施。

（六）主要施工管理计划

施工组织设计的主要施工管理计划应包括进度管理计划、质量管理计划、安全管理计划、环境管理计划、成本管理计划以及其他管理计划等内容。各项管理计划的制订应根据项目的特点有所侧重。

1. 进度管理计划

（1）项目施工进度管理应按照项目施工的技术规律和合理的施工顺序，保证各工序在时间上和空间上的顺利衔接。

（2）进度管理计划应包括以下内容：

1）对项目施工进度进行逐级分解，通过阶段性目标的实现保证最终工期目标的完成。

2）建立施工进度管理的组织机构并明确职责，制定相应管理制度。

3）针对同施工阶段的特点制定进度管理的相应措施，包括施工组织措施、技术措施和合同措施等。

4）建立施工进度动态管理机制，及时纠正施工过程中的进度偏差，并制定特殊情况下的赶工措施。

5）根据项目周边环境特点，制定相应的协调措施，减少外部因素对施工进度的影响。

2. 质量管理计划

（1）质量管理计划应在施工单位质量管理体系的框架内编制。

（2）质量管理计划应包括下列内容：

1）按照项目具体要求确定质量目标并进行目标分解，质量指标应具有可测量性。

2）建立项目质量管理的组织机构并明确职责。

3）制定符合项目特点的技术保障和资源保障措施，通过可靠的预防控制措施，保证质量目标的实现。

4）建立质量过程检查制度，并对质量事故的处理做出相应规定。

3. 安全管理计划

（1）安全管理计划应在施工单位安全管理体系的框架内编制。

（2）安全管理计划应包括下列内容：

1）确定项目重要危险源，制定项目职业健康安全管理目标。

2）建立有管理层次的项目安全管理组织机构并明确职责。

3）根据项目特点，进行职业健康安全方面的资源配置。

4）建立有针对性的安全生产管理制度和职工安全教育培训制度。

5）针对项目重要危险源，制定相应的安全技术措施，对达到一定规模的危险性较大的分部分项工程和特殊工种的作业应制订专项安全技术措施的编制计划。

6）根据季节、气候的变化制订相应的季节性安全施工措施。

7）建立现场安全检查制度，并对安全事故的处理做出相应规定。

4. 环境管理计划

（1）环境管理计划应在施工单位环境管理体系的框架内编制。

（2）环境管理计划应包括下列内容：

1）确定项目重要环境因素，制定项目环境管理目标。

2）建立项目环境管理的组织机构并明确职责。

3）根据项目特点进行环境保护方面的资源配置。

4）制定现场环境保护的控制措施。

5）建立现场环境检查制度，并就环境事故的处理做出相应的规定。

5. 成本管理计划

（1）成本管理计划应以项目施工预算和施工进度计划为依据编制。

（2）成本管理计划应包括下列内容：

1）根据项目施工预算，制定项目施工成本目标。

2）根据施工进度计划，对项目施工成本目标进行阶段分解。

3）建立施工成本管理的组织机构并明确职责，制定相应管理制度。

4）采取合理的技术、组织和合同等措施，控制施工成本。

5）确定科学的成本分析方法，制定必要的纠偏措施和风险控制措施。

（3）必须正确处理成本与进度、质量、安全和环境等之间的关系。

三、施工组织设计的编制方法

（一）施工方案

1. 施工部署

一般情况下，施工部署的内容包括确定工程开展程序、拟定主要工程项目的施工方案、明确施工任务的划分与组织安排、编制施工准备工作计划等内容。

（1）确定工程开展程序。确定建设项目中各项工程的合理开展程序是关系整个建设项目能否尽快投产使用的关键。对于一些小型工业与民用建筑或大型建设项目的某一系统，由于工期较短或生产工艺的要求，可采取一次性建成投产。对于一些大中型的工业建设项目，一般要根据建设项目总目标的要求，分期分批建设。

（2）拟定主要工程项目的施工方案。施工组织设计主要拟定一些主要工程项目的施工方案，与单位工程施工组织设计中的施工组织设计方案所要求的内容和深度不同。这些项目是整个建设项目中工程量大、施工难度大、工期长，对整个建设项目的完成起关键作用的建筑物或构筑物，以及全场范围内工程量大、影响全局的特殊分项工程。拟定主要工程项目施工方案的目的是进行技术和资源的准备工作，同时也是为了施工顺利进行和现场的合理布局。

（3）明确施工任务的划分与组织安排。在明确施工项目管理体制、机构的条件下，划分参与建设的各施工单位的施工任务，明确总包单位与分包单位的关系，建立施工现场统一的组织领导机构及职能部门，确定综合的和专业化的施工组织，明确各施工单位之间的分工与协作关系，划分施工阶段，确定各施工单位分期分批的主导施工项目和穿插施工项目。

（4）编制施工准备工作计划。施工准备工作是顺利完成项目建设任务的一个重要阶段。其作用是为整个建设项目的顺利施工创造条件。根据施工开展的顺序和主要工程项目的方案，编制施工项目全场性的施工准备工作计划。

2. 单位工程施工方案

施工方案是单位工程施工组织设计的核心。

（1）确定施工流向。确定施工流向（流水方向）主要解决施工项目在平面上、空间上的施工顺序，是指导现场施工的主要环节。不同的施工流向可产生不同的质量、进度和成本效果，是组织施工很重要的一个环节，在确定施工流向时，应着重考虑建设单位生产和使用的要求，平面上各部分施工的繁简程度，施工技术与组织上的要求等。

（2）确定施工顺序。施工顺序是指单位工程中各分项工程或工序之间进行施工的先后次序。确定各施工过程的施工顺序，必须符合由结构构造确定的工艺顺序，还应与所选用的施工方法和施工机械协调一致，同时还要考虑施工组织、施工质量、安全技术的要求，以及当地气候条件等因素。它主要解决各工序在时间上的衔接与搭接问题，以充分利用空间、争取时间、缩短工期为主要目的。

（3）流水段的划分。流水段的划分必须满足施工顺序、施工方法和流水施工条件的要求。

（4）确定施工方法。施工方法是针对拟建工程的主要分部分项工程而言的，其内容应简明扼要、重点突出。凡新技术、新工艺和对拟建工程起关键作用的项目，以及工人在操作上还不够熟练的项目，应详细而具体地拟定该项目的操作过程和方法、质量要求和保证质量的技术安全措施，可能发生的问题和预防措施等。凡常规做法和工人熟练项目，不必详细拟定，只要对这些项目提出拟建工程中的特殊要求即可。

（5）施工机械的选择。从施工组织的角度选择机械时，应首先根据工程特点选择适宜的主导施工机械，各种轴助机械应与直接配套的主导机械的生产能力协调一致。同时，同一工地上，应力求建筑机械的种类和型号少一些，尽量利用施工单位现有机械，以利于机械管理。

3. 分部分项工程施工方案

分部分项工程施工方法是以某些施工难度大或施工技术复杂的大型设备安装或大型结构构件吊装为对象编制的专门的、更为详细的专业工程施工组织设计文件，是用以指导单位工程中复杂的分部分项工程或处于特殊条件下施工的分部分项工程的技术措施，用以解决土建施工中的重大技术问题。分部工程施工组织设计应突出作业性。

（二）施工平面布置

1. 施工总平面图设计

施工总平面图是拟建工程项目施工现场的总体平面布置图，用以表示全工地在施工期间所需各项设施和永久性建筑物之间的合理布局关系。

（1）施工总平面图设计原则，应在保证施工现场各项施工过程顺利进行的前提下，平面布置科学合理，尽量减少施工用地。同时，合理组织运输、减少二次运输。合理划分整个施工场区，尽量利用永久性建筑物、构筑物或现有设施为施工服务。临时设施应方便生产和生活，办公区、生活区和生产区宜分离设置，应符合节能、环保、安全和消防等要求，遵守当地主管部门和建设单位的相关规定。

（2）施工总平面图设计依据包括工程设计文件，以及建设项目的总平面图、区域规划图、地形图、竖向设计图，建设项目范围内部相关的已有和拟建的各种地上、地下设施和管线位置等。同时参考建设项目的施工部署、主要建筑物的施工方案和施工进度计划等技术资料，施工现场的自然条件、技术经济条件和社会环境调查报告，施工资源配置，施工现场的水、电、暖、气、通信等接入位置和容量等情况。

（3）施工总平面图设计编制方法。应明确施工用地范图内的地形状况，以及全部拟建的建（构）筑物和其他基础设施的位置。确定为全工地施工服务的临时设施的位置，对施工现场必备的安全、消防、保卫和环境保护等设施做出规划，确定永久性测量放线桩位置，对各种机械设备的设置和工作范围、施工工艺路线进行布置。

2. 单位工程施工平面图设计

单位工程施工平面图设计是对建筑物或构筑物施工现场的平面规划，是施工方案在施工现场空间上的体现，反映了已建工程和拟建工程之间，以及各种临时建筑、设施相互之间的空间关系。施工现场的合理布置和科学管理是文明施工的前提，同时，对加快施工速度，降低施工成本，提高工程质量和保证施工安全有极其重要的意义。因此，每个工程在施工之前都要进行现场布置和规划，在施工组织设计中均要进行单位工程施工平面图设计。

单位工程施工平面图应包括的主要内容一般有：

（1）建设工程平面图上已建和拟建的地上及地下一切工程项目和管线。

（2）测量放线标桩、地形等高线、土方取弃场地。

（3）塔式起重机以及垂直运输设施（如井架等）的位置。

（4）材料、加工半成品、构件和机具堆场。

（5）生产、生活用临时设施（包括钢筋棚、仓库、办公室、供水供电线路和道路等）并附一览表。一览表中应分别列出名称、规格和数量。

（6）安全、防火设施。

（三）施工组织设计的实施

1. 施工组织设计的审核及批准

（1）施工组织设计实施前应严格执行编制、审核、审批程序。没有批准的施工组织设计不得实施。

（2）施工组织设计编制，应坚持“谁负责实施，谁组织编制”的原则。施工组织总设计由施工总承包单位组织编制，当工程未实行施工总承包时，施工组织总设计应由建设单位负责组织各施工单位编制，单位工程或专项工程施工组织设计由施工单位组织编制。

（3）施工组织设计编制、审核和审批。施工组织总设计应由总承包单位技术负责人审批后，向监理报批。单位工程施工组织设计应由施工单位技术负责人或技术负责人授权的技术人员审批。重点、难点分部分项工程施工方案应由施工单位技术部门组织相关专家评审，施工单位技术负责人批准。施工单位完成内部编制、审核、审批程序后，报总承包单位审核、审批。然后由总承包单位项目经理或其授权人签章后，向监理报批。

2. 施工组织设计交底

单位工程的施工组织设计经项目监理机构审核确认，即成为指导施工项目各项施工活动的技术经济文件，必须严肃对待，认真执行。在实施项目开工之前，要召开生产技术会议，逐级进行交底，详细地讲解单位工程施工组织设计的内容、要求、施工环节和保证措施，使各级技术管理人员全面掌握单位工程施工组织设计，保证单位工程施工组织设计贯彻执行。

3. 施工组织设计的执行

施工组织设计一经批准，施工单位和工程相关单位应认真贯彻执行，未经审批不得修改。施工组织设计的修改或补充涉及原则性重大变更，须履行原审批手续。施工中，应组织有关人员在施工过程中做好记录，积累资料，工程结束后及时做出总结。

四、施工组织设计技术经济分析

施工组织设计技术经济分析常用的方法有定性分析和定量分析两种，一般以定性分析为主，定量分析为辅。

1. 定性分析

施工组织设计的定性技术经济分析评价是结合施工实际经验，对若干施工方案的优缺点进行分析比较，如技术上是否可行、施工复杂程度和安全可靠性如何、劳动力和机械设备能否满足需要、是否能充分发挥现有机械的作用、保证质量的措施是否完善可靠、施工组织设计是否能为后续工序提供有利条件、施工组织是否合理、是否能体现文明施工等。

2. 定量分析

施工组织设计的定量分析是通过计算各个施工方案的主要技术经济指标，进行综合比较分析，从中选择技术经济最优的方案。常用的技术经济指标有：

（1）施工周期指标。当要求工程尽快完成以便尽早投入生产或使用时，选择施工方案就要在确保工程质量、安全和成本较低的条件下，优先考虑缩短施工周期的方案。施工周期指建设项目从正式开工到全部投产使用为止的持续时间。应计算的相关指标有施工准备期、部分投产期和单位工程工期等。

（2）劳动量消耗指标。劳动量消耗指标能反映施工机械化程度和劳动生产率水平。通常，在施工方案中劳动量消耗越小，则机械化程度和劳动生产率越高。劳动生产率应计算的相关指标有：

1）全员劳动生产率［元/（人·年）］。

2）单位用工（工日/m^2竣工面积）。

3）劳动力不均衡系数（施工期高峰人数与平均人数的比值）。

（3）主要材料消耗指标。主要材料消耗指标反映了各个施工方案的主要材料节约情况。需要计算的指标有：

1）节约钢材百分比。

2）节约木材百分比。

3）节约水泥百分比。

（4）成本指标。成本指标反映了施工方案的成本高低。一般需计算完成施工方案需发生的直接费和间接费。成本分析的指标有：

1）降低成本额，即全部承包成本－全部计划成本。

2）降低成本率，即降低成本额与承包成本额的比值。

（5）经济指标。拟定的施工方案需要增加新的投资时，如购买或租赁新的施工机械或设备，则需要用净现值法或净年值法等经济指标进行多方案比选。

（6）施工现场场地综合利用指标。临时设施及材料堆场占地面积与扣减了待建建筑物占地面积的施工现场占地面积的比值。

第二章 安装工程计量

第一节 安装工程识图基本原理与方法

一、安装工程施工图识读基础

安装工程中的设备、电气管线、风管、水管及各种配件的安装都需要土建的建筑结构来容纳与支撑。因此，在阅读安装工程施工图时，不仅要具备安装工程各专业的基本原理与各专业系统的基本知识，还应具备查看土建图纸的基本知识。

（一）房屋建筑制图国家标准

1. 比例

建筑物形体庞大，必须采用不同的比例来绘制。对于整幢建筑物、构筑物的局部和细部结构都分别予以缩小画出，特殊细小的线脚等有时不缩小，甚至需要放大画出。建筑施工图中，各种图样常用的比例见表 2.1.1。

表 2.1.1 建筑施工图常用比例

图　　名	常 见 比 例	备　　注
总平面图	1 : 500、1 : 1 000、1 : 2 000	
平面图、立面图、剖面图	1 : 50、1 : 100、1 : 200	
次要平面图	1 : 300、1 : 400	次要平面图指屋面平面图、工业建筑的地面平面图
详图	1 : 1、1 : 2、1 : 5、1 : 10、1 : 20、1 : 25、1 : 50	1 : 25 仅适用于结构构件详图

2. 图线

在建筑施工图中，为了表明不同的内容并使图层分明，须采用不同线型和线宽绘制，绘图时首先按所绘图样选用的比例选定基本线宽“b”，然后再确定其他线型的宽度，图线的线型和线宽按表 2.1.2 所示的说明来选用。

表 2.1.2 图线的线型、线宽及用途

单点长画线	粗	—	b	见各有关专业制图标准
	中	—	$0.5b$	见各有关专业制图标准
	细	—	$0.25b$	中心线、对称线等
双点长画线	粗	— ---------	b	见各有关专业制图标准
	中	—	$0.5b$	见各有关专业制图标准

续表 2.1.2

双点长画线	细	—	0.25b	假想轮廓线、成型前原始轮廓线
	细		0.25b	可见轮廓线、图例线
虚线	粗		b	见各有关专业制图标准
	中		0.5b	不可见轮廓线
	细	—	0.25b	不可见轮廓线、图例线
折断线		----\\----	0.25b	断开界线
波浪线			0.25b	断开界线

3. 定位轴线及编号

房屋施工图中的定位轴线是设计和施工中定位、放线的重要依据。凡承重的墙、柱子、大梁、屋架等构件，都要画出定位轴线并对轴线进行编号，以确定其位置。对于承重的分隔墙、次要构件等，有时用附加轴线（分轴线）表示其位置，也可注明它们与附近轴线的相关尺寸以确定其位置。

定位轴线应用细单点长画线绘制，此线应伸入墙内 10~15mm。轴线的端部用细实线画直径为 8mm 的圆圈称为定位轴线圆，定位轴线圆的圆心，应在定位轴线的延长线或延长线的折线上，且圆内应注写轴线编号，如图 2.1.1 所示。

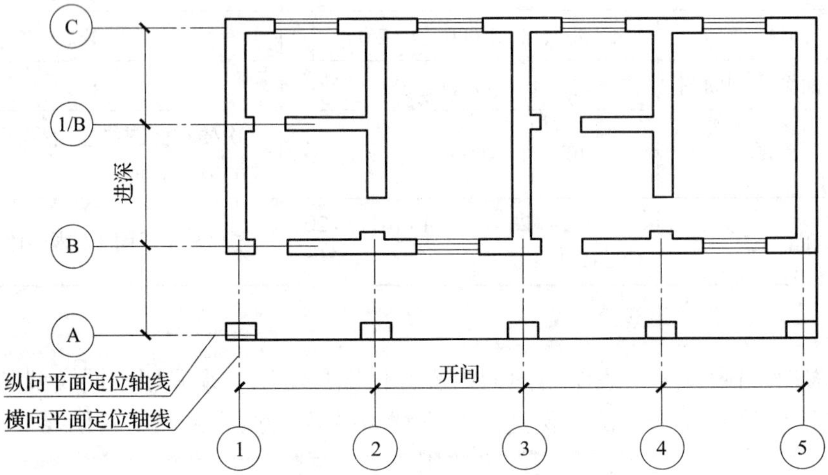

图 2.1.1 定位轴线及编号

平面图上定位轴线的编号，宜标注在图样的下方与左侧。水平方向的编号采用阿拉伯数字，从左到右依次编号，一般称为横向轴线；垂直方向的编号用大写拉丁字母自下而上顺序编写，通常称之为纵向轴线，大写拉丁字母中 I、O 及 Z 三个字母不得用于轴线编号，以免与数字 1、0、2 混淆。

在两轴线之间，如需附加分轴线时，其编号可用分数表示。分母表示前一轴线的编号，同时适用多根定位轴线，则应同时注明各有关轴线的编号，如图 2.1.2 所示。

图 2.1.2　详图的轴线编号

4. 尺寸、标高、图名

（1）尺寸。

1）尺寸界线。用细实线绘制，与被注长度垂直，其一端应离开图样的轮廓线不小于 2mm，另一端应超出尺寸线 2~3mm。必要时可利用图样轮廓线、中心线及轴线作为尺寸界线（如图 2.1.3 所示尺寸 3060mm）。

2）尺寸线。用细实线绘制，并与被注长度平行，与尺寸界线垂直相交，但不宜超出尺寸界线外。图样轮廓线以外的尺寸线，距图样最外轮廓线之间距离不宜小 10mm，平行排列的尺寸线的间距为 7~10mm 并应保持一致。图样上任何图线都不得用作尺寸线，如图 2.1.3 所示。

3）尺寸起止符号。用中粗短斜线绘制，并画在尺寸线与尺寸界线的相交处。其倾斜方向应与尺寸界线成顺时针 45° 角，长度宜为 2~3mm。

4）尺寸数字。用阿拉伯数字标注图样的实际尺寸；除标高及建筑总平面图以“m”为单位外，其余一律以“mm”为单位，图上尺寸数字都不再注写单位，如图 2.1.3 所示。

在尺寸标注时应注意：

①尺寸数字一般注写在尺寸线的中部，水平方向的尺寸，尺寸数字要写在尺寸线的上面，字头朝上；竖直方向的尺寸，尺寸数字要写在尺寸线的左侧，字头朝左（图 2.1.3）；倾斜方向的尺寸，尺寸数字的方向应按图 2.1.4（a）所示的规定注写，尺寸数字在图中所示 30° 影线范围内时可按图 2.1.4（b）所示的形式注写。

②尺寸数字如果没有足够的注写位置时，两边的尺寸可以注写在尺寸界线的外侧，中间相邻的尺寸可以错开注写，如图 2.1.5 所示；尺寸宜标注在图样轮廓之外，不宜与图线、文字及符号等相交，如图 2.1.6 所示。

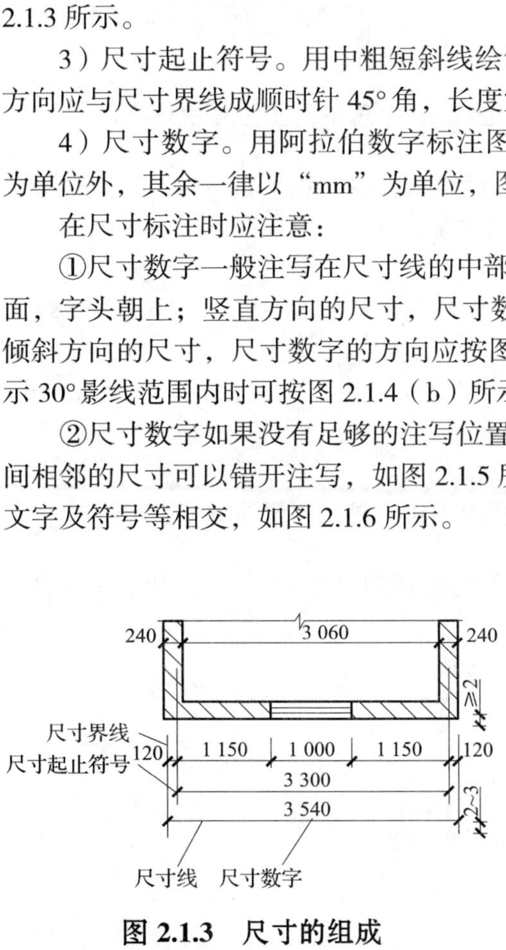

图 2.1.3　尺寸的组成

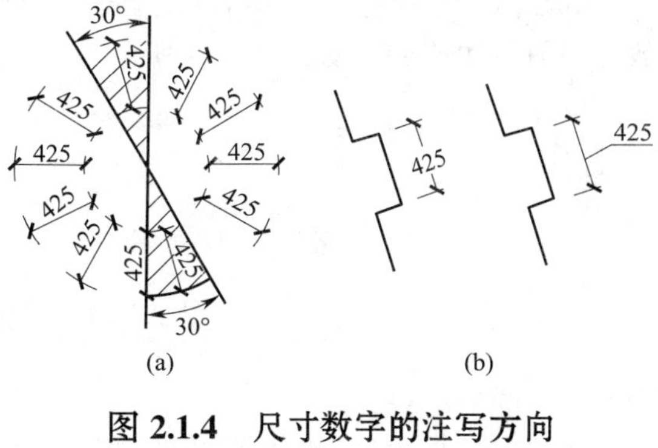

图 2.1.4　尺寸数字的注写方向

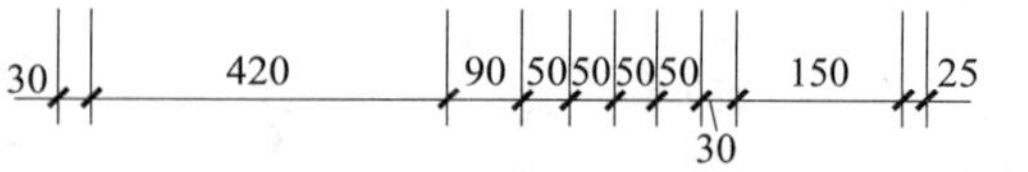

图 2.1.5　尺寸数字的注写位置

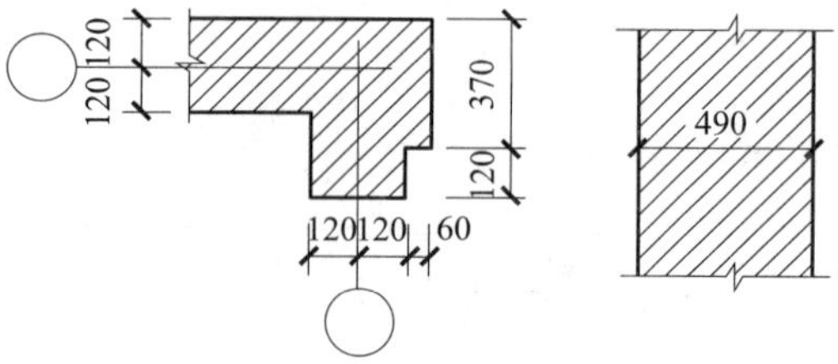

图 2.1.6　尺寸数字的注写

（2）标高。标高是标注建筑物各部分高度的另一种尺寸形式。

1）标高注法。

①个体建筑物图样上的标高符号用细实线绘制，如标注位置不够时，可注写为如图 2.1.7 所示形式。

②总平面图上的室外地坪标高符号宜涂黑，如图 2.1.8 所示。

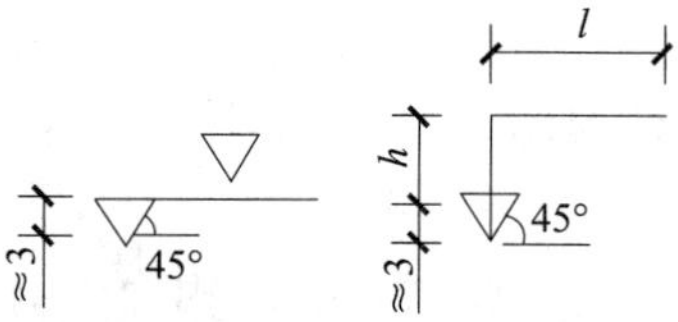

图 2.1.7　个体建筑标高符号

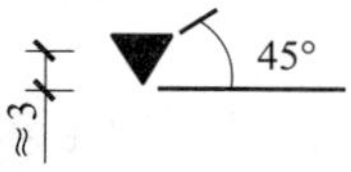

图 2.1.8　总平面图室外地坪标高

③标高数字应以“m”为单位，注写到小数点后第三位；在总平面图中，可注写到小数点后第二位；标高符号的尖端应指至被注高度的位置。尖端一般应向下，也可向上；标高数字应注写在标高符号的左侧或右侧，如图 2.1.9 所示。

④在图样的同一位置需表示几个不同标高时，标高数字可按图 2.1.10 的形式注写。

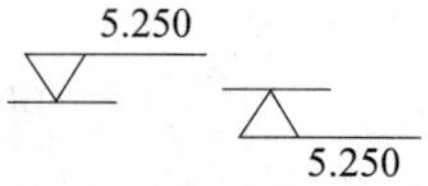

图 2.1.9　标高的指向

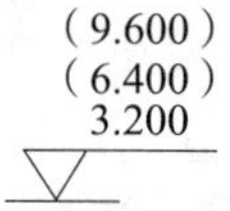

图 2.1.10　同一位置注写多个标高

⑤零点标高应注写成 ±0.000，低于零点的负数标高前应加注“–”号，高于零点的正数标高前不注“+”，如图 2.1.11 所示。

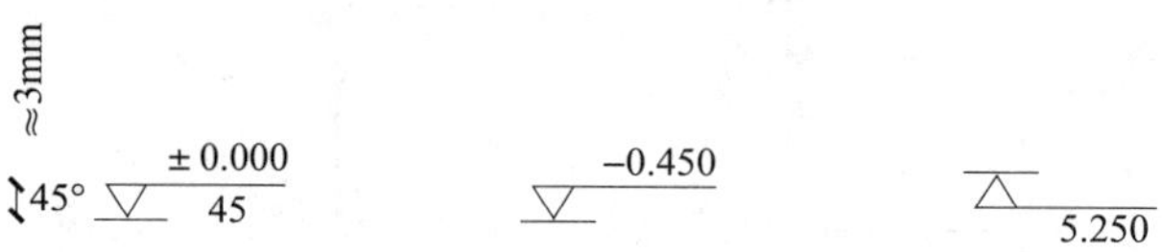

图 2.1.11　零点、正、负标高

2）标高分类。

①绝对标高。我国把黄海的平均海平面定为绝对标高的零点，其他各地标高都以它作

为基准。

②相对标高。在建筑物的施工图上要注明许多标高，如果全用绝对标高，不但数字烦琐，而且不容易得出各部分的高差。因此，除总平面图外，一般都采用相对标高，即把底层室内主要地坪高定为相对标高的零点，并在建筑工程的总说明中说明相对标高和绝对标高的关系，由建筑物附近的水平点来测定拟建工程的底层地面的绝对标高。

在制图中，标高还有建筑标高和结构标高之分。建筑标高是指建筑构件经装修、粉刷后最终完成面的标高；结构标高是指建筑物未经装修、粉刷前的标高。二者区别如图 2.1.12 所示。

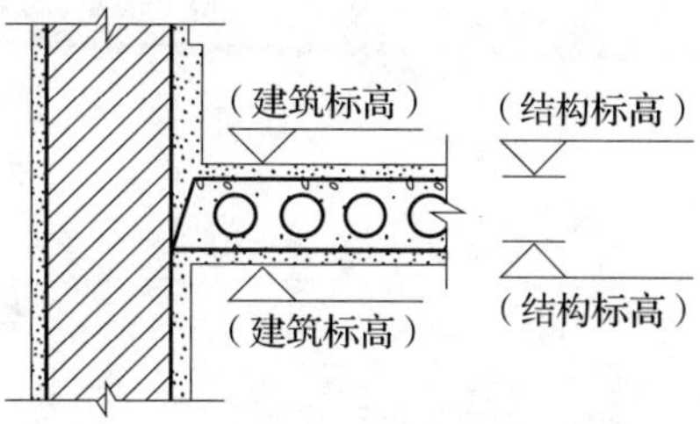

图 2.1.12　建筑标高和结构标高

（3）图名。在图名下应画一条横线，其粗度应不粗于同张图中所画图形的粗实线。同张图样中的这种横线粗度应一致。图名下的横线长度，应以所写文字所占长短为准，不要任意画长。在图名的右侧应用比图名的字号小一号或二号的字号注写比例。

5. 索引符号与详图符号

图样中的某一局部或某一构件和构件间的构造如需另见详图，应以索引符号索引。即在需要另画详图的部位编上索引符号，并在所画的详图上编上详图符号，且两者必须对应一致，以便看图时查找相应的有关图样。索引符号的圆和水平直线均以细实线绘制，圆的直径一般为 10mm；详图符号的圆圈应画成直径为 14mm 的粗实线圆。索引符号和详图的编号方法见表 2.1.3。

表 2.1.3　索引符号和详图的编号方法

名　称	符　号	说　明
详图的索引标志	5/– 详图的编号 详图在本张图样上 –5/– 局部剖视详图的编号 剖视详图在本张图样上	细实线单圆圈直径应为 10mm 详图在本张图样上
	5/4 详图的编号 详图所在图样编号 –5/4 局部剖视详图的编号 剖视详图所在图样编号	详图不在本张图样上
	J103 5/4 标准图册编号 标准详图编号 详图所在图样编号	标准详图

6. 引出线

（1）引出线用细实线绘制，并宜用与水平方向成 30°、45°、60° 和 90° 的直线或再折为水平的折线表示，如图 2.1.13 所示。

（2）同时引出几个相同部分的引出线，宜相互平行，如图 2.1.14（a）、图 2.1.14（c）所示，也可画成集中于一点的放射线，如图 2.1.14（b）所示。

（3）为了对多层构造部位加以说明，可以用引出线表示，如图 2.1.15 所示。

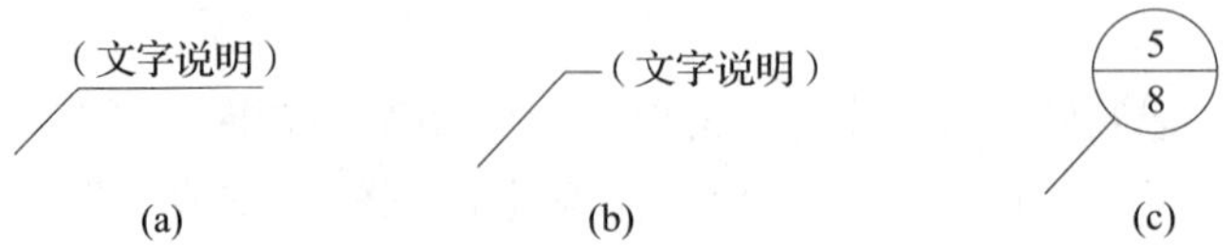

图 2.1.13　引出线

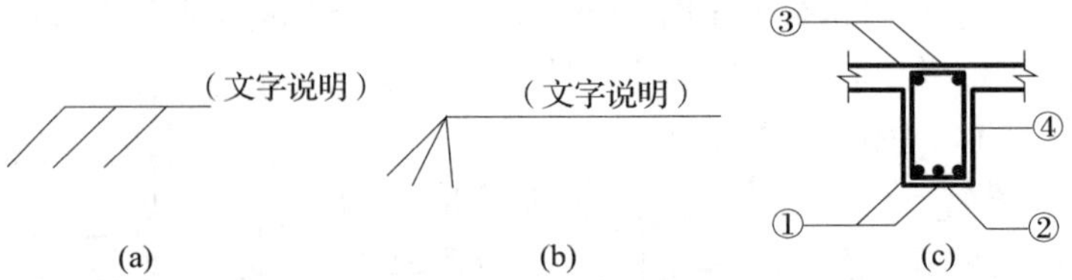

图 2.1.14　共同引出线

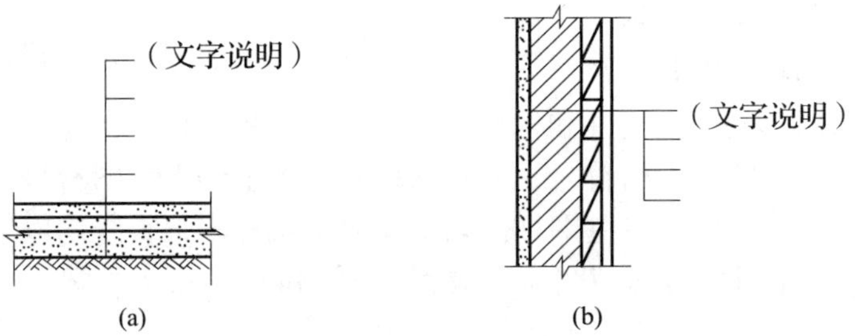

图 2.1.15　多层构造引出线

7. 坡度标注

在房屋施工图中，其倾斜部分通常加注坡度符号，一般用箭头表示。箭头应指向下坡方向，坡度的大小用数字注写在箭头上方，如图 2.1.16（a）、图 2.1.16（b）所示。

对于坡度较大的坡屋面、屋架等，可用直角三角形的形式标注它的坡度，如图 2.1.16（c）所示。

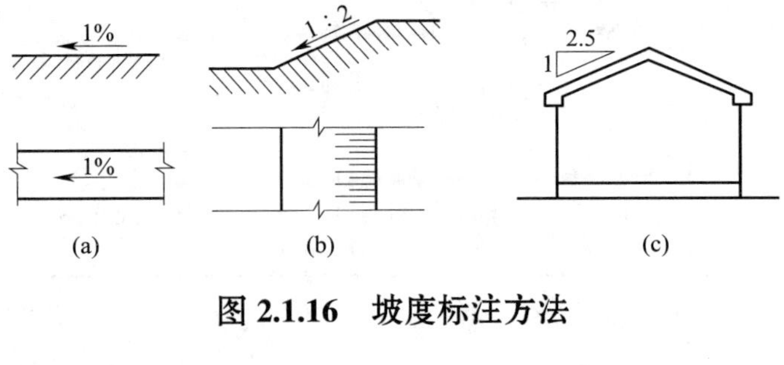

图 2.1.16　坡度标注方法

8. 指北针及风向频率玫瑰图

（1）在房屋的底层平面图上，应绘出指北针来表明房屋的朝向，其符号应按国家标准规定绘制，如图 2.1.17 所示，圆的直径宜为 24mm，用细实线绘制。

指针尾端的宽度 3mm，需用较大直径绘制指北针时，指针尾部宽度宜为圆的直径的 1/8，指针涂成黑色，针尖指向北方，并注“北”或“N”字。

（2）风向频率玫瑰图，简称风玫瑰图，是根据当地多年平均统计的各个方向吹风次数的百分率值，按一定比例绘制的，如图 2.1.18 所示，一般多用 8 个或者 16 个罗盘方位表示。玫瑰图上所表示的风的吹向是指从外面吹向地区中心，图中实线表示全年风玫瑰图，虚线表示 6、7、8 三个月（雨季）统计的风向频率。由于风玫瑰图也能表明房屋或基地的朝向情况，所以在已经绘制了风玫瑰图的图样上则不必再绘制指北针。

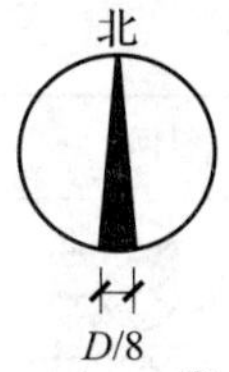

图 2.1.17　指北针

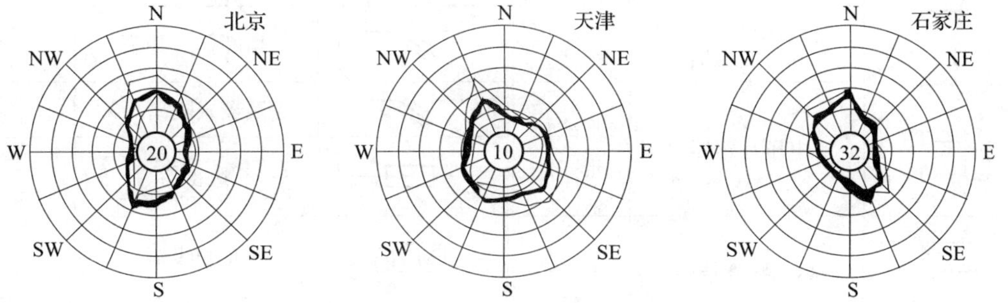

图 2.1.18　风向频率玫瑰图

在建筑总平面图上，通常应绘制当地的风玫瑰图。没有风玫瑰图的城市和地区，则在建筑总平面图上只画上指北针。

（二）安装工程各专业的基本原理与各专业系统的基本理论

安装工程各专业施工图是专业性图纸，没有专业知识作为铺垫，就无法读懂安装工程图纸。不具备这些基本知识，纵使有很高的识图能力，也无法读懂安装工程各专业施工图表达的内容。

安装工程各专业的理论知识在本书相关章节进行介绍，本章不再阐述。

（三）安装工程各专业施工图的基本规定

安装工程各专业施工图的画法都有各自的基本规定，如线型、图例符号、尺寸标注等直接反映在图纸上并没有辅助说明，因此掌握这些规定有助于识图过程的顺利完成。

安装工程各专业施工图的规定及识图方法见本节相关内容。

二、电气设备安装工程施工图识读

（一）电气设备安装工程常用图例符号

电气施工图中使用的元件、设备、装置、连接线很多，结构类型千差万别，安装方法多种多样。因此，在电气工程图中，元件、设备、装置、线路及安装方法等，都需用图形符号和文字符号来表示。

阅读电气工程图，首先要了解和熟悉这些符号的形式、内容、含义以及它们之间的相互关系，详见 2010 年颁布的《建筑电气制图标准》12DX011。电气图形符号是电气工程制图的重要信息语言，常用电气图形符号如表 2.1.4 所示。

表 2.1.4 常用电气图形符号

图例	名称	备注	图例	名称	备注
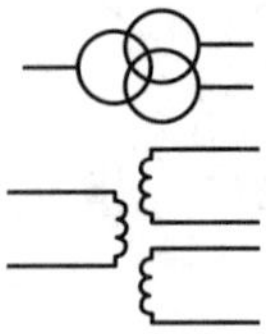	三绕组	形式1		接触器（在非动作位置触点断开）	
	变压器	形式2		断路器	
	电流互感器	形式1	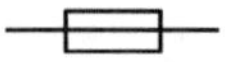	熔断器一般符号	
	脉冲变压器	形式2		熔断器式开关	
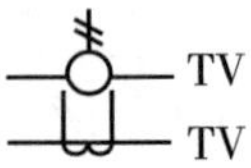	电压互感器	形式1 形式2	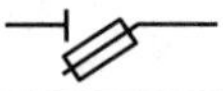	熔断器式隔离开关	
				避雷器	
	屏、台、箱、柜一般符号			总配线架	
	动力或动力—照明配电箱			中间配线架	
	照明配电箱（屏）			壁龛交接箱	
	事故照明配电箱（屏）			分线盒的一般符号	
	室内分线盒			单级开关（暗装）	
	室外分线盒			双级开关	
	灯的一般符号		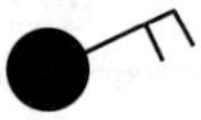	双级开关（暗装）	
	球型灯			三级开关	
	顶棚灯			三级开关（暗装）	
	花灯			单相插座	
	弯灯			单相插座（暗装）	
	单管荧光灯			密闭（防水）插座	
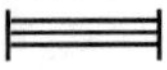	三管荧光灯			防爆插座	
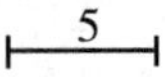	五管荧光灯			带保护接点插座	
	壁灯			带保护接点插座（暗装）	

（二）电气设备安装工程施工图特点及组成

1. 电气施工图的特点

电气施工图具有以下一些特点：

（1）建筑电气工程图大多是采用统一的图形符号并加注文字符号绘制而成。

（2）电气线路必须构成闭合回路。

（3）线路中的各种设备、元件通过导线连接成为一个整体。导线可长可短，能够比较方便地跨越较远的空间距离，所以电气工程图可能出现电气设备和其控制设备不在一张图纸上的情况。

（4）建筑电气工程施工是与主体工程（土建工程）及其他安装工程（给排水、供热通风、通信线路、消防系统等）施工相互配合进行的。因此，在进行建筑电气工程图识读时应阅读相应的土建工程图及其他安装工程图，以了解相互间的配合关系。

（5）建筑电气工程图对于设备的安装方法、质量要求以及使用维修方面的技术要求等往往不能在施工图上完全反映出来。在阅读图纸时相关设备的安装方法、技术要求等问题，要参照相关图集和规范。

2. 电气施工图的组成

电气施工图根据其表现形式和内容的不同可分为以下内容：

（1）图纸目录与设计说明。包括图纸内容、数量、工程概况、设计依据以及图中未能表达清楚的各有关事项。如供电电源的来源、供电方式、电压等级、线路敷设方式、防雷接地、设备安装高度及安装方式、工程主要技术数据、施工注意事项等。

（2）主要材料设备表。包括工程中所使用的各种设备、材料的名称、型号、规格、数量等，是编制购置设备、材料计划的重要依据之一。

（3）系统图。如变配电工程的供配电系统图、照明工程的照明系统图、电缆电视系统图等。系统图反映了系统的基本组成，主要电气设备、元件之间的联结情况以及它们的规格、型号、参数等，线路的敷设方式及所用导线型号、规格、根数、管径大小等。

（4）平面布置图。平面布置图是电气施工图中的重要图纸之一，如变电所、配电所电气设备安装平面图、照明平面图、防雷接地平面图等，用来表示电气设备的安装位置、线路的起点、敷设部位等。

通过阅读系统图了解系统基本组成后，就可依据平面图编制工程预算和施工方案组织施工。

（5）控制原理图。包括系统中所有电气设备的电气控制原理，用以指导电气设备的安装和控制系统的调试运行工作。

（6）安装接线图。包括电气设备的布置与接线，与控制原理图对应阅读，用以进行系统的配线和调校。

（7）安装大样图（详图）。安装大样图是详细表示电气设备安装方法的图纸，对安装部件的各部位注有具体图形和详细尺寸，是进行安装施工和编制工程材料计划时的重要参考。

（三）电气设备安装工程施工图的识读方法

为了全面识读电气施工图，以对整个电气工程有一个完整了解，必须掌握正确的阅读方法。

1. 熟悉电气图例符号

熟悉电气图例符号，弄清图例、符号所代表的内容。常用的电气工程图例及文字符号可参见国家颁布的电气图形符号标准。

2. 电气施工图的阅读顺序

针对一套电气施工图，一般应先按以下顺序阅读，然后再对某部分内容进行重点识读：

（1）看标题栏及图纸目录。了解工程名称、项目内容、设计日期及图纸内容、数量等。

（2）看设计说明。了解工程概况、设计依据等，了解图纸中未能表达清楚的各有关事项。

（3）看设备材料表。了解工程中所使用的设备、材料的型号、规格和数量。

（4）看系统图。了解系统基本组成，主要电气设备、元件之间的连接关系以及它们的规格、型号、参数等，掌握该系统的组成概况。

【**例 2–1**】图 2.1.19 所示为某商场楼层配电箱照明配电系统图。

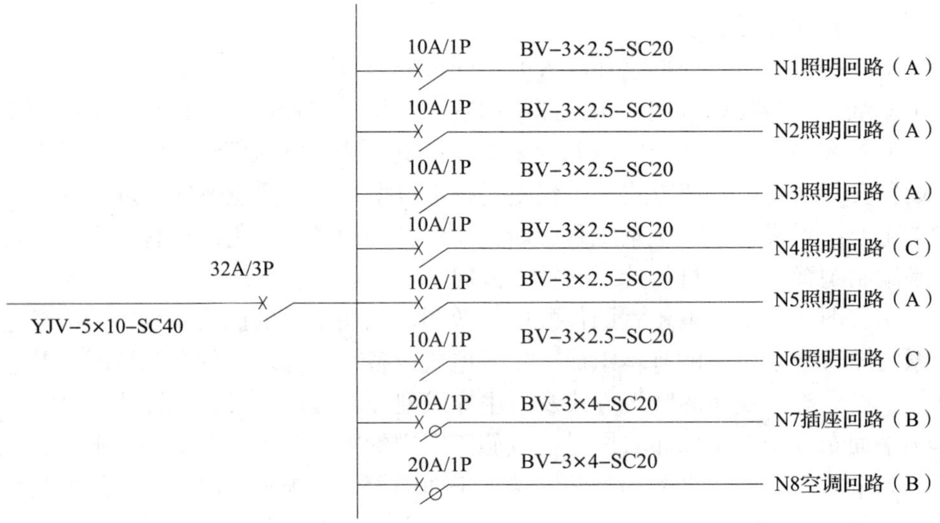

图 2.1.19　某商场楼层配电箱照明配电系统图

阅读系统图可知，该工程采用三相五线制供电，进线电缆采用 YJV–5×10，即铜芯电力电缆，五芯 10.0mm^2 穿 SC40 钢管引入。从配电箱引出 8 条支路，其中 N1、N2、N3、N4、N5、N6 为商场楼层照明回路，线路为铜芯聚氯乙烯导线穿管径为 20mm 的钢管敷设。N7 为楼层内插座供电，N8 为空调回路，线路标注为 BV–（3×4.0）SC20，表示铜芯聚氯乙烯导线，三根（L、N、PE）穿管径为 20mm 的钢管敷设。括号内的 A、B、C 表示 A 相、B 相、C 相。

（5）看平面布置图。如照明平面图、防雷接地平面图等。了解电气设备的规格、型号、数量及线路的起始点、敷设部位、敷设方式导线根数等。平面图的阅读可按照以下顺序进行：

电源进线 ⟶ 总配电箱 ⟶ 干线 ⟶ 支线 ⟶ 分配电箱 ⟶ 电气设备。

（6）看控制原理图。了解系统中电气设备的电气自动控制原理，以指导设备安装调试工作。

（7）看安装接线图。了解电气设备的布置与接线。

（8）看安装大样图。了解电气设备的具体安装方法、安装部件的具体尺寸等。

3. 抓住电气施工图要点进行识读

在识图时，应抓住要点进行识读，如：

（1）在明确负荷等级的基础之上，了解供电电源的来源、引入方式及路数。

（2）了解电源的进户方式，是由室外低压架空引入还是电缆埋地引入。

（3）明确各配电回路的相序、路径、管线敷设部位、敷设方式以及导线的型号和根数。

（4）明确电气设备、器件的平面安装位置。

4. 结合土建施工图进行阅读

电气施工与土建施工结合得非常紧密，施工中常常涉及各工种之间的配合问题。电气施工平面图只反映出了电气设备的平面布置情况，结合土建施工图的阅读还可以了解电气设备的立体布设情况。

5. 熟悉施工顺序，便于阅读电气施工图

识读配电系统图、照明与插座平面图时，应首先了解室内配线的施工顺序：

（1）根据电气施工图确定设备安装位置、导线敷设方式、敷设路径及导线穿墙过楼板的位置。

（2）结合土建施工进行各种预埋件、线管、接线盒、保护管的预埋。

（3）装设绝缘支持物、线夹等，敷设导线。

（4）安装灯具、开关、插座及电气设备。

（5）进行导线绝缘测试，检查及通电试验。

（6）工程验收。

6. 识读时，施工图中各图纸应协调配合阅读

三、给排水、采暖工程施工图识读

（一）给排水、采暖工程常用图例符号

建筑给排水图纸上的管道、卫生器具、设备等均按照现行国家标准《建筑给水排水制图标准》GB/T 50106 使用统一的图例来表示。在《建筑给水排水制图标准》GB/T 50106-2010 中列出了管道、管道附件、管道连接、管件、阀门、给水配件、消防设施、卫生设备及水池、小型给水排水构筑物、给水排水设备、仪表等共 11 类图例。此处仅给出一些常用图例供参考，如表 2.1.5 所示。

表 2.1.5 建筑给排水常用图例

序号	名称	图例	备注	序号	名称	图例	备注
1	生活给水管	—— J ——		3	热水回水管	——RH——	
2	热水给水管	——RJ——		4	中水给水管	——ZJ——	

续表 2.1.5

序号	名称	图例	备注	序号	名称	图例	备注
5	循环给水管	——XJ——		23	管道交叉	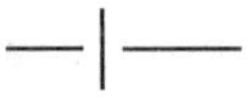	下方和后面管道应断开
6	热媒给水管	——RM——		24	存水弯	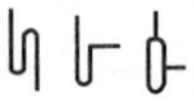	
7	蒸汽管	—— Z ——		25	浴盆排水件		
8	废水管	—— F ——		26	闸阀		
9	通气管	—— T ——		27	角阀		
10	污水管	—— W ——		28	截止阀	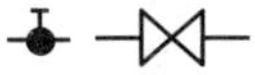	
11	雨水管	—— Y ——		29	球阀		
12	多孔管			30	减压阀	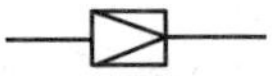	左侧为高压端
13	防护套管	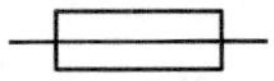		31	止回阀		
14	管道立管	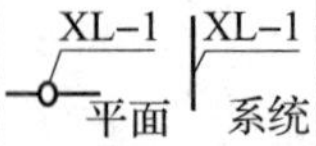	L：立管 1：编号	32	蝶阀		
15	排水明沟	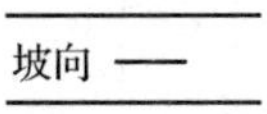		33	弹簧安全阀		左为通用
16	套筒伸缩器			34	自动排气阀		左侧为平面，右侧为轴测
17	方形伸缩器	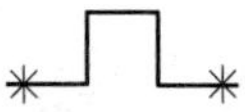		35	室内消火栓（单口）		白色为开启面
18	管道固定支架			36	室内消火栓（双口）		
19	立管检查口	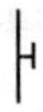		37	水泵接合器	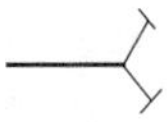	
20	通气帽	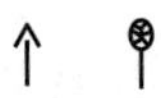	左侧成品 右侧铅丝球	38	自动喷洒头（开式）	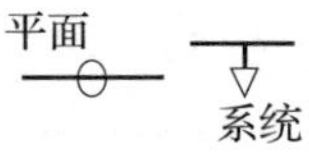	
21	雨水斗	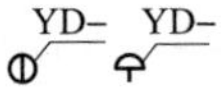	左侧为平面，右侧为轴测	39	手提灭火器		
22	圆形地漏		如为无水封，应加存水弯	40	淋浴喷头		

续表 2.1.5

序号	名称	图例	备注	序号	名称	图例	备注
41	水表井			45	浴盆	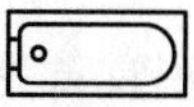	
42	水表			46	盥洗槽	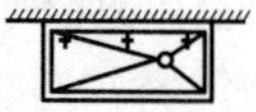	
43	立式洗脸盆			47	污水池		
44	台式洗脸盆			48	坐式大便器	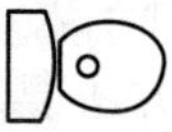	

（二）给排水、采暖工程施工图组成及内容

建筑给排水施工图一般由图纸目录、主要设备材料表、设计说明、图例、平面图、系统图（轴测图）、施工详图等组成。室外小区给排水工程，根据工程内容还应包括管道断面图、给排水节点图等。

1. 平面布置图

给水、排水平面图表达给水、排水管线和设备的平面布置情况。

根据建筑规划，在设计图纸中，用水设备的种类、数量、位置，均要做出给水和排水平面布置；各种功能管道、管道附件、卫生器具、用水设备，如消火栓箱、喷头等，均应用各种图例表示；各种横干管、立管、支管的管径、坡度等，均应标出。平面图上管道都用单线绘出，沿墙敷设不注管道距墙面距离。

一张平面图上可以绘制几种类型管道，一般来说给水和排水管道可以在一起绘制。若图纸管线复杂，也可以分别绘制，以图纸能清楚表达设计意图而图纸数量又很少为原则。

建筑内部给排水，以选用的给水方式来确定平面布置图的张数。底层及地下室必绘；顶层若有高位水箱等设备，也必须单独绘出。建筑中间各层，如卫生设备或用水设备的种类、数量和位置都相同，绘一张标准层平面布置图即可；否则，应逐层绘制。各层图面若给水、排水管垂直相重，平面布置可错开表示。平面布置图的比例，一般与建筑图相同。常用的比例尺为 1 : 100；施工详图可取 1 : 50~1 : 20。

在各层平面布置图上，各种管道、立管应编号标明。

2. 系统图

系统图，也称“轴测图”，其绘法取水平、轴测、垂直方向，完全与平面布置图比例相同。系统图上应标明管道的管径、坡度，标出支管与立管的连接处，管道各种附件的安装标高。标高的 ±0.000 应与建筑图一致。系统图上各种立管的编号，应与平面布置图相一致。系统图均应按给水、排水、热水等各系统单独绘制，以便于施工安装和概预算应用。系统图中对用水设备及卫生器具的种类、数量和位置完全相同的支管、立管，可不重复完全绘出，但应用文字标明。当系统图立管、支管在轴测方向重复交叉影响识图时，可断开移到图面空白处绘制。

建筑居住小区给排水管道，一般不绘系统图，但应绘管道纵断面图。

3. 施工详图

凡平面布置图、系统图中局部构造因受图面比例限制而表达不完善或无法表达的，为使施工概预算及施工不出现失误，必须绘出施工详图。通用施工详图系列，如卫生器具安装、排水检查井、雨水检查井、阀门井、水表井、局部污水处理构筑物等，均有各种施工标准图，施工详图宜首先采用标准图。

绘制施工详图的比例，以能清楚绘出构造为根据选用。施工详图应尽量详细注明尺寸，不应以比例代替尺寸。

4. 设计施工说明及主要材料设备表

用工程绘图无法表达清楚的给水、排水、热水供应、雨水系统等管材、防腐、防冻、防露的做法；或难于表达的诸如管道连接、固定、竣工验收要求、施工中特殊情况技术处理措施；或施工方法要求严格必须遵守的技术规程、规定等，可用文字写出设计施工说明，写在图纸中。工程选用的主要材料及设备表，应列明材料类别、规格、数量，设备品种、规格和主要尺寸。

此外，施工图还应绘出工程图所用图例。所有以上图纸及施工说明等应编排有序，写出图纸目录。

（三）给排水、采暖工程施工图的识读方法

1. 平面图的识读

室内给排水管道平面图是施工图纸中最基本和最重要的图纸，常用的比例列是 1∶100 和 1∶50 两种。它主要表明建筑物内给排水管道及卫生器具和用水设备的平面布置。图上的线条都是示意性的，同时管材配件如活接头、补心、管箍等也不画出来，因此在识读图纸时还必须熟悉给排水管道的施工工艺。在识读管道平面图时，应该掌握以下主要内容和注意事项：

（1）查明卫生器具、用水设备和升压设备的类型、数量、安装位置、定位尺寸。

卫生器具和各种设备通常是用图例画出来的，它只能说明器具和设备的类型，而不能具体表示各部分的尺寸及构造，因此在识读时必须结合有关详图或技术资料，搞清楚这些器具和设备的构造、接管方式和尺寸。

（2）弄清给水引入管和污水排出管的平面位置、走向、定位尺寸、与室外给排水管网的连接形式、管径及坡度等。

给水引入管上一般都装有阀门，阀门若设在室外阀门井内，在平面图上就能完整地表示出来。

污水排出管与室外排水总管的连接，是通过检查井来实现的，要了解排出管的长度，即外墙至检查井的距离。排出管在检查井内通常采用管顶平接。

给水引入管和污水排出管通常都注上系统编号，编号和管道种类分别写在直径约为 8~10mm 的圆圈内，圆圈内过圆心画一水平线，线上面标注管道种类。如给水系统写“给”或写汉语拼音字母“J”；污水系统写“污”或写汉语拼音字母“W”；线下面标注编号，用阿拉伯数字书写。

（3）查明给排水干管、立管、支管的平面位置与走向、管径尺寸及立管编号。从平面图上可清楚地查明是明装还是暗装，以确定施工方法。

平面图上的管线虽然是示意性的，但仍是按一定比例绘制。因此计算材料可以结合详

图，用比例尺度量进行计算。

一个系统内立管较少时，仅在引入管处进行系统编号。当一个系统中立管较多时，才在每个立管旁边进行编号。

（4）消防给水管道要查明消火栓的布置、口径大小及消防箱的形式与位置。消火栓一般装在消防箱内，但也可以装在消防箱外面。当装在消防箱外面时，消火栓应靠近消防箱安装。消防箱底距地面 1.10m。消防箱有明装、暗装和单门、双门之分，识读时都要注意搞清楚。

除了普通消防系统外，在物资仓库、厂房和公共建筑等重要部位，往往设有自动喷水灭火系统或水幕灭火系统。如果遇到这类系统，除了弄清管路布置、管径、连接方法外，还要查明喷头及其他设备的型号、构造和安装要求。

（5）在给水管道上设置水表时，必须查明水表的型号、安装位置以及水表前后阀门的设置情况。

（6）对于室内排水管道，还要查明清通设备的布置情况，清扫口和检查口的型号和位置。

对于大型厂房，特别要注意是否有检查井，检查井进出管的连接方式也要搞清楚。

对于雨水管道，要查明雨水斗的型号及布置情况，并结合详图搞清雨水斗与天沟的连接方式。

2. 系统图的识读

给排水管道系统图主要表明管道系统的立体走向。在给水系统图上，卫生器具不画出来，只需画出水龙头、淋浴器莲蓬头、冲洗水箱等符号；用水设备如锅炉、热交换器、水箱等则画出示意性的立体图，并在旁边注以文字说明。在排水系统图上也只画出相应的卫生器具的存水弯或器具排水管。在识读系统图时，应掌握的主要内容和注意事项如下：

（1）查明给水管道系统的具体走向，干管的布置方式，管径尺寸及其变化情况，阀门的设置，引入管、干管及各支管的标高。识读时按引入管、干管、立管、支管及用水设备的顺序进行。

（2）查明排水管道的具体走向，管路分支情况，管径尺寸与横管坡度，管道各部分标高，存水弯的形式，清通设备的设置情况，弯头及三通的选用等。识读排水管道系统图时，一般按卫生器具或排水设备的存水弯、器具排水管、横支管、立管、排出管的顺序进行。在识读时结合平面图及说明，了解和确定管材及配件。排水管道为了保证水流通畅，根据管道敷设的位置往往选用 45° 弯头和斜三通，在分支管的变径有时不用大小头而用主管变径三通。存水弯 P 形和 S 形、带清扫口和不带清扫口之分，在识读图纸时也要根据卫生器具的种类、型号和安装位置确定下来。

（3）系统图上对各楼层标高都有注明，识读时可据此分清管路是属于哪一层的。管道支架在图上一般都不表示出来，由施工人员按有关规程和习惯做法自己确定。在识读时应随时把所需支架的数量及规格确定下来，在图上做出标记并做好统计，以便制作和预埋。民用建筑的明装给水管通常要采用管卡、钩钉固定；工厂给水管则多用角钢托架或吊环固定。铸铁排水立管通常用铸铁立管管卡，装在铸铁排水管的承口上面；铸铁横管则采用吊环，间距 1.5m 左右，吊在承口上。

3. 详图的识读

室内给排水工程的详图包括节点图、大样图、标准图，主要是管道节点、水表、消火栓、水加热器、开水炉、卫生器具、套管、排水设备、管道支架等的安装图及卫生间大样图等。这些图都是根据实物用正投影法画出来的，图上都有详细尺寸，可供安装时直接使用。

四、通风空调工程施工图识读

（一）通风空调工程常用图例符号（见表 2.1.6）

表 2.1.6　通风空调工程常用图例

序号	名称	图例	序号	名称	图例
1	矩形风管	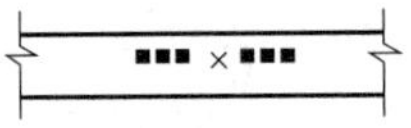	14	止回风阀	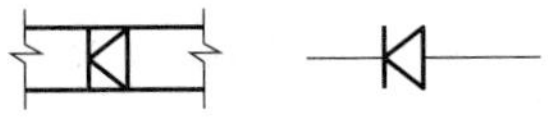
2	圆形风管	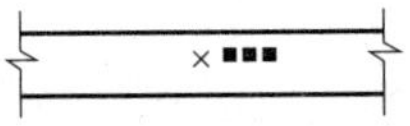	15	三通调节阀	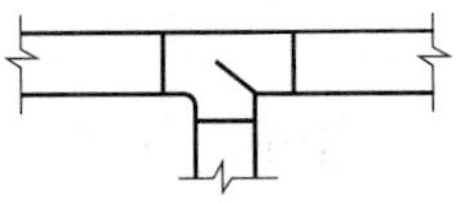
3	天圆地方	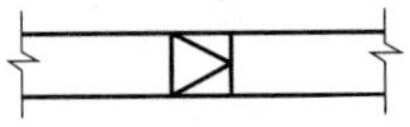	16	方形风口	
4	软风管	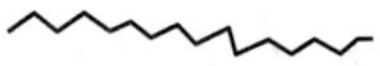	17	条缝型风口	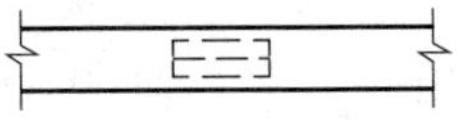
5	圆弧形弯头		18	矩形风口	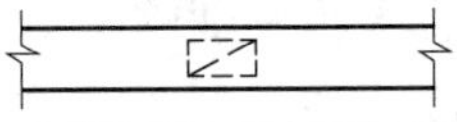
6	带导流叶片的矩形弯头	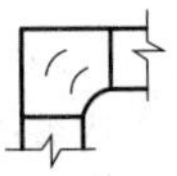	19	圆形风口	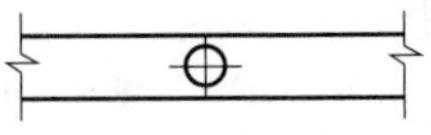
7	消声器	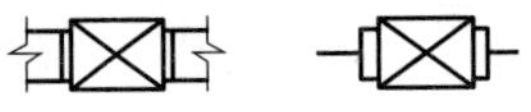	20	侧面风口	
8	消声弯头		21	检修门	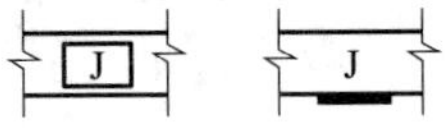
9	消声静压箱		22	气流方形	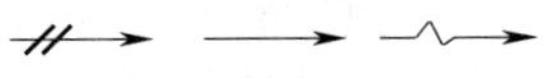
10	风管软接头	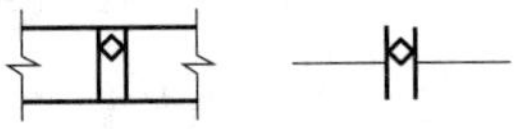	23	防雨百叶	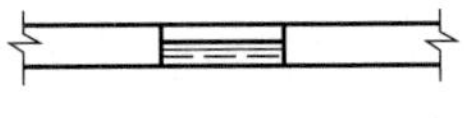
11	对开多叶调节风阀	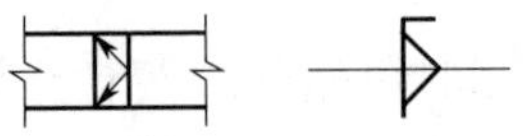	24	输流风机	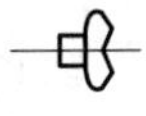
12	蝶阀	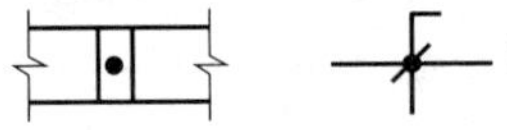	25	离心式管道风机	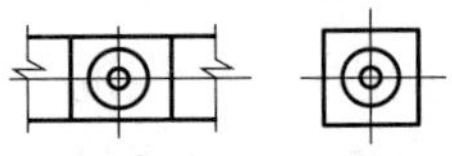
13	插板阀	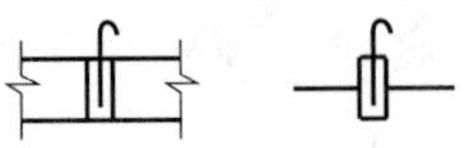	26	空调机组加热冷却盘管	

续表 2.1.6

序号	名称	图例	序号	名称	图例
27	空气过滤器	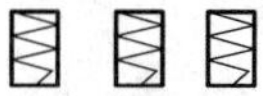	31	立式暗装风机盘管	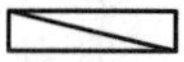
28	加湿器		32	卧式明装风机盘管	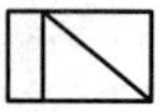
29	电加热器		33	卧式暗装风机盘管	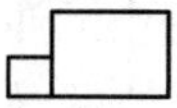
30	立式明装风机盘管		34	分体空调器	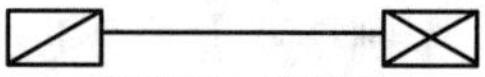

（二）通风空调工程施工图组成及内容

通风与空调工程施工图一般由两大部分组成：文字部分与图纸部分。文字部分包括图纸目录、设计施工说明、设备及主要材料表。图纸部分包括两大部分：基本图和详图。基本图包括空调通风系统的平面图、剖面图、轴测图、原理图等。详图包括系统中某局部或部件的放大图、加工图、施工图等。如果详图中采用了标准图或其他工程图纸，那么在图纸目录中必须附有说明。

1. 文字部分

（1）图纸目录。图纸目录包括在该工程中使用的标准图纸或其他工程图纸目录，以及该工程的设计图纸目录。在图纸目录中必须完整地列出该工程设计图纸名称、图号、工程号、图幅大小、备注等。

（2）设计施工说明。设计施工说明包括采用的气象数据，空调通风系统的划分及具体施工要求等。有时还附有风机、水泵、空调箱等设备的明细表。

（3）设备与主要材料表。设备与主要材料的型号、数量一般在《设备与主要材料清单表》中给出。

2. 图纸部分

（1）平面图。平面图包括建筑物各层面各空调通风系统的平面图、空调机房平面图、冷冻机房平面图等。

1）空调通风系统平面图。空调通风系统平面图主要说明通风空调系统的设备、系统风道、冷热媒管道、凝结水管道的平面布置。其内容主要包括：

①风管系统：一般以双线绘出。包括风管系统的构成、布置及风管上各部件、设备的位置。例如异径管、三通接头、四通接头、弯管、检查孔、测定孔、调节阀、防火阀、送风口、排风口等，并且注明系统编号、送回风口的空气流动方向。

②水管系统：一般以单线绘出。包括冷、热媒管道、凝结水管道的构成、布置及水管上各部件、设备的位置。例如异径管、三通接头、四通接头、弯管、温度计、压力表、调节阀等。并且注明冷、热媒管道内的水流动方向、坡度。

③空气处理设备：包括各设备的轮廓、位置。

④尺寸标注：包括各种管道、设备、部件的尺寸大小、定位尺寸以及设备基础的主要尺寸。还有各设备、部件的名称、型号、规格等。

⑤此外，对于引用标准图集的图纸，还应注明所用的通用图、标准图索引号。对于恒温恒湿房间，应注明房间各参数的基准值和精度要求。

2）空调机房平面图。空调机房平面图一般包括以下内容：

①空气处理设备：注明按标准图集或产品样本要求所采用的空调器组合段代号，空调箱内风机、加热器、表冷器、加湿器等设备的型号、数量，以及该设备的定位尺寸。

②风管系统：用双线表示，包括与空调箱相连接的送风管、回风管、新风管。

③水管系统：用单线表示，包括与空调箱相连接的冷、热媒管道、凝结水管道。

④尺寸标注：包括各管道、设备、部件的尺寸大小、定位尺寸。

⑤其他的还有消声设备、柔性短管、防火阀、调节阀门的位置尺寸。

【例 2–2】图 2.1.20 是某大楼底层空调机房平面图。从图上可以看出，该空调机房使用的空调箱型号为 DBK–12B（X），空调箱上面是送风管，尺寸为 1 250mm × 400mm，已被送风管挡住。虚线表示的是回风管，尺寸为 1 250mm × 400mm。空调箱内的设备没有详细画出，但有三根水管与空调箱相连接，分别为送水管、回水管和冷凝水管。图上还标有防火调节阀、软接头、水管调节阀，以及各设备、管道的定位尺寸等。

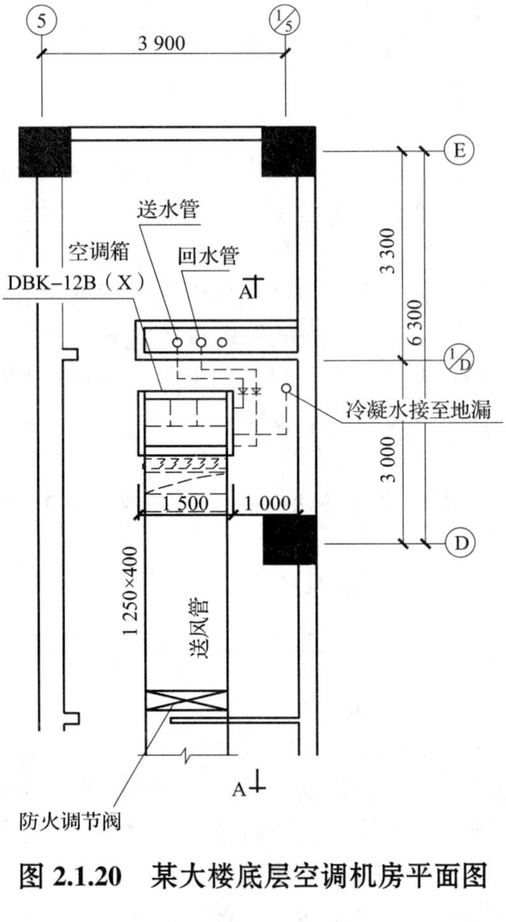

图 2.1.20　某大楼底层空调机房平面图

3）冷冻机房平面图。冷冻机房与空调机房是两个不同的概念。冷冻机房内的主要设备是为空调机房内的主要设备——空调箱提供冷媒或热媒，即与空调箱相连接的冷、热媒管道内的液体来自冷冻机房，而最终又回到冷冻机房。冷冻机房平面图的内容主要有：制冷机组型号与台数、冷冻水泵、冷凝水泵的型号与台数、冷（热）媒管道的布置，以及各设备、管道和管道上的配件（如过滤器、阀门等）的尺寸大小和定位尺寸。

（2）剖面图。剖面图是与平面图相对应，用来说明平面图上无法表明的情况。空调通风施工图中剖面图主要有空调通风系统剖面图、空调机房剖面图、冷冻机房剖面图等。剖面图上的内容与平面图上的内容是一致的，但剖面图上标注有设备、管道及配件的高度。

（3）系统图（轴测图）。系统轴测图采用的坐标是三维坐标，如图 2.1.21 所示。系统轴测图的主要作用是从总体上表明所讨论的系统构成情况及各种尺寸、型号、数量等。

具体地说，系统图上包括该系统中设备、配件的型号、尺寸、定位尺寸、数量以及连接于各设备之间的管道在空间的曲折、交叉、走向和尺寸、定位尺寸等。系统图上还应注明该系统的编号。

系统图可以用单线绘制，也可以用双线绘制。双线绘制的系统图比单线绘制的更加直观，但绘制过程比较复杂。因此，工程上多采用单线绘制系统图。

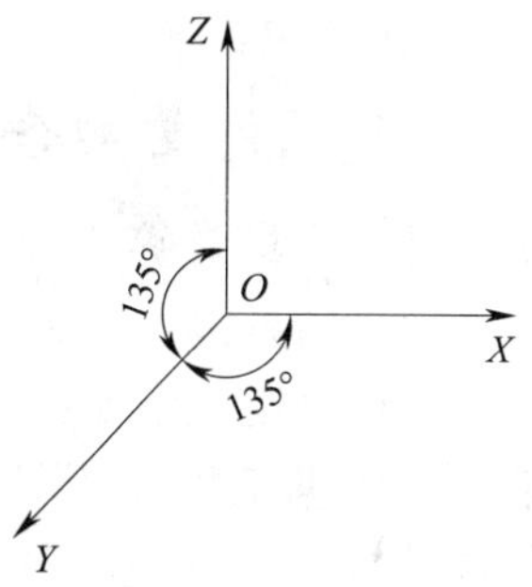

图 2.1.21　系统轴测图的三维坐标

（4）原理图。原理图一般为空调原理图，它主要包括以下内容：系统的原理和流程；空调房间的设计参数、冷热源、空气处理和输送方式；控制系统之间的相互关系；系统中的管道、设备、仪表、部件；整个系统控制点与测点间的联系；控制方案及控制点参数；用图例表示的仪表、控制元件型号等。

（5）详图。空调通风工程图所需要的详图较多，有设备、管道的安装详图，设备、管道的加工详图，设备、部件的结构详图等。

（三）通风空调工程施工图的识读

1. 阅读图纸目录

根据图纸目录了解该工程图纸的概况，包括图纸张数、图幅大小及名称、编号等信息。

2. 阅读施工说明

根据施工说明了解该工程概况，包括空调系统的形式、划分及主要设备布置等信息。在这基础上，确定哪些图纸代表着该工程的特点、属于工程中的重要部分，图纸的阅读应从这些重要图纸开始。

3. 阅读有代表性的图纸

确定了代表该工程特点的图纸后，根据图纸目录确定这些图纸的编号，并找出这些图纸进行阅读。在空调通风施工图中，有代表性的图纸基本上是反映空调系统布置、空调机房布置、冷冻机房布置的平面图。因此空调通风施工图的阅读基本是从平面图开始，先总平面图，然后再其他平面图。

4. 阅读辅助性图纸

对于平面图上没有表达清楚的地方，就要根据平面图上的提示（如剖面位置）和图纸目录找出该平面图的辅助图纸进行阅读。这包括立面图、侧立面图、剖面图等。对于整个系统的阅读可参考系统图。

5. 阅读其他内容

在读懂整个空调通风系统的前提下，再进一步阅读施工说明与设备及主要材料表，了解空调通风系统的详细安装情况，同时参考加工、安装详图，从而完全掌握图纸的全部内容。

第二节　工程计量概述

一、工程计量的含义

工程计量，即计算工程量，是工程计价的基础，也是确定工程造价的主要因素。所谓工程量，是指承包人按照施工图纸及相关技术经济文件的要求拟完成或已完成的，且符合现行国家计量规范中计算规则的应予计量的工程数量。工程量计算是工程计价活动的重要环节，是依据工程设计图纸、施工组织设计及有关技术经济文件，按照相关工程国家标准的计算规则、计量单位等规定，进行工程数量的计算活动，在工程建设中简称工程计量。

由于工程计价的多阶段性和多次性，工程计量也具有多阶段性和多次性。工程计量不仅包括招标阶段工程量清单编制中工程量的计算，也包括投标报价以及合同履约阶段的变更、索赔、支付和结算中工程量的计算和确认。

（一）工程量的含义

工程量是工程计量的结果，是指按一定规则并以物理计量单位或自然计量单位所表示的建设工程各分部分项工程、措施项目或结构构件的数量。物理计量单位是指以公制度量表示的长度、面积、体积和重量等计量单位。如管道安装以“m”为计量单位，管道刷油以“m^2”为计量单位，管道保温以“m^3”为计量单位等。自然计量单位指建筑成品表现在自然状态下的简单点数所表示的“个、片、台、组、系统”等计量单位。如法兰以“片”为计量单位；电缆头以“个”为计量单位等。

（二）工程量计算规则

工程量计算规则是工程计量的主要依据之一，是工程量数值的取定方法。采用的规范或定额不同，工程量计算规则也不尽相同。在计算工程量时，应按照规定的计算规则进行。我国现行的工程量计算规则主要有：

（1）工程量计算规范中的工程量计算规则。现行的工程量计算规范有：

1）《房屋建筑与装饰工程工程量计算规范》GB 50854–2013；

2）《仿古建筑工程工程量计算规范》GB 50855–2013；

3）《通用安装工程工程量计算规范》GB 50856–2013；

4）《市政工程工程量计算规范》GB 50857–2013；

5）《园林绿化工程工程量计算规范》GB 50858–2013；

6）《矿山工程工程量计算规范》GB 50859-2013；

7）《构筑物工程工程量计算规范》GB 50860-2013；

8）《城市轨道交通工程工程量计算规范》GB 50861-2013；

9）《爆破工程工程量计算规范》GB 50862-2013。

上述九个专业的工程量计算规范（以下简称工程量计算规范），用于规范工程计量行为，统一各专业工程量清单的编制、项目设置和工程量计算规则。采用该工程量计算规则计算的工程量一般为施工图纸的净量，不考虑施工余量。

（2）各类定额中的工程量计算规则。现行的住房和城乡建设部发布的消耗量定额有：

1）《房屋建筑与装饰工程消耗量定额》TY01-31-2015；

2）《通用安装工程消耗量定额》TY02-31-2015；

3）《市政工程消耗量定额》ZYA1-31-2015。

上述定额一般简称消耗量定额。在各消耗量定额中规定了分部分项工程和措施项目的工程量计算规则。除了上述住房和城乡建设部统一发布的定额外，还有各个地方或行业发布的各类定额，如四川省发布的2020年《四川省建设工程工程量清单计价定额》，其中也都规定了与之相对应的工程量计算规则。采用该计算规则计算工程量除了依据施工图纸外，一般还要考虑采用的施工方法和施工余量。

二、工程量计算依据

工程量的计算需要根据施工图及其相关说明，技术规范、标准、定额，有关的图集，有关的计算手册等，按照一定的工程量计算规则逐项进行的。主要依据有：

（1）国家发布的工程量计算规范和国家、地方和行业发布的各类定额及其工程量计算规则。

（2）经审定的施工设计图纸及其说明。施工图纸全面反映建筑物（或构筑物）的结构构造、各部位的尺寸及工程做法，是工程量计算的基础资料和基本依据。除了施工设计图纸及其说明外，还应配合有关的标准图集进行工程量计算。

（3）经审定的施工组织设计或施工方案。施工图纸主要表现拟建工程的实体项目，分项工程的具体施工方法及措施应按施工组织设计或施工方案确定。

（4）经审定通过的其他有关技术经济文件。如工程施工合同、招标文件的商务条款等。

三、工程量计算规范

工程量计算规范包括正文、附录和条文说明三个部分。正文部分包括总则、术语、工程计量、工程量清单编制。附录对分部分项工程和可计量的措施项目的项目编码、项目名称、项目特征描述的内容、计量单位、工程量计算规则及工作内容做了规定；对于不能计量的措施项目则规定了项目编码、项目名称和工作内容及包含范围。

1. 项目编码

项目编码是指分部分项工程和措施项目清单名称的阿拉伯数字标识。工程量清单项目编码采用十二位阿拉伯数字表示，一至九位应按计量规范附录规定设置，十至十二位应根据拟建工程的工程量清单项目名称设置，同一招标工程的项目编码不得有重码。当同一标段（或合同段）的一份工程量清单中含有多个单位工程且工程量清单是以单位工程为编制对象时，在编制工程量清单时应特别注意对项目编码十至十二位的设置不得有重码的规定。

2. 项目名称

工程量清单的分部分项工程和措施项目的项目名称应按工程量计算规范附录中的项目名称结合拟建工程的实际确定。工程量计算规范中的项目名称是具体工作中对清单项目命名的基础，应在此基础上结合拟建工程的实际，对项目名称具体化，特别是归并或综合性较大的项目应区分项目名称，分别编码列项。

3. 项目特征

项目特征是表征构成分部分项工程项目、措施项目自身价值的本质特征，是对体现分部分项工程量清单、措施项目清单价值的特有属性和本质特征的描述。从本质上讲，项目特征体现的是对清单项目的质量要求，是确定一个清单项目综合单价不可缺少的重要依据，在编制工程量清单时，必须对项目特征进行准确和全面的描述。工程量清单项目特征描述的重要意义在于：项目特征是区分具体清单项目的依据；项目特征是确定综合单价的前提；项目特征是履行合同义务的基础。如实际项目实施中施工图纸中特征与分部分项工程项目特征不一致或发生变化，即可按合同约定调整该分部分项工程的综合单价。

项目特征应按工程量计算规范附录中规定的项目特征，结合拟建工程项目的实际予以描述，能够体现项目本质区别的特征和对报价有实质影响的内容都必须描述。项目特征描述的内容应按工程量计算规范附录中的规定，结合拟建工程的实际，能满足确定综合单价的需要。若采用标准图集或施工图纸能够全部或部分满足项目特征描述的要求，项目特征描述可直接采用详见 ×× 图集或 ×× 图号的方式。对不能满足项目特征描述要求的部分，仍应用文字描述。

4. 计量单位

清单项目的计量单位应按工程量计算规范附录中规定的计量单位确定。规范中的计量单位均为基本单位，与消耗量定额中所采用基本单位扩大一定的倍数不同。如质量以“t”或“kg”为单位，长度以“m”为单位，面积以“m^2”为单位，体积以“m^3”为单位，自然计量的以“个、件、根、组、系统”为单位。

工程量计算规范附录中有两个或两个以上计量单位的，应结合拟建工程项目的实际情况，选择其中一个确定，在同一个建设项目（或标段、合同段）中，有多个单位工程的相同项目计量单位必须保持一致。

5. 工程量计算规则

工程量计算规范统一规定了工程量清单项目的工程量计算规则。其原则是按施工图图示尺寸（数量）计算清单项目工程数量的净值，一般不需要考虑具体的施工方法、施工工艺和施工现场的实际情况而发生的施工余量。如“配线”其计算规则为“按设计图示尺寸以单线长度计算（含预留长度）”，其中“预留长度”的情形和计算在规范里有规定，包括进入各种开关箱、柜、板等的预留，其他如灯具、明暗开关、插座、按钮等的预留线分别综合在有关定额子目内，不计算工程量，在综合单价中综合考虑。

6. 工作内容

工作内容是指为了完成工程量清单项目所需要发生的具体施工作业内容。工程量计算规范附录中给出的是一个清单项目所可能发生的工作内容，在确定综合单价时需要根据清单项目特征中的要求、具体的施工方案等确定清单项目的工作内容，是进行清单项目组价的基础。

工作内容不同于项目特征。项目特征体现的是清单项目质量或特性的要求或标准，工作内容体现的是完成一个合格的清单项目需要具体做的施工作业和操作程序，对于一项明确了分部分项工程项目或措施项目，工作内容确定了其工程成本。不同的施工工艺和方法，工作内容也不一样，工程成本也就有了差别。在编制工程量清单时一般不需要描述工作内容。

如“030404017 配电箱”其项目特征为：

①名称；

②型号；

③规格；

④基础形式、材质、规格；

⑤接线端子材质、规格；

⑥端子板外部接线材质、规格；

⑦安装方式。

工作内容为：

①本体安装；

②基础型钢制作、安装；

③焊、压接线端子；

④补刷（喷）油漆；

⑤接地。通过对比可以看出，如“基础形式、材质、规格”是对配电箱基础制作、安装的要求，体现的是用什么样规格和材质的材料去做，属于项目特征；“基础型钢制作、安装”是配电箱安装过程中的工艺和方法，体现的是如何做，属于工作内容。

四、工程量计算方法

为了避免漏算或重算，提高计算的准确程度，工程量的计算应按照一定的顺序进行。具体的计算顺序应根据具体工程和个人习惯来确定，一般有以下几种顺序：

1. 单位工程计算顺序

一个单位工程，其工程量计算顺序一般有以下几种：

（1）按图纸顺序计算。根据图纸排列的先后顺序，由建施到结施；每个专业图纸由前向后，按“先系统→再平面→再大样；先基本图→再详图”的顺序计算。

（2）按工程量计算规范顺序计算。按工程量计算规范附录先后顺序，由前向后，逐项对照计算。

（3）按计价定额的分部分项顺序计算。按定额的章、节、子目次序，由前向后，逐项对照，定额项与图纸设计内容能对上号时就计算。

（4）按施工顺序计算。按施工顺序计算工程量，可以按先施工的先算，后施工的后算的方法进行。如由电缆进线开始算起，直到灯具安装等全部施工内容结束。

2. 单个分部分项工程计算顺序

（1）按照顺时针方向计算法。即先从平面图的左上角开始，自左至右，然后再由上而下，最后转回到左上角为止，这样按顺时针方向转圈依次进行计算。例如计算管道长度等分部分项工程，可以按照此顺序进行计算。

（2）按“先横后竖、先上后下、先左后右”计算法。即在平面图上从左上角开始，按“先横后竖、从上而下、自左到右”的顺序计算工程量。例如避雷带长度等分部分项工程，可按这种顺序计算工程量。

按一定顺序计算工程量的目的是防止漏项少算或重复多算的现象发生，只要能实现这一目的，采用哪种顺序方法计算都可以。

第三节 安装工程工程量计算规范及应用

工程量计算是指建设工程项目以工程设计图纸、施工组织设计或施工方案及有关技术经济文件为依据，投照相关工程国家标准的计算规则、计量单位等规定，进行工程数量的计算活动，在工程建设中简称工程计量。

一、《通用安装工程工程量计算规范》GB 50856-2013 简介

《通用安装工程工程量计算规范》GB 50856-2013（以下简称《安装工程计算规范》）规范了通用安装工程造价计量行为，统一了通用安装工程工程量计算规则和工程量清单的编制方法。

（一）适用范围

《安装工程计算规范》适用于工业、民用和公共设施建设安装工程的计量和工程量清单编制。

安装工程是指各种设备、装置的安装工程。通常包括工业、民用设备，电气、智能化控制设备，自动化控制仪表，通风空调，工业、消防、给排水、采暖、燃气管道以及通信设备安装等。

通用安装工程工程计价，必须按《安装工程计算规范》规定的工程量计算规则进行工程计量。通用安装工程计量活动，除应遵守此规范外，尚应符合国家现行有关标准的规定。

（二）主要内容

《安装工程计算规范》包括正文、附录、条文说明三个部分。其中，正文包括总则、术语、工程计量和工程量清单编制（包括一般规定、分部分项工程和措施项目）4 章，共 26 项条款；附录包括附录 A~ 附录 N 共 13 附录，1 151 个项目。附录中对分部分项工程的项目编码、项目名称、项目特征描述的内容、计量单位、工程量计算规则及工作内容做了规定，对措施项目则规定了项目编码、项目名称、工作内容及包含范围。

（三）专业分类

在《安装工程计算规范》中，将安装工程按专业、设备特征或工程类别分为 13 个附录，形成附录 A~ 附录 N，具体为：

附录 A 机械设备安装工程（编码：0301）

附录 B 热力设备安装工程（编码：0302）

附录 C　静置设备与工艺金属结构制作安装工程（编码：0303）
附录 D　电气设备安装工程（编码：0304）
附录 E　建筑智能化工程（编码：0305）
附录 F　自动化控制仪表安装工程（编码：0306）
附录 G　通风空调工程（编码：0307）
附录 H　工业管道工程（编码：0308）
附录 J　消防工程（编码：0309）
附录 K　给排水、采暖、燃气工程（编码：0310）
附录 L　通信设备及线路工程（编码：0311）
附录 M　刷油、防腐蚀、绝热工程（编码：0312）
附录 N　措施项目（编码：0313）

每个附录（专业工程）又划分为若干个分部工程，如附录 D 电气设备安装工程又划分为 D.1 变压器安装（030401）~D. 14 电气调整试验 14 个分部工程。

每个分部工程又划分为若干分项工程，列于分部工程表格之内，如附录 K 给排水、采暖、燃气工程的 K. 1 给排水、采暖、燃气管道（编码：031001）见表 2.3.1。

表 2.3.1　K.1 给排水、采暖、燃气管道（编码：031001）（节选）

项目编码	项目名称	项目特征	计量单位	工程量计算规则	工作内容
……	……	……	……	……	……
031001006	塑料管	1．安装部位； 2．介质； 3．材质、规格； 4．连接形式； 5．阻火圈设计要求； 6．压力试验及吹、洗设计要求； 7．警示带形式	m	按设计图示管道中心线以长度计算	1．管道安装； 2．管件安装； 3．塑料卡固定； 4．阻火圈安装； 5．压力试验； 6．吹扫、冲洗； 7．警示带铺设
……	……	……	……	……	……

二、机械设备安装工程计量

（一）机械设备工程计算规范概述

1. 基本内容

《安装工程计算规范》附录 A 为机械设备安装工程，主要内容包括切削设备安装、锻压设备安装、铸造设备安装、起重设备安装、起重机轨道安装、输送设备安装、电梯安装、风机安装、泵安装、压缩机安装、工业炉安装、煤气发生设备安装及其他机械安装。

2. 与其他计算规范的关系

（1）机械设备与静置设备的主要区别。机械设备需要动力带动，它在生产工艺中始终处于转动状态；而静置设备在生产工艺过程中却只起反应、交换、储存、分离等作用，一般不需动力带动。

（2）钢结构及支架制作、安装，应按《安装工程计算规范》附录C静置设备与工艺金属结构制作安装工程相关项目编码列项。

（3）电气系统（起重设备和电梯除外）、仪表系统、通风系统、设备本体第一个法兰以外的管道系统等的安装、调试，应分别按《安装工程计算规范》附录D电气设备安装工程、附录F自动化控制仪表安装工程、附录G通风空调工程、附录H工业管道工程相关项目编码列项。

（4）工业炉烘炉、设备负荷试运转、联合试运转、生产准备试运转，应按《安装工程计算规范》附录N措施项目相关项目编码列项。

（5）设备的除锈、刷漆（补刷漆除外）、保温及保护层安装，应按《安装工程计算规范》附录M刷油、防腐蚀、绝热工程相关项目编码列项。

（二）机械设备工程工程量计算规范

大型设备安装所需的专用机具、专用垫铁、特殊垫铁和地脚螺栓应在清单项目特征中描述，组成完整的工程实体。以下分部的机械设备安装若有同样的安装工艺要求，项目特征均需描述。

1. 切削设备安装工程量计算

（1）分部工程的组成。该分部工程包括台式及仪表机床、卧式车床、立式车床、钻床、镗床、磨床、铣床、齿轮加工机床、螺纹加工机床、刨床、插床、拉床、超声波加工机床、电加工机床、金属材料试验机械、数控机床、木工机械、其他机床、跑车带锯机19个清单项目。

（2）清单工程量计算规则。以“台”计量，按设计图示数量计算。

2. 锻压设备安装工程量计算

（1）分部工程的组成。该分部工程包括机械压力机、液压机、自动锻压机、锻锤、剪切机、弯曲校正机、锻造水压机7个清单项目。

（2）清单工程量计算规则。以“台”计量，按设计图示数量计算。

3. 铸造设备安装工程量计算

（1）分部工程的组成。该分部工程包括砂处理设备、造型设备、制芯设备、落砂设备、清理设备、金属型铸造设备、材料准备设备、抛丸清理室、铸铁平台9个清单项目。

（2）清单工程量计算规则。

1）砂处理设备、造型设备、制芯设备、落砂设备、清理设备、金属型铸造设备及材料准备设备。以“台”计量，按设计图示数量计算。

2）抛丸清理室。以“室”计量，按设计图示数量计算。抛丸清理室设备的质量应包括抛丸机、回转台、斗式提升机、螺旋输送机、电动小车等设备以及框架、平台、梯子、栏杆、漏斗、漏管等金属结构件的总质量。

3）铸铁平台。以“t”计量，按设计图示尺寸以质量计算。

4. 起重设备安装工程量计算

（1）分部工程的组成。该分部工程包括桥式起重机、吊钩门式起重机、梁式起重机、电动壁行悬臂挂式起重机、旋臂壁式起重机、旋臂立柱式起重机、电动葫芦、单轨小车8

个清单项目。

（2）清单工程量计算规则。以“台”计量，按设计图示数量计算。

5. 起重机轨道安装工程量计算

（1）分部工程的组成。该分部工程包括起重机轨道1个清单项目。

（2）清单工程量计算规则。以“m”计量，按设计图示尺寸，以单根轨道长度计算。

6. 输送设备安装工程量计算

（1）分部工程的组成。该分部工程包括斗式提升机、刮板输送机、板（裙）式输送机、悬挂输送机、固定式胶带输送机、螺旋输送机、卸矿车、皮带秤8个清单项目。

（2）清单工程量计算规则。

1）斗式提升机、板（裙）式输送机、悬挂输送机、固定式胶带输送机、螺旋输送机、卸矿车、皮带秤。以“台”计量，按设计图示数量计算。

2）刮板输送机。以“组”计量，按设计图示数量计算。

7. 风机安装工程量计算

（1）分部工程的组成。该分部工程包括离心式通风机、离心式引风机、轴流通风机、回转式鼓风机、离心式鼓风机、其他风机6个清单项目。

（2）清单工程量计算规则。以“台”计量，按设计图示数量计算。

（3）工程量计算及清单列项的注意事项。

1）直联式风机的质量包括本体及电动机、底座的总质量。

2）风机支架应按《安装工程计算规范》附录C静置设备与工艺金属结构制作安装工程相关项目编码列项。

8. 泵安装工程量计算

（1）分部工程的组成。该分部工程包括离心式泵、旋涡泵、电动往复泵、柱塞泵、蒸汽往复泵、计量泵、螺杆泵、齿轮油泵、真空泵、屏蔽泵、潜水泵、其他泵12个清单项目。

（2）清单工程量计算规则。以“台”计量，按设计图示数量计算。

（3）工程量计算及清单列项的注意事项。直联式泵的质量包括本体、电动机及底座的总质量；非直联式的不包括电动机质量；深井泵的质量包括本体、电动机、底座及设备扬水管的总质量。

9. 压缩机安装工程量计算

（1）分部工程的组成。该分部工程包括活塞式压缩机、回转式螺杆压缩机、离心式压缩机、透平式压缩机4个清单项目。

（2）清单工程量计算规则。以“台”计量，按设计图示数量计算。

（3）工程量计算及清单列项的注意事项。

1）设备质量包括同一底座上主机、电动机、仪表盘及附件、底座等的总质量，但立式及L型压缩机、螺杆式压缩机、离心式压缩机不包括电动机等动力机械的质量。

2）活塞式D、M、H型对称平衡压缩机的质量包括主机、电动机及随主机到货的附属设备的质量，但不包括附属设备安装。

3）随机附属静置设备，应按《安装工程计算规范》附录 C 静置设备与工艺金属结构制作安装工程相关项目编码列项。

10. 工业炉安装工程量计算

（1）分部工程的组成。该分部工程包括电弧炼钢炉、无芯工频感应电炉、电阻炉、真空炉、高频及中频感应炉、冲天炉、加热炉、热处理炉、解体结构井式热处理炉 9 个清单项目。

（2）清单工程量计算规则。以“台”计量，按设计图示数量计算。

（3）工程量计算及清单列项的注意事项。附属设备钢结构及导轨，应按《安装工程计算规范》附录 C 静置设备与工艺金属结构制作安装工程相关项目编码列项。

11. 煤气发生设备安装工程量计算

（1）分部工程的组成。该分部工程包括煤气发生炉、洗涤塔、电气滤清器、竖管、附属设备 5 个清单项目。

（2）清单工程量计算规则。以“台”计量，按设计图示数量计算。

（3）工程量计算及清单列项的注意事项。附属设备钢结构及导轨，应按《安装工程计算规范》附录 C 静置设备与工艺金属结构制作安装工程相关项目编码列项。

12. 其他机械安装工程量计算

（1）分部工程的组成。该分部工程包括冷水机组、热力机组、制冰设备、冷风机、润滑油处理设备、膨胀机、柴油机、柴油发电机组、电动机、电动发电机组、冷凝器、蒸发器、贮液器（排液桶）、分离器、过滤器、中间冷却器、冷却塔、集油器、紧急泄氨器、油视镜、储气罐、乙炔发生器、水压机蓄势罐、空气分离塔、小型制氧机附属设备、风力发电机 26 个清单项目。

（2）清单工程量计算规则。

1）油视镜。以“支”计量，按设计图示数量计算。

2）风力发电机。以“组”计量，按设计图示数量计算。

3）其余机械设备。以“台”计量，按设计图示数量计算。

（3）工程量计算及清单列项的注意事项。附属设备钢结构及导轨，应按《安装工程计算规范》附录 C 静置设备与工艺金属结构制作安装工程相关项目编码列项。

13. 机械设备安装工程计量小结

机械设备安装包括与设备本体联体的平台、梯子、栏杆、支架、屏盘、电机、安全罩以及设备本体第一个法兰以内的管道等安装。机械设备安装一般以种类、型号、规格不同，按单机质量分项，以“台”计量。设备质量以铭牌数值为准；无铭牌数值的设备，以机械产品目录、样本或说明书所标注的设备净重量为准。

【例 2–3】某氧气加压站工艺管道系统如图 2.3.1 所示。

该管道系统工作压力为 2.5MPa。试计算设备安装工程量，编制设备安装的工程量清单。

解：清单编制时，项目特征描述应详细具体，将完成该项目的全部工作、施工工艺体现在项目特征描述中，不要遗漏，便于投标人报价。该氧气加压站工艺管道系统的设备安装工程量清单编制见表 2.3.2。

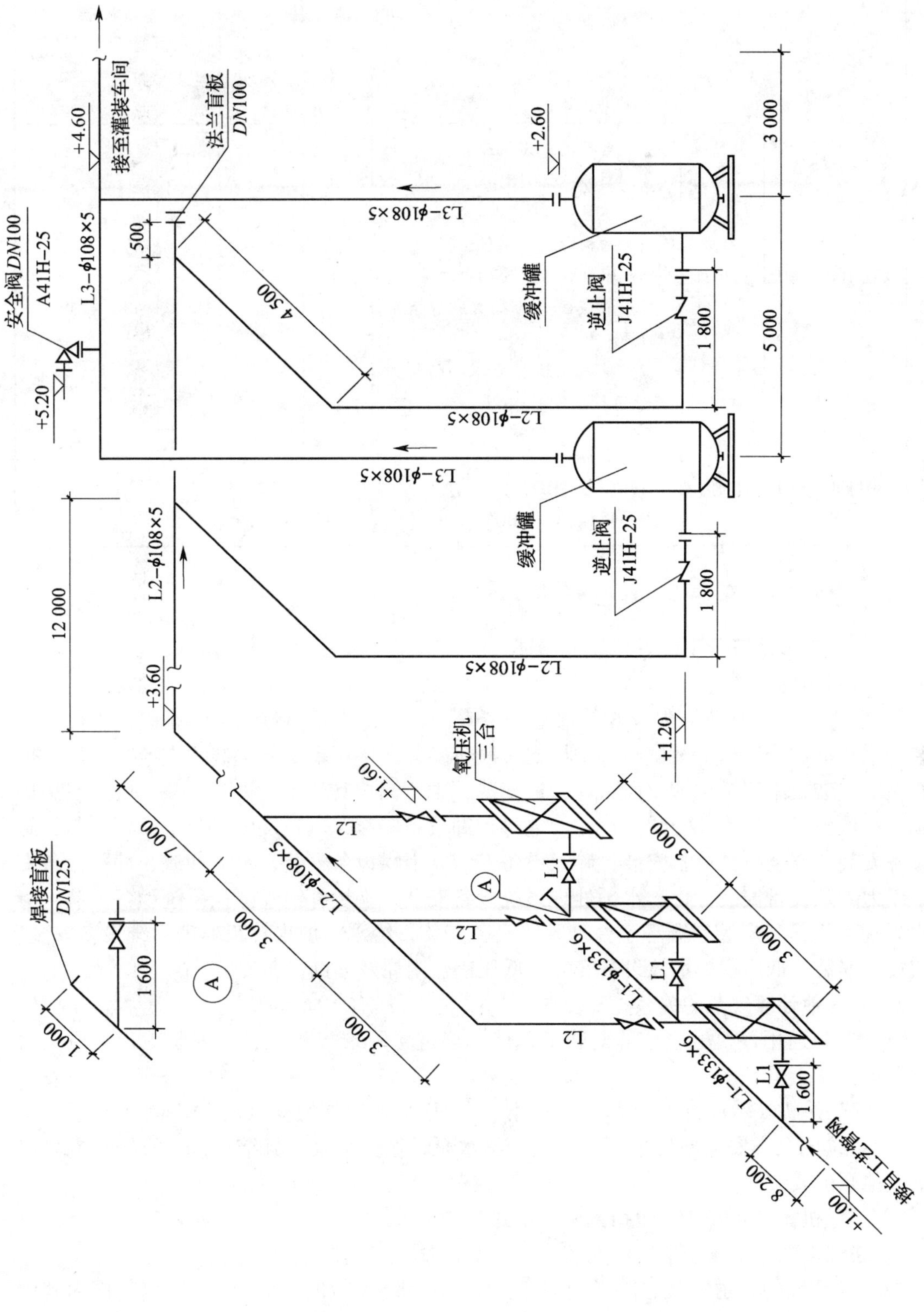

图 2.3.1　某氧气加压站工艺管道系统图

表 2.3.2　机械设备安装工程工程量清单列项示例

工程名称：某氧气加压站工艺管道工程

序号	项目编码	项目名称	项目特征	计量单位	工程量	金额（元）		
						综合单价	合价	其中 暂估价
1	030110003001	氧压机	1. 名称：氧压机； 2. 型号：6061B； 3. 质量：72kg； 4. 结构形式：单轴； 5. 驱动方式：变频电机驱动； 6. 灌浆配合比：微膨胀混凝土 C30； 7. 单机试运转要求：传统工艺试运行	台	3			
2	030113021001	缓冲罐	1. 名称：缓冲罐； 2. 型号：HD； 3. 规格：C-3/1.0	台	2			

三、热力设备安装工程计量

（一）热力设备安装工程计算规范概述

1. 基本内容

《安装工程计算规范》附录 B 为热力设备安装工程，主要内容包括中压锅炉本体设备安装，中压锅炉分部试验及试运，中压锅炉风机安装，中压锅炉除尘装置安装，中压锅炉制粉系统安装，中压锅炉烟、风、煤管道安装，中压锅炉其他辅助设备安装，中压锅炉炉墙砌筑，汽轮发电机本体安装，汽轮发电机辅助设备安装，汽轮发电机附属设备安装，卸煤设备安装，煤场机械设备安装，碎煤设备安装，上煤设备安装，水力冲渣、冲灰设备安装，气力除灰设备安装，化学水预处理系统设备安装，锅炉补给水除盐系统设备安装，凝结水处理系统设备安装，循环水处理系统设备安装，给水、炉水校正处理系统设备安装，脱硫设备安装，低压锅炉本体设备安装，低压锅炉附属及辅助设备安装。

2. 与其他计算规范的关系

（1）下列通用性机械应按《安装工程计算规范》附录 A 机械设备安装工程相应项目编码列项：

1）锅炉风机安装项目中，除了中压锅炉送、引风机以外的其他风机安装。

2）系统的泵类安装项目中，除了电动给水泵、循环水泵、凝结水泵、机械真空泵以外的其他泵的安装。

3）起重机械设备安装，包括汽机房桥式起重机等。

4）柴油发电机和压缩空气机安装。

（2）各系统的管道安装，除了由设备成套供应的管道和包括在设备安装工作内容中的润滑系统管道以外，应按《安装工程计算规范》附录H工业管道工程相应项目编码列项。

（3）热力系统设备的防腐和刷漆，除了已包括在设备安装工作内容中的非保温设备表面底漆修补以外，应按《安装工程计算规范》附录M刷油、防腐蚀、绝热工程相应项目编码列项。

（4）热力系统设备和系统管道的保温，除了锅炉炉墙砌筑以外，应按《安装工程计算规范》附录M刷油、防腐蚀、绝热工程相应项目编码列项。

（5）烟、风、煤管道制作，应按《安装工程计算规范》附录C静置设备与工艺金属结构制作安装工程相应项目编码列项。

（6）设备支架和应由设备制造厂配套供货的平台、护梯及围栏的制作不包括在安装项目中。需要加工、配制的，可按业主单位委托施工单位另行处理。

（7）锅炉本体设备组合平台的搭拆、炉墙砌筑脚手架搭拆、发电机静子起吊措施，应按《安装工程计算规范》附录N措施项目相应项目编码列项。

（8）由国家或地方检测部门进行的各类检测，应按《安装工程计算规范》附录N措施项目相应项目编码列项。

（二）热力设备安装工程工程量计算规范

热力设备安装工程适用于130t/h以下的锅炉和2.5万kW（25MW）以下的汽轮发电机组的设备安装工程及其配套的辅机、燃料、除灰和水处理设备安装工程。

中、低压锅炉的划分：蒸发量为35t/h的链条炉，蒸发量为75t/h及130t/h的煤粉炉和循环流化床锅炉为中压锅炉；蒸发量为20t/h及以下的燃煤、燃油（气）锅炉为低压锅炉。

以下工作内容包括在相应的安装项目中：

（1）汽轮机、凝汽器等大型设备的拖运、组合平台的搭、拆。

（2）除炉墙砌筑脚手架外的施工脚手架和一般安全设施。

（3）设备的单体试转和分系统调试试运配合。

（4）设备基础二次灌浆的配合。

1. 中压锅炉本体设备安装工程量计算

（1）分部工程的组成。该分部工程包括钢炉架、汽包、水冷系统、过热系统、省煤器、管式空气预热器、回转式空气预热器、旋风分离器（循环流化床锅炉）、本体管路系统、锅炉本体金属结构、锅炉本体平台扶梯、炉排及燃烧装置、除渣装置13个清单项目。

（2）清单工程量计算规则。

1）汽包、回转式空气预热器。以“台”计量，按设计图示数量计算。

2）炉排及燃烧装置。以“套”计量，按设计图示数量计算。

3）其余项目。以“t”计量，按制造厂的设备安装图示质量计算。

（3）工程量计算及清单列项的注意事项。项目特征中结构形式指链条炉、煤粉炉。

2. 中压锅炉分部试验及试运工程量计算

（1）分部工程的组成。该分部工程包括锅炉清洗及试验1个清单项目。

（2）清单工程量计算规则。以“台”计量，按整套锅炉计算。

（3）工程量计算及清单列项的注意事项。中压锅炉分部试验及试运包括锅炉清洗、锅炉水压试验、风压试验、锅炉的烘炉、碱煮炉以及蒸汽严密性试验和安全门调整。

3. 中压锅炉风机安装工程量计算

（1）分部工程的组成。该分部工程包括送、引风机1个清单项目。

（2）清单工程量计算规则。以“台”计量，按设计图示数量计算。

4. 中压锅炉除尘装置安装工程量计算

（1）分部工程的组成。该分部工程包括除尘器1个清单项目。

（2）清单工程量计算规则。以“台”计量，按设计图示数量计算。

5. 中压锅炉制粉系统安装工程量计算

（1）分部工程的组成。该分部工程包括磨煤机、给煤机、叶轮给粉机、螺旋输粉机4个清单项目。

（2）清单工程量计算规则。以“台”计量，按设计图示数量计算。

6. 中压锅炉烟、风、煤管道安装工程量计算

（1）分部工程的组成。该分部工程包括烟道、热风道、冷风道、制粉管道、送粉管道、原煤管道6个清单项目。

（2）清单工程量计算规则。以“t”计量，按设计图示质量计算。

7. 中压锅炉其他辅助设备安装工程量计算

（1）分部工程的组成。该分部工程包括扩容器、消音器、暖风器、测粉装置、煤粉分离器5个清单项目。

（2）清单工程量计算规则。

1）扩容器、消音器。以“台”计量，按设计图示数量计算。

2）暖风器、煤粉分离器。以“只”计量，按设计图示数量计算。

3）测粉装置。以“套”计量，按设计图示数量计算。

8. 中压锅炉炉墙砌筑工程量计算

（1）分部工程的组成。该分部工程包括敷管式及膜式水冷壁炉墙和框架式炉墙砌筑、循环流化床锅炉旋风分离器内衬砌筑、炉墙耐火砖砌筑3个清单项目。

（2）清单工程量计算规则。以“m^3”计量，按设计图示的设备表面尺寸以体积计算。

9. 汽轮发电机本体安装工程量计算

（1）分部工程的组成。该分部工程包括汽轮机，发电机、励磁机，汽轮发电机组空负荷试运3个清单项目。

（2）清单工程量计算规则。

1）汽轮机，发电机、励磁机。以“台”计量，按设计图示数量计算。

2）汽轮发电机组空负荷试运。以“台”计量，按设计系统计算。

（3）工程量计算及清单列项的注意事项。汽轮发电机组空负荷试运包括危急保安器试运、给水泵组试运、润滑油系统、真空系统试运、汽轮机汽封系统试运、调速系统试运、发电机水冷系统试运、低压缸喷水的试运、其他相关项目试运。

10. 汽轮发电机辅助设备安装工程量计算

（1）分部工程的组成。该分部工程包括凝汽器、加热器、抽气器、油箱和油系统设备4个清单项目。

（2）清单工程量计算规则。以“台”计量，按设计图示数量计算。

11. 汽轮发电机附属设备安装工程量计算

（1）分部工程的组成。该分部工程包括除氧器及水箱、电动给水泵、循环水泵、凝结水泵、机械真空泵、循环水泵房入口设备6个清单项目。

（2）清单工程量计算规则。以“台”计量，按设计图示数量计算。

（3）工程量计算及清单列项的注意事项。循环水泵房入口设备安装包括旋转滤网、钢闸门和清污机的安装。

12. 卸煤设备安装工程量计算

（1）分部工程的组成。该分部工程包括抓斗、斗链式卸煤机2个清单项目。

（2）清单工程量计算规则。以“台”计量，按设计图示数量计算。

13. 煤场机械设备安装工程量计算

（1）分部工程的组成。该分部工程包括斗轮堆取料机、门式滚轮堆取料机2个清单项目。

（2）清单工程量计算规则。以“台”计量，按设计图示数量计算。

14. 煤碎设备安装工程量计算

（1）分部工程的组成。该分部工程包括反击式碎煤机、锤击式破碎机、筛分设备3个清单项目。

（2）清单工程量计算规则。以“台”计量，按设计图示数量计算。

15. 上煤设备安装工程量计算

（1）分部工程的组成。该分部工程包括皮带机、配仓皮带机、输煤转运站落煤设备、皮带秤、机械采样装置及除木器、电动犁式卸料器、电动卸料车、电磁分离器8个清单项目。

（2）清单工程量计算规则。

1）皮带机、配仓皮带机。以“台”计量，按设计图示数量计算；或以“m”计量，按设计图示长度计算。

2）输煤转运站落煤设备。以“套”计量，按设计图示数量计算。

3）其余项目。以“台”计量，按设计图示数量计算。

16. 水力冲渣、冲灰设备安装工程量计算

（1）分部工程的组成。该分部工程包括捞渣机、碎渣机、渣仓、水力喷射器、箱式冲灰器、砾石过滤器、空气斜槽、灰渣沟插板门、电动灰斗闸板门、电动三通门、锁气器11个清单项目。

（2）清单工程量计算规则。

1）渣仓。以“t”计量，按设计图示设备质量计算。

2）灰渣沟插板门、电动灰斗闸板门、电动三通门。以“套”计量，按设计图示数量计算。

3）其余项目。以“台”计量，按设计图示数量计算。

17. 气力除灰设备安装工程量计算

（1）分部工程的组成。该分部工程包括负压风机、灰斗气化风机（包括气化板）、布袋收尘器、袋式排气过滤器、加热器、回转式给料机6个清单项目。

（2）清单工程量计算规则。以“台”计量，按设计图示数量计算。

18. 化学水预处理系统设备安装工程量计算

（1）分部工程的组成。该分部工程包括反渗透处理系统、凝聚澄清过滤系统2个清单项目。

（2）清单工程量计算规则。以“套”计量，按设计图示数量计算。

（3）工程量计算及清单列项的注意事项。凝聚澄清过滤系统设备安装包括澄清器、过滤器、混合器、水箱、水泵、溶液泵、计量箱和计量装置、加热器安装。

19. 锅炉补给水除盐系统设备安装工程量计算

（1）分部工程的组成。该分部工程包括机械过滤系统、除盐加混床设备、除二氧化碳和离子交换设备3个清单项目。

（2）清单工程量计算规则。以“套”计量，按设计图示数量计算。

（3）工程量计算及清单列项的注意事项。

1）机械过滤系统安装包括机械过滤器、水箱、水泵和鼓风机安装。

2）除盐加混床设备安装包括水箱、水泵、计量箱、计量装置和喷射器安装。

3）除二氧化碳和离子交换设备安装包括除二氧化碳器、混合器、阴阳离子交换器、再生罐和树脂贮存罐安装。

20. 凝结水处理系统设备安装工程量计算

（1）分部工程的组成。该分部工程包括凝结水处理设备1个清单项目。

（2）清单工程量计算规则。以“套”计量，按设计图示数量计算。

（3）工程量计算及清单列项的注意事项。凝结水处理设备包括离子交换器、再生器、过滤器、树脂贮存罐、树脂捕捉器、树脂喷射器、酸碱贮存罐、计量箱、喷射器和水泵的安装。

21. 循环水处理系统设备安装工程量计算

（1）分部工程的组成。该分部工程包括循环水处理及加药设备1个清单项目。

（2）清单工程量计算规则。以“套”计量，按设计图示数量计算。

（3）工程量计算及清单列项的注意事项。循环水处理及加药设备包括钠离子软化器、食盐溶解过滤器、加药设备、凝汽器铜管镀膜设备、空压机和起重设备安装。

22. 给水、炉水校正处理系统设备安装工程量计算

（1）分部工程的组成。该分部工程包括给水、炉水校正处理设备1个清单项目。

（2）清单工程量计算规则。以“套”计量，按设计图示数量计算。

（3）工程量计算及清单列项的注意事项。给水、炉水校正处理设备包括汽水取样设备、炉内水处理装置、药液的制备、计量设备和输送泵的安装。

23. 脱硫设备安装工程量计算

（1）分部工程的组成。该分部工程包括石粉仓、吸收塔、脱硫附属机械及辅助设备3个清单项目。

（2）清单工程量计算规则。

1）石粉仓、吸收塔。以“t”计量，按设计图示设备质量计算。

2）脱硫附属机械及辅助设备。以“套”计量，按设计图示数量计算。

（3）工程量计算及清单列项的注意事项。脱硫附属机械及辅助设备包括增压风机、烟气换热器（GGH）、真空皮带脱水机、旋流器和循环浆液泵的安装。

24. 低压锅炉本体设备安装工程量计算

（1）分部工程的组成。该分部工程包括成套整装锅炉、散装和组装锅炉 2 个清单项目。

（2）清单工程量计算规则。

1）成套整装锅炉。以“台”计量，按设计图示数量计算。

2）散装和组装锅炉。以“台”计量，按设计图示数量计算；或以“t”计量，按设计图示设备质量计算。

（3）工程量计算及清单列项的注意事项。

1）散装和组装锅炉，不包括设备的包装材料、加固件的重量。

2）项目特征中结构形式指成套锅炉（包括立式或快装锅炉），散装锅炉和组装锅炉。

3）按供货状态确定计量单位：组装锅炉按“台”计量，散装锅炉按“t”计量。

25. 低压锅炉附属及辅助设备安装工程量计算

（1）分部工程的组成。该分部工程包括除尘器、水处理设备、换热器、输煤设备（上煤机）、除渣机、齿轮式破碎机 6 个清单项目。

（2）清单工程量计算规则。

1）水处理设备。以“台”计量，按系统设计清单和设备制造厂供货范围计算。

2）其余项目。以“台”计量，按设计图示数量计算。

四、静置设备与工艺金属结构制作安装工程计量

（一）静置设备与工艺金属结构制作安装工程计算规范概述

1. 基本内容

《安装工程计算规范》附录 C 为静置设备与工艺金属结构制作安装工程，主要内容包括静置设备制作，静置设备安装，工业炉安装，金属油罐制作安装，球形罐组对安装，气柜制作安装，工艺金属结构制作安装，铝制、铸铁、非金属设备安装，撬块安装及无损检验。

2. 与其他计算规范的关系

（1）设备本体第一片法兰外的管线安装，应按《安装工程计算规范》附录 H 工业管道工程相关项目编码列项。

（2）电气系统，应按《安装工程计算规范》附录 D 电气设备安装工程相关项目编码列项。

（3）仪表系统，应按《安装工程计算规范》附录 F 自动化控制仪表安装工程相关项目编码列项。

（4）胎具制作、安装与拆除，应按《安装工程计算规范》附录 N 措施项目相关项目编码列项。

（二）静置设备与工艺金属结构制作安装工程工程量计算规范

静置设备的定义：

（1）静置设备是指不需动力带动，安装后处于静止状态的工艺设备。

（2）设备类型是指设备构造形式及其用途的划分。

（3）设备容积是指按设计图图示尺寸计量，不扣除内部构件所占体积。

（4）设备压力是指设计压力，以“MPa”表示。

（5）设备质量是指不同类型设备的金属质量。

（6）设备直径是指设计图标注的设备内径尺寸。

（7）设备安装高度是指以设计正负零为基准至设备底座安装标高的高度。

（8）设备到货状态是指设备运到施工现场的结构状态，分为整体、分段设备和分片设备。

（9）设备构造形式是指卧式设备安装和立式设备安装。

1. 静置设备制作工程量计算

（1）分部工程的组成。该分部工程包括容器制作、塔器制作、换热器制作 3 个清单项目。

（2）清单工程量计算规则。以“台”计量，按设计图示数量计算。

（3）工程量计算及清单列项的注意事项。

1）设置工程量清单项目时，项目名称要用该实体的本名称，项目特征应结合拟建工程的实际情况予以描述。

2）容器的金属质量是指容器本体、容器内部固定件、开孔件、加强板、裙座（支座）的金属质量。其质量按制造图示尺寸计算，不扣除容器孔洞面积。外构件和外协件的质量应从制造图的重量内扣除，按成品单价计入容器制作中。

3）塔器的金属质量是指塔器本体、塔器内部固定件、开孔件、加强板、裙座（支座）的金属质量。其质量按制造图示尺寸计算，不扣除容器孔洞面积。外构件和外协件的质量应从制造图的重量内扣除，按成品单价计入容器制作中。

4）换热器的金属质量是指换热器本体的金属质量。

5）附件是指设备的鞍座、支座、设备法兰、地脚螺栓制作等项目特征描述时，应结合拟建工程实际予以描述。

6）设备材质采用的复合板如需进行现场复合加工，应在项目特征中应予以描述。

2. 静置设备安装工程量计算

（1）分部工程的组成。该分部工程包括容器组装、整体容器安装、塔器组装、整体塔器安装、热交换器类设备安装、空气冷却器安装、反应器安装、催化裂化再生器安装、催化裂化沉降器安装、催化裂化旋风分离器安装、空气分馏塔安装、电解槽安装、电除雾器安装、电除尘器安装 14 个清单项目。

（2）清单工程量计算规则。

1）电除雾器安装。以“套”计量，按设计图示数量计算。

2）其余设备安装。以“台”计量，按设计图示数量计算。

（3）工程量计算及清单列项的注意事项。

1）在设置工程量清单项目时，项目名称应用该实体的本名称，项目特征应结合拟建工程的实际情况详细描述。

2）容器组装的金属质量是指容器本体、容器内部固定件、开孔件、加强板、裙座（支座）的金属质量，其质量按设计图示尺寸计算，不扣除容器孔洞面积；容器整体安装质量是指容器本体，配件、内部构件、吊耳、绝缘、内衬以及随容器一次吊装的管线、梯子、平台、栏杆、扶手和吊装加固件的全部质量。

3）塔器组装的金属质量是指设备本体、裙座、内部固定件、开孔件、加强板等的全部质量，但不包括填充和内部可拆件以及外部平台、梯子、栏杆、扶手的质量，其质量按设计图示尺寸计算，不扣除孔洞面积；塔器整体安装质量是指塔器本体、裙座、内部固定件、开孔件、吊耳、绝缘内衬以及随塔器一次吊装就位的附塔管线、平台、梯子、栏杆、扶手和吊装加固件的全部质量。

4）到货状态是指以分段或分片的结构状态运到施工现场。容器或塔器组装不包括组装成整体后的就位吊装，该部分的工作内容应另编码列项。

3. 工业炉安装工程量计算

（1）分部工程的组成。该分部工程包括燃烧炉、灼烧炉，裂解炉制作安装，转化炉制作安装，化肥装置加热炉制作安装，芳烃装置加热炉制作安装，炼油厂加热炉制作安装，废热锅炉安装 7 个清单项目。

（2）清单工程量计算规则。以“台”计量，按设计图示数量计算。

（3）工程量计算及清单列项的注意事项。废热锅炉的结构是指快装、半快装、散装，燃烧床形式是指单床、双床，单汽包、双汽包，工程量清单描述时应结合拟建工程实际予以描述。

4. 金属油罐制作安装工程量计算

（1）分部工程的组成。该分部工程包括拱顶罐制作安装、浮顶罐制作安装、低温双壁金属罐制作安装、大型金属油罐制作安装、加热器制作安装 5 个清单项目。

（2）清单工程量计算规则。

1）拱顶罐制作安装、浮顶罐制作安装、低温双壁金属罐制作安装。以“台”计量，按设计图示数量计算。

2）大型金属油罐制作安装。以“座”计量，按设计图示数量计算。

3）加热器制作安装。以“m”计量，盘管式加热器按设计图示尺寸以长度计算；排管式加热器按配管长度范围计算。

（3）工程量计算及清单列项的注意事项。

1）盘管式加热器安装不扣除管件所占长度。

2）拱顶罐构造形式指壁板连接搭接式、对接式；本体质量包括罐底板、罐壁板、罐顶板（含中心板）、角钢圈、加强圈以及搭接、垫板、加强板的金属质量，不包括配件、附件的质量。罐底板、罐壁板、罐顶板质量按设计图所示尺寸以展开面积计算，不扣除罐体上孔洞所占面积。

3）浮顶罐构造形式指双盘式、单盘式、内浮顶式；本体金属质量包括罐底板、罐壁板、罐顶板、角钢圈、加强圈以及搭接、垫板、加强板的全部质量，但不包括配件、附件质量。罐底板、罐壁板、罐顶板质量按设计图所示尺寸以展开面积计算，不扣除罐体上孔洞所占面积。

4）低温双壁罐本体金属质量包括内外罐底板、罐壁板、罐顶板、角钢圈、加强圈以及搭接、垫板、加强板的全部质量，但不包括配件、附件质量。内外罐底板、罐壁板、罐顶板质量按设计图所示尺寸以展开面积计算，不扣除罐体上孔洞所占面积。

5）大型金属油罐本体质量按油罐构造特点分部位及部件，以几何尺寸展开面积计算，不扣除孔洞所占面积，并增加各部位搭接和对接垫板的金属质量。不同的板幅应按规定调整其金属质量。

6）大型金属油罐附件包括积水坑、排水管、接管与配件、加热盘管、浮顶加热器、人孔制作安装等，工程量清单描述时，应结合拟建工程实际予以描述。

5. 球形罐组对安装工程量计算

（1）分部工程的组成。该分部工程包括球形罐组对安装1个清单项目。

（2）清单工程量计算规则。以“台”计量，按设计图示数量计算。

（3）工程量计算及清单列项的注意事项。

1）球形罐组装的质量包括球壳板、支柱、拉杆、短管、加强板的全部质量，不扣除人孔、接管孔洞面积所占质量。

2）如需进行焊接工艺评定，在专业措施项目中列项。

3）胎具制作、安装与拆除，在专业措施项目中列项。

6. 气柜制作安装工程量计算

（1）分部工程的组成。该分部工程包括气柜制作安装1个清单项目。

（2）清单工程量计算规则。以“座”计量，按设计图示数量计算。

（3）工程量计算及清单列项的注意事项。

1）构造形式指螺旋式、直升式。

2）气柜金属质量包括气柜本体、附件的全部质量，但不包括梯子、平台、栏杆、配重块的质量。其质量按设计图示尺寸以展开面积计算，不扣除孔洞和切角面积所占质量。

7. 工艺金属结构制作安装工程量计算

（1）分部工程的组成。该分部工程包括联合平台制作安装，平台制作安装，梯子、栏杆、扶手制作安装，桁架、管廊、设备框架、单梁结构制作安装，设备支架制作安装，漏斗、料仓制作安装，烟囱、烟道制作安装，火炬及排气筒制作安装8个清单项目。

（2）清单工程量计算规则。

1）火炬及排气筒制作安装。以“座”计量，按设计图示数量计算。

2）其余制作安装。以“t”计量，按设计图示尺寸以质量计算。

（3）工程量计算及清单列项的注意事项。

1）联合平台是指两台以上设备的平台互相连接组成的，便于检修、操作使用的平台。联合平台质量计算：包括平台上梯子、栏杆、扶手重量，不扣除孔眼和切角所占质量，多角形连接筋板质量以图示最长边和最宽边尺寸，按矩形面积计算。

2）平台、桁架、管廊、设备框架、单梁结构质量计算：不扣除孔眼和切角所占质量，多角形连接筋板质量以图示最长边和最宽边尺寸，按矩形面积计算。

3）漏斗、料仓质量计算：不扣除孔眼和切角所占质量。

4）烟囱、烟道质量计算：不扣除孔洞和切角所占质量，烟囱、烟道的金属质量包括筒体、弯头、异径过渡段、加强圈、人孔、清扫孔、检查孔等全部质量。

5）火炬、排气筒筒体质量计算：按设计图示尺寸计算，不扣除孔洞所占面积及配件的质量。

8. 铝制、铸铁、非金属设备安装工程量计算

（1）分部工程的组成。该分部工程包括容器安装、塔器安装、热交换器安装3个清单项目。

（2）清单工程量计算规则。以“台”计量，按设计图示数量计算。

（3）工程量计算及清单列项的注意事项。

1）容器的安装质量包括本体、附件、绝热、内衬及随设备吊装的管道、支架、临时加固措施、索具及平衡梁的质量，但不包括安装后所安装的内件和填充物的质量。

2）塔器的安装质量按设计图示计算，包括内件及附件的质量多节铸铁塔的安装质量，包括塔本体、底座、冷却箱体、冷却水管、钛板换热器笠帽、塔盖等图示标注（供货）的全部质量。

3）热交换器的安装质量按设计图纸的质量计算，包括内件及附件的质量。

9. 撬块安装工程量计算

（1）分部工程的组成。该分部工程包括撬块安装 1 个清单项目。

（2）清单工程量计算规则。以“套”计量，按设计图示数量计算。

（3）工程量计算及清单列项的注意事项。撬块质量包括撬块本体钢结构及其连接器的质量，以及撬块上已安装的设备、工艺管道、阀门、管件、螺栓、垫片、电气、仪表部件和梯子、平台等金属结构的全部质量。

10. 无损检验工程量计算

（1）分部工程的组成。该分部工程包括 X 射线探伤、γ 射线探伤、超声波探伤、磁粉探伤、渗透探伤、整体热处理 6 个清单项目。

（2）清单工程量计算规则。

1）X 射线探伤、γ 射线探伤。以“张”计量，按规范或设计要求计算。

2）超声波探伤。以“m”计量，金属板材对接焊缝、周边超声波探伤按长度计算；或以“m^2”计量，板面超声波探伤检测按面积计算。

3）磁粉探伤。以“m”计量，金属板材周边磁粉探伤按长度计算；或以“m^2”计量，板面磁粉探伤按面积计算。

4）渗透探伤。以“m”计量，按设计图示数量以长度计算。

5）整体热处理。以“台”计量，按设计图示数量计算。

（3）工程量计算及清单列项的注意事项。拍片张数按设计规定计算的探伤焊缝总长度除以胶片的有效长度。设计无规定的，胶片有效长度按 250mm 计算。

五、电气设备安装工程计量

（一）电气设备安装工程计算规范概述

1. 基本内容

《安装工程计算规范》附录 D 为电气设备安装工程，主要内容包括变压器安装，配电装置安装，母线安装，控制设备及低压电器安装，蓄电池安装，电机检查接线及调试，滑触线装置安装，电缆安装，防雷及接地装置，10kV 以下架空配电线路，配管、配线，照明灯具安装，附属工程，电气调整试验。

2. 与其他计算规范的关系

电气设备安装工程适用于 10kV 以下变配电设备及线路的安装工程、车间动力电气设备及电气照明、防雷及接地装置安装、配管配线、电气调试等。

（1）与房屋建筑与装饰工程的界限。挖土、填土工程，应按现行国家标准《房屋建筑与装饰工程工程量计算规范》GB 50854-2013 相关项目编码列项。

（2）与市政工程的界限。厂区、住宅小区的道路路灯安装工程、庭院艺术喷泉等电气设备安装工程按“电气设备安装工程”相应项目执行；涉及市政道路、市政庭院等电气安装工程的项目，按现行国家标准《市政工程工程量计算规范》GB 50857-2013 中“路灯工程”的相应项目执行。

开挖路面，应按《市政工程工程量计算规范》GB 50857 相关项目编码列项。

涉及管沟、坑及井类的土方开挖、垫层、基础、砌筑、抹灰、地沟盖板预制安装、回填、运输、路面开挖及修复、管道支墩的项目，按现行国家标准《房屋建筑与装饰工程工程量计算规范》GB 50854 和《市政工程工程量计算规范》GB 50857 的相应项目执行。

（3）与通用安装工程其他附录的界限。

1）过梁、墙、楼板的钢（塑料）套管，应按《安装工程计算规范》附录 K 给排水、采暖、燃气工程相关项目编码列项。

2）除锈、刷漆（补刷漆除外）、保护层安装，应按《安装工程计算规范》附录 M 刷油、防腐蚀、绝热工程相关项目编码列项。

3）由国家或地方检测验收部门进行的检测验收应按《安装工程计算规范》附录 N 措施项目编码列项。

（二）电气设备安装工程工程量计算规范

1. 变压器安装工程量计算

（1）分部工程的组成。该分部工程包括油浸电力变压器、干式变压器、整流变压器、自耦变压器、有载调压变压器、电炉变压器、消弧线圈 7 个清单项目。

（2）清单工程量计算规则。变压器安装工程各分项工程均以“台”计量，按设计图示数量计算。

（3）工程量计算及清单列项的注意事项。变压器油如需试验、化验、色谱分析应按《安装工程计算规范》附录 N 措施项目相关项目编码列项。

【例 2-4】某配电安装工程，一台干式变压器落地安装，型号为 SC9-100/10/0.4；容量为 100kV · A；电压为 10/0.4kV；配套温控箱的型号、规格为 SWP-C80-T220（380）。试编制其工程量清单。

解：该变压器工程量清单列项示例见表 2.3.3。

表 2.3.3 变压器工程量清单列项示例

序号	项目编码	项目名称	项目特征	计量单位	工程量	金额（元）		
						综合单价	合价	其中 暂估价
1	030401002001	干式变压器	1. 名称：干式变压器； 2. 型号：SC9-100/10/0.4； 3. 容量：100kV · A； 4. 电压：10/0.4kV； 5. 温控箱型号、规格：SWP-C80-T220（380）	台	1			

2. 配电装置安装工程量计算

（1）分部工程的组成。该分部工程包括油断路器、真空断路器、SF_6断路器、空气断路器、真空接触器、隔离开关、负荷开关、互感器、高压熔断器、避雷器、干式电抗器、油浸电抗器、移相及串联电容器、集合式并联电容器、并联补偿电容器组架、交流滤波装置组架、高压成套配电柜、组合型成套箱型变电站18个清单项目。

（2）清单工程量计算规则。

1）油断路器、真空断路器、SF_6断路器、空气断路器、真空接触器、互感器、油浸电抗器、并联补偿电容器组架、交流滤波装置组架、高压成套配电柜、组合型成套箱型变电站。均以"台"计量，按设计图示数量计算。

2）隔离开关、负荷开关、高压熔断器、避雷器、干式电抗器。均以"组"计量，按设计图示数量计算。

3）移相及串联电容器、集合式并联电容器。均以"个"计量，按设计图示数量计算。

（3）工程量计算及清单列项的注意事项。

1）空气断路器的储气罐及储气罐至断路器的管路应按《安装工程计算规范》附录H工业管道工程相关项目编码列项。

2）干式电抗器项目适用于混凝土电抗器、铁芯干式电抗器、空心干式电抗器。

3）设备安装未包括地脚螺栓、浇注（二次灌浆、抹面），如需安装应按《房屋建筑与装饰工程工程量计算规范》GB 50854相关项目编码列项。

3. 母线安装工程量计算

（1）分部工程的组成。该分部工程包括软母线，组合软母线，带形母线，槽形母线，共箱母线，低压封闭式插接母线槽，始端箱、分线箱，重型母线8个清单项目。

（2）清单工程量计算规则。

1）软母线、组合软母线、带形母线、槽形母线。以"m"计量，按设计图示尺寸以单相长度计算（含预留长度）。软母线安装预留长度见表2.3.4，硬母线配置安装预留长度见表2.3.5。

表 2.3.4 软母线安装预留长度（m/根）

项目	耐张	跳线	引下线、设备连接线
预留长度	2.5	0.8	0.6

表 2.3.5 硬母线配置安装预留长度（m/根）

序号	项 目	预留长度	说 明
1	带形、槽形母线终端	0.3	从最后一个支持点算起
2	带形、槽形母线与分支线连接	0.5	分支线预留
3	带形母线与设备连接	0.5	从设备端子接口算起
4	多片重型母线与设备连接	1.0	从设备端子接口算起
5	槽形母线与设备连接	0.5	从设备端子接口算起

2）共箱母线，低压封闭式插接母线槽。以“m”计量，按设计图示尺寸以中心线长度计算。

3）始端箱、分线箱。以“台”计量，按设计图示数量计算。

4）重型母线。以“t”计量，按设计图示尺寸以质量计算。

4. 控制设备及低压电器安装工程量计算

（1）分部工程的组成。该分部工程包括控制屏，继电、信号屏，模拟屏，低压开关柜（屏），弱电控制返回屏，箱式配电室，硅整流柜，可控硅柜，低压电容器柜，自动调节励磁屏，励磁灭磁屏，蓄电池屏（柜），直流馈电屏，事故照明切换屏，控制台，控制箱，配电箱，插座箱，控制开关，低压熔断器，限位开关，控制器，接触器，磁力启动器，Y- △自耦减压启动器，电磁铁（电磁制动器），快速自动开关，电阻器，油浸频敏变阻器，分流器，小电器，端子箱，风扇，照明开关，插座，其他电器 36 个清单项目。

（2）清单工程量计算规则。

1）控制屏，继电、信号屏，模拟屏，低压开关柜（屏），弱电控制返回屏，硅整流柜，可控硅柜，低压电容器柜，自动调节励磁屏，励磁灭磁屏，蓄电池屏（柜），直流馈电屏，事故照明切换屏，控制台，控制箱，配电箱，插座箱，控制器，接触器，磁力启动器，Y- △自耦减压启动器，电磁铁（电磁制动器），快速自动开关，油浸频敏变阻器，端子箱，风扇。以“台”计量，按设计图示数量计算。

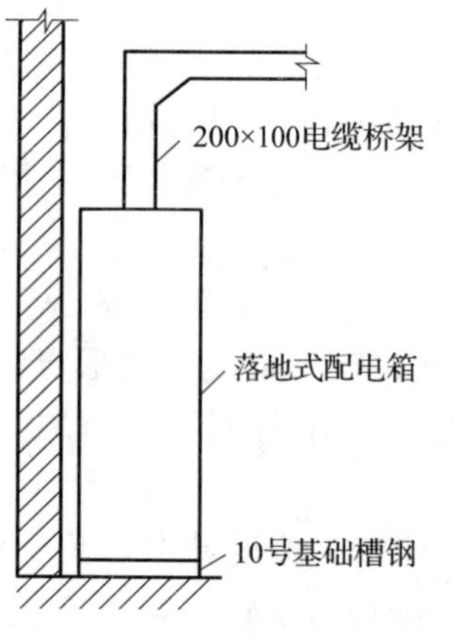

图 2.3.2 配电箱安装示意图

【例 2–5】某动力配电箱 XL–10–3/35 型 1 600mm × 630mm × 235mm（高 × 宽 × 厚）落地安装在 10 号基础槽钢（基础标高 +0.10m）上，图 2.3.2 所示。10 号槽钢质量为 10kg/m。配电箱进出线均为电缆。配电箱为成套供应。试编制该动力配电箱工程量清单。

解：该动力配电箱工程量清单列项示例见表 2.3.6。

表 2.3.6 配电箱工程量清单列项示例

序号	项目编码	项目名称	项 目 特 征	计量单位	工程量	金额（元）		
						综合单价	合价	其中 暂估价
1	030404017001	配电箱	1. 名称：动力配电箱； 2. 型号：XL–10–3/35 型； 3. 规格：1 600mm × 630mm × 235mm（高 × 宽 × 厚）； 4. 基础形式、材质、规格：10 号基础槽钢； 5. 安装方式：落地式	台	1			

2）箱式配电室。以“套”计量，按设计图示数量计算。

3）控制开关、低压熔断器、限位开关、分流器、照明开关、插座。以“个”计量，按设计图示数量计算。

控制开关包括自动空气开关、刀型开关、铁壳开关、胶盖刀闸开关、组合控制开关、万能转换开关、风机盘管三速开关、漏电保护开关等。

4）电阻器。以“箱”计量，按设计图示数量计算。

5）小电器、其他电器。以“个”或“套”“台”计量，按设计图示数量计算。

小电器包括按钮、电笛、电铃、水位电气信号装置、测量表计、继电器、电磁锁、屏上辅助设备、辅助电压互感器、小型安全变压器等。其他电器安装指控制设备及低压电器安装工程中未列的电器项目。其他电器必须根据电器实际名称确定项目名称，明确描述工作内容、项目特征、计量单位、计算规则。

（3）工程量计算及清单列项的注意事项。盘、箱、柜的外部进出电线预留长度见表 2.3.7。

表 2.3.7 盘、箱、柜的外部进出电线预留长度（m/ 根）

序号	项　　目	预留长度	说　　明
1	各种箱、柜、盘、板、盒	高 + 宽	盘面尺寸
2	单独安装的铁壳开关、自动开关、刀开关、启动器、箱式电阻器、变阻器	0.5	从安装对象中心算起
3	继电器、控制开关、信号灯、按钮、熔断器等小电器	0.3	从安装对象中心算起
4	分支接头	0.2	分支线预留

5. 蓄电池安装工程量计算

（1）分部工程的组成。该分部工程包括蓄电池、太阳能电池 2 个清单项目。

（2）清单工程量计算规则。

1）蓄电池。以“个”或“组件”计量，按设计图示数量计算。

2）太阳能电池。以“组”计量，按设计图示数量计算。

6. 电机检查接线及调试工程量计算

（1）分部工程的组成。该分部工程包括发电机，调相机，普通小型直流电动机，可控硅调速直流电动机，普通交流同步电动机，低压交流异步电动机，高压交流异步电动机，交流变频调速电动机，微型电机、电加热器，电动机组，备用励磁机组，励磁电阻器 12 个清单项目。

（2）清单工程量计算规则。

1）发电机，调相机，普通小型直流电动机，可控硅调速直流电动机，普通交流同步电动机，低压交流异步电动机，高压交流异步电动机，交流变频调速电动机，微型电机、电加热器，励磁电阻器。以“台”计量，按设计图示数量计算。

可控硅调速直流电动机类型指一般可控硅调速直流电动机、全数字式控制可控硅调速直流电动机。交流变频调速电动机类型指交流同步变频电动机、交流异步变频电动机。

2）电动机组、备用励磁机组。以“组”计量，按设计图示数量计算。

电动机按其质量划分为大、中、小型。3t 以下为小型，3~30t 为中型，30t 以上为大型。

7. 滑触线装置安装工程量计算

（1）分部工程的组成。该分部工程包括滑触线 1 个清单项目。

（2）清单工程量计算规则。滑触线。以“m”计量，按设计图示尺寸以单相长度（含预留长度）计算。

滑触线安装预留长度见表 2.3.8。

表 2.3.8 滑触线安装预留长度（m/ 根）

序号	项目	预留长度	说明
1	圆钢、铜母线与设备连接	0.2	从设备接线端子接口算起
2	圆钢、铜滑触线终端	0.5	从最后一个固定点算起
3	角钢滑触线终端	1.0	从最后一个支持点算起
4	扁钢滑触线终端	1.3	从最后一个固定点算起
5	扁钢母线分支	0.5	分支线预留
6	扁钢母线与设备连接	0.5	从设备接线端子接口算起
7	轻轨滑触线终端	0.8	从最后一个支持点算起
8	安全节能及其他滑触线终端	0.5	从最后一个固定点算起

（3）工程量计算及清单列项的注意事项。支架基础铁件及螺栓是否浇注需说明。

8. 电缆安装工程量计算

（1）分部工程的组成。该分部工程包括电力电缆，控制电缆，电缆保护管，电缆槽盒，铺砂、盖保护板（砖），电力电缆头，控制电缆头，防火堵洞，防火隔板，防火涂料，电缆分支箱 11 个清单项目。

（2）清单工程量计算规则。

1）电力电缆，控制电缆。以“m”计量，按设计图示尺寸以长度计算（含预留长度及附加长度）。电缆敷设预留长度及附加长度见表 2.3.9。

表 2.3.9 电缆敷设预留长度及附加长度

序号	项目	预留（附加）长度	说明
1	电缆敷设弛度、波形弯度、交叉	2.5%	按电缆全长计算
2	电缆进入建筑物	2.0m	规范规定最小值
3	电缆进入沟内或吊架时引上（下）预留	1.5m	规范规定最小值
4	变电所进线、出线	1.5m	规范规定最小值
5	电力电缆终端头	1.5m	检修余量最小值
6	电缆中间接头盒	两端各留 2.0m	检修余量最小值

续表 2.3.9

序号	项　　目	预留（附加）长度	说　　明
7	电缆进控制、保护屏及模拟盘、配电箱等	高＋宽	按盘面尺寸
8	高压开关柜及低压配电盘、箱	2.0m	盘下进出线
9	电缆至电动机	0.5m	从电动机接线盒算起
10	厂用变压器	3.0m	从地坪算起
11	电缆绕过梁柱等增加长度	按实计算	按被绕物的断面情况计算增加长度
12	电梯电缆与电缆架固定点	每处 0.5m	规范规定最小值

【例 2–6】氮气站动力电气安装平面图如图 2.3.3 所示。已知 AP1 为动力配电箱、AP2 为控制箱，落地式安装在 10 号基础槽钢（基础标高 +0.1m）上，尺寸为 900×2 000×600（宽 × 高 × 厚），如图 2–23 所示。AP1 至 AP2 电缆沿桥架敷设，其余电缆均穿钢管敷设。埋地钢管标高为 –0.2m，埋地钢管至配电箱出口处高出地坪 +0.1m。4 台设备基础标高均为 +0.3m，至设备电机处的配管管口高出基础面 0.2m，均连接 1 根长 0.8m 同管径的金属软管。电缆桥架（200×100）的水平长度为 22m。

试计算电缆的工程量。配管水平长度见图 2.3.3 括号内数字，单位为 m。

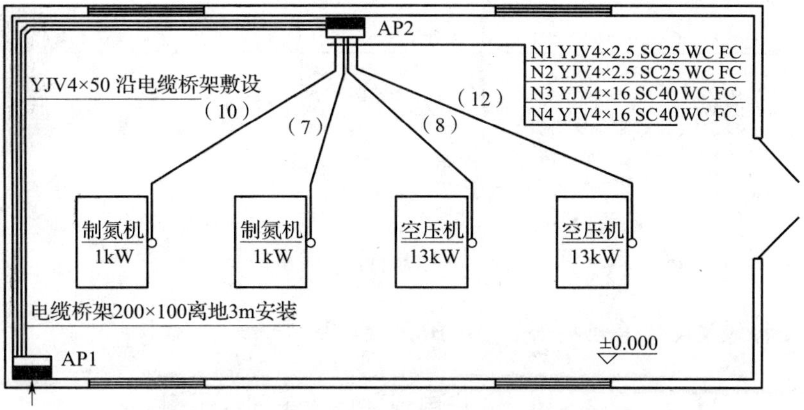

图 2.3.3　氮气站动力电气安装平面图

解：（1）电缆 YJV4×50 工程量计算：

图算量：（3–0.1–2）+22+（3–0.1–2）=23.8（m）

考虑预留及附加长度的电缆工程量：［23.8+（0.9+2+1.5）×2］×1.025=33.42（m）

（2）电缆 YJV4×2.5 工程量计算：

图算量：10+7+（0.1+0.2）×2+（0.2+0.3+0.2）×2+0.8（金属软管）×2=20.6（m）

考虑预留及附加长度的电缆工程量：［20.6+（2+0.9+1.5）×2+（1.5+0.5）×2］×1.025=34.24（m）

（3）电缆 YJV4×16 工程量计算：

图算量：8+12+（0.1+0.2）×2+（0.2+0.3+0.2）×2+0.8（金属软管）×2=23.6（m）

考虑预留及附加长度的电缆工程量：［23.6+（2+0.9+1.5）×2+（1.5+0.5）×2］×1.025=37.31（m）

2）电缆保护管，电缆槽盒，铺砂、盖保护板（砖）。以“m”计量，按设计图示尺寸以长度计算。电缆敷设方式有直埋、电缆沟、穿管、支架、桥架等。

【例 2-7】试对例 2-6 中电缆敷设方式相关的工程量进行计算。

解：（1）电缆 YJV4×50 沿桥架敷设，桥架：（3-0.1-2）+22+（3-0.1-2）=23.8（m）

（2）电缆 YJV4×2.5 穿管敷设，钢管 *DN*25：10+7+（0.2+0.1）×2+（0.2+0.3+0.2）×2=19（m）

（3）电缆 YJV4×16 穿管敷设，钢管 *DN*40：8+12+（0.2+0.1）×2+（0.2+0.3+0.2）×2=22（m）

（4）金属软管 *DN*25：0.8+0.8=1.6（m）

（5）金属软管 *DN*40：0.8+0.8=1.6（m）

【例 2-8】AP 总配电箱系统图如图 2.3.4 所示。试对入户埋地穿管电缆敷设进行清单列项。

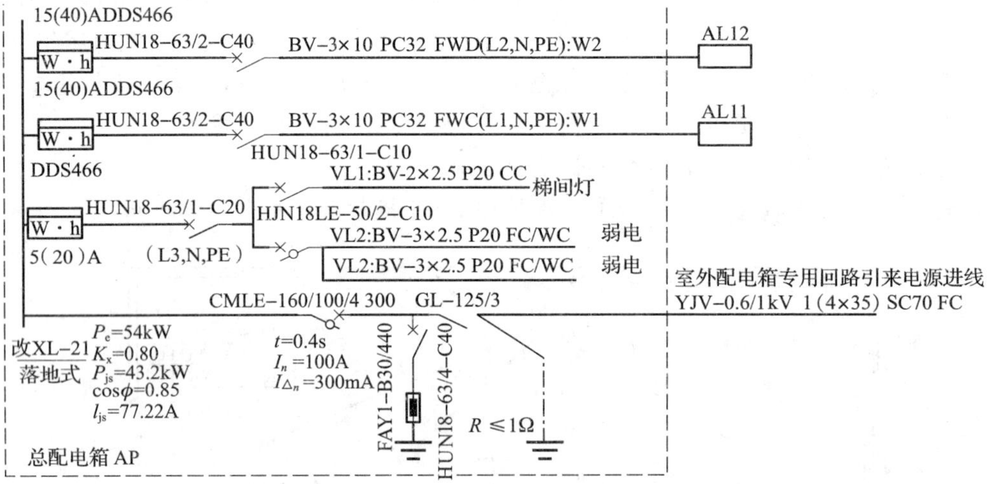

图 2.3.4 AP 总配电箱系统图

解：入户电缆敷设清单列项如表 2.3.10 所示。

表 2.3.10 入户电缆敷设清单列项示例

序号	项目编码	项目名称	项目特征	计量单位	工程量	金额（元）		
						综合单价	合价	其中 暂估价
1	010101007001	管沟土方	1. 土壤类别：综合； 2. 管外径：70； 3. 挖沟深度：1.2m； 4. 回填要求：夯填	m	15			
2	030411001001	配管	1. 名称：钢管； 2. 材质：碳钢； 3. 规格：*DN*70； 4. 配置形式：埋地敷设	m	15			

续表 2.3.10

序号	项目编码	项目名称	项目特征	计量单位	工程量	金额（元）		
						综合单价	合价	其中 暂估价
3	030408001001	电力电缆	1. 名称：铜芯电缆； 2. 型号：YJV； 3. 规格：4×35； 4. 敷设方式、部位：穿管（管内）	m	24.09			

3）电力电缆头，控制电缆头。以“个”计量，按设计图示数量计算。

【例 2–9】对例 2–6 中的电缆头进行工程量计算。

解：3 种不同规格的电缆头分别列项。电缆头安装工程量清单列项如表 2.3.11 所示。

表 2.3.11　电缆头安装工程量清单列项示例

序号	项目编码	项目名称	项目特征	计量单位	工程量	金额（元）		
						综合单价	合价	其中 暂估价
1	030408006001	电力电缆头	1. 名称：终端头； 2. 型号：YJV； 3. 规格：4×50； 4. 材质、类型：热缩式户内终端头	个	2.000			
2	030408006002	电力电缆头	1. 名称：终端头； 2. 型号：YJV； 3. 规格：4×2.5； 4. 材质、类型：热缩式户内终端头	个	4.000			
3	030408006003	电力电缆头	1. 名称：终端头； 2. 型号：YJV； 3. 规格：4×16； 4. 材质、类型：热缩式户内终端头	个	4.000			

4）防火堵洞。以“处”计量，按设计图示数量计算。

5）防火隔板。以“m^2”计量，按设计图示尺寸以面积计算。

6）防火涂料。以“kg”计量，按设计图示尺寸以质量计算。

7）电缆分支箱。以“台”计量，按设计图示数量计算。

（3）工程量计算及清单列项的注意事项。

1）电缆穿刺线夹按电缆中间头编码列项。

2）电缆井、电缆排管、顶管，应按现行国家标准《市政工程工程量计算规范》GB 50857 相关项目编码列项。

9. 防雷及接地装置工程量计算

（1）分部工程的组成。该分部工程包括接地极，接地母线，避雷引下线，均压环，避雷网，避雷针，半导体少长针消雷装置，等电位端子箱、测试板，绝缘垫，浪涌保护器，降阻剂 11 个清单项目。

（2）清单工程量计算规则。

1）接地极。以“根”或“块”计量，按设计图示数量计算。

2）接地母线，避雷引下线，均压环，避雷网。以“m”计量，按设计图示尺寸以长度计算（含附加长度）。接地母线、引下线、避雷网附加长度见表 2.3.12。

表 2.3.12　接地母线、引下线、避雷网附加长度（m）

项　　目	附加长度	说　　明
接地母线、引下线、避雷网附加长度	3.9%	按接地母线、引下线、避雷网全长计算

3）避雷针。以“根”计量，按设计图示数量计算。

4）半导体少长针消雷装置。以“套”计量，按设计图示数量计算。

5）等电位端子箱、测试板。以“台”或“块”计量，按设计图示数量计算。

6）绝缘垫。以“m^2”计量，按设计图示尺寸以展开面积计算。

7）浪涌保护器。以“个”计量，按设计图示数量计算。

8）降阻剂。以“kg”计量，按设计图示以质量计算。

（3）工程量计算及清单列项的注意事项。

1）利用桩基础作接地极，应描述桩台下桩的根数，每桩几根柱筋需焊接。其工程量计入柱引下线的工程量。利用基础钢筋作接地极按均压环项目编码列项。

2）利用柱筋作引下线的，需描述柱筋焊接根数。

3）利用圈梁筋作均压环的，需描述圈梁筋焊接根数。

4）使用电缆、电线作接地线，应按《安装工程计算规范》附录 D.8、D.11 相关项目编码列项。

10. 10kV 以下架空配电线路工程量计算

（1）分部工程的组成。该分部工程包括电杆组立、横担组装、导线架设、杆上设备 4 个清单项目。

（2）清单工程量计算规则。

1）电杆组立。以“根”或“基”计量，按设计图示数量计算。

2）横担组装。以“组”计量，按设计图示数量计算。

3）导线架设。以“km”计量，按设计图示尺寸以单线长度计算（含预留长度）。

架空导线预留长度见表 2.3.13。

4）杆上设备。以“台”或“组”计量，按设计图示数量计算。

（3）工程量计算及清单列项的注意事项。杆上设备调试，应按《安装工程计算规范》附录 D.14 相关项目编码列项。

表 2.3.13　架空导线预留长度（m/ 根）

项　　目		预 留 长 度
高压	转角	2.5
	分支、终端	2.0
低压	分支、终端	0.5
	交叉跳线转角	1.5
与设备连线		0.5
进户线		2.5

11. 配管、配线工程量计算

（1）分部工程的组成。该分部工程包括配管、线槽、桥架、配线、接线箱、接线盒 6 个清单项目。

（2）清单工程量计算规则。

1）配管、线槽、桥架。以“m”计量，按设计图示尺寸以长度计算。配管、线槽安装不扣除管路中间的接线箱（盒）、灯头盒、开关盒所占长度。

【例 2–10】某控制室照明系统平面图如图 2.3.5 所示，电气图例见表 2.3.14。

（1）照明配电箱 AL 由本层总配电箱引来，配电箱为嵌入式安装。

（2）管路均为镀锌钢管 *DN*25 沿墙、楼板暗配，顶管敷设标高 4.50m，管内穿绝缘导线 ZRBV2.5mm^2。

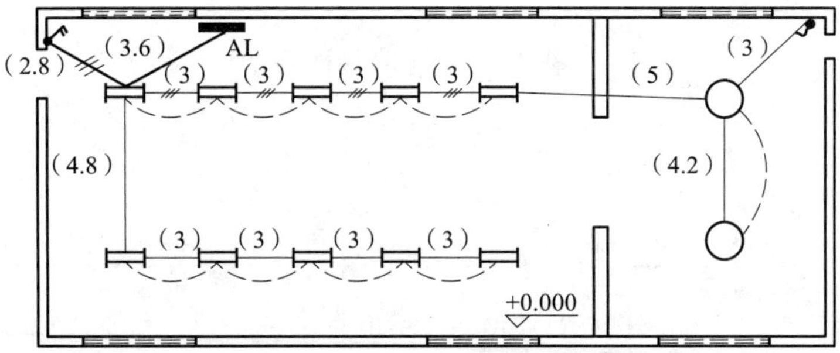

图 2.3.5　某控制室照明系统平面图

表 2.3.14　图例

序号	图　　例	名称、型号、规格	备　　注
1	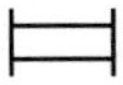	双管荧光灯，YG2–2，2 × 40W	吸顶
2	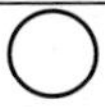	圆球吸顶灯 FZS–164，1 × 100W	
3		单联单控暗开关，10A、250V	安装高度 1.4m
4		双联单控暗开关，10A、250V	
5		照明配电箱 AL　400mm × 200mm × 120mm（宽 × 高 × 厚）	箱底高度 1.6m

（3）配管水平长度见括号内数字，单位为 m。

试计算配管工程量。

解：镀锌钢管 *DN*25：

（4.5−1.6−0.2）+3.6+4.8+3×4+5+3+4.2+（4.5−1.4）=38.4（m）（内穿 2 根导线）

2.8+3×4 +（4.5−1.4）=17.9（m）（内穿 3 根导线）

配管镀锌钢管 *DN*25 工程量：38.4+17.9=56.3（m）

【例 2−11】某建筑物一层办公室插座平面图见图 2.3.6，系统图见图 2.3.7。已知建筑物层高 3.3m，配电箱 AL1 宽 300mm，高 200mm，距地 1.5m 嵌入墙内安装；插座安装距地 0.3m。电气配管均采用刚性阻燃管，埋地塑料管标高为 −0.1m，接线盒采用 86H 型 PVC 线盒；导线进出配电箱采用无端子接线方式。

计算：办公室 N3 插座回路配管工程量。

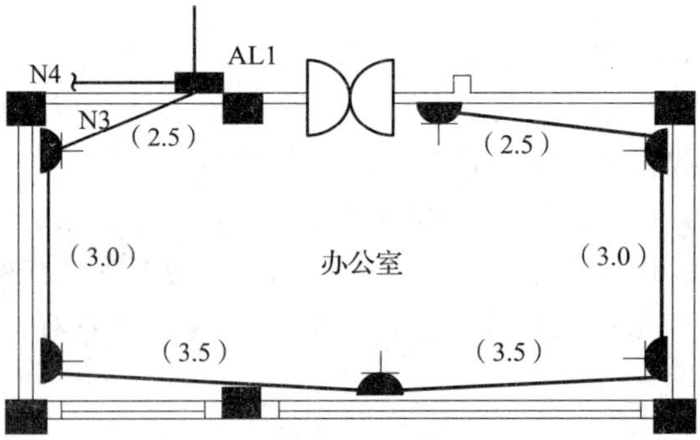

图 2.3.6　插座平面图

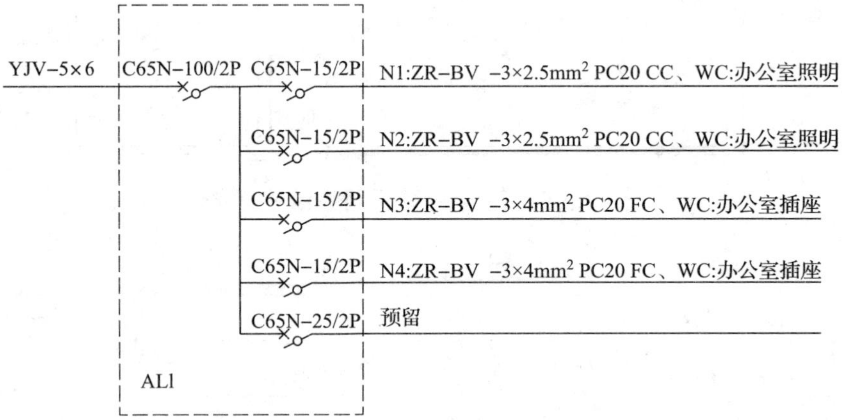

图 2.3.7　AL1 配电箱系统图

解：N3 回路配管 PC20：1.5+0.1+2.5+3+3.5+3.5+3+2.5+（0.1+0.3）×11=24（m）

2）配线。以“m”计量，按设计图示尺寸以单线长度计算（含预留长度）。配线进入箱、柜、板的预留长度见表 2.3.15。

表 2.3.15 配线进入箱、柜、板的预留长度（m/ 根）

序号	项　目	预留长度	说　明
1	各种开关箱、柜、板	高 + 宽	盘面尺寸
2	单独安装（无箱、盘）的铁壳开关、闸刀开关、启动器、线槽进出线盒等	0.3	从安装对象中心算起
3	由地面管子出口引至动力接线箱	1.0	从管口计算
4	电源与管内导线连接（管内穿线与软、硬母线接点）	1.5	从管口计算
5	出户线	1.5	从管口计算

【例 2–12】试计算例 2–10 中配线的工程量。

解：ZRBV–2.5 配线工程量：（38.4+0.4+0.2）× 2+17.9 × 3=131.70（m）

【例 2–13】试计算例 2–11 中 N3 回路配线的工程量。

解：N3 回路配线 ZRBV–4：（24+0.3+0.2）× 3=73.50（m）

3）接线箱、接线盒。以“个”计量，按设计图示数量计算。

（3）工程量计算及清单列项的注意事项。

1）配管名称指电线管、钢管、防爆管、塑料管、软管、波纹管等。

2）配管配置形式指明、暗配、吊顶内、钢结构支架、钢索配管、埋地敷设、水下敷设、砌筑沟内敷设等。

3）配线名称指管内穿线、瓷夹板配线、塑料夹板配线、绝缘子配线、槽板配线、塑料护套配线、线槽配线、车间带形母线等。

4）配线形式指照明线路、动力线路、木结构、顶棚内、砖、混凝土结构、沿支架、钢索、屋架、梁、柱、墙、跨屋架、梁、柱。

5）配线保护管遇到下列情况之一时，应增设管路接线盒和拉线盒：

①管长度每超过 30m，无弯曲；

②管长度每超过 20m，有 1 个弯曲；

③管长度每超过 15m，有 2 个弯曲；

④管长度每超过 8m，有 3 个弯曲。垂直敷设的电线保护管遇到下列情况之一时，应增设固定导线用的拉线盒：

①管内导线截面面积为 $50mm^2$ 及以下，长度每超过 30m；

②管内导线截面面积为 $70\sim95mm^2$，长度每超过 20m；

③管内导线截面面积为 $120\sim240mm^2$，长度每超过 18m。在配管清单项目计量时，设计无要求时上述规定可以作为计量接线盒、拉线盒的依据。

6）配管安装中不包括凿槽、刨沟的工作内容，应按《安装工程计算规范》附录 D.13 相关项目编码列项。

12. 照明器具安装工程量计算

（1）分部工程的组成。该分部工程包括普通灯具、工厂灯、高度标志（障碍）灯、装饰灯、荧光灯、医疗专用灯、一般路灯、中杆灯、高杆灯、桥栏杆灯、地道涵洞灯 11 个清单项目。

（2）清单工程量计算规则。以“套”计量，按设计图示数量计算。

（3）工程量计算及清单列项的注意事项。

1）普通灯具包括圆球吸顶灯、半圆球吸顶灯、方形吸顶灯、软线吊灯、座灯头、吊链灯、防水吊灯、壁灯等。

2）工厂灯包括工厂罩灯、防水灯、防尘灯、碘钨灯、投光灯、泛光灯、混光灯、密闭灯等。

3）高度标志（障碍）灯包括烟囱标志灯、高塔标志灯、高层建筑屋顶障碍指示灯等。

4）装饰灯包括吊式艺术装饰灯、吸顶式艺术装饰灯、荧光艺术装饰灯、几何型组合艺术装饰灯、标志灯、诱导装饰灯、水下（上）艺术装饰灯、点光源艺术灯、歌舞厅灯具、草坪灯具等。

5）医疗专用灯包括病房指示灯、病房暗脚灯、紫外线杀菌灯、无影灯等。

6）中杆灯是指安装在高度小于或等于 19m 的灯杆上的照明器具。

7）高杆灯是指安装在高度大于 19m 的灯杆上的照明器具。

13. 附属工程工程量计算

（1）分部工程的组成。该分部工程包括铁构件、凿（压）槽、打洞（孔）、管道包封、人（手）孔砌筑、人（手）孔防水 6 个清单项目。

（2）清单工程量计算规则。

1）铁构件。以“kg”计量，按设计图示尺寸以质量计算。

2）凿（压）槽、管道包封。以“m”计量，按设计图示尺寸以长度计算。

3）打洞（孔）、人（手）孔砌筑。以“个”计量，按设计图示数量计算。

4）人（手）孔防水。以“m^2”计量，按设计图示防水面积计算。

（3）工程量计算及清单列项的注意事项。

电气铁构件适用于电气工程的各种支架、铁构件的制作安装。

14. 电气调整试验工程量计算

（1）分部工程的组成。该分部工程包括电力变压器系统，送配电装置系统，特殊保护装置，自动投入装置，中央信号装置，事故照明切换装置，不间断电源，母线，避雷器，电容器，接地装置，电抗器、消弧线圈，电除尘器，硅整流设备、可控硅整流装置，电缆试验 15 个清单项目。

（2）清单工程量计算规则。

1）电力变压器系统，送配电装置系统，事故照明切换装置，不间断电源，硅整流设备、可控硅整流装置。以“系统”计量，按设计图示系统计算。

2）特殊保护装置。以“台”或“套”计量，按设计图示数量计算。

3）自动投入装置。以“系统”“台”或“套”计量，按设计图示数量计算。

4）中央信号装置。以“系统”或“台”计量，按设计图示数量计算。

5）母线。以“段”计量，按设计图示数量计算。

6）避雷器，电容器，电除尘器。以“组”计量，按设计图示数量计算。

7）接地装置。以“系统”计量，按设计图示系统计算；或以“组”计量，按设计图示数量计算。

8）电抗器、消弧线圈。以“台”计量，按设计图示数量计算。

9）电缆试验。以“次”“根”或“点”计量，按设计图示数量计算。

（3）工程量计算及清单列项的注意事项。

1）功率大于 10kW 电动机及发电机的启动调试用的蒸汽、电力和其他动力能源消耗及变压器空载试运转的电力消耗及设备需烘干处理应说明。

2）配合机械设备及其他工艺的单体试车，应按《安装工程计算规范》附录N措施项目相关项目编码列项。

3）计算机系统调试应按《安装工程计算规范》附录F自动化控制仪表安装工程相关项目编码列项。

六、建筑智能化工程计量

（一）建筑智能化工程计算规范概述

1. 基本内容

《安装工程计算规范》附录E为建筑智能化工程，主要内容包括计算机应用、网络系统工程，综合布线系统工程，建筑设备自动化系统工程，建筑信息综合管理系统工程，有线电视、卫星接收系统工程，音频、视频系统工程，安全防范系统工程。

2. 与其他计算规范的关系

（1）与房屋建筑与装饰工程、市政工程的界限。

1）土方工程，应按现行国家标准《房屋建筑与装饰工程工程量计算规范》GB 50854相关项目编码列项。

2）开挖路面工程，应按现行国家标准《市政工程工程量计算规范》GB 50857相关项目编码列项。

（2）与通用安装工程其他附录的界限。

1）配管工程、线槽、桥架、电气设备、电气器件、接线箱（盒）、电线、接地系统、凿（压）槽、打孔、打洞、人孔、手孔、立杆工程，应按《安装工程计算规范》附录D电气设备安装工程相关项目编码列项。

2）蓄电池组、六孔管道、专业通信系统工程，应按《安装工程计算规范》附录L通信设备及线路工程相关项目编码列项。

3）机架等项目的除锈、刷油，应按《安装工程计算规范》附录M刷油、防腐蚀、绝热工程相应项目编码列项。

4）由国家或地方检测验收部门进行的检测验收，应按《安装工程计算规范》附录M措施项目编码列项。

（二）建筑智能化工程工程量计算规范

1. 计算机应用、网络系统工程量计算

（1）分部工程的组成。该分部工程包括输入设备，输出设备，控制设备，存储设备，插箱、机柜，互联电缆，接口卡，集线器，路由器，收发器，防火墙，交换机，网络服务器，计算机应用、网络系统接地，计算机应用、网络系统系统联调，计算机应用、网络系统试运行，软件17个清单项目。

（2）清单工程量计算规则。

1）输入设备，输出设备，控制设备，存储设备，插箱、机柜。以“台”计量，按设计图示数量计算。

2）互联电缆。以“条”计量，按设计图示数量计算。

3）接口卡，集线器，路由器，收发器，防火墙，交换机，网络服务器。以“台”或“套”计量，按设计图示数量计算。

4）计算机应用、网络系统接地，计算机应用、网络系统系统联调，计算机应用、网络系统试运行。以“系统”计量，按设计图示数量计算。

5）软件。以“套”计量，按设计图示数量计算。

2. 综合布线系统工程量计算

（1）分部工程的组成。该分部工程包括机柜、机架，抗震底座，分线接线箱（盒），电视、电话插座，双绞线缆，大对数电缆，光缆，光纤束、光缆外护套，跳线，配线架，跳线架，信息插座，光纤盒，光纤连接，光缆终端盒，布放尾纤，线管理器，跳块，双绞线缆测试，光纤测试20个清单项目。

（2）清单工程量计算规则。

1）机柜、机架。以“台”计量，按设计图示数量计算。

2）抗震底座，分线接线箱（盒），电视、电话插座，光缆终端盒，线管理器，跳块。以“个”计量，按设计图示数量计算。

3）双绞线缆，大对数电缆，光缆，光纤束、光缆外护套。以“m”计量，按设计图示尺寸以长度计算。

4）跳线。以“条”计量，按设计图示数量计算。

5）配线架，跳线架，信息插座，光纤盒。以“个”或“块”计量，按设计图示数量计算。

6）光纤连接。以“芯”或“端口”计量，按设计图示数量计算。

7）布放尾纤。以“根”计量，按设计图示数量计算。

8）双绞线缆测试，光纤测试。以“链路”“点”或“芯”计量，按设计图示数量计算。

3. 建筑设备自动化系统工程量计算

（1）分部工程的组成。该分部工程包括中央管理系统，通信网络控制设备，控制器，控制箱，第三方通信设备接口，传感器，电动调节阀执行机构，电动、电磁阀门，建筑设备自动化系统调试，建筑设备自动化系统试运行10个清单项目。

（2）清单工程量计算规则。

1）中央管理系统。以“系统”或“套”计量，按设计图示数量计算。

2）通信网络控制设备、控制器、控制箱、第三方通信设备接口。以“台”或“套”计量，按设计图示数量计算。

3）传感器。以“支”或“台”计量，按设计图示数量计算。

4）电动调节阀执行机构，电动、电磁阀门。以“个”计量，按设计图示数量计算。

5）建筑设备自动化系统调试。以“台”或“户”计量，按设计图示数量计算。

6）建筑设备自动化系统试运行。以“系统”计量，按设计图示数量计算。

4. 建筑信息综合管理系统工程量计算

（1）分部工程的组成。该分部工程包括服务器、服务器显示设备、通信接口输入输出设备、系统软件、基础应有软件、应用软件接口、应用软件二次、各系统联动试运行8个清单项目。

（2）清单工程量计算规则。

1）服务器、服务器显示设备。以“台”计量，按设计图示数量计算。

2）通信接口输入输出设备。以“个”计量，按设计图示数量计算。

3）系统软件、基础应有软件、应用软件接口。以“套”计量，按系统所需集成点数及图示数量计算。

4）应用软件二次。以“项”或“点”计量，按系统所需集成点数及图示数量计算。

5）各系统联动试运行。以“系统”计量，按系统所需集成点数及图示数量计算。

5. 有线电视、卫星接收系统工程量计算

（1）分部工程的组成。该分部工程包括共用天线，卫星电视天线、馈线系统，前端机柜，电视墙，射频同轴电缆，同轴电缆接头，前端射频设备，卫星地面站接收设备，光端设备安装、调试，有线电视系统管理设备，播控设备安装、调试，干线设备，分配网络，终端调试14个清单项目。

（2）清单工程量计算规则。

1）共用天线，卫星电视天线、馈线系统。以“副”计量，按设计图示数量计算。

2）前端机柜，同轴电缆接头，干线设备，分配网络，终端调试。以“个”计量，按设计图示数量计算。

3）电视墙，前端射频设备。以“套”计量，按设计图示数量计算。

4）射频同轴电缆。以“m”计量，按设计图示尺寸以长度计算。

5）卫星地面站接收设备，光端设备安装、调试，有线电视系统管理设备，播控设备安装、调试。以“台”计量，按设计图示数量计算。

6. 音频、视频系统工程量计算

（1）分部工程的组成。该分部工程包括扩声系统设备、扩声系统调试、扩声系统试运行、背景音乐系统设备、背景音乐系统调试、背景音乐系统试运行、视频系统设备、视频系统调试8个清单项目。

（2）清单工程量计算规则。

1）扩声系统设备、背景音乐系统设备、视频系统设备。以“台”计量，按设计图示数量计算。

2）扩声系统调试。以“只”“副”“台”或“系统”计量，按设计图示数量计算。

3）扩声系统试运行、背景音乐系统试运行、视频系统调试。以“系统”计量，按设计图示数量计算。

4）背景音乐系统调试。以“台”或“系统”计量，按设计图示数量计算。

7. 安全防范系统工程量计算

（1）分部工程的组成。该分部工程包括入侵探测设备，入侵报警控制器，入侵报警中心显示设备，入侵报警信号传输设备，出入口目标识别设备，出入口控制设备，出入口执行机构设备，监控摄像设备，视频控制设备，音频、视频及脉冲分配器，视频补偿器，视频传输设备，录像设备，显示设备，安全检查设备，停车场管理设备，安全防范分系统调试，安全防范全系统调试，安全防范系统工程试运行19个清单项目。

（2）清单工程量计算规则。

1）入侵探测设备，入侵报警控制器，入侵报警中心显示设备，入侵报警信号传输设备。以“套”计量，按设计图示数量计算。

2）出入口目标识别设备，出入口控制设备，出入口执行机构设备，监控摄像设备。以“台”计量，按设计图示数量计算。

3）视频控制设备，音频、视频及脉冲分配器，视频补偿器，视频传输设备，录像设备。以“台”或“套”计量，按设计图示数量计算。

4）显示设备。以“台”计量，按设计图示数量计算；或以“m^2”计量，按设计图示面积计算。

5）安全检查设备，停车场管理设备。以“台”计量，按设计图示数量计算；或以“m^2”计量，按设计图示面积计算。

6）安全防范分系统调试，安全防范全系统调试，安全防范系统工程试运行。以“系统”计量，按设计内容计算。

8. 建筑智能化工程工程量计算及清单列项的注意事项

如主项项目工程与需综合项目工程量不对应，项目特征应描述综合项目的型号、规格、数量。

七、自动化控制仪表安装工程计量

（一）自动化控制仪表安装工程计算规范概述

1. 基本内容

《安装工程计算规范》附录F为自动化控制仪表安装工程，主要内容包括过程检测仪表，显示及调节控制仪表，执行仪表，机械量仪表，过程分析和物性检测仪表，仪表回路模拟试验，安全监测及报警装置，工业计算机安装与调试，仪表管路敷设，仪表盘、箱、柜及附件安装及仪表附件安装。

2. 与其他计算规范的关系

（1）土石方工程，应按现行国家标准《房屋建筑与装饰工程工程量计算规范》GB 50854相关项目编码列项。

（2）自控仪表工程中的控制电缆敷设、电气配管配线、桥架安装、接地系统安装，应按《安装工程计算规范》附录D电气设备安装工程相关项目编码列项。

（3）在线仪表和部件（流量计、调节阀、电磁阀、节流装置、取源部件等）安装，应按《安装工程计算规范》附录H工业管道工程相关项目编码列项。

（4）火灾报警及消防控制等，应按《安装工程计算规范》附录J消防工程相关项目编码列项。

（5）设备的除锈、刷漆（补刷漆除外）、保温及保护层安装，应按《安装工程计算规范》附录M刷油、防腐蚀、绝热工程相关项目编码列项。

（6）管路敷设的焊口热处理及无损探伤，应按《安装工程计算规范》附录H工业管道工程相关项目编码列项。

（7）工业通信设备安装与调试，应按《安装工程计算规范》附录L通信设备及线路工程相关项目编码列项。

（8）供电系统安装，应按《安装工程计算规范》附录D电气设备安装工程相关项目编码列项。

（二）自动化控制仪表安装工程工程量计算规范

自动化控制仪表安装工程适用于自动化仪表工程的过程检测仪表，显示及调节控制仪表，执行仪表，机械量仪表，过程分析和物性检测仪表，仪表回路模拟试验，安全监测及报警装置，工业计算机安装与调试，仪表管路敷设，仪表盘、箱、柜及附件安装，仪表附件安装。

项目特征中调试要求指：单体调试、功能测试等。

1. 过程检测仪表工程量计算

（1）分部工程的组成。该分部工程包括温度仪表、压力仪表、变送单元仪表、流量仪表、物位检测仪表 5 个清单项目。

（2）清单工程量计算规则。

1）温度仪表。以“支”计量，按设计图示数量计算。

2）其余仪表。以“台”计量，按设计图示数量计算。

（3）工程量计算及清单列项的注意事项。

1）温度仪表规格需描述接触式温度计的尾长。

2）物位检测仪表规格需描述仪表长度或测量范围。

2. 显示及调节控制仪表工程量计算

（1）分部工程的组成。该分部工程包括显示仪表、调节仪表、基地式调节仪表、辅助单元仪表、盘装仪表 5 个清单项目。

（2）清单工程量计算规则。以“台”计量，按设计图示数量计算。

3. 执行仪表工程量计算

（1）分部工程的组成。该分部工程包括执行机构、调节阀、自力式调节阀、执行仪表附件 4 个清单项目。

（2）清单工程量计算规则。以“台”计量，按设计图示数量计算。

（3）工程量计算及清单列项的注意事项。开关阀、电磁阀、伺服放大器，按调节阀编码列项。

4. 机械量仪表工程量计算

（1）分部工程的组成。该分部工程包括测厚测宽及金属检测装置、旋转机械检测仪表、称重及皮带跑偏检测装置 3 个清单项目。

（2）清单工程量计算规则。

1）测厚测宽及金属检测装置、旋转机械检测仪表。以“套”计量，按设计图示数量计算。

2）称重及皮带跑偏检测装置。以“台”计量，按设计图示数量计算。

5. 过程分析和物性检测仪表工程量计算

（1）分部工程的组成。该分部工程包括过程分析仪表，物性检测仪表，特殊预处理装置，分析柜、室，气象环保检测仪表 5 个清单项目。

（2）清单工程量计算规则。

1）过程分析仪表、物性检测仪表、特殊预处理装置、气象环保检测仪表。以“套”计量，按设计图示数量计算。

2）分析柜、室。以“台”计量，按设计图示数量计算。

6. 仪表回路模拟试验工程量计算

（1）分部工程的组成。该分部工程包括检测回路模拟试验、调节回路模拟试验、报警连锁回路模拟试验、工业计算机系统回路模拟试验 4 个清单项目。

（2）清单工程量计算规则。

1）工业计算机系统回路模拟试验。以“点”计量，按设计图示数量计算。

2）其余回路模拟试验。以“套”计量，按设计图示数量计算。

7. 安全监测及报警装置工程量计算

（1）分部工程的组成。该分部工程包括安全监测装置，远动装置，顺序控制装置，信号报警装置，信号报警装置柜、箱，数据采集及巡回检测报警装置6个清单项目。

（2）清单工程量计算规则。

1）安全监测装置。以“台”或“套”计量，按设计图示数量计算。

2）信号报警装置柜、箱。以“台”或“个”计量，按设计图示数量计算。

3）其余装置。以“套”计量，按设计图示数量计算。

（3）工程量计算及清单列项的注意事项。工业电视应按《安装工程计算规范》附录E建筑智能化工程相关项目编码列项。

8. 工业计算机安装与调试工程量计算

（1）分部工程的组成。该分部工程包括工业计算机柜、台设备，工业计算机外部设备，组件（卡件），过程控制管理计算机，生产、经营管理计算机，网络系统及设备联调，工业计算机系统调试，与其他系统数据传递调试，现场总线调试，专用线缆，线缆头11个清单项目。

（2）清单工程量计算规则。

1）工业计算机柜、台设备，工业计算机外部设备。以“台”计量，按设计图示数量计算。

2）组件（卡件）、与其他系统数据传递调试、线缆头。以“个”计量，按设计图示数量计算。

3）过程控制管理计算机，生产、经营管理计算机，网络系统及设备联调，现场总线调试。以“套”计量，按设计图示数量计算。

4）工业计算机系统调试。以“点”计量，按设计图示数量计算。

5）专用线缆。以“m”计量，按设计图示尺寸以长度计算（含预留长度及附加长度）；或以“根”计量，按设计图示尺寸以根计算。

（3）工程量计算及清单列项的注意事项。本附录中的专用线缆敷设预留及附加长度见《安装工程计算规范》附录D电气设备安装工程的表D.15.7–3、表D.15.7–5、表D.15.7–8。

9. 仪表管路敷设工程量计算

（1）分部工程的组成。该分部工程包括钢管、高压管、不锈钢管、有色金属管及非金属管、管缆5个清单项目。

（2）清单工程量计算规则。

1）管缆。以“m”计量，按设计图示尺寸以长度计算。

2）其余管。以“m”计量，按设计图示管路中心线以长度计算。

（3）工程量计算及清单列项的注意事项。仪表导压管敷设工程量计算不扣除阀门、管件所占长度。

10. 仪表盘、箱、柜及附件安装工程量计算

（1）分部工程的组成。该分部工程包括盘、箱、柜，盘柜附件、元件2个清单项目。

（2）清单工程量计算规则。

1）盘、箱、柜。以“台”计量，按设计图示数量计算。

2）盘柜附件、元件。以“个”或“节”计量，按设计图示数量计算。

11. 仪表附件安装工程量计算

（1）分部工程的组成。该分部工程包括仪表阀门、仪表附件 2 个清单项目。

（2）清单工程量计算规则。以“个”计量，按设计图示数量计算。

（3）工程量计算及清单列项的注意事项。仪表附件是具有相对独立性的仪表附件（如压缩空气净化分配器等）。

八、通风空调工程计量

（一）通风空调工程计算规范概述

1. 基本内容

《安装工程计算规范》附录 G 为通风空调工程，主要内容包括通风及空调设备及部件制作安装、通风管道制作安装、通风管道部件制作安装及通风工程检测、调试。

2. 与其他计算规范的关系

（1）通风空调工程适用于通风（空调）设备及部件、通风管道及部件的制作安装工程。

（2）冷冻机组站内的设备安装、通风机安装及人防两用通风机安装，应按《安装工程计算规范》附录 A 机械设备安装工程相关项目编码列项。

（3）冷冻机组站内的管道安装，应按《安装工程计算规范》附录 H 工业管道工程相关项目编码列项。

（4）冷冻站外墙皮以外通往通风空调设备的供热、供冷、供水等管道，应按《安装工程计算规范》附录 K 给排水、采暖、燃气工程相关项目编码列项。

（5）设备和支架的除锈、刷漆、保温及保护层安装，应按《安装工程计算规范》附录 M 刷油、防腐蚀、绝热工程相关项目编码列项。

（二）通风空调工程工程量计算规范

1. 通风及空调设备及部件制作安装工程量计算

（1）分部工程的组成。该分部工程包括空气加热器（冷却器），除尘设备，空调器，风机盘管，表冷器，密闭门，挡水板，滤水器、溢水盘，金属壳体，过滤器，净化工作台，风淋室，洁净室，除湿机，人防过滤吸收器 15 个清单项目。

（2）清单工程量计算规则。

1）密闭门、挡水板、滤水器与溢水盘、金属壳体。以“个”计量，按设计图示数量计算。

2）过滤器。以“台”计量，按设计图示数量计算；或以“m^2”计量，按设计图示尺寸以过滤面积计算。

3）空调器。以“台”或组计量，按设计图示数量计算。

4）其余设备及部件。以“台”计量，按设计图示数量计算。

（3）工程量计算及清单列项的注意事项。通风空调设备安装的地脚螺栓按设备自带考虑。

【例 2–14】某通风空调系统安装工程中，安装恒温恒湿机一台。试编制该安装工程工程量清单。

解： 编制分部分项工程量清单如表 2.3.16 所示。

表 2.3.16　通风及空调设备及部件制作安装工程量清单列项示例

序号	项目编码	项目名称	项目特征	计量单位	工程量	金额（元）		
						综合单价	合价	其中
								暂估价
1	030701003001	空调器	1. 名称：恒温恒湿机； 2. 型号：YSL–DHS–225； 3. 规格：外形尺寸（mm）1 200 × 1 100 × 1 900； 4. 安装形式：落地安装； 5. 隔振垫（器）、支架形式、材质：橡胶隔振垫厚 δ=20mm	台	1			

2. 通风管道制作安装工程量计算

（1）分部工程的组成。该分部工程包括碳钢通风管道，净化通风管道，不锈钢板通风管道，铝板通风管道，塑料通风管道，玻璃钢通风管道，复合型风管，柔性软风管，弯头导流叶片，风管检查孔以及温度、风量测定孔 11 个清单项目。

（2）清单工程量计算规则。

1）碳钢通风管道、净化通风管道、不锈钢板通风管道、铝板通风管道、塑料通风管道。以“m^2”计量，按设计图示内径尺寸以展开面积计算。

2）玻璃钢通风管道、复合型风管。以“m^2”计量，按设计图示外径尺寸以展开面积计算。

3）柔性软风管。以“m”计量，按设计图示中心线以长度计算；或以“节”计量，按设计图示数量计算。

4）弯头导流叶片。以“m^2”计量，按设计图示以展开面积计算；或以“组”计量，按设计图示数量计算。

5）风管检查孔。以“kg”计量，按风管检查孔质量计算；或以“个”计量，按设计图示数量计算。

6）温度、风量测定孔。以“个”计量，按设计图示数量计算。

（3）工程量计算及清单列项的注意事项。

1）风管展开面积，不扣除检查孔、测定孔、送风口、吸风口等所占面积；风管长度一律以设计图示中心线长度为准（主管与支管以其中心线交点划分），包括弯头、三通、变径管、天圆地方等管件的长度，但不包括部件所占的长度。风管展开面积不包括风管、管口重叠部分面积。风管渐缩管：圆形风管按平均直径，矩形风管按平均周长。

2）穿墙套管按展开面积计算，计入通风管道工程量中。

3）通风管道的法兰垫料或封口材料，按图纸要求应在项目特征中描述。

4）净化通风管的空气清洁度按 100 000 级标准编制，净化通风管使用的型钢材料如要求镀锌时，工作内容应注明支架镀锌。

5）弯头导流叶片数量，按设计图纸或规范要求计算。

6）风管检查孔、温度测定孔、风量测定孔数量，按设计图纸或规范要求计算。

【例 2–15】计算如图 2.3.8 所示圆形渐缩式风管及支管的工程量。已知 D_1=1.2m，D_2=0.6m，D_3=0.3m。

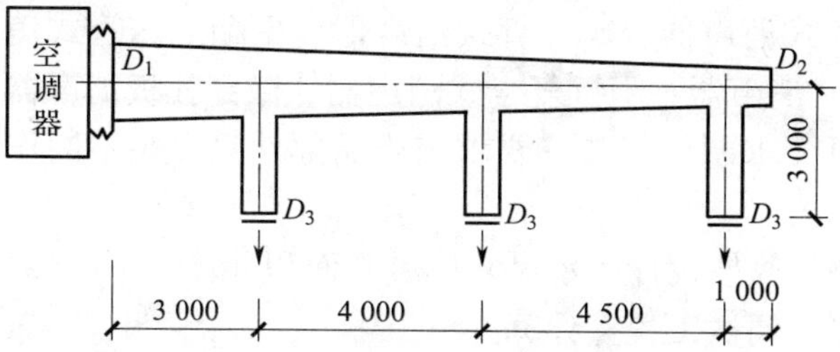

图 2.3.8　圆形渐缩式风管示意图

解： 圆形渐缩风管的展开面积：

$$F=\pi\times\frac{D_1+D_2}{2}\times L=3.14\times\frac{1.2+0.6}{2}\times(3.0+4.0+4.5+1.0)=35.33\ (\mathrm{m}^2)$$

支管展开面积：

$$F_{支}=3\pi D_3 L_{支}=3\times3.14\times0.3\times3.0=8.48\ (\mathrm{m}^2)$$

3. 通风管道部件制作安装工程量计算

（1）分部工程的组成。该分部工程包括碳钢阀门，柔性软风管阀门，铝蝶阀，不锈钢蝶阀，塑料阀门，玻璃钢蝶阀，碳钢风口、散流器、百叶窗，不锈钢风口、散流器、百叶窗，塑料风口、散流器、百叶窗，玻璃钢风口，铝及铝合金风口、散流器，碳钢风帽，不锈钢风帽，塑料风帽，铝板伞形风帽，玻璃钢风帽，碳钢罩类，塑料罩类，柔性接口，消声器，静压箱，人防超压自动排气阀，人防手动密闭阀及人防其他部件 24 个清单项目。

（2）清单工程量计算规则。

1）各类阀门，风口、散流器、百叶窗，风帽，罩类，消声器。以“个”计量，按设计图示数量计算。

2）柔性接口。以“m^2”计量，按设计图示尺寸以展开面积计算。

3）静压箱。以“个”计量，按设计图示数量计算；或以“m^2”计量，按设计图示尺寸以展开面积计算。

4）人防其他部件。以“个”或“套”计量，按设计图示数量计算。

（3）工程量计算及清单列项的注意事项。

1）碳钢阀门包括空气加热器上通阀、空气加热器旁通阀、圆形瓣式启动阀、风管蝶阀、风管止回阀、密闭式斜插板阀、矩形风管三通调节阀、对开多叶调节阀、风管防火阀、各型风罩调节阀、人防工程密闭阀、自动排气活门等。

2）塑料阀门包括塑料蝶阀、塑料插板阀、各型风罩塑料调节阀。

3）碳钢风口、散流器、百叶窗包括百叶风口、矩形送风口、矩形空气分布器、风管插板风口、旋转吹风口、圆形散流器、方形散流器、流线型散流器、送吸风口、活动箅式风口、网式风口、钢百叶窗等。

4）碳钢罩类包括皮带防护罩、电动机防雨罩、侧吸罩、中小型零件焊接台排气罩、整体分组式槽边侧吸罩、吹吸式槽边通风罩、条缝槽边抽风罩、泥心烘炉排气罩、升降式回转排气罩、上下吸式圆形回转罩、升降式排气罩、手锻炉排气罩。

5）塑料罩类包括塑料槽边侧吸罩、塑料槽边风罩、塑料条缝槽边抽风罩。

6）柔性接口指金属、非金属软接口及伸缩节。

7）消声器包括片式消声器、矿棉管式消声器、聚酯泡沫管式消声器、卡普隆纤维管式消声器、弧形声流式消声器、阻抗复合式消声器、微穿孔板消声器、消声弯头。

8）通风部件图纸要求制作安装、要求用成品部件只安装不制作，这类特征在项目特征中应明确描述。

9）静压箱的面积计算按设计图示尺寸以展开面积计算，不扣除开口的面积。

4. 通风工程检测、调试工程量计算

（1）分部工程的组成。该分部工程包括通风工程检测、调试，风管漏光试验及漏风试验 2 个清单项目。

（2）清单工程量计算规则。

1）通风工程检测、调试。以“系统”计量，按通风系统计算。

2）风管漏光试验、漏风试验。以“m^2”计量，按设计图纸或规范要求以展开面积计算。

九、工业管道工程计量

（一）工业管道工程计算规范概述

1. 基本内容

《安装工程计算规范》附录 H 为工业管道工程，主要内容包括低压管道、中压管道、高压管道、低压管件、中压管件、高压管件、低压阀门、中压阀门、高压阀门、低压法兰、中压法兰、高压法兰、板卷管制作、管件制作、管架制作安装、无损探伤与热处理及其他项目制作安装。

2. 与其他计算规范的关系

工业管道工程适用于厂区范围内的车间、装置、站、罐区及其相互之间各种生产用介质输送管道和厂区第一个连接点以内生产、生活共用的输送给水、排水、蒸汽、燃气的管道安装工程。

工业管道压力等级划分：低压：$0<P\leqslant 1.6$MPa；中压：$1.6<P\leqslant 10$MPa；高压：$10<P\leqslant 42$MPa；蒸汽管道：$P\geqslant 9$MPa，工作温度大于或等于 500℃。

（1）与市政工程管网工程的界限。给水管道以厂区入口水表井为界；排水管道以厂区围墙外第一个污水井为界；热力和燃气以厂区入口第一个计量表（阀门）为界。

（2）与通用安装工程其他附录的界限。

1）厂区范围内的生活用给水、排水、蒸汽、燃气的管道安装工程，应执行《安装工程计算规范》附录 K 给排水、采暖、燃气工程相应项目。

2）仪表流量计，应按《安装工程计算规范》附录 F 自动化控制仪表安装工程相关项目编码列项。

3）管道、设备和支架除锈、刷油及保温等内容，除注明者外均应按《安装工程计算规范》附录M刷油、防腐蚀、绝热工程相关项目编码列项。

4）组装平台搭拆、管道防冻和焊接保护、特殊管道充气保护、高压管道检验、地下管道穿越建筑物保护等措施项目，应按《安装工程计算规范》附录N措施项目相关项目编码列项。

（二）工业管道工程工程量计算规范

1. 低压管道工程量计算

（1）分部工程的组成。该分部工程包括低压碳钢管、低压碳钢伴热管、衬里钢管预制安装、低压不锈钢伴热管、低压碳钢板卷管、低压不锈钢管、低压不锈钢板卷管、低压合金钢管、低压钛及钛合金管、低压镍及镍合金管、低压锆及锆合金管、低压铝及铝合金管、低压铝及铝合金板卷管、低压铜及铜合金管、低压铜及铜合金板卷管、低压塑料管、金属骨架复合管、低压玻璃钢管、低压铸铁管、低压预应力混凝土管20个清单项目。

（2）清单工程量计算规则。以“m”计量，按设计图示管道中心线以长度计算。

（3）工程量计算及清单列项的注意事项。

1）管道工程量计算不扣除阀门、管件所占长度；室外埋设管道不扣除附属构筑物所占长度；方形补偿器以其所占长度列入管道安装工程量。

2）衬里钢管预制安装包括直管、管件及法兰的预安装及拆除。

3）压力试验按设计要求描述试验方法，如水压试验、气压试验、泄漏性试验、真空试验等。

4）吹扫与清洗按设计要求描述吹扫与清洗方法和介质，如水冲洗、空气吹扫、蒸汽吹扫、化学清洗、油清洗等。

5）脱脂按设计要求描述脱脂介质种类，如二氯乙烷、三氯乙烯、四氯化碳、动力苯、丙酮或酒精等。

2. 中压管道工程量计算

（1）分部工程的组成。该分部工程包括中压碳钢管、中压螺旋卷管、中压不锈钢管、中压合金钢管、中压铜及铜合金管、中压钛及钛合金管、中压锆及锆合金管、中压镍及镍合金管8个清单项目。

（2）清单工程量计算规则。以“m”计量，按设计图示管道中心线以长度计算。

（3）工程量计算及清单列项的注意事项。

1）管道工程量计算不扣除阀门、管件所占长度；方形补偿器以其所占长度列入管道安装工程量。

2）压力试验按设计要求描述试验方法，如水压试验、气压试验、泄漏性试验、真空试验等。

3）吹扫与清洗按设计要求描述吹扫与清洗方法和介质，如水冲洗、空气吹扫、蒸汽吹扫、化学清洗、油清洗等。

4）脱脂按设计要求描述脱脂介质种类，如二氯乙烷、三氯乙烯、四氯化碳、动力苯、丙酮或酒精等。

3. 高压管道工程量计算

（1）分部工程的组成。该分部工程包括高压碳钢管、高压合金钢管、高压不锈钢管3

个清单项目。

（2）清单工程量计算规则。以“m”计量，按设计图示管道中心线以长度计算。

（3）工程量计算及清单列项的注意事项。同中压管道工程量计算及清单列项的注意事项。

【例 2–16】例 2–3 是某氧气加压站工艺管道系统（图 2.3.1）。该管道系统工作压力为 3.2MPa。图中标注尺寸标高以“m”计，其他均为“mm”计。

管道：采用碳钢无缝钢管，系统连接均为电弧焊；弯头采用成品冲压弯头，三通现场挖眼连接。管道安装完毕做水压试验。

试计算该氧气加压站的工艺管道工程量并编制管道安装的工程量清单。

解：碳钢无缝钢管工程量计算：

L1（ϕ133×6）：8.2+3+3+1.6×3+1=20（m）；

L2（ϕ108×5）：（3.6–1.6）×3+3+3+7+12+5+0.5+［4.5+（3.6–1.2）+1.8］×2=53.90（m）；

L3（ϕ108×5）：（4.6–2.6）×2+5+3+（5.2–4.6）=12.60（m）；

小计：ϕ133×6 工程量 =20（m）；ϕ108×5 工程量 =53.90m+12.60m=66.50（m）。

机械设备安装包括与设备本体联体的平台、梯子、栏杆、支架、屏盘、电机、安全罩以及设备本体第一个法兰以内的管道等安装。因此，管道长度的计算与设备安装以设备本体第一个法兰为界。

编制的分部分项工程和单价措施项目清单与计价表见表 2.3.17。因为该管道系统工作压力为 3.2MPa，属于工业管道压力等级的中压，因此，项目编码选取的是《安装工程计算规范》附录 H 工业管道工程的 H.2“中压管道”中的 030802001 中压碳钢管。

表 2.3.17　工业管道工程量清单列项示例

工程名称：某氧气加压站工艺管道工程

序号	项目编码	项目名称	项目特征	计量单位	工程量	金额（元）		
						综合单价	合价	其中 暂估价
1	030802001001	中压碳钢管	1. 材质：碳钢无缝钢管； 2. 规格：ϕ133×6； 3. 连接形式：电弧焊； 4. 压力试验：水压试验	m	20			
2	030802001002	中压碳钢管	1. 材质：碳钢无缝钢管； 2. 规格：ϕ108×5； 3. 连接形式：电弧焊； 4. 压力试验：水压试验	m	66.5			

4. 低压管件工程量计算

（1）分部工程的组成。该分部工程包括低压碳钢管件、低压碳钢板卷管件、低压不锈钢管件、低压不锈钢板卷管件、低压合金钢管件、低压加热外套碳钢管件（两半）、低压加热外套不锈钢管件（两半）、低压铝及铝合金管件、低压铝及铝合金板卷管件、低压铜及铜合金管件、低压钛及钛合金管件、低压锆及锆合金管件、低压镍及镍合金管件、低压塑料管件、金属骨架复合管件、低压玻璃钢管件、低压铸铁管件、低压预应力混凝土转换件18个清单项目。

（2）清单工程量计算规则。以“个”计量，按设计图示数量计算。

（3）工程量计算及清单列项的注意事项。

1）管件包括弯头、三通、四通、异径管、管接头、管帽、方形补偿器弯头、管道上仪表一次部件、仪表温度计扩大管制作安装等。

2）管件压力试验、吹扫、清洗、脱脂均包括在管道安装中。

3）在主管上挖眼接管的三通和摔制异径管，均以主管径按管件安装工程量计算，不另计制作费和主材费；挖眼接管的三通支线管径小于主管径1/2时，不计算管件安装工程量；在主管上挖眼接管的焊接接头、凸台等配件，按配件管径计算管件工程量。

4）三通、四通、异径管均按大管径计算。

5）管件用法兰连接时执行法兰安装项目，管件本身不再计算安装。

6）半加热外套管摔口后焊接在内套管上，每处焊口按一个管件计算；外套碳钢管如焊接不锈钢内套管上时，焊口间需加不锈钢短管衬垫，每处焊口按两个管件计算。

5. 中压管件工程量计算

（1）分部工程的组成。该分部工程包括中压碳钢管件、中压螺旋卷管件、中压不锈钢管件、中压合金钢管件、中压铜及铜合金管件、中压钛及钛合金管件、中压锆及锆合金管件、中压镍及镍合金管件8个清单项目。

（2）清单工程量计算规则。以“个”计量，按设计图示数量计算。

（3）工程量计算及清单列项的注意事项。同低压管件工程量计算及清单列项的注意事项。

6. 高压管件工程量计算

（1）分部工程的组成。该分部工程包括高压碳钢管件、高压不锈钢管件、高压合金钢管件3个清单项目。

（2）清单工程量计算规则。以“个”计量，按设计图示数量计算。

（3）工程量计算及清单列项的注意事项。

1）管件包括弯头、三通、四通、异径管、管接头、管帽、方形补偿器弯头、管道上仪表一次部件、仪表温度计扩大管制作安装等。

2）管件压力试验、吹扫、清洗、脱脂均包括在管道安装中。

3）三通、四通、异径管均按大管径计算。

4）管件用法兰连接时执行法兰安装项目，管件本身不再计算安装。

5）半加热外套管摔口后焊接在内套管上，每处焊口按一个管件计算；外套碳钢管如焊接不锈钢内套管上时，焊口间需加不锈钢短管衬垫，每处焊口按两个管件计算。

【例2–17】例2–3是某氧气加压站工艺管道系统（图2.3.1）。管道采用碳钢无缝钢管，系统连接均为电弧焊；弯头采用成品冲压弯头，三通现场挖眼连接。试对该氧气加压站工艺管道安装中的管件进行清单列项。

解：工业管道工程与给排水、采暖、燃气工程在工程量清单列项中有一个很大的区别：管件的列项。给排水、采暖、燃气工程，各种管道安装均包括管道及管件安装；而工业管道工程管件需要单独列项。

工业管道工程的管件清单列项示例见表 2.3.18。

表 2.3.18 工业管道工程的管件清单列项示例

序号	项目编码	项目名称	项目特征	计量单位	工程量	金额（元）		
						综合单价	合价	其中 暂估价
1	030805001001	中压碳钢管件	1．材质：碳钢； 2．规格：三通，*DN*125； 3．焊接方法：现场挖眼电弧焊	个	3			
2	030805001002	中压碳钢管件	1．材质：碳钢； 2．规格：焊接盲板，*DN*125； 3．焊接方法：电弧焊	个	1			
3	030805001003	中压碳钢管件	1．材质：碳钢； 2．规格：成品冲压弯头，*DN*100； 3．焊接方法：电弧焊	个	7			
4	030805001004	中压碳钢管件	1．材质：碳钢； 2．规格：三通，*DN*100； 3．焊接方法：现场挖眼电弧焊	个	6			

由于管件用法兰连接时执行法兰安装项目，管件本身不再计算安装，因此，未对法兰盲板 *DN*100 进行列项。法兰盲板 *DN*100 的清单列项见例 2–19。

7. 低压阀门工程量计算

（1）分部工程的组成。该分部工程包括低压螺纹阀门，低压焊接阀门，低压法兰阀门，低压齿轮、液压传动、电动阀门，低压安全阀门，低压调节阀门 6 个清单项目。

（2）清单工程量计算规则。以“个”计量，按设计图示数量计算。

（3）工程量计算及清单列项的注意事项。

1）减压阀直径按高压侧计算。

2）电动阀门包括电动机安装。

3）操纵装置安装按规范或设计技术要求计算。

8. 中压阀门工程量计算

（1）分部工程的组成。该分部工程包括中压螺纹阀门，中压焊接阀门，中压法兰阀门，中压齿轮、液压传动、电动阀门，中压安全阀门、中压调节阀门 6 个清单项目。

（2）清单工程量计算规则。以“个”计量，按设计图示数量计算。

（3）工程量计算及清单列项的注意事项。同低压阀门工程量计算及清单列项的注意事项。

9. 高压阀门工程量计算

（1）分部工程的组成。该分部工程包括高压螺纹阀门、高压法兰阀门、高压焊接阀门3个清单项目。

（2）清单工程量计算规则。以“个”计量，按设计图示数量计算。

（3）工程量计算及清单列项的注意事项。减压阀直径按高压侧计算。

【例 2–18】例 2–3 是某氧气加压站工艺管道系统（图 2.3.1）。阀门型号除图中说明外，均为 J41H–25，采用对焊法兰连接。试对该工业管道系统中的阀门进行清单列项。

解：工业管道工程阀门清单列项示例见表 2.3.19。

表 2.3.19　工业管道工程阀门清单列项示例

序号	项目编码	项目名称	项 目 特 征	计量单位	工程量	金额（元）		
						综合单价	合价	其中 暂估价
1	030808003001	中压法兰阀门	1. 名称：截止阀； 2. 材质：碳钢； 3. 型号、规格：J41H–25，*DN*125； 4. 连接形式：法兰； 5. 焊接方法：对焊	个	3			
2	030808003002	中压法兰阀门	1. 名称：截止阀； 2. 材质：碳钢； 3. 型号、规格：J41H–25，*DN*100； 4. 连接形式：法兰； 5. 焊接方法：对焊	个	3			
3	030808003003	中压法兰阀门	1. 名称：逆止阀； 2. 材质：碳钢； 3. 型号、规格：A41H–25，*DN*100； 4. 连接形式：法兰； 5. 焊接方法：对焊	个	2			
4	030808005001	中压安全阀门	1. 名称：安全阀； 2. 材质：碳钢； 3. 型号、规格：*DN*100； 4. 连接形式：法兰； 5. 焊接方法：对焊	个	1			

10. 低压法兰工程量计算

（1）分部工程的组成。该分部工程包括低压碳钢螺纹法兰、低压碳钢焊接法兰、低压铜及铜合金法兰、低压不锈钢法兰、低压合金钢法兰、低压铝及铝合金法兰、低压钛及钛合金法兰、低压锆及锆合金法兰、低压镍及镍合金法兰、钢骨架复合塑料法兰10个清单项目。

（2）清单工程量计算规则。以“副”或“片”计量，按设计图示数量计算。

（3）工程量计算及清单列项的注意事项。

1）法兰焊接时，要在项目特征中描述法兰的连接形式（平焊法兰、对焊法兰、翻边活动法兰及焊环活动法兰等），不同连接形式应分别列项。

2）配法兰的盲板不计安装工程量。

3）焊接盲板（封头）按管件连接计算工程量。

11. 中压法兰工程量计算

（1）分部工程的组成。该分部工程包括中压碳钢螺纹法兰、中压碳钢焊接法兰、中压铜及铜合金法兰、中压不锈钢法兰、中压合金钢法兰、中压钛及钛合金法兰、中压锆及锆合金法兰、中压镍及镍合金法兰8个清单项目。

（2）清单工程量计算规则。以“副”或“片”计量，按设计图示数量计算。

（3）工程量计算及清单列项的注意事项。

1）法兰焊接时，要在项目特征中描述法兰的连接形式（平焊法兰、对焊法兰等），不同连接形式应分别列项。

2）配法兰的盲板不计安装工程量。

3）焊接盲板（封头）按管件连接计算工程量。

12. 高压法兰工程量计算

（1）分部工程的组成。该分部工程包括高压碳钢螺纹法兰、高压碳钢焊接法兰、高压不锈钢焊接法兰、高压合金钢焊接法兰4个清单项目。

（2）清单工程量计算规则。以“副”或“片”计量，按设计图示数量计算。

（3）工程量计算及清单列项的注意事项。

1）配法兰的盲板不计安装工程量。

2）焊接盲板（封头）按管件连接计算工程量。

【例2–19】例2–3是某氧气加压站工艺管道系统（图2.3.1）。所有法兰为碳钢对焊法兰。试对该工业管道系统中的法兰进行清单列项。

解：工业管道工程法兰清单列项示例见表2.3.20。

表2.3.20 工业管道工程法兰清单列项示例

序号	项目编码	项目名称	项目特征	计量单位	工程量	金额（元）		
						综合单价	合价	其中 暂估价
1	030811002001	中压碳钢焊接法兰	1. 名称：法兰； 2. 材质：碳钢； 3. 型号、规格：*DN*125； 4. 连接形式：法兰； 5. 焊接方法：对焊	片	3			

续表 2.3.20

序号	项目编码	项目名称	项目特征	计量单位	工程量	金额（元）		
						综合单价	合价	其中 暂估价
2	030811002002	中压碳钢焊接法兰	1. 名称：法兰带盲板； 2. 材质：碳钢； 3. 型号、规格：*DN*100； 4. 连接形式：法兰； 5. 焊接方法：对焊	片	1			
3	030811002003	中压碳钢焊接法兰	1. 名称：法兰； 2. 材质：碳钢； 3. 型号、规格：*DN*100； 4. 连接形式：法兰； 5. 焊接方法：对焊	片	8			
4	030811002004	中压碳钢焊接法兰	1. 名称：法兰； 2. 材质：碳钢； 3. 型号、规格：*DN*100； 4. 连接形式：法兰； 5. 焊接方法：对焊	副	2			

13. 板卷管制作工程量计算

（1）分部工程的组成。该分部工程包括碳钢板直管制作、不锈钢板直管制作、铝及铝合金板直管制作 3 个清单项目。

（2）清单工程量计算规则。以“t”计量，按设计图示质量计算。

14. 管件制作工程量计算

（1）分部工程的组成。该分部工程包括碳钢板管件制作、不锈钢板管件制作、铝及铝合金板管件制作、碳钢管虾体弯制作、中压螺旋卷管虾体弯制作、不锈钢管虾体弯制作、铝及铝合金管虾体弯制作、铜及铜合金管虾体弯制作、管道机械煨弯、管道中频煨弯、塑料管煨弯 11 个清单项目。

（2）清单工程量计算规则。

1）碳钢板管件制作、不锈钢板管件制作、铝及铝合金板管件制作。以“t”计量，按设计图示质量计算。

2）各类虾体弯制作、管道煨弯。以“个”计量，按设计图示数量计算。

（3）工程量计算及清单列项的注意事项。管件包括弯头、三通、异径管；异径管按大头口径计算，三通按主管口径计算。

15. 管架制作安装工程量计算

（1）分部工程的组成。该分部工程包括管架制作安装 1 个清单项目。

（2）清单工程量计算规则。以“kg”计量，按设计图示质量计算。

（3）工程量计算及清单列项的注意事项。

1）单件支架质量有100kg以下和100kg以上时，应分别列项。

2）支架衬垫需注明采用何种衬垫，如防腐木垫、不锈钢衬垫、铝衬垫等。

3）采用弹簧减震器时需注明是否做相应试验。

16. 无损探伤与热处理工程量计算

（1）分部工程的组成。该分部工程包括管材表面超声波探伤，管材表面磁粉探伤，焊缝X射线探伤，焊缝γ射线探伤，焊缝超声波探伤，焊缝磁粉探伤，焊缝渗透探伤，焊前预热、后热处理，焊口热处理9个清单项目。

（2）清单工程量计算规则。

1）管材表面超声波探伤、管材表面磁粉探伤。以“m”计量，按管材无损探伤长度计算；或以“m^2”计量，按管材表面探伤检测面积计算。

2）焊缝X射线探伤、焊缝γ射线探伤。以“张”或“口”计量，按规范或设计技术要求计算。

3）焊缝超声波探伤，焊缝磁粉探伤，焊缝渗透探伤、焊前预热、后热处理，焊口热处理。以“口”计量，按规范或设计技术要求计算。

（3）工程量计算及清单列项的注意事项。

探伤项目包括固定探伤仪支架的制作、安装。

【例2–20】例2–3是某氧气加压站工艺管道系统（图2.3.1）。管道安装完毕做气压试验，然后对L3–ϕ108×5管道焊口均做X射线无损探伤，胶片规格为80mm×150mm，其焊口数量为6个。试计算焊缝X射线无损探伤工程量并进行清单列项。

解：管道焊接探伤片子的搭接长度为25mm。

1个焊口探伤所需胶片：3.14×0.108÷（0.15–0.025×2）=3.39，取4张。

6个焊口探伤所需胶片：4×6=24（张）。

工业管道工程无损探伤清单列项示例见表2.3.21。

表2.3.21 工业管道工程无损探伤清单列项示例

序号	项目编码	项目名称	项目特征	计量单位	工程量	金额（元）		
						综合单价	合价	其中 暂估价
1	030816003001	焊缝X射线探伤	1. 名称：X射线无损探伤； 2. 底片规格：80mm×150mm； 3. 管壁厚度：10mm	张	24			

17. 其他项目制作安装工程量计算

（1）分部工程的组成。该分部工程包括冷排管制作安装，分、集汽（水）缸制作安装，空气分气筒制作安装，空气调节喷雾管安装，钢制排水漏斗制作安装，水位计安装，手摇泵安装，套管制作安装8个清单项目。

（2）清单工程量计算规则。

1）冷排管制作安装。以“m”计量，按设计图示以长度计算。

2）分、集汽（水）缸制作安装，套管制作安装。以“台”计量，按设计图示数量计算。

3）空气分气筒制作安装、空气调节喷雾管安装、水位计安装。以“组”计量，按设计图示数量计算。

4）钢制排水漏斗制作安装、手摇泵安装。以“个”计量，按设计图示数量计算。

（3）工程量计算及清单列项的注意事项。

1）冷排管制作安装项目中包括钢带退火、加氨，冲、套翅片，按设计要求计算。

2）钢制排水漏斗制作安装，其口径规格按下口公称直径描述。

3）套管制作安装，适用于穿基础、墙、楼板等部位的防水套管、一般钢套管及防火套管等，应分别列项。

十、消防工程计量

（一）消防工程计算规范概述

1. 基本内容

《安装工程计算规范》附录J为消防工程，主要内容包括水灭火系统，气体灭火系统，泡沫灭火系统，火灾自动报警系统，消防系统调试。

2. 与其他计算规范的关系

（1）与市政给水管道的界限。以与市政给水管道碰头点（井）为界。

（2）与通用安装工程其他附录的界限。

1）消防管道如需进行探伤，应按《安装工程计算规范》附录H工业管道工程相关项目编码列项。

2）消防管道上的阀门、管道及设备支架、套管制作安装，应按《安装工程计算规范》附录K给排水、采暖、燃气工程相关项目编码列项。

3）管道及设备除锈、刷油、保温除注明者外，均应按《安装工程计算规范》附录M刷油、防腐蚀、绝热工程相关项目编码列项。

4）消防工程措施项目，应按《安装工程计算规范》附录N措施项目相关项目编码列项。

（二）消防工程工程量计算规范

1. 水灭火系统工程量计算

（1）分部工程的组成。该分部工程包括水喷淋钢管、消火栓钢管、水喷淋（雾）喷头、报警装置、温感式水幕装置、水流指示器、减压孔板、末端试水装置、集热板制作安装、室内消火栓、室外消火栓、消防水泵接合器、灭火器、消防水炮14个清单项目。

（2）管道界限的划分。

1）喷淋系统水灭火管道：室内外界限划分应以建筑物外墙皮1.5m为界，入口处设阀门者应以阀门为界；设在高层建筑物内消防泵间管道应以泵间外墙皮为界。

2）消火栓管道：给水管道室内外界限划分应以外墙皮1.5m为界，入口处设阀门者应以阀门为界。

（3）清单工程量计算规则。

1）水喷淋钢管和消火栓钢管。以“m”计量，按设计图示管道中心线以长度计算，不扣除阀门、管件及各种组件所占长度以延长米计算。

2）水喷淋（雾）喷头。以“个”计量，按设计图示数量计算。安装部位应区分有吊顶、无吊顶。

3）报警装置。以“组”计量，按设计图示数量计算。

报警装置适用于湿式报警装置、干湿两用报警装置、电动雨淋报警装置、预作用报警装置等报警装置安装。报警装置安装包括装配管（除水力警铃进水管）的安装，水力警铃进水管并入消防管道工程量。其中，报警装置成套产品包括的内容见表 2.3.22。

表 2.3.22 报警装置成套产品包括的内容

序号	项目名称	包括内容
1	湿式报警装置	湿式阀、蝶阀、装配管、供水压力表、装置压力表、试验阀、泄放试验阀、泄放试验管、试验管流量计、过滤器、延时器、水力警铃、报警截止阀、漏斗、压力开关等
2	干湿两用报警装置	两用阀、蝶阀、装配管、加速器、加速器压力表、供水压力表、试验阀、泄放试验阀（湿式、干式）、挠性接头、泄放试验管、试验管流量计、排气阀、截止阀、漏斗、过滤器、延时器、水力警铃、压力开关等
3	电动雨淋报警装置	雨淋阀、蝶阀、装配管、压力表、泄放试验阀、流量表、截止阀、注水阀、止回阀、电磁阀、排水阀、手动应急球阀、报警试验阀、漏斗、压力开关、过滤器、水力警铃等
4	预作用报警装置	干式报警阀、控制蝶阀、压力表、流量表、截止阀、排放阀、注水阀、止回阀、泄放阀、报警试验阀、液压切断阀、装配管、供水检验管、气压开关、试压电磁阀、空压机、应急手动试压器、漏斗、过滤器、水力警铃等

4）温感式水幕装置。以“组”计量，按设计图示数量计算。包括给水三通至喷头、阀门间的管道、管件、阀门、喷头等全部内容的安装。

5）水流指示器、减压孔板、集热板制作安装。以“个”计量，按设计图示数量计算。减压孔板若在法兰盘内安装，其法兰计入组价中。

6）末端试水装置。以“组”计量，按设计图示数量计算。包括压力表、控制阀等附件安装。末端试水装置安装中不含连接管及排水管安装，其工程量并入消防管道。

7）室内消火栓、室外消火栓。以“套”计量，按设计图示数量计算。

室内消火栓包括消火栓箱、消火栓、水枪、水龙头、水龙带接扣、自救卷盘、挂架、消防按钮；落地消火栓箱包括箱内手提灭火器。

室外消火栓，安装方式分地上式、地下式。地上式消火栓安装包括地上式消火栓、法兰接管、弯管底座；地下式消火栓安装包括地下式消火栓、法兰接管、弯管底座或消火栓三通。

8）消防水泵接合器。以“套”计量，按设计图示数量计算。包括法兰接管及弯头安装，接合器井内阀门、弯管底座、标牌等附件安装。

9）灭火器。以“具”或“组”计量，按设计图示数量计算。

10）消防水炮。以“台”计量，按设计图示数量计算。消防水炮分普通手动水炮、智能控制水炮。

2. 气体灭火系统工程量计算

（1）分部工程的组成。该分部工程包括无缝钢管、不锈钢管、不锈钢管件、气体驱动装置管道、选择阀、气体喷头、贮存装置、称重检漏装置、无管网气体灭火装置9个清单项目。

（2）清单工程量计算规则。

1）无缝钢管、不锈钢管、气体驱动装置管道。以“m”计量，按设计图示管道中心线以长度计算，不扣除阀门、管件及各种组件所占长度以延长米计算。

2）不锈钢管件、选择阀、气体喷头。以“个”计量，按设计图示数量计算。

3）贮存装置、称重检漏装置、无管网气体灭火装置。以套计量，按设计图示数量计算。

（3）工程量计算及清单列项的注意事项。

1）气体灭火介质，包括七氟丙烷灭火系统、IG541灭火系统、二氧化碳灭火系统等。

2）气体驱动装置管道安装，包括卡、套连接件。

3）贮存装置安装，包括灭火剂存储器、驱动气瓶、支框架、集流阀、容器阀、单向阀、高压软管和安全阀等贮存装置和阀驱动装置、减压装置、压力指示仪等。

4）无管网气体灭火系统由柜式预制灭火装置、火灾探测器、火灾自动报警灭火控制器等组成，具有自动控制和手动控制两种启动方式。无管网气体灭火装置安装，包括气瓶柜装置（内设气瓶、电磁阀、喷头）和自动报警控制装置（包括控制器，烟、温感，声光报警器，手动报警器，手/自动控制按钮）等。

3. 泡沫灭火系统工程量计算

（1）分部工程的组成。该分部工程包括碳钢管、不锈钢管、铜管、不锈钢管件、铜管管件、泡沫发生器、泡沫比例混合器、泡沫液贮罐8个清单项目。

（2）清单工程量计算规则。

1）碳钢管、不锈钢管、铜管。以“m”计量，按设计图示管道中心线以长度计算，不扣除阀门、管件及各种组件所占长度以延长米计算。

2）不锈钢管件、铜管管件。以“个”计量，按设计图示数量计算。

3）泡沫发生器、泡沫比例混合器、泡沫液贮罐。按“台”计量，按设计图示数量计算。

（3）工程量计算及清单列项的注意事项。

1）泡沫发生器、泡沫比例混合器安装，包括整体安装、焊法兰、单体调试及配合管道试压时隔离本体所消耗的工料。

2）泡沫液贮罐内如需充装泡沫液，应明确描述泡沫灭火剂品种、规格。

4. 火灾自动报警系统工程量计算

（1）分部工程的组成。该分部工程包括点型探测器、线型探测器、按钮、消防警铃、声光报警器、消防报警电话插孔（电话）、消防广播（扬声器）、模块（模块箱）、区域报警控制箱、联动控制箱、远程控制箱（柜）、火灾报警系统控制主机、联动控制主机、消防广播及对讲电话主机（柜）、火灾报警控制微机（CRT）、备用电源及电池主机（柜）、报警联动一体机17个清单项目。

（2）清单工程量计算规则。

1）点型探测器、按钮、消防警铃、声光报警器、消防广播（扬声器）。以“个”计量，按设计图示数量计算。点型探测器包括火焰、烟感、温感、红外光束、可燃气体探测器等。

2）线型探测器。以“m”计量，按设计图示长度计算。

3）防报警电话插孔（电话）。以“个”或“部”计量，按设计图示数量计算。

4）模块（模块箱）。以“个”或“台”计量，按设计图示数量计算。

5）区域报警控制箱、联动控制箱、远程控制箱（柜）、火灾报警系统控制主机、联动控制主机、消防广播及对讲电话主机（柜）、火灾报警控制微机（CRT）、报警联动一体机。以“台”计量，按设计图示数量计算。

6）备用电源及电池主机（柜）。以“套”计量，按设计图示数量计算。

（3）工程量计算及清单列项的注意事项。

1）消防报警系统配管、配线、接线盒均应按《安装工程计算规范》附录D电气设备安装工程相关项目编码列项。

2）消防广播及对讲电话主机包括功放、录音机、分配器、控制柜等设备。

3）点型探测器包括火焰、烟感、温感、红外光束、可燃气体探测器等。

5. 消防系统调试工程量计算

（1）分部工程的组成。该分部工程包括自动报警系统调试、水灭火控制装置调试、防火控制装置调试、气体灭火系统装置调试4个清单项目。

（2）清单工程量计算规则。

1）自动报警系统调试。以“系统”计量，按系统计算。

2）水灭火控制装置调试。以“点”计量，按控制装置的点数计算。

3）防火控制装置调试。以“个”或“部”计量，按设计图示数量计算。

4）气体灭火系统装置调试。以“点”计量，按调试、检验和验收所消耗的试验容器总数计算。

（3）工程量计算及清单列项的注意事项。

1）自动报警系统，包括各种探测器、报警器、报警按钮、报警控制器、消防广播、消防电话等组成的报警系统；按不同点数以“系统”计量。

2）水灭火控制装置、自动喷洒系统按水流指示器数量以“点（支路）”计量；消火栓系统按消火栓起泵按钮数量以“点”计量；消防水炮系统按水炮数量以“点”计量。

3）防火控制装置，包括电动防火门、防火卷帘门、正压送风阀、排烟阀、防火控制阀、消防电梯等防火控制装置。电动防火门、防火卷帘门、正压送风阀、排烟阀、防火控制阀等调试以“个”计量，消防电梯以“部”计量。

4）气体灭火系统调试，是由七氟丙烷、IG541、二氧化碳等组成的灭火系统；按气体灭火系统装置的瓶头阀以“点”计量。

十一、给排水、采暖、燃气工程计量

（一）给排水、采暖、燃气工程计算规范概述

1. 基本内容

《安装工程计算规范》附录K为给排水、采暖、燃气工程，主要内容包括给排水、采

暖、燃气管道，支架及其他，管道附件，卫生器具，供暖器具，采暖、给排水设备，燃气器具及其他，医疗气体设备及附件以及采暖、空调水工程系统调试。

2. 与其他计算规范的关系

（1）与市政工程管网工程的界限。

1）室外给排水、采暖、燃气管道以市政管道碰头井为界，如图 2.3.9 所示。

2）厂区、住宅小区的庭院喷灌及喷泉水设备安装按给排水、采暖、燃气工程相应项目执行。

3）公共庭院喷灌及喷泉水设备安装按现行国家标准《市政工程工程量计算规范》GB 50857-2013 管网工程的相应项目执行。

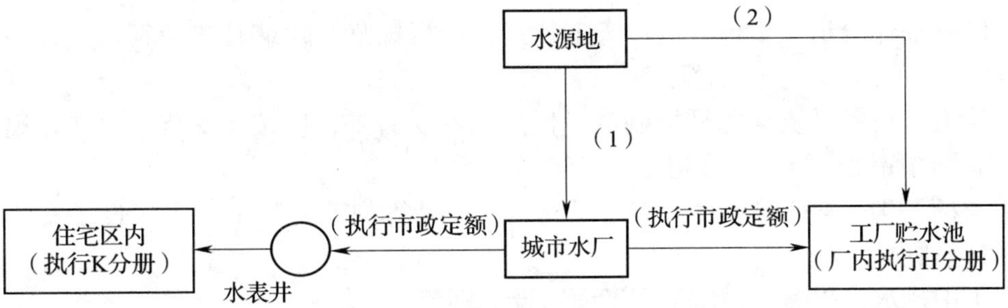

（a）给水管道与市政工程管网工程的界限示意图

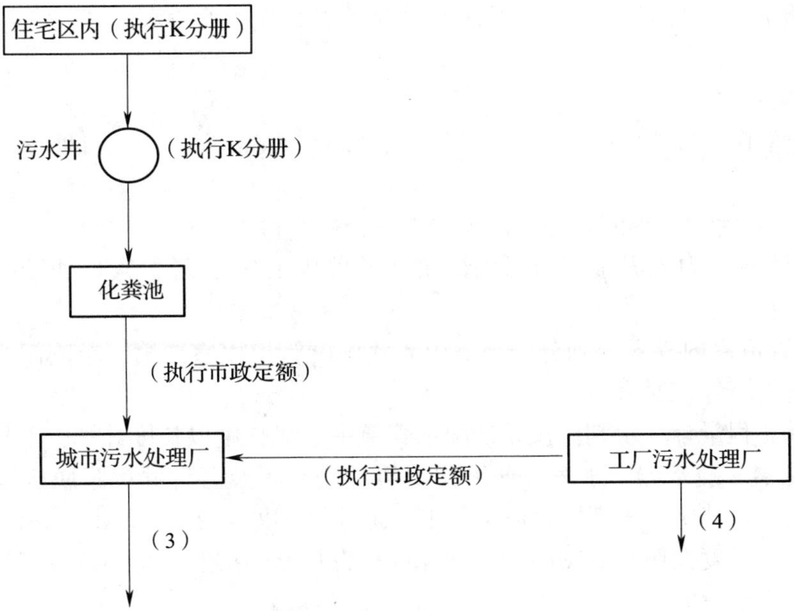

（b）排水管道与市政工程管网工程的界限示意图

图 2.3.9　给水管道、排水管道与市政工程管网工程的界限示意图

注：（1）、（2）为水源管道，（3）、（4）为总排水管道。

（1）、（2）和（3）、（4）若为城市供、排水（住宅小区除外）管道时，应执行 2020 年《四川省建设工程工程量清单计价定额——市政工程》相应项目。

（2）与房屋建筑与装饰工程及市政工程的界限。管沟、坑及井类的土方开挖、垫层、基础、砌筑、抹灰、地沟盖板预制安装、回填、运输、路面开挖及修复、管道支墩的项目，按现行国家标准《房屋建筑与装饰工程工程量计算规范》GB 50854–2013 和《市政工程工程量计算规范》GB 50857–2013 的相应项目执行。见本节例 2–23。

（3）与通用安装工程其他附录的界限。

1）采暖管道与《安装工程计算规范》附录 H 工业管道工程界限应以锅炉房或泵站外墙皮 1.5m 为界；工厂车间内采暖管道以采暖系统与工业管碰头点为界；设在高层建筑内的加压泵间管道以泵间外墙皮为界。

2）管道热处理、无损探伤，应按《安装工程计算规范》附录 H 工业管道工程相关项目编码列项。

3）医疗气体管道及附件，应按《安装工程计算规范》附录 H 工业管道工程相关项目编码列项。

4）管道、设备及支架除锈、刷油、保温除注明者外，应按《安装工程计算规范》附录 M 刷油、防腐蚀、绝热工程相关项目编码列项。

5）凿槽（沟）、打洞项目，应按《安装工程计算规范》附录 D 电气设备安装工程相关项目编码列项。

（二）给排水、采暖、燃气工程工程量计算规范

1. 给排水、采暖、燃气管道工程量计算

（1）分部工程的组成。该分部工程包括镀锌钢管、钢管、不锈钢管、铜管、铸铁管、塑料管、复合管、直埋式预制保温管、承插陶瓷缸瓦管、承插水泥管及室外管道碰头 11 个清单项目。

（2）管道界限的划分。

1）给水管道室内外界限划分：以建筑物外墙皮 1.5m 为界，入口处设阀门者以阀门为界。

2）排水管道室内外界限划分：以出户第一个排水检查井为界。

3）采暖管道室内外界限划分：以建筑物外墙皮 1.5m 为界，入口处设阀门者以阀门为界。

4）燃气管道室内外界限划分：地下引入室内的管道以室内第一个阀门为界，地上引入室内的管道以墙外三通为界。

（3）清单工程量计算规则。按设计图示管道中心线长度以长度计算，不扣除阀门、管件（包括减压器、疏水器、水表、伸缩器等组成安装）及各种井类附属构筑物所占的长度；方形伸缩器以其所占长度按管道安装工程量计算（见例 2–23）。

管道的水平长度按照平面图的尺寸计算；垂直长度则按照系统图的标高计算。室内水平管道的坡度不予考虑。

【例 2–21】某卫生间给水系统部分管道，管道材质为 PP–R 塑料管，热熔连接，见图 2.3.10。根据图示尺寸（单位：m）试计算该部分管道的工程量。

解：给水管道工程量计算如下：

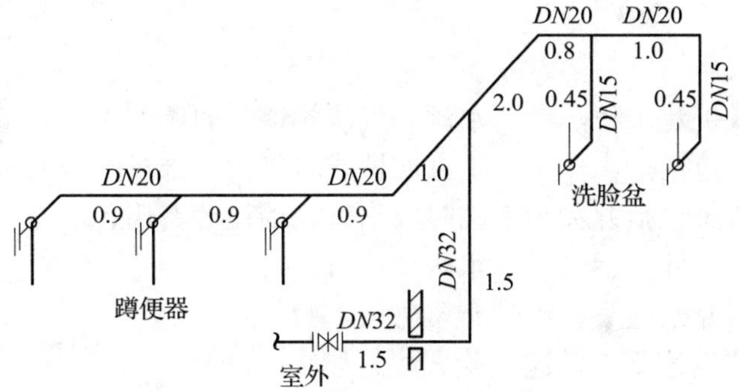

图 2.3.10　某卫生间给水系统示意图

*DN*32：1.5+1.5=3.0（m）

*DN*20：1.0+0.9+0.9+0.9+2.0+0.8+1.0=7.5（m）

*DN*15：0.45+0.45=0.9（m）

【例 2–22】根据例 2–21 中计算出的给水管道安装工程量，编制 *DN*32 管道安装的工程量清单。

解：编制分部分项工程量清单如表 2.3.23 所示。

表 2.3.23　给排水、采暖、燃气管道工程量清单列项示例

序号	项目编码	项目名称	项目特征	计量单位	工程量	金额（元）		
						综合单价	合价	其中
								暂估价
1	031001006001	塑料管	1. 安装部位：室内； 2. 介质：给水； 3. 材质、规格：PP–R，*DN*32； 4. 连接形式：热熔连接； 5. 压力试验及吹、洗设计要求：水压试验，管道消毒、冲洗	m	3.0			

（4）工程量计算及清单列项的注意事项。

1）管道安装部位指管道安装在室内、室外。

2）输送介质包括给水、排水、中水、雨水、热媒体、燃气和空调水等。

3）方形补偿器制作安装应含在管道安装综合单价中。

4）铸铁管安装适用于承插铸铁管、球墨铸铁管、柔性抗震铸铁管等。

5）塑料管安装适用于 UPVC、PVC、PP–C、PP–R、PE、PB 管等塑料管材。

6）复合管安装适用于钢塑复合管、铝塑复合管、钢骨架复合管等复合型管道安装。

7）直埋保温管包括直埋保温管件安装及接口保温。

8）排水管道安装包括立管检查口、透气帽。

塑料管安装项目特征应描述是否设置阻火圈或止水环，按设计图纸或规范要求计入综合单价中。

9）室外管道碰头：

①适用于新建或扩建工程热源、水源、气源管道与原（旧）有管道碰头；

②室外管道碰头包括挖工作坑、土方回填或暖气沟局部拆除及修复；

③带介质管道碰头包括开关闸、临时放水管线铺设等费用；

④热源管道碰头每处包括供、回水两个接口；

⑤碰头形式指带介质碰头、不带介质碰头。

10）压力试验按设计要求描述试验方法，如水压试验、气压试验、泄漏性试验、闭水试验、通球试验、真空试验等。

11）吹、洗按设计要求描述吹扫、冲洗方法，如水冲洗、消毒冲洗、空气吹扫等。

【例 2–23】图 2.3.11 所示为某住宅小区室外热水管网平面布置图。该管道系统工作压力为 1.0MPa，热水温度为 95℃。图中平面尺寸均以相对坐标标注，单位以“m”计；详图尺寸以“mm”计。

管道敷设于管沟（高 600mm × 宽 800mm）内，管道均采用 20 号碳钢无缝钢管。弯头采用成品冲压弯头、异径管，三通现场挖眼连接。管道系统全部采用手工电弧焊焊接。

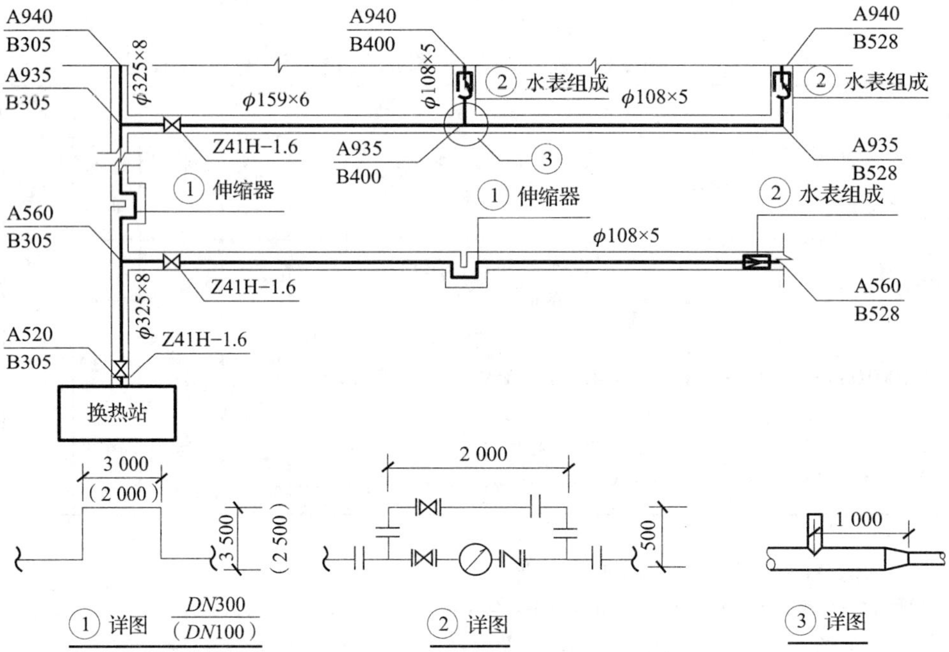

图 2.3.11 某住宅小区室外热水管网平面布置图

试计算管道安装及管沟的清单工程量并编制分部分项工程量清单。

解：管道 $\phi 325\times 8$ 工程量：（940–520）+2 × 3.5=427（m）

管道 $\phi 159\times 6$ 工程量：（400–305）+1=96（m）

管道 $\phi 108\times 5$ 工程量：（528–400–1）+（528–305+2 × 2.5）+（940–935）× 2=365（m）

管沟工程量：427 × 0.6 × 0.8+96 × 0.6 × 0.8+365 × 0.6 × 0.8=426.24（m^3）

编制分部分项工程量清单如表2.3.24所示。因为方形补偿器制作安装应含在管道安装综合单价中，因此项目特征中对方形补偿器进行了描述。

表2.3.24　分部分项工程和单价措施项目清单与计价表

序号	项目编码	项目名称	项目特征	计量单位	工程量	金额（元）		
						综合单价	合价	其中 暂估价
1	031001002001	钢管	1. 安装部位：室外管沟； 2. 介质：热水； 3. 材质、规格：20号碳钢无缝钢管，$\phi 325\times 8$； 4. 连接形式：电弧焊接； 5. 压力试验及吹、洗设计要求：水压试验，管道消毒、冲洗； 6. 方形补偿器1个	m	427			
2	031001002002	钢管	1. 安装部位：室外管沟； 2. 介质：热水； 3. 材质、规格：20号碳钢无缝钢管，$\phi 159\times 6$； 4. 连接形式：电弧焊接； 5. 压力试验及吹、洗设计要求：水压试验，管道消毒、冲洗	m	96			
3	031001002003	钢管	1. 安装部位：室外管沟； 2. 介质：热水； 3. 材质、规格：20号碳钢无缝钢管，$\phi 108\times 5$； 4. 连接形式：电弧焊接； 5. 压力试验及吹、洗设计要求：水压试验，管道消毒、冲洗； 6. 方形补偿器1个	m	365			
4	010101007001	管沟土方	1. 土壤类别：综合类； 2. 管径：DN100、DN150、DN300； 3. 管沟：600×800； 4. 回填要求：夯填	m^3	426.24			

2. 支架及其他工程量计算

（1）分部工程的组成。该分部工程包括管道支吊架、设备支吊架、套管3个分项工程。

（2）清单工程量计算规则。

1）管道支架和设备支架。以“kg”计量，按设计图示质量计算；或以“套”计量，按设计图示数量计算。

2）套管。以“个”计量，按设计图示数量计算。

【例2-24】如图2.3.12所示。管道沿墙安装，支架为角钢L50×5，ϕ10圆钢管卡，管架间距为3m。经计算管道安装长度为25m，试计算支架制作安装工程量。圆钢、等边角钢规格重量表见表2.3.25。

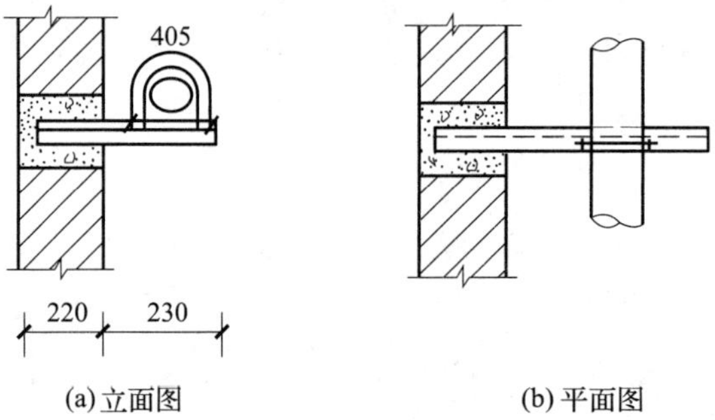

图2.3.12 管道支架

表2.3.25 圆钢、等边角钢规格重量表

圆钢规格重量表		等边角钢规格重量表	
直径（mm）	理论重量（kg/m）	直径（mm）	理论重量（kg/m）
10	0.617	50×5	3.77

解： 角钢每个重：（0.22+0.23）×3.77=1.7（kg/个）

圆钢管卡每个重：0.405×0.617=0.25（kg/个）

支架每个重：1.7+0.25=1.95（kg/个）

管道支架数量：25÷3≈9（个）

支架制作安装工程量：1.95×9=17.55（kg）

当管道、设备支架需除锈刷油时，按相应清单列项计算。

（3）工程量计算及清单列项的注意事项。

1）单件支架质量100kg以上的管道支吊架执行设备支吊架制作安装。

2）成品支吊架安装执行相应管道支吊架或设备支吊架项目，不再计取制作费，支吊架本身价值含在综合单价中。

3）套管制作安装，适用于穿基础、墙、楼板等部位的防水套管、填料套管、无填料套管及防火套管等，应分别列项。

3. 管道附件工程量计算

（1）分部工程的组成。该分部工程包括螺纹阀门、螺纹法兰阀门、焊接法兰阀门、带短管甲乙阀门、塑料阀门、减压器、疏水器、除污器（过滤器）、补偿器、软接头（软管）、法兰、倒流防止器、水表、热量表、塑料排水管消声器、浮标液面计、浮漂水位标尺 17 个清单项目。

（2）清单工程量计算规则。

1）螺纹阀门、螺纹法兰阀门、焊接法兰阀门、带短管甲乙阀门、塑料阀门、补偿器、塑料排水管消声器。以“个”计量，按设计图示数量计算。

2）减压器、疏水器、除污器（过滤器）、浮标液面计。以“组”计量，按设计图示数量计算。

3）软接头（软管）、水表。按“个”或“组”计量，按设计图示数量计算。见例 2–25 水表清单项的项目特征描写。

4）法兰。按“副（片）”计量，按设计图示数量计算。

5）倒流防止器、浮漂水位标尺。按“套”计量，按设计图示数量计算。

6）热量表。按“块”计量，按设计图示数量计算。

【例 2–25】 例 2–23 为某住宅小区室外热水管网平面布置图。图 2.3.12 中，闸阀型号为 Z41H–1.6，止回阀型号为 H41H–1.6，水表采用水平螺翼式法兰连接，管网所用法兰均采用碳钢平焊法兰连接。

试对该热水管网系统中的管道附件进行清单列项。

解： 给排水、采暖、燃气工程管道附件工程量清单列项示例见表 2.3.26。

表 2.3.26　给排水、采暖、燃气工程管道附件工程量清单列项示例

序号	项目编码	项目名称	项目特征	计量单位	工程量	金额（元）		
						综合单价	合价	其中 暂估价
1	031003003001	焊接法兰阀门	1. 类型：闸阀； 2. 材质：碳钢； 3. 规格、压力等级：*DN*300、Z41H–1.6； 4. 连接形式：法兰连接； 5. 焊接方法：平焊	个	1			
2	031003003002	焊接法兰阀门	1. 类型：闸阀； 2. 材质：碳钢； 3. 规格、压力等级：*DN*150、Z41H–1.6； 4. 连接形式：法兰连接； 5. 焊接方法：平焊	个	1			

续表 2.3.26

序号	项目编码	项目名称	项 目 特 征	计量单位	工程量	金额（元）		
						综合单价	合价	其中
								暂估价
3	031003003003	焊接法兰阀门	1. 类型：闸阀； 2. 材质：碳钢； 3. 规格、压力等级：DN100、Z41H-1.6； 4. 连接形式：法兰连接； 5. 焊接方法：平焊	个	1			
4	031003013001	水表	1. 安装部位：室外； 2. 型号、规格：水平螺翼式、DN100； 3. 连接形式：法兰连接； 4. 附件配置：截止阀 2 个，止回阀 1 个，法兰片 3 副	组	3			
5	031003011001	法兰	1. 材质：碳钢； 2. 型号、规格：1.0MPa、DN300； 3. 连接形式：平焊法兰连接	副	1			
6	031003011002	法兰	1. 材质：碳钢； 2. 型号、规格：1.0MPa、DN150； 3. 连接形式：平焊法兰连接	副	1			
7	031003011003	法兰	1. 材质：碳钢； 2. 型号、规格：1.0MPa、DN100； 3. 连接形式：平焊法兰连接	副	4			

（3）工程量计算及清单列项的注意事项。

1）法兰阀门安装包括法兰连接，不得另计。阀门安装如仅为一侧法兰连接时，应在项目特征中描述。法兰清单项是指单独安装的法兰。

2）塑料阀门连接形式需注明热熔连接、黏接、热风焊接等方式。

3）减压器规格按高压侧管道规格描述。

4）减压器、疏水器、倒流防止器等项目包括组成与安装工作内容，项目特征应根据设计要求描述附件配置情况，或根据 ×× 图集或 ×× 施工图做法描述。

4. 卫生器具工程量计算

（1）分部工程的组成。该分部工程包括浴缸，净身盆，洗脸盆，洗涤盆，化验盆，大便器，小便器，其他成品卫生器具，烘手器，淋浴器，淋浴间，桑拿浴房，大、小便槽自动冲洗水箱，给、排水附（配）件，小便槽冲洗管，蒸汽－水加热器，冷热水混合器，饮水器，隔油器 19 个清单项目。

（2）清单工程量计算规则。

1）浴缸、净身盆、洗脸盆、洗涤盆、化验盆、大便器、小便器、其他成品卫生器具。以“组”计量，按设计图示数量计算。成品卫生器具项目中的附件安装，主要指给水附件，包括水嘴、阀门、喷头等，排水配件包括存水弯、排水栓、下水口等以及配备的连接管。

2）烘手器。以“个”计量，按设计图示数量计算。

3）淋浴器，淋浴间，桑拿浴房，大、小便槽自动冲洗水箱。以“套”计量，按设计图示数量计算。

4）给、排水附（配）件。以“个”或“组”计量，按设计图示数量计算。给、排水附（配）件是指独立安装的水嘴、地漏、地面扫除口等。

5）小便槽冲洗管。以“m”计量，按设计图示长度计算。

6）蒸汽－水加热器、冷热水混合器、饮水器、隔油器。以“套”计量，按设计图示数量计算。

（3）工程量计算及清单列项的注意事项。

1）浴缸支座和浴缸周边的砌砖、瓷砖粘贴，应按现行国家标准《房屋建筑与装饰工程工程量计算规范》GB 50854 相关项目编码列项；功能性浴缸不含电机接线和调试，应按《安装工程计算规范》附录 D 电气设备安装工程相关项目编码列项。

2）洗脸盆适用于洗脸盆、洗发盆、洗手盆安装。

3）器具安装中若采用混凝土或砖基础，应按现行国家标准《房屋建筑与装饰工程工程量计算规范》GB 50854 相关项目编码列项。

5. 供暖器具工程量计算

（1）分部工程的组成。该分部工程包括铸铁散热器、钢制散热器、其他成品散热器、光排管散热器、暖风机、地板辐射采暖、热媒集配装置、集气罐 8 个清单项目。

（2）清单工程量计算规则。

1）铸铁散热器、钢制散热器、其他成品散热器。以“片”或“组”计量，按设计图示数量计算。

2）光排管散热器。以“m”计量，按设计图示排管长度计算。

3）暖风机、热媒集配装置。以“台”计量，按设计图示数量计算。

4）地板辐射采暖。以“m^2”计量，按设计图示采暖房间净面积计算；或以“m”计量，按设计图示管道长度计算。

5）集气罐。以“个”计量，按设计图示数量计算。

（3）工程量计算及清单列项的注意事项。

1）铸铁散热器，包括拉条制作安装。

2）钢制散热器结构形式，包括钢制闭式、板式、壁板式、扁管式及柱式散热器等，应分别列项计算。

3）光排管散热器，包括联管制作安装。

4）地板辐射采暖，包括与分集水器连接和配合地面浇注用工。

6. 采暖、给排水设备工程量计算

（1）分部工程的组成。该分部工程包括变频给水设备，稳压给水设备，无负压给水设备，气压罐，太阳能集热装置，地源（水源、气源）热泵机组，除砂器，水处理器，超声波灭藻设备，水质净化器，紫外线杀菌设备，热水器、开水炉，消毒器、消毒锅，直饮水设备，水箱15个清单项目。

（2）清单工程量计算规则。

1）变频给水设备、稳压给水设备、无负压给水设备、太阳能集热装置、直饮水设备。以“套”计量，按设计图示数量计算。

2）气压罐，除砂器，水处理器，超声波灭藻设备，水质净化器，紫外线杀菌设备，热水器、开水炉，消毒器、消毒锅，水箱。以“台”计量，按设计图示数量计算。

3）地源（水源、气源）热泵机组。以“套”计量，按设计图示数量计算。

（3）工程量计算及清单列项的注意事项。

1）变频给水设备、稳压给水设备、无负压给水设备安装，说明：

①压力容器包括气压罐、稳压罐、无负压罐。

②水泵包括主泵及备用泵，应注明数量。

③附件包括给水装置中配备的阀门、仪表、软接头，应注明数量，含设备、附件之间管路连接。

④泵组底座安装，不包括基础砌（浇）筑，应按现行国家标准《房屋建筑与装饰工程工程量计算规范》GB 50854相关项目编码列项。

⑤控制柜安装及电气接线、调试应按《安装工程计算规范》附录D电气设备安装工程相关项目编码列项。

2）地源热泵机组，接管以及接管上的阀门、软接头、减震装置和基础另行计算，应按相关项目编码列项。

7. 燃气器具及其他工程量计算

（1）分部工程的组成。该分部工程包括燃气开水炉，燃气采暖炉，燃气沸水器、消毒器，燃气热水器，燃气表，燃气灶具，气嘴，调压器，燃气抽水缸，燃气管道调长器，调压箱、调压装置，引入口砌筑12个清单项目。

（2）清单工程量计算规则。

1）燃气开水炉，燃气采暖炉，燃气沸水器、消毒器，燃气热水器，燃气灶具，调压器，调压箱、调压装置。以“台”计量，按设计图示数量计算。

2）燃气表。以“块”或“台”计量，按设计图示数量计算。

3）气嘴、燃气抽水缸、燃气管道调长器。以“个”计量，按设计图示数量计算。

4）引入口砌筑。以“处”计量，按设计图示数量计算。

（3）工程量计算及清单列项的注意事项。

1）沸水器、消毒器适用于容积式沸水器、自动沸水器、燃气消毒器等。

2）燃气灶具适用于人工煤气灶具、液化石油气灶具、天然气燃气灶具等，用途应描述民用或公用，类型应描述所采用气源。

3）调压箱、调压装置安装部位应区分室内、室外。

4）引入口砌筑形式，应注明地上、地下。

8. 医疗气体设备及附件工程量计算

（1）分部工程的组成。该分部工程包括制氧机、液氧罐、二级稳压箱、气体汇流排、集污罐、刷手池、医用真空罐、气水分离器、干燥机、储气罐、空气过滤器、集水器、医疗设备带、气体终端14个清单项目。

（2）清单工程量计算规则。

1）制氧机、液氧罐、二级稳压箱、医用真空罐、气水分离器、干燥机、储气罐、集水器。以“台”计量，按设计图示数量计算。

2）气体汇流排、刷手池。以“组”计量，按设计图示数量计算。

3）集污罐、空气过滤器、气体终端。以“个”计量，按设计图示数量计算。

4）医疗设备带。以“m”计量，按设计图示长度计算。

（3）工程量计算及清单列项的注意事项。

1）气体汇流排适用于氧气、二氧化碳、氮气、笑气、氩气、压缩空气等医用气体汇流排安装。

2）空气过滤器适用于医用气体预过滤器、精过滤器、超精过滤器等安装。

9. 采暖、空调水工程系统调试工程量计算

（1）分部工程的组成。该分部工程包括采暖工程系统调试、空调水工程系统调试2个清单项目。

（2）清单工程量计算规则。

1）采暖工程系统调试。以“系统”计量，按采暖工程系统计算。

2）空调水工程系统调试。以“系统”计量，按空调水工程系统计算。

（3）工程量计算及清单列项的注意事项。

1）由采暖管道、阀门及供暖器具组成采暖工程系统。

2）由空调水管道、阀门及冷水机组组成空调水工程系统。

3）当采暖工程系统、空调水工程系统中管道工程量发生变化时，系统调试费用应作相应调整。

十二、通信设备及线路工程计量

（一）通信设备及线路工程计算规范概述

1. 基本内容

《安装工程计算规范》附录L为通信设备及线路工程，主要内容包括通信设备，移动通信设备，通信线路工程。

2. 与其他计算规范的关系

（1）与房屋建筑与装饰工程、市政工程的界限。

破路面、管沟挖填、基底处理、混凝土管道敷设等工程，应按现行国家标准《房屋建筑与装饰工程工程量计算规范》GB 50854、《市政工程工程量计算规范》GB 50857相关项目编码列项。

（2）与通用安装工程其他附录的界限。

1）建筑与建筑群综合布线，应按《安装工程计算规范》附录E建筑智能化工程相关项目编码列项。

2）通信线路工程中蓄电池、太阳能电池、交直流配电屏、电源母线、接地棒（板）、地漆布、橡胶垫、塑料管道、钢管管道、通信电杆、电杆加固及保护、撑杆、拉线、消弧线、避雷针、接地装置，应按《安装工程计算规范》附录 D 电气设备安装工程相关项目编码列项。

3）通信线路工程中发电机、发电机组，应按《安装工程计算规范》附录 A 机械设备工程相关项目编码列项。

4）除锈、刷漆等工程，应按《安装工程计算规范》附录 M 刷油、防腐蚀、绝热工程相关项目编码列项。

（二）通信设备及线路工程工程量计算规范

1. 通信设备工程量计算

（1）分部工程的组成。该分部工程包括开关电源设备，整流器，电子交流稳压器，市话组合电源，调压器，变换器，不间断电源设备，无人值守电源设备系统联测，控制段内无人站电源设备与主控联测，单芯电源线，列内电源线，电缆槽道、走线架、机架、框，列柜，电源分配柜、箱等 108 个清单项目。

（2）清单工程量计算规则。

1）各类设备。根据设备特点以“架、台、套、盘、块、个、列、站”等计量，按设计图示数量计算。

2）单芯电源线。以“m”计量，按设计图示尺寸以中心线长度计算。

3）电缆槽道、走线架、机架、框。以“m”计量，按设计图示尺寸以中心线长度计算；或以“架”或“个”计量，按设计图示数量计算。

4）设备电缆、软光纤。以“m”计量，按设计图示尺寸以中心线长度计算；或以“条”计量，按设计图示数量计算。

5）铁塔。以“t”计量，按设计图示尺寸以质量计算。

（3）工程量计算及清单列项的注意事项。铁塔架设，安装位置分楼顶、地上；不含铁塔基础施工，应按现行国家标准《房屋建筑与装饰工程工程量计算规范》GB 50854 相关项目编码列项。

2. 移动通信设备工程量计算

（1）分部工程的组成。该分部工程包括全向天线、定向天线，室内天线，卫星全球定位系统天线（GPS），同轴电缆，室外线缆走道，避雷器，泄漏式电缆调测，基站设备，信道板，人工台，调测基站控制、编码器，寻呼基站联网调测等 27 个清单项目。

（2）清单工程量计算规则。

1）全向天线、定向天线，室内天线，卫星全球定位系统天线（GPS），避雷器，泄漏式电缆调测，基站设备，信道板，人工台，调测基站控制、编码器，寻呼基站联网调测等。根据设备特点以“副、个、条、架、台、中继、站”等计量，按设计图示数量计算。

2）同轴电缆。以“条”计量，按设计图示数量计算；以“m”计量，按设计图示尺寸以中心线长度计算。

3）室外线缆走道。以“m”计量，按设计图示尺寸以中心线长度计算。

3. 通信线路工程工程量计算

（1）分部工程的组成。该分部工程包括水泥管道、长途专用塑料管道、通信电（光）缆通道、微机控制地下定向钻孔敷管、装电杆附属装置、人工敷设塑料子管、光缆、光缆成端接头、光缆中继段测试、电缆全程测试、托架、交接间配线架、充气设备、电缆全程充气、水底光缆标志牌、排流线、对地绝缘监测装置、埋式光缆对地绝缘检查及处理等33个清单项目。

（2）清单工程量计算规则。

1）水泥管道、长途专用塑料管道、人工敷设塑料子管、架空吊线、光缆、电缆全程充气、排流线、埋式光缆对地绝缘检查及处理等。以“m”计量，按设计图示尺寸以中心线长度计算。

2）通信电（光）缆通道。以“m”计量，按设计图示尺寸以中心线长度计算；以“处”计量，按设计图示数量计算。

3）其余清单项目。根据项目特征以“处、条、头、芯、百对、根、座、套、块”等计量，按设计图示数量计算。

（3）工程量计算及清单列项的注意事项。建筑群子系统敷设架空管道、直埋、墙壁光（电）缆工程，应按《安装工程计算规范》附录表L.3“通信线路工程”相关项目编码列项。

十三、刷油、防腐蚀、绝热工程计量

（一）刷油、防腐蚀、绝热工程工程量计算规范概述

《安装工程计算规范》附录M为刷油、防腐蚀、绝热工程，适用于新建、扩建项目中的设备、管道、金属结构等的刷油、防腐蚀、绝热工程。主要内容包括刷油工程，防腐蚀涂料工程，手工糊衬玻璃钢工程，橡胶板及塑料板衬里工程，衬铅及搪铅工程，喷镀（涂）工程，耐酸砖、板衬里工程，绝热工程，管道补口补伤工程，阴极保护及牺牲阳极。

（二）刷油工程工程量计算规范

1. 刷油工程工程量计算

（1）分部工程的组成。该分部工程包括管道刷油，设备与矩形管道刷油，金属结构刷油，铸铁管、暖气片刷油，灰面刷油，布面刷油，气柜刷油，玛琋脂面刷油，喷漆9个清单项目。

（2）清单工程量计算规则。

1）管道刷油，设备与矩形管道刷油，铸铁管、暖气片刷油。以“m^2”计量，按设计图示表面积尺寸以面积计算；或以“m”计量，按设计图示尺寸以长度计算。

管道刷油以“m”计算，按图示中心线以延长米计算，不扣除附属构筑物、管件及阀门等所占长度。

2）金属结构刷油。以“m^2”计量，按设计图示表面积尺寸以面积计算；或以“kg”计量，按金属结构的理论质量计算。

3）灰面刷油，布面刷油，气柜刷油，玛琋脂面刷油，喷漆。以“m^2”计量，按设计图示表面积计算。

（3）工程量计算及清单列项的注意事项。

1）项目特征描述中涂刷部位是指涂刷表面的部位，如设备、管道等部位。

2）项目特征描述中结构类型是指涂刷金属结构的类型，如一般钢结构、管廊钢结构、H型钢钢结构等类型。

3）设备筒体、管道表面积：$S=\pi\times D\times L$，π—圆周率，D—直径，L—设备筒体高或管道延长米。

4）设备筒体、管道表面积包括管件、阀门、法兰、人孔、管口凹凸部分。

5）带封头的设备面积：$S=L\times\pi\times D+(D/2)^2\times\pi\times K\times N$，$K$—1.5，$N$—封头个数。

6）一般钢结构（包括吊、支、托架、梯子、栏杆、平台）、管廊钢结构以“kg”为计量单位；大于400mm型钢及H型钢制结构以“m^2”为计量单位，按展开面积计算。

7）由钢管组成的金属结构的刷油按管道刷油相关项目编码，由钢板组成的金属结构的刷油按H型钢刷油相关项目编码。

2. 防腐蚀涂料工程工程量计算

（1）分部工程的组成。该分部工程包括设备防腐蚀、管道防腐蚀、一般钢结构防腐蚀、管廊钢结构防腐蚀、防火涂料、H型钢制钢结构防腐蚀、金属油罐内壁防静电、埋地管道防腐蚀、环氧煤沥青防腐蚀、涂料聚合一次10个清单项目。

（2）清单工程量计算规则。

1）设备防腐蚀、防火涂料、H型钢制钢结构防腐蚀、金属油罐内壁防静电、涂料聚合一次。以“m^2”计量，按设计图示表面积计算。

2）管道防腐蚀、埋地管道防腐蚀、环氧煤沥青防腐蚀。以“m^2”计量，按设计图示表面积尺寸以面积计算；或以“m”计量，按设计图示尺寸以长度计算。

3）一般钢结构防腐蚀、管廊钢结构防腐蚀。以“kg”计量，按一般钢结构或管廊钢结构的理论质量计算。

（3）工程量计算及清单列项的注意事项。

1）项目特征应注明的分层内容是指每一层的内容，如底漆、中间漆、面漆及玻璃丝布等内容。

2）如设计要求热固化需注明。

3）设备筒体、管道表面积：$S=\pi\times D\times L$，π—圆周率，D—直径，L—设备筒体高或管道延长米。

4）阀门表面积：$S=\pi\times D\times 2.5D\times K\times N$，$K$—1.05，$N$—阀门个数。

5）弯头表面积：$S=\pi\times D\times 1.5D\times 2\pi\times N/B$，$N$—弯头个数，$B$值取定：90°弯头$B$=4；45°弯头$B$=8。

6）法兰表面积：$S=\pi\times D\times 1.5D\times K\times N$，$K$—1.05，$N$—法兰个数。

7）设备、管道法兰翻边面积：$S=\pi\times(D+A)\times A$，A—法兰翻边宽。

8）带封头的设备面积：$S=L\times\pi\times D+(D/2)^2\times\pi\times K\times N$，$K$—1.5，$N$—封头个数。

9）计算设备、管道内壁防腐蚀工程量时，当壁厚大于10mm时，按其内径计算；当壁厚小于10mm时，按其外径计算。

10）一般钢结构（包括吊、支、托架、梯子、栏杆、平台）、管廊钢结构以“kg”为计量单位；大于400mm型钢及H型钢制结构以“m^2”为计量单位，按展开面积计算。

3. 手工糊衬玻璃钢工程工程量计算

（1）分部工程的组成。该分部工程包括碳钢设备糊衬、塑料管道增强糊衬、各种玻璃钢聚合3个清单项目。

（2）清单工程量计算规则。以“m^2”计量，按设计图示表面积计算。

（3）工程量计算及清单列项的注意事项。

1）如设计对胶液配合比、材料品种有特殊要求需说明。

2）遍数指底漆、面漆、涂刮腻子、缠布层数。

4. 橡胶板及塑料板衬里工程工程量计算

（1）分部工程的组成。该分部工程包括塔、槽类设备衬里，锥形设备衬里，多孔板衬里，管道衬里，阀门衬里，管件衬里，金属表面衬里7个清单项目。

（2）清单工程量计算规则。以“m^2”计量，按图示表面积计算。

（3）工程量计算及清单列项的注意事项。

1）热硫化橡胶板如设计要求采取特殊硫化处理需注明。

2）塑料板搭接如设计要求采取焊接需注明。

3）带有超过总面积15%衬里零件的贮槽、塔类设备需说明。

4）矩形设备衬里按最小边长按塔、槽类设备衬里相关项目编码。

5. 衬铅及搪铅工程工程量计算

（1）分部工程的组成。该分部工程包括设备衬铅，型钢及支架包铅，设备封头、底搪铅，搅拌叶轮、轴类搪铅4个清单项目。

（2）清单工程量计算规则。以“m^2”计量，按图示表面积计算。

（3）工程量计算及清单列项的注意事项。设备衬铅如设计要求安装后再衬铅需注明。

6. 喷镀（涂）工程量计算

（1）分部工程的组成。该分部工程包括设备喷镀（涂）、管道喷镀（涂）、型钢喷镀（涂）、一般钢结构喷（涂）塑4个清单项目。

（2）清单工程量计算规则。

1）设备喷镀（涂）。以“m^2”计量，按设备图示表面积计算；或以“kg”计量，按设备零部件质量计算。

2）管道喷镀（涂）、型钢喷镀（涂）。以“m^2”计量，按图示表面积计算。

3）一般钢结构喷（涂）塑。以“kg”计量，按图示金属结构质量计算。

7. 耐酸砖、板衬里工程量计算

（1）分部工程的组成。该分部工程包括圆形设备耐酸砖、板衬里，矩形设备耐酸砖、板衬里，锥（塔）形设备耐酸砖、板衬里，供水管内衬，衬石墨管接，铺衬石棉板，耐酸砖板衬砌体热处理7个清单项目。

（2）清单工程量计算规则。

1）圆形设备耐酸砖、板衬里，矩形设备耐酸砖、板衬里，锥（塔）形设备耐酸砖、板衬里，供水管内衬，铺衬石棉板，耐酸砖板衬砌体热处理。以“m^2”计量，按图示表面积计算。

2）衬石墨管接。以“个”计量，按图示数量计算。

（3）工程量计算及清单列项的注意事项。

1）圆形设备形式指立式或卧式。

2）硅质耐酸胶泥衬砌块材如设计要求勾缝需注明。

3）衬砌砖、板如设计要求采用特殊养护需注明。

4）胶板、金属面如设计要求脱脂需注明。

5）设备拱砌筑需注明。

8. 绝热工程工程量计算

（1）分部工程的组成。该分部工程包括设备绝热，管道绝热，通风管道绝热，阀门绝热，法兰绝热，喷涂、涂抹，防潮层、保护层，保温盒、保温托盘 8 个清单项目。

（2）清单工程量计算规则。

1）设备绝热、管道绝热、阀门绝热、法兰绝热。以“m^3”计量，按图示表面积加绝热层厚度及调整系数计算。

2）通风管道绝热。以“m^3”计量，按图示表面积及调整系数计算。或以“m^2”计量，按图示表面积及调整系数计算。

3）喷涂、涂抹。以“m^2”计量，按图示表面积计算。

4）防潮层、保护层。以“m^2”计量，按图示表面积加绝热层厚度及调整系数计算；或以“kg”计量，按图示金属结构质量计算。

5）保温盒、保温托盘。以“m^2”计量，按图示表面积计算；或以“kg”计量，按图示金属结构质量计算。

（3）工程量计算及清单列项的注意事项。

1）项目特征中的设备形式是指立式、卧式或球形。

2）项目特征中的层数是指一布二油、两布三油等。

3）项目特征中的对象是指设备、管道、通风管道、阀门、法兰、钢结构。

4）项目特征中的结构形式是指钢结构：一般钢结构、H 型钢制结构、管廊钢结构。

5）如设计要求保温、保冷分层施工需注明。

6）设备筒体、管道绝热工程量 $V=\pi\times(D+1.033\delta)\times1.033\delta\times L$，π—圆周率，$D$—直径，1.033—调整系数，$\delta$—绝热厚度，$L$—设备筒体高或管道延长米。

7）设备筒体、管道防潮和保护层工程量 $S=\pi\times(D+2.1\delta+0.0082)\times L$，2.1—调整系数，0.008 2—捆扎线直径或钢带厚。

8）单管伴热管、双管伴热管（管径相同，夹角小于 90° 时）工程量：$D'=D_1+D_2+(10\sim20\text{mm})$，$D'$—伴热管道综合值，$D_1$—主管道直径，$D_2$—伴热管道直径，（10~20mm）—主管道与伴热管道之间的间隙。

9）双管伴热（管径相同，夹角大于 90° 时）工程量：$D'=D_1+1.5D_2+(10\sim20\text{mm})$。

10）双管伴热（管径不同，夹角小于 90° 时）工程量：$D'=D_1+1.5D_{伴大}+(10\sim20\text{mm})$。

将 8）、9）、10）的 D' 带入 6）、7）公式即是伴热管道的绝热层、防潮层和保护层工程量。

11）设备封头绝热工程量：$V=[(D+1.033\delta)/2]^2\pi\times1.033\delta\times1.5\times N$，$N$—设备封头个数。

12）设备封头防潮和保护层工程量：$S=[(D+2.1\delta)/2]^2\times\pi\times1.5\times N$，$N$—设备封头个数。

13）阀门绝热工程量：$V=\pi\times(D+1.033\delta)\times2.5D\times1.033\delta\times1.05\times N$，$N$—阀门个数。

14）阀门防潮和保护层工程量 $S=\pi\times(D+2.1\delta)\times2.5D\times1.05\times N$，$N$—阀门个数。

15）法兰绝热工程量：$V=\pi\times(D+1.033\delta)\times1.5D\times1.033\delta\times1.05\times N$，1.05—调整系数，$N$—法兰个数。

16）法兰防潮和保护层工程量 $S=\pi\times(D+2.1\delta)\times1.5D\times1.05\times N$，$N$—法兰个数。

17）弯头绝热工程量：$V=\pi\times(D+1.033\delta)\times1.5D\times2\pi\times1.033\delta\times N/B$，$N$—弯头个数；$B$ 值：90° 弯头 B=4；45° 弯头 B=8。

18）弯头防潮和保护层工程量：$S=\pi\times(D+2.1\delta)\times1.5D\times2\pi\times N/B$，$N$—弯头个数；$B$ 值：90° 弯头 B=4；45° 弯头 B=8。

19）拱顶罐封头绝热工程量：$V=2\pi r\times(h+1.033\delta)\times1.033\delta$。

20）拱顶罐封头防潮和保护层工程量：$S=2\pi r\times(h+2.1\delta)$。

21）绝热工程第二层（直径）工程量：$D=(D+2.1\delta)+0.0082$；以此类推。

22）绝热工程前需除锈、刷油，应按《安装工程计算规范》附录 M.1 刷油工程相关项目编码列项。

9. 管道补口补伤工程量计算

（1）分部工程的组成。该分部工程包括刷油、防腐蚀、绝热、管道热缩套管 4 个清单项目。

（2）清单工程量计算规则。

1）刷油、防腐蚀、绝热。以"m^2"计量，按设计图示表面积尺寸以面积计算；或以"口"计量，按设计图示数量计算。

2）管道热缩套管。以"m^2"计量，按图示表面积计算。

10. 阴极保护及牺牲阳极工程量计算

（1）分部工程的组成。该分部工程包括阴极保护、阳极保护、牺牲阳极 3 个清单项目。

（2）清单工程量计算规则。

1）阴极保护。以"站"计量，按图示数量计算。

2）阳极保护、牺牲阳极。以"个"计量，按图示数量计算。

【例 2-26】例 2-23 为某住宅小区室外热水管网平面布置图。

管道支架为型钢横担，管座采用碳钢板现场制作。$\phi325\times8$ 管道每 7m 设一处，每处重量为 16kg；$\phi159\times6$ 管道每 6m 设一处，每处重量为 15kg；$\phi108\times5$ 管道每 5m 设一处，每处重量为 12kg。其中施工损耗率为 6%。

管道安装完毕用水进行水压试验和清毒冲洗，之后管道外壁刷红丹防锈漆两遍，外包岩棉管壳（厚度为 60mm）做绝热层（阀门、法兰、弯头绝热工程量暂不计），外缠铝箔做保护层。

管道支架刷红丹防锈漆、调和漆各两遍。

试计算该热水管网系统中刷油、防腐蚀、绝热工程的工程量并编制工程量清单。

解：管道支架制作安装工程量：$(427\div7\times16)+(96\div6\times15)+(365\div5\times12)=2092$（kg）

管道刷油工程量：$3.14\times0.325\times427+3.14\times0.159\times96+3.14\times0.108\times365=607.46$（$m^2$）

管道支架刷油工程量：2 092kg

管道绝热工程量：

$427\times3.14\times(0.325+1.033\times0.06)\times1.033\times0.06+96\times3.14\times(0.159+1.033\times0.06)\times1.033\times0.06+365\times3.14\times(0.108+1.033\times0.06)\times1.033\times0.06=48.36$（$m^3$）

管道绝热保护层工程量：

427×3.14×（0.325+2.1×0.06+0.008 2）+96×3.14×（0.159+2.1×0.06+0.008 2）+365×3.14×（0.108+2.1×0.06+0.008 2）=981.65（m^2）

编制的工程量清单见表 2.3.27。

表 2.3.27　刷油、防腐蚀、绝热工程工程量清单列项示例

工程名称：某氧气加压站工艺管道工程

序号	项目编码	项目名称	项目特征	计量单位	工程量	金额（元）		
						综合单价	合价	其中 暂估价
1	031201001001	管道刷油	1. 除锈级别：综合考虑； 2. 油漆品种：红丹防锈漆； 3. 涂刷遍数、漆膜厚度：两遍	m^2	607.46			
2	031201003001	管道支架刷油	1. 除锈级别：综合考虑； 2. 油漆品种：红丹防锈漆、调和漆； 3. 结构类型：一般钢结构； 4. 涂刷遍数、漆膜厚度：各两遍	kg	2 092			
3	031208002001	管道绝热	1. 绝热材料品种：岩棉管壳； 2. 绝热厚度：60mm； 3. 管道外径：325mm、159mm、108mm	m^3	48.36			
4	031208007001	保护层	1. 材料：铝箔； 2. 保护层：一层； 3. 对象：管道	m^2	981.65			

第四节　安装工程工程量清单的编制

一、安装工程工程量清单编制概述

按照《建设工程工程量清单计价规范》GB 50500–2013 的规定，工程量清单是指载明建设工程分部分项工程、措施项目、其他项目的名称和相应数量以及规费项目、税金项目等内容的明细清单。该规范同时又规定了招标工程量清单，招标工程量清单是指招标人依据国家标准、招标文件、设计文件以及施工现场实际情况编制的，随招标文件发布供投标报价的工程量清单。

招标工程量清单应以单位（项）工程为单位编制，由分部分项工程项目清单、措施项目清单、其他项目清单、规费和税金项目清单组成。招标工程量清单应由具有编制能力的招标人或受其委托，具有相应资质的工程造价咨询人编制。招标工程量清单必须作为招标文件的组成部分，其准确性和完整性由招标人负责。

（一）工程量清单的编制依据

（1）《安装工程计算规范》和现行国家标准《建设工程工程量清单计价规范》GB 50500–2013。

（2）国家或省级、行业建设主管部门颁发的计价依据和办法。

（3）建设工程设计文件。

（4）与建设工程项目有关的标准、规范、技术资料。

（5）拟定的招标文件。

（6）施工现场情况、工程特点及常规施工方案。

（7）其他相关资料。

（二）工程量编制的一般规定

《安装工程计算规范》附录中有两个或两个以上计量单位的，应结合拟建工程项目的实际情况，确定其中一个为计量单位。同一工程项目的计量单位应一致。

工程计量时每一项目汇总的有效位数应遵守下列规定：

（1）以“t”为单位，应保留小数点后三位数字，第四位小数四舍五入。

（2）以“m、m^2、m^3、kg”为单位，应保留小数点后两位数字，第三位小数四舍五入。

（3）以“台、个、件、套、根、组、系统”等为单位，应取整数。

《安装工程计算规范》各项目仅列出了主要工作内容，除另有规定和说明外，应视为已经包括完成该项目所列或未列的全部工作内容。

编制工程量清单出现附录中未包括的项目，编制人应做补充，并报省级或行业工程造价管理机构备案，省级或行业工程造价管理机构应汇总报住房和城乡建设部标准定额研究所。补充项目的编码由《安装工程计算规范》的代码 03 与 B 和三位阿拉伯数字组成，并应从 03B001 起顺序编制，同一招标工程的项目不得重码。补充的工程量清单需附有补充项目的名称、项目特征、计量单位、工程量计算规则、工程内容。不能计量的措施项目，需附有补充的项目的名称、工作内容及包含范围。

（三）工程量清单编制的主要内容

1. 招标工程量清单封面

招标工程量清单封面应填写招标工程立项时批准的具体工程名称，招标人应加盖单位公章。如果招标工程量清单是招标人委托工程造价咨询人编制的，工程造价咨询人也应加盖单位公章。

2. 招标工程量清单扉页

扉页应按规定的内容填写、签字、盖章。

招标人自行编制招标工程量清单时，招标人加盖单位公章，其法定代表人或其授权人签字或盖章，参与编制的招标人的造价人员签字并盖专用章。注意复核人应是招标人自己的注册一级造价工程师。

招标人委托工程造价咨询人编制工程量清单时，除招标人加盖单位公章及其法定代表人或其授权人签字或盖章外，工程造价咨询人应盖单位资质专用章，其法定代表人或其授权人应签字或盖章，复核人处由工程造价咨询人的注册一级造价工程师签字并盖专用章。

3. 总说明

总说明的内容应包括：

（1）工程概况：建设规模、工程特征、计划工期、施工现场实际情况、自然地理条件、环境保护要求、交通状况等；

（2）工程发包和专业分包范围；

（3）工程量清单编制依据；

（4）工程质量、材料、施工等的特殊要求；

（5）其他需要说明的问题。

作为招标工程量清单，主要作用是用于招标投标，所以在"其他需要说明的问题"中，应重点对投标人提出或明示投标报价的规定和要求，如综合单价的组成及填报、合价与总价的规定、措施项目报价要求、人工费的调整要求、材料价格的调整要求、报价风险的考虑等。以下三种情况一般也应在总说明中进行公布或说明：

（1）按照国家《招标投标法实施条例》的规定，招标人设有最高投标限价的，应当在招标文件中公布最高投标限价即招标控制价，招标工程量清单也是招标文件的组成部分，所以通常情况是在总说明中单列一段，公布招标工程的招标控制价及其暂列金额数量。

按照现行的《四川省房屋建筑和市政工程工程量清单招标投标报价评审办法》的规定，招标人应在招标文件中公布招标控制价的全部内容（综合单价分析表除外）。

（2）按照2020年《四川省建设工程工程量清单计价定额》的规定，为保证招标投标工作顺利进行，投标人投标报价时，安全文明施工费应按招标人公布的安全文明施工费固定金额计取，结算时另行计算。所以，招标人确定的固定的安全文明施工费金额应在总说明中公布。

（3）按照2020年《四川省建设工程工程量清单计价定额》的规定，投标人投标报价时规费也应按招标人公布的固定金额计入报价，结算时另行计算。所以，招标人在总说明中应公布固定规费的金额，提供给投标人使用。

4. 分部分项工程和单价措施项目清单与计价表

分部分项工程清单与单价措施项目清单的编制要求相同，所以将两者合并为一个表，可以简化招标工程量清单。

编制分部分项工程量清单，必须按照"五个要件"进行编制，即必须根据工程量计算规范规定的项目编码、项目名称，项目特征、计量单位和工程量计算规则进行编制。表中的综合单价与合价在编制工程量清单时不得填列。

单价措施项目是可以计算工程量的项目，按照分部分项工程量清单相同的方式进行编制。按照2020年《四川省建设工程工程量清单计价定额》通用安装工程中N通用项目及措施项目分册的规定，专业措施项目工程量清单中，大型设备专用机具，特殊地区施工增加，安装与生产同时进行施工增加，在有害身体健康环境施工增加，工程系统检测、检验，设备、管道施工的安全、防冻和焊接保护，焦炉烘炉、热态工程，隧道内施工的通风、供水、供电、照明及通信设施，脚手架搭拆，其他措施，建筑物超高增加应列入单价措施计算。

5. 总价措施项目清单与计价表

总价措施项目是不能计算工程量的项目，如安全文明施工费、夜间施工增加费、二次搬运费等。此类措施项目以“项”为计量单位进行编制，以费率形式计算总价措施项目费。在编制招标工程量清单时，可不考虑其对应的费率大小，在编制招标控制价时再按对应费率计取总价措施项目费用。

6. 其他项目清单与计价汇总表

其他项目清单是指分部分项工程项目清单、措施项目清单所包含的内容以外，因招标人的要求而发生的与拟建工程有关的其他费用项目和相应数量的清单。其他项目清单包括暂列金额、暂估价（包括材料暂估单价、工程设备暂估单价、专业工程暂估价）、计日工、总承包服务费等。编制招标工程量清单时，暂列金额、暂估价均属招标人费用，其金额大小及内容在招标工程量清单中由招标人确定和计算，提供给投标人。而计日工、总承包服务费属投标人费用，由投标人在投标时报价。招标人编制招标控制价时，也可计算这两项费用。

（1）暂列金额明细表。暂列金额在规范中已经明确做出定义。在实际履约过程中可能发生，也可能不发生。本表要求招标人能将暂列金额与拟用项目列出明细。但在实际编制中，招标人往往只是列出暂定金额总额即可。投标时投标人应将上述暂列金额计入投标总价中，不能在所列的暂列金额以外再增加任何其他费用。

（2）材料（工程设备）暂估单价及调整表。在工程施工中肯定发生，但在招标阶段不能确定的某些材料或设备的单价，为保证招投标活动顺利进行，可以先以暂估单价形式出现。暂估单价由招标人按照材料或设备的名称、型号和单价，在本表中逐项列出。投标人只需将材料或设备暂估单价计入自己投标报价的综合单价即可，投标人不得自己提出暂估单价。

（3）专业工程暂估价及结算价表。专业工程暂估价项目及其表中列明的专业工程暂估价款，是指分包人实施专业工程的造价，也是由招标人暂估。投标人在投标时将该暂估价计入投标总价即可。总承包施工招标完成后，专业工程暂估价达到必须招标的限额规定的，必须进行二次招标。

（4）计日工表。计日工是在施工中，承包人完成施工合同范围以外的零星项目或工作，按合同约定的单价计价的一种方式。计日工是为了解决现场发生的零星工作的计价而设立的。计日工应对完成零星工作所消耗的人工工日、材料数量、施工机具台班进行计量，投标人需要对这些计日工进行报价，结算时按照计日工表填报的适用项目的单价进行计价支付。招标人编制计日工表时，应列出计日工的项目名称、暂定数量，并且需要根据经验，尽可能估算出一个比较贴近实际的数量，且尽可能把项目列全，以消除因此而产生的争议。

（5）总承包服务费计价表。总承包服务费是总承包人为配合协调发包人进行的专业工程分包，对发包人自行采购的材料、设备（简称甲供材料）等进行保管以及施工现场管理、竣工资料汇总整理等服务所发生的费用。投标人应预计这笔费用并填入本表中。此表项目名称、服务内容由招标人填写。需要注意的是，如果招标工程没有发包人进行的专业工程分包，没有甲供材料，就不会产生总承包服务费。

7. 发包人提供材料和工程设备一览表

发包人提供的材料和工程设备（甲供材料）应在本表中填写。招标人应写明甲供材料的名称、规格、数量、单位和单价等。投标人投标报价时，可以参考此表确定总承包服务费的报价。

8. 承包人提供主要材料和工程设备一览表（适用于造价信息差额调整法）

此表在编制招标工程量清单时，由招标人填入除"投标单价"外的所有内容，供投标人使用。投标人在投标报价时，自主确定填写"投标单价"。招标人应优先采用工程造价管理机构发布的信息单价作为基准单价，未发布的，通过市场询价确定其基准单价。在工程施工中，当材料和设备价格发生较大变化达到合同约定的价格调整条件时，可以使用此表方便地进行材料和设备信息单价的调整。

9. 承包人提供主要材料和工程设备一览表（适用于价格指数调整法）

此表在编制招标工程量清单时，"名称、规格、型号"由招标人填写，"基本价格指数"也由招标人填写。名称、规格、型号一栏既包括需调价的材料类型，也包括需要调整的人工费和机械费。基本价格指数应首先采用工程造价管理机构发布的价格指数，没有发布的，可采用发布的价格代替。

此表的"变值权重"由投标人投标报价时填写。"现行价格指数"在竣工结算按规定填写。

招标工程量清单编制的内容及具体表式详见本书附录二电气设备安装工程招标工程量清单编制实例。

（四）招标工程量清单的表式组成

按照2020年《四川省建设工程工程量清单计价定额》的规定，招标工程量清单须采用统一格式，由下列表式组成：

（1）招标工程量清单封面。

（2）招标工程量清单扉页。

（3）总说明。

（4）分部分项工程和单价措施项目清单与计价表。

（5）总价措施项目清单与计价表。

（6）其他项目清单与计价汇总表。

1）暂列金额明细表；

2）材料（工程设备）暂估单价及调整表；

3）专业工程暂估价及结算价表；

4）计日工表；

5）总承包服务费计价表。

（7）发包人提供材料和工程设备一览表。

（8）承包人提供主要材料和设备一览表（适用于造价信息差额调整法）。

（9）承包人提供主要材料和设备一览表（适用于价格指数调整法）。

上述表格的具体表示详见本书附录安装工程招标工程量清单编制实例。

（五）招标工程量清单编制的有关问题说明

在编制招标工程量清单时，有两项费用或单价需要招标人暂估，并作为招标工程量清单的组成部分，供投标人投标报价使用。

1. 暂列金额

暂列金额由招标人暂定，一般按照分部分项工程费和措施项目费的 10%~15% 计取，并列入其他项目清单中。

2. 材料（工程设备）单价与专业工程价格

当招标工程在招标时存在某些材料或工程设备的单价不确定时，应由招标人暂估，计入其他项目清单中；当招标工程存在专业工程时，按照规定应与总包工程一起招标，专业工程价格由招标人暂估，也列入其他项目清单中。专业工程暂估价是综合暂估价，包括除规费和税金以外的管理费和利润。

在编制招标工程量清单时，其他需说明的问题有：

（1）当计量单位有两个或两个以上时，应根据所编工程量清单项目的特征要求，选择最适宜表现该项目特征并方便计量的单位。例如给排水、采暖、燃气工程中法兰的计量单位为“副”或“片”两个计量单位，实际工作中，应选择最适宜、最方便的计量单位来表示。

（2）分部分项工程量清单的项目名称应按相关工程工程量计算规范附录的项目名称结合拟建工程的实际确定。例如“塑料管”分项工程在形成工程量清单项目名称时可细化为“塑料管 PP-RDN15”。随着新材料、新技术、新的施工工艺的不断出现和应用，如果遇到相关工程工程量计算规范附录没有的项目，编制人可作相应补充，并报工程造价管理机构备案。

二、安装工程工程量清单编制实例

（一）电气设备安装工程工程量清单编制实例

1. 工程概况

（1）本套施工图为某四层住宅楼，由 C 户型 1 个单元组成，建筑高度为 13.1m。

（2）管线敷设：均为导线穿管敷设，PC 为刚性阻燃塑料管。

（3）电气设备图例及开关插座等的安装高度见表 2.4.1。

（4）建筑防雷：沿屋面女儿墙和屋顶保温层暗敷▁40 × 4 的热镀锌扁钢作为避雷带。屋面避雷带应焊通构成电气通路，所有暴露于屋面的金属管道、金属爬梯、设备金属外壳等金属体均应就近与防雷装置可靠相连。两根 ϕ16 主筋通长焊接作为引下线，引上端与避雷带焊接，下端与基础接地连接。

（5）接地：利用基础地梁下层钢筋及沿室外散水沟外设置▁40 × 4 的热镀锌扁钢的环形接地体（埋深 0.75m）作共用接地装置。

表 2.4.1　电气设备图例及安装高度

序号	图例	名　　称	规　　格	单位	安装方式及安装高度
1		单元配电计量箱	AW1600 × 600 × 370	台	落地式
2		用户照明配电箱	400 × 500 × 200	台	底边距地 1.5m 暗装
3		柜冰箱二三孔安全插座	250V 15A	个	距地 0.3m 暗装

续表 2.4.1

序号	图例	名　称	规　格	单位	安装方式及安装高度
4		单相五孔安全插座	250V 15A	个	距地 0.3m 暗装
5		厨房单相三孔安全插座	250V 10A 用于厨房	个	距地 1.5m 暗装
6		抽油烟机单相三孔安全插座	250V 10A 用于厨房	个	距地 2.1m 暗装
7		洗衣机三孔防溅安全插座	250V 10A	个	距地 1.5m 暗装
8		壁式空调三孔安全插座	250V 10A	个	距地 2.45m 暗装
9		柜式空调三孔安全插座	250V 15A	个	距地 0.3m 暗装
10		卫生间五孔安全单相插座	250V 10A	个	距地 1.5m 暗装
11		暗装单联单极开关	250V 10A	个	距地 1.3m 暗装
12		暗装双联单极开关	250V 10A	个	距地 1.3m 暗装
13		暗装三联单极开关	250V 10A	个	距地 1.3m 暗装
14		暗装声光控延时单极开关	250V 10A	个	距地 1.8m 暗装
15	MEB	总等电位箱 MEB		个	距地 0.3m 暗装
16		防潮防湿吸顶灯	FSFC-40 40W，灯罩直径 250mm	个	吸顶安装
17		半球吸顶节能灯（楼梯间）	XD-40 40W，灯罩直径 350mm	个	吸顶安装
18	⊗	普通节能灯	XD-36 40W，灯罩直径 200mm	盏	吸顶安装
19		集中多媒体箱	500 × 500 × 100	台	底边距地 1.5m 暗装
20	DZ	对讲主机		个	底边距地 1.5m 暗装

2. 电气设备安装工程施工图

本实例工程设计图纸可通过扫描二维码获得（二维码见附录实例）。

3. 电气设备安装工程工程量计算

电气设备安装工程工程量计算见本书附录一。

4. 电气设备安装工程工程量清单

按工程量清单的编订顺序，完整的电气设备安装工程招标工程量清单见本书附录二。

（二）给排水工程工程量清单编制实例

1. 工程概况

本工程为六层住宅楼，每个单元 2 户，共 2 个单元。建筑高度为 18.6m。

（1）给水系统。

1）用水集中计量靠外墙明设。

2）本工程支管系统图中卫生器具给水管径未标注者均为 *DN*15，大便器冲洗管为 *DN*25，冲洗角阀为 *DN*25。

（2）排水系统。

1）排水：采用雨、污分流的排水。

2）系统：卫生间排水设有伸顶通气管。高度为非上人屋面 0.70m，上人屋面 2.00m，卫生器具存水弯的水封深度不得小于 50mm。洗衣机设置专用地漏。

（3）管道及附件材料。

1）给水管上的阀门，当 *DN*<50mm 时，采用 JIIW–10T 型铜截止阀。水表采用 LXS 型旋翼式水表。*DN*50 进户管上阀门采用 Z44T–10 闸阀。

2）污水管采用硬聚氯乙烯塑料排水管（UPVC），承插连接。

3）给水管采用 PPR 热熔连接。

（4）管道敷设。

1）给水管在穿越楼板时设置钢套管。

2）污水管在穿越楼板时设钢套管，穿越屋面时设刚性防水套管。

本工程图例见表 2.4.2，管道直径与公称直径的关系见表 2.4.3。

表 2.4.2 给排水工程图例

名称	图例	名称	图例	名称	图例
给水管	———	排水立管	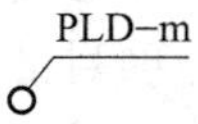	检查井	
排水管	———	闸阀	⋈	LXS 型水表	
生活给水立管	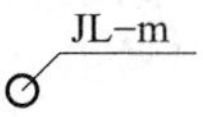	检查口		地漏	
大便器		洗脸盆		洗涤盆	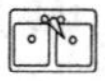

表 2.4.3 塑料管外径与公称直径对照表

公称直径	*DN*15	*DN*20	*DN*25	*DN*32	*DN*40	*DN*50	*DN*65	*DN*80	*DN*100	*DN*150
公称外径	*De*20	*De*25	*De*32	*De*40	*De*50	*De*63	*De*75	*De*90	*De*110	*De*160

2. 给排水工程施工图

本实例工程设计图纸可通过扫描二维码获得（二维码见附录实例）。

3. 给排水工程工程量计算

给排水工程给水系统工程量计算书见本书附录三。

给排水工程排水系统工程量计算书见本书附录四。

4. 给排水工程工程量清单

按工程量清单的编订顺序，完整的给排水工程的工程量清单见本书附录五。

第五节 计算机辅助工程量计算方法

一、计算机辅助工程量计算概述

随着计算机的普及应用以及相应的专业软件的开发，工程计量的方式由人工加计算器等工具的手工计算方式转化为利用计量软件建立模型，从而由计算机和软件自动计算并统计各专业工程量，极大地提高了工程量计算速度和效率，工程量的确定也更加趋于准确。计算机辅助算量就是利用计算机的“可视化技术”，采用“虚拟施工”的方式对建筑工程进行三维建模，从而生成能计算工程量的预算模型，并对预算模型中各类构件赋予清单、定额计算规则，再结合对应的钢筋标准和当地的计算规则，计算机自动进行相关构件的空间分析扣减，计算统计，从而得到各类工程量，可以简单地理解为计算机辅助算量的过程主要就是一个建立预算模型的过程。

在施工图设计模式下，利用软件完成工程计量的工作需要重复将施工图翻模形成计量软件能识别的模型，才能完整地将原图信息反映到新建模型上。对于部分原施工图中没有表达的内容，计量人员必须能够清楚地理解后再建立相应模型。尤其一些结构复杂的建筑物，采用计量软件建模仍然有局限，常常是计算机和手工计算并用，降低了工程计量的效率，也影响了工程造价的准确性。而且建筑工程是大规模产品，每个工程的实物量需要详细到构件，数据是海量的，企业的项目部每一次调用统计分析数据非常困难，实施中每个进度阶段工程量的核实也非常困难，成为工程造价管理上急需解决的难题。

BIM 技术的兴起和发展，给工程造价管理带来了大的变革，也直接改变了工程计量与计价的方式和方法。BIM 是建筑信息模型（Building Information Modeling）的简称，它以三维数字技术为基础，集成了建筑工程项目各种相关信息的工程数据模型，在建设工程及设施全生命周期内，对其物理和功能特性进行数字化表达，并运用与设计、施工、运营的全过程。

BIM 是以建筑工程项目的各项相关信息数据为基础，建立的数字化建筑模型，具有可视化、协调性、模拟性、优化性、可出图性五大特点，给工程建设信息化带来重大变革。

BIM 的应用实现了建筑全生命期的信息共享。能够使项目所有的参与方能够协同工作，实现工程项目的精细化管理，实现全生命期的信息共享。BIM 技术可以支持建筑环境、经济、能耗、安全等多方面的分析和模拟，可以支持设计、施工以及管理的一体化，能够促进建筑行业的工业化发展。

二、计算机辅助工程量计算方法

1. 计算机软件算量流程

计算机预算模型将施工图纸中柱、梁、板、墙、门窗、楼梯、钢筋等构件通过算量软件准确定位，使模型中所有的构件都具有精确的形体和尺寸；算量软件可以通过两种方式建立模型：其一为在设计院提供了 CAD 电子版本的情况下通过识别的方式完成建模；其二是在只有施工蓝图的情况下可通过布置完成建模。

使用算量软件进行工程计量的流程大致分为以下几个步骤：

（1）工程设置，包含计量模式、楼层设置、工程特征这三个内容的设置，是整个工程的纲领性设置工作。

（2）构件编号定义和识别工作，有电子图文档的可将电子图导入软件内开始进行识别建模，如果没有电子图文档时，要进行手工录入构件的编号以及与算量有关信息。

（3）构件布置工作，将定义好的构件布置到界面中，有电子图文档的在识别过程中已将构件识别布置到界面上了，这一步可省略。

（4）修改和编辑布置在界面上的构件，对不符合要求的构件进行修改，建模流程中这是关键的一步，因为往往布置和识别的构件不一定符合要求，需要修改，如位置、大小、形状等，使之符合要求。

（5）进行工程量计算，得到工程量清单。

土建工程算量软件计量操作流程见图 2.5.1。

安装工程算量软件计量操作流程见图 2.5.2。

2. BIM 计量

BIM 技术工程计量是指在相关规范的指导下，通过 BIM 工程师建立的 BIM 模型，直接统计获得每一个分项工程或构件的工程数量，无需使用其他计量软件重复建模生成工程量数据的一种新的工程计量方式。BIM 计量是否准确以及能否供造价工程师利用作为计价的基础，还需要在模型建立时按照一定的计量规则和标准，设定构件的属性参数和绘制模型。

目前 BIM 计量主要采用两种方式：

（1）直接从 BIM 基础模型中（如 Revit 模型）获取工程计价所需的工程量。即在 BIM 设计建模时，按照计量规范的分类要求将建筑物的构件进行分类建模，同时模型中载入相关的工程量计算规则，特别是相交构件的扣减规则。当建筑及机电模型完成后，通过软件统计分析功能，直接形成构件工程量明细表。这种方法是最直接、也是最理想的计量方法。但由于目前设计软件的开发现状，仍不能达到完全利用 BIM 建模软件获取建安工程所有分项工程量，对部分措施项目，也无法通过模型计算。另外，对于计量工作最大的钢筋工程，在建筑模型中也无法获得相应工程量，必须从结构设计软件中提取数据。因此，国内软件商正在努力开发软件系统以克服这些问题。

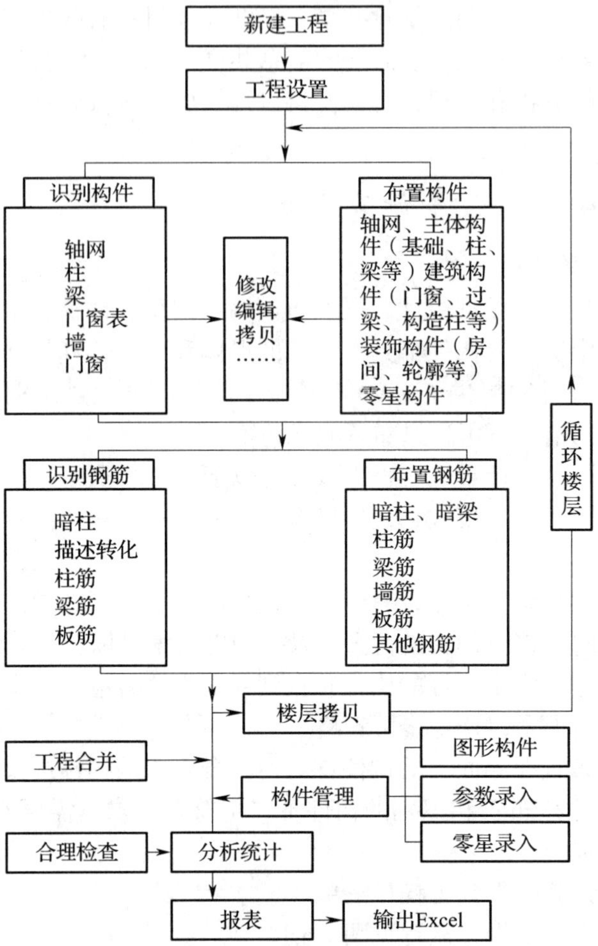

图 2.5.1　土建工程算量软件计量操作流程

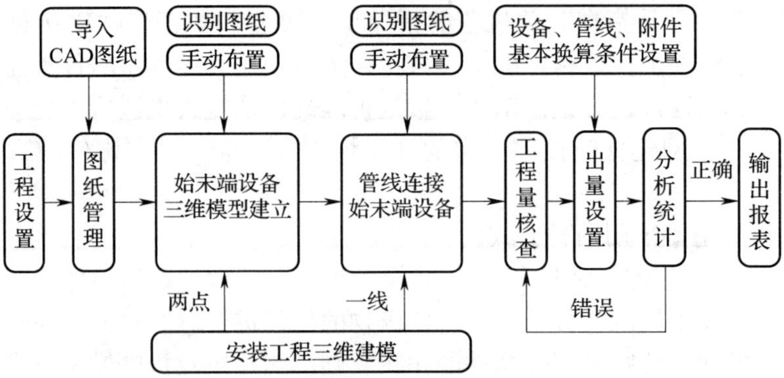

图 2.5.2　安装工程算量软件计量操作流程

（2）利用BIM设计模型，通过转化到现有的专业成熟计量软件系统，按照传统计量方式形成各分项工程量，为下一步计价和进度计划的编制提供基础数据。这种方法将传统的计量软件与BIM设计建模软件结合起来，充分发挥了两者的专业优势，也是现阶段

BIM 技术应用中的普遍采用的方法。但这种方法要注意的是由于软件之间的衔接，可能会导致数据在传递过程中的差错，因此也需要软件开发商的不断开发完善，提供可靠的软件系统。BIM 计量流程见图 2.5.3。

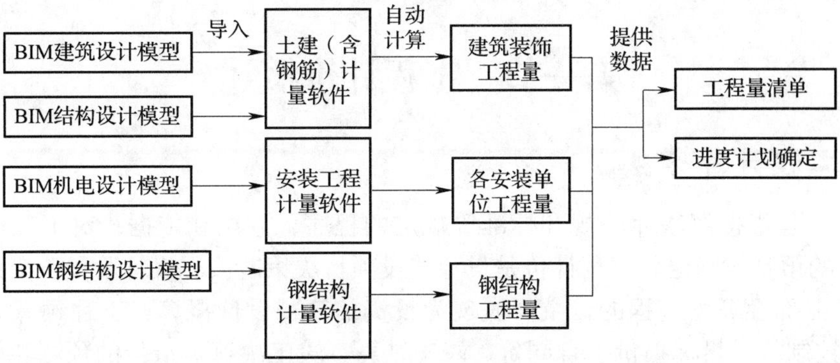

图 2.5.3　BIM 计量流程

由于 BIM 技术在计量计价环节上存在的上述软件之间接口问题，导致直接采用 BIM 模型转入计量软件时工程量数据仍有部分不完整，目前企业普遍采用 BIM 模型结合传统 CAD 施工图完成工程计量的方式，这种方式将 BIM 模型和传统计量方法优势结合，弥补了各自的不足。相信不久的将来 BIM 技术计量会有质的突破。

第三章　安装工程计价

第一节　工程计价概述

一、工程计价方法

工程计价是指按照法律法规和标准等规定的程序、方法和依据，对工程造价及其构成内容进行的预测或确定。工程计价是贯穿建设项目决策阶段、设计阶段、交易阶段、施工阶段、竣工阶段等全过程的，主要表现为投资估算、设计概算、工程预算（施工图预算）、招标控制价、投标报价、合同价、竣工结算、竣工决算等造价的预测和确定。不同阶段的计价依据、计价内容、计价方法、计价目的与作用是不同的，计价内容主要分为签订合同前和签订合同后两大部分。签订合同前的计价主要是从立项的投资估算到发包之前的最高投标限价，本质上是对建设项目前期造价的估算与预测。签订合同后的计价主要是对合同价款的调整、结算与支付以及竣工后的决算等。

（一）工程计价基本原理

建设项目是兼具单件性与多样性的集合体。每一个建设项目的建设都需要按业主的需求进行单独设计、单独施工，不能批量生产和按整个项目确定价格，只能采用特殊的计价程序和计价方法，即将整个项目进行分解，划分为可以按有关技术经济数据计算价格的基本构造单元，如分部分项工程项目、定额子目项目等，这样就可以计算出基本构造单元的费用。一般来说，分解结构层次越多，基本子项也越细，计算也更精确。

工程计价的主要思路就是将建设项目细分至最基本的构造单元，找到了适当的计量单位及当时当地的单价，就可以采取一定的计价方法，进行分部组合汇总，计算出相应工程造价。工程计价的基本原理就在于项目的分解与组合。

（二）工程计价的地区性和专业性

由于建筑工程项目是固着于大地上、不能移动的，因此，工程项目有地区性，工程计价也有地区性。地区性使造价水平、计价依据、计价因素都有较大的不同。工程计价必然涉及人工费、材料费、施工机具使用费和规费等。各地社会发展水平不一致，会造成人工费单价高低不一致；大量的地方性建筑材料（简称地材）是建筑工程项目中使用的主要材料，其价格也随地方不同而千差万别；各地建筑施工机械化水平是决定施工机具使用费的主要因素；而规费的标准，更是各地政府行政主管部门根据本地社会发展程度而确定的。因此，国家、各省市都依据工程量清单计价办法的思路和规定，制定了符合当地建筑市场的消耗量定额、计价定额、预算定额或计价标准。在全国统一工程量计算规则的前提下，可以方便地完成各地的工程计价工作。所以，在进行工程计价时，一定要依照或参照国家和各地制定的与现行国家标准《建设工程工程量清单计价规范》GB 50500–2013 配套使用的消耗量定额、计价定额、预算定额、计价依据或计价标准。

同时，工程计价还有很强的专业性。建设工程按专业可分成许多类，如建筑工程、市政工程、公路工程、水利水电工程、矿山工程、铁路工程、电信工程等。不同的专业，其工程造价具有不同的特点。在我国，长期以来，各专业各有一套工程造价的管理方式、计价方法、计量标准和规定，计价的水平也有差别，由此导致了工程造价的多专业性。所以，在进行工程计价时，也一定要分清工程项目所属的专业及专业背景，选用正确的计价方法和依据。

（三）工程计价基本步骤

工程计价包括工程单价的确定和总价的计算。

1. 工程单价

工程单价是指完成单位工程基本构造单元的工程量所需要的基本费用。工程单价包括工料单价和综合单价。

（1）工料单价也称直接工程费单价，包括人工、材料、机械台班费用，是各种人工消耗量、各种材料消耗量、各类机械合班消耗量与其相应单价乘积的累计。

（2）综合单价包括人工费、材料费、施工机具使用费，还包括企业管理费、利润和一定范围的风险因素。综合单价根据国家、地区、行业定额或企业定额消耗量和相应生产要素的市场价格确定。

2. 工程总价

工程总价是指经过规定的程序或办法逐级汇总形成的相应工程造价。根据采用单价的不同，总价的计算程序有所不同。

（1）采用工料单价时，在工料单价确定后，乘以相应定额项目工程量并汇总，得出相应的工程直接工程费，再按照相应的取费程序计算其他各项费用，汇总后形成相应工程造价。这种方法目前已经很少使用。

（2）采用综合单价时，即采用工程量清单计价办法。在综合单价确定后，乘以相应项目工程量、经汇总即可得出分部分项工程费，再按相应的办法计取措施项目费、其他项目费、规费和税金，各项费汇总后得出相应工程造价。这是我国目前规定采用的工程计价方法。

二、工程计价标准和依据

工程计价标准和依据主要包括计价活动的相关规章规程、工程量清单计价规范、工程量计算规范、工程定额和相关造价信息。

1. 工程计价相关规章规程

现行计价活动相关的规章规程主要包括建筑工程发包与承包计价管理办法、建设项目工程价款结算管理办法、建设项目投资估算、概算、施工图预算、招标控制价、工程结算等编审规程，建设工程造价鉴定规范等。

2. 工程量清单计价规范和计量规范

主要是现行国家标准《建设工程工程量清单计价规范》GB 50500–2013 和 9 本专业的工程量计算规范。

3. 工程定额

工程定额主要指国家、省、有关专业部门制定的各种定额，包括工程消耗量定额、计价定额、预算定额等。如《市政工程消耗量定额》ZYA 1–31–2015、2020 年《四川省建设工程工程量清单计价定额》。

4. 工程造价信息

由各地工程造价行政主管部门按期编制的《工程造价信息》，主要包括价格信息、工程造价指数和已完工程信息等。

第二节 四川省建设工程工程量清单计价定额（2020）

一、工程量清单计价定额概述

为满足工程建设计价需要，完善计价依据体系，合理确定和有效控制工程造价，维护工程建设各方的合法权益，四川省住房和城乡建设厅批准发布了 2020 年《四川省建设工程工程量清单计价定额》（以下简称 2020《计价定额》），自 2021 年 4 月 1 日实施。2020《计价定额》是为了和国家现行标准《建设工程工程量清单计价规范》GB 50500 及各专业工程工程量计算规范配套使用并指导和完善工程计价活动而编制的定额，是工程量清单计价最主要的依据之一，本质上是一个标准化的基期数据库。2020《计价定额》是编制招标控制价、组成综合单价和管控工程造价的重要依据。

（一）计价定额编制依据

（1）《建设工程施工发包与承包计价管理办法》（住房和城乡建设部令第 16 号）。

（2）《建设工程工程量清单计价规范》GB 50500–2013。

（3）《房屋建筑与装饰工程工程量计算规范》GB 50854–2013 等 9 本系列工程量计算规范。

（4）《建设工程定额管理办法》（建标〔2015〕230 号）。

（5）《建筑安装工程费用项目组成》（建标〔2013〕44 号）。

（6）《房屋建筑与装饰工程消耗量定额》（TY01–31–2015）、《通用安装工程消耗量定额》（TY02–31–2015）等 11 本工程消耗量定额、规则。

（7）2015 年《四川省建设工程工程量清单计价定额》。

（8）现行国家产品标准、设计规范、施工质量验收规范和安全操作规程等。

（二）计价定额主要作用

（1）计价定额是编审建设工程设计概算、施工图预算、最高投标限价（招标控制价、招标标底）、竣工结算，调解处理工程造价纠纷，鉴定及控制工程造价的依据；

（2）计价定额是招标人组合综合单价，衡量投标报价合理性的基础；

（3）计价定额是投标人组合综合单价，确定投标报价的参考；

（4）计价定额是编制建设工程投资估算等指标的基础。

（三）计价定额分类

2020《计价定额》包括以下专业工程册、费用和附录：

1. 专业工程册

（1）房屋建筑与装饰工程；

（2）仿古建筑工程；
（3）通用安装工程；
（4）市政工程；
（5）园林绿化工程；
（6）构筑物工程；
（7）爆破工程；
（8）城市轨道交通工程；
（9）既有及小区改造房屋建筑维修与加固工程；
（10）城市地下综合管廊工程；
（11）绿色建筑工程；
（12）装配式建筑工程；
（13）城市道路桥梁养护维修工程；
（14）排水管网非开挖修复工程。

2. 建筑安装工程费用及附录

（四）计价定额适用范围

2020《计价定额》适用于四川省行政区域内的工程建设项目计价。凡使用国有资金投资的建设工程应按有关规定执行2020《计价定额》。具体适用专业工程如下：

（1）房屋建筑及装饰装修工程：适用于工业与民用房屋建筑工程以及建筑物和构筑物的装饰、装修工程及拆除；

（2）仿古建筑工程：适用于传统做法的仿古建筑物、构筑物和纪念建筑以及现代建筑的仿古部分；

（3）通用安装工程：适用于工业与民用安装工程；

（4）市政工程：适用于市政建设工程；

（5）园林绿化工程：适用于园林绿化工程；

（6）构筑物工程：适用于构筑物工程；

（7）爆破工程：适用于建筑物、构筑物、基础设施等开挖石方爆破工程；

（8）城市轨道交通工程：适用于城市轨道交通的土石方、路基、围护结构、高架桥、地下区间、地下结构、轨道、通信、信号、供电、智能与控制系统安装、机电设备安装、车辆基地工艺设备以及拆除工程等；

（9）既有及小区改造房屋建筑维修与加固工程：适用于既有及小区房屋改造的房屋建筑工程拆换、维修、零星修补、抗震加固工程以及局部改造，不包括改建、扩建；

（10）城市地下综合管廊工程：适用于城市地下综合管廊本体（含标准段、吊装口、通风口、管线分支口、端部井等）工程；

（11）绿色建筑工程：适用于绿色建筑工程；

（12）装配式建筑工程：适用于建筑装配式品件、构件的安装工程；

（13）城市道路桥梁养护维修工程：适用于城市道路桥梁养护、维修、应急抢修等工程；

（14）排水管网非开挖修复工程：适用于市政排水管道非开挖修复工程；

（15）建筑安装工程费用：适用于与工程建设项目各专业工程相配套的各项费用；

（16）其他项目：适用于与工程建设项目各专业工程相配套的其他项目；

（17）附录一施工机具台班费用定额：适用于与工程建设项目各专业工程相配套的施工机械及仪器仪表使用台班费用单价；

（18）附录二混凝土及砂浆配合比：适用于与工程建设项目各专业工程相配套的混凝土及砂浆配合比。

二、计价定额的应用

（一）“营改增”变化

为贯彻落实“营改增”的方针政策，2020《计价定额》中所有定额项目费用构成中不再含增值税中“进项税”，定额综合基价（包括组成内容）均为不含税综合基价，适用一般计税方式，定额增值税为销项税额。对简易计税法，2020《计价定额》另行规定了调整系数和计税方法。

2020《计价定额》的机械台班定额单价为不含税的单价，采用简易计税时，以调整系数计算。总价措施项目费、安全文明施工费以一般计税和简易计税分别制定费率，适应不同的计税方式。附加税不进入企业管理费。编制招标控制价时，附加税按定额规定的费率计算，办理竣工结算时，附加税按国家规定的计算方法计算。

（二）消耗量标准

2020《计价定额》的消耗量标准是根据国家现行设计标准、施工质量验收规范和安全技术操作规程，以正常的施工条件、合理的施工组织设计、施工工期、施工工艺为基础，结合四川省的施工技术水平和施工机械装备程度进行编制的，它反映了社会的平均水平。因此，除定额允许调整者外，定额中的材料消耗量均不得变动，如遇特殊情况，需报经工程所在地工程造价管理部门同意，并报省建设工程造价管理总站备查后方可调整。

（三）综合基价

2020《计价定额》的综合基价是由完成一个规定计量单位的分部分项工程项目或措施项目的工程内容所需的人工费、材料和工程设备费、施工机具使用费、企业管理费、利润所组成。

1. 人工费

（1）人工费是指按工资总额构成规定，支付给从事建筑安装工程施工的生产工人和附属生产的各项费用。人工费组成包括：计时工资或计件工资、奖金、津贴补贴、加班加点工资、特殊情况下支付的工资（各项费用含义见全国二级造价工程师职业资格考试培训教材《建设工程造价管理基础知识》或2020《计价定额》)。

（2）2020《计价定额》的人工工日消耗量包括基本用工、辅助用工、其他用工和机械操作用工（简称：机上人工）。每工日按8小时工作制计算。每工日人工单价包括计时工资或计件工资、奖金、津贴补贴、加班加点工资、特殊情况下支付的工资等。综合计算人工单价基价如下：

普工人工单价基价为90元/工日，一般技工（包括机上人工）人工单价基价为120元/工日，高级技工人工单价基价为150元/工日。

2. 材料费

材料费是指施工过程中耗费的原材料、辅助材料、构配件、零件、半成品或成品、工程设备的费用，内容包括材料原价、运杂费、运输损耗费、采购及保管费等。其中采购及保管费包括采购费、仓储费、工地保管费、仓储损耗。工程设备是指构成或计划构成永久工程一部分的机电设备、金属结构设备、仪器装置及其他类似的设备和装置（各项费用含义见全国二级造价工程师职业资格考试培训教材《建设工程造价管理基础知识》或2020《计价定额》）。

3. 施工机具使用费

施工机具使用费是指施工作业所发生的施工机械、仪器仪表使用费。

（1）施工机械使用费，以施工机械台班耗用量乘以施工机械台班单价表示，施工机械台班单价包括七项费用：折旧费、检修费、维护费、安拆费及场外运费、人工费、燃料动力费、其他费用等。

（2）仪器仪表使用费，是指工程施工所需使用的仪器仪表的摊销及维修费用。

各项费用含义见全国二级造价工程师职业资格考试培训教材《建设工程造价管理基础知识》或2020《计价定额》。

4. 企业管理费和利润

2020《计价定额》的企业管理费是指建筑安装企业组织施工生产和经营管理所需的费用。包括管理人员工资、办公费、差旅交通费、固定资产使用费、工具用具使用费、劳动保险和职工福利费、劳动保护费、检验试验费、工会费用、职工教育经费、财产保险费、财务费、税金、其他费用。

2020《计价定额》的利润是指施工企业完成所承包工程获得的盈利。

各项费用含义见全国二级造价工程师职业资格考试培训教材《建设工程造价管理基础知识》或2020《计价定额》。

5. 综合基价调整

根据国家和地方政府行政主管部门的规定，综合基价的各项内容按以下规定进行调整。

（1）人工费调整。以2020《计价定额》取定的人工费作为定额综合基价的基价，各地可根据本地劳动力单价的实际情况，由当地工程造价管理部门测算并附文报省建设工程造价管理总站批准后调整人工费。编制设计概算、施工图预算、最高投标限价（招标控制价、标底）时，人工费按工程造价管理部门发布的人工费调整文件进行调整；编制投标报价时，投标人参照市场价格自主确定人工费调整，编制和办理竣工结算时依据工程造价管理部门的规定及施工合同约定调整人工费。调整的人工费进入综合单价，但不作为计取其他费用的基础。

（2）材料费调整。以2020《计价定额》取定的材料价格作为定额综合基价的基价，调整的材料费进入综合单价。在编制设计概算、施工图预算、最高投标限价（招标控制价、标底）时，依据工程造价管理部门发布的工程造价信息确定材料价格并调整材料费，工程造价信息没有发布的材料，参照市场价确定材料价格并调整材料费；编制投标报价时，投标人参照市场价格信息或工程造价管理部门发布的工程造价信息自主确定材料价格并调整材料费；编制和办理竣工结算时依据施工合同约定确认的材料价格调整材料费。

安装工程和市政工程中的给水、燃气、给排水机械设备安装、路灯工程以及城市轨道交通工程的通信、信号、供电、智能与控制系统、机电设备、车辆基地工艺设备以及园林绿化工程中绿地喷灌、喷泉安装等安装工程的计价材料费，由省建设工程造价管理总站根据市场变化情况统一调整。

（3）机械费调整。2020《计价定额》对施工机械及仪器仪表使用费以机械费表示，作为定额综合基价的基价，定额注明了机械油料消耗量的项目，油价变化时，机械费中的燃料动力费按照上述“材料费调整”的规定进行调整，并调整相应定额项目的机械费。机械费中除燃料动力费以外的费用调整，由省建设工程造价管理总站根据住房和城乡建设部的规定以及四川省实际进行统一调整。调整的机械费进入综合单价，但不作为计取其他费用的基础。

（4）企业管理费、利润调整。2020《计价定额》的企业管理费、利润由四川省建设工程造价管理总站根据实际情况进行统一调整。

（四）措施项目费

措施项目费是指为完成工程项目施工，发生于该工程施工前和施工过程中的技术、生活、安全、环境保护、扬尘污染防治、建筑工人实名制管理等方面的费用。

措施项目费应按照现行国家标准《房屋建筑与装饰工程工程量计算规范》GB 50854-2013 等 9 本工程量计算规范，以及住房和城乡建设部、财政部《关于印发〈建筑安装工程费用项目组成〉的通知》的规定和 2020《计价定额》及其配套文件执行。

工程量计算规范规定应予计量的措施项目(即单价措施项目)按 2020《计价定额》各专业工程“措施项目”章相应项目计算；工程量计算规范规定不宜计量的措施项目(即总价措施项目)按 2020《计价定额》(建筑安装工程费用）有关规定及配套文件计算。

（五）其他项目费

其他项目费指除分部分项工程量清单项目、措施项目费以外的项目费用。

1. 其他项目费

其他项目费包括暂列金额、暂估价、计日工和总承包服务费，其中暂估价包括材料和工程设备暂估单价、专业工程暂估价（各项费用含义见全国二级造价工程师职业资格考试培训教材《建设工程造价管理基础知识》或 2020《计价定额》)。

2. 其他项目费计算

其他项目费应执行住房和城乡建设部、财政部《关于印发〈建筑安装工程费用项目组成〉的通知》的规定，依据 2020 年《四川省建设工程工程量清单计价定额——建筑安装工程费用》有关规定计算。

（六）规费

规费是指根据国家法律、法规规定，由省级政府或省级有关权力部门规定，施工企业必须缴纳的，应计入建筑安装工程造价的费用。

1. 规费项目

规费项目包括“五险一金”和工程排污费。其中“五险”是指社会保险费中的养老保险费、失业保险费、医疗保险费、生育保险费和工伤保险费，“一金”是指住房公积金。

定额综合基价中不包括工程排污费，依据《关于停征排污费等行政事业性收费有关事项的通知》财税〔2018〕4号文件，工程排污费自2018年1月1日起停止征收，但该费用名称未取消。

出现上面未列的规费项目，应根据省级政府或省级有关部门的规定列项按实际发生计取（各项费用含义见全国二级造价工程师职业资格考试培训教材《建设工程造价管理基础知识》或2020《计价定额》）。

2. 规费计取

规费计算详见2020《计价定额》（建筑安装工程费用）的有关规定。

（七）税金

税金是指按国家税法规定的应计入建筑实装工程造价内的建筑业增值税，城市维护建设税、教育费附加和地方教育费附加等。

2020《计价定额》的综合基价（包括组成内容）为不含税综合基价。税金应按照2020《计价定额》（建筑安装工程费用）规定的费率标准及有关规定计取，不得作为竞争性费用。

（八）补充定额

计价定额在执行中如遇缺项，由甲乙双方编制临时性定额，报工程所在地工程造价管理部门审批，并报省建设工程造价管理总站备案。

三、《四川省建设工程工程量清单计价定额——通用安装工程》简介

2020年《四川省建设工程工程量清单计价定额——通用安装工程》（以下简称《安装计价定额》）共分为十三分册，包括：

A——机械设备安装工程；

B——热力设备安装工程；

C——静置设备与工艺金属结构制作安装工程；

D——电气设备安装工程；

E——建筑智能化工程；

F——自动化控制仪表安装工程；

G——通风空调工程；

H——工业管道工程；

J——消防工程；

K——给排水、采暖、燃气工程；

L——通信设备及线路工程；

M——刷油、防腐蚀、绝热工程；

N——通用项目及措施项目。

《安装计价定额》的有关说明：

（1）国家计量规范中部分项目，采用了两个及以上的计量单位，而定额中相应项目只使用一种常用的计量单位，这就要求使用者在理解招标工程量清单或使用计价定额组价时，应注意二者不同时，要结合清单项目特征描述，并按照四川省定额的计算规则进行计量，再按清单中的工程量换算出相应综合单价，做到正确组价、合理报价。

（2）材料用量。定额中仅列出主要材料的用量，次要和零星材料均包括在其他材料费内，以“元”表示，编制设计概算、施工图预算、最高投标限价（招标控制价、标底）时不得调整。

（3）定额的“工作内容”指主要施工工序，除另有规定和说明者外，其他工序虽未详列，但定额均已考虑。

（4）定额以成品编制项目，其成品的制作，运输不再单列，成品单价包括制作及运杂费等。

（5）若遇各专业工程本专业定额未编制的项目，应按各专业“册说明”及规定执行其他专业工程定额相关项目，除单独发包专业工程及有关规定外，仍执行本专业工程“工程类型”取费标准。

（6）使用定额时，若遇有两个或两个以上系数时，按连乘法计算。

（7）海拔降效调整。定额适用于海拔高度小于或等于 2km 地区，工程建设所在地点（房屋建筑及构筑物以 ±0 标高的海拔高度，市政及城市道路、排水管网非开挖修复工程、园林绿化工程、总平工程、城市地下综合管廊工程、城市轨道交通工程等以 ±0 标高按平均海拔高度）若海拔高度大于 2km 时，定额综合基价人工费、机械费调整系数按表 3.2.1 和表 3.2.2 中调整系数计算。

（8）既有小区改造的安装工程（包括房屋建筑及总平工程）项目，按《安装计价定额》相关项目及有关规定执行。其中，房建改造安装工程人工费、机械费按 1.20 系数调整，房建改造安装工程取费标准按既有及小区改造房屋建筑维修与加固工程专业执行；总

表 3.2.1　人工费海拔降效系数

海拔高度 h（km）	2.0	$2<h\leq 2.5$	$2.5<h\leq 3$	$3<h\leq 3.5$	$3.5<h\leq 4$	$4<h\leq 4.5$	$4.5<h\leq 5$
调整系数	1	1.089	1.155	1.231	1.328	1.450	1.588

表 3.2.2 机械费海拔降效系数

海拔高度 h（km）	2.0	$2<h\leqslant 2.5$	$2.5<h\leqslant 3$	$3<h\leqslant 3.5$	$3.5<h\leqslant 4$	$4<h\leqslant 4.5$	$4.5<h\leqslant 5$
调整系数	1	1.047	1.101	1.147	1.219	1.351	1.548

平改造的安装工程按《计价定额》总说明规定系数调整，总平改造的安装工程取费标准均按总平工程类型执行。

（9）安装与生产同时进行的增加费用按定额人工费的 10% 计取，全部为因降效而增加的人工费。

（10）在有害身体健康的环境中施工增加的费用按定额人工费的 10% 计取，全部为因降效而增加的人工费。

（11）各分册管道定额的执行界线详见定额册说明。

（12）定额中涉及的有害身体健康环境，可参考定额册说明的规定执行。

（13）安装工程拆除（除各册有规定外）按相应安装子目（人工 + 机械 + 管理费 + 利润）的 50% 计算。

（14）定额不包括配合负荷和无负荷联合试车费，若发生时，按批准的施工组织设计方案另计，且应在合同中明确。

（15）执行定额时，按“以主代次”的原则，统一规定按主体分册系数计算。

（16）定额执行中如遇缺项，可由甲、乙双方根据定额编制规定自愿编制一次性补充定额，报工程所在地市、州工程造价管理部门审核后，作为本工程一次性使用的计价依据，并报省建设工程造价总站存档备查。各地市州工程造价管理部门可根据一次性补充定额的专业情况及难易程度，组织专家论证，相关费用由定额使用双方协商解决。

四、《安装计价定额》应用示例

限于篇幅，本节不进行通用安装计价定额的分册说明、分章说明及工程量计算规则全部内容的介绍，应考人员应结合现行计价规范及四川省相关计价定额进行全面学习及掌握。本节通过典型例题的解析进行《安装计价定额》应用的讲解。

【例 3–1】试通过《安装计价定额》确定例 2–5 中的动力配电箱安装的综合单价。

解：根据表 2.3.6 中动力配电箱工程量清单的项目特征描述，此动力配电箱的综合单价需考虑本体安装，基础槽钢制作安装。配电箱进出线均为电缆，电缆终端头制作安装在电缆敷设时报价，电缆终端头制作安装定额中已包括焊压接线端子，故此处配电箱安装不再考虑焊（压）接线端子。所套用的定额见表 3.2.3。动力配电箱安装综合单价为 1 331.84 元。

表 3.2.3　动力配电箱分部分项工程量清单综合单价分析表

<table>
<tr><td>项目编码</td><td colspan="2">030404017001</td><td colspan="2">项目名称</td><td colspan="2">配电箱</td><td colspan="2">计量单位</td><td colspan="2">台</td><td colspan="2">工程量</td><td>1</td></tr>
<tr><td colspan="14">清单综合单价组成明细</td></tr>
<tr><td rowspan="2">定额编号</td><td rowspan="2">定额项目名称</td><td rowspan="2">定额单位</td><td rowspan="2">数量</td><td colspan="5">单价</td><td colspan="5">合价</td></tr>
<tr><td>人工费</td><td>材料费</td><td>机械费</td><td>管理费</td><td>利润</td><td>人工费</td><td>材料费</td><td>机械费</td><td>管理费</td><td>利润</td></tr>
<tr><td>CD2301</td><td>基础槽钢制作、安装</td><td>m</td><td>1.73</td><td>13.23</td><td>3.58</td><td>1.55</td><td>1.03</td><td>2.34</td><td>22.89</td><td>6.19</td><td>2.68</td><td>1.78</td><td>4.05</td></tr>
<tr><td>CD0106</td><td>成套配电箱安装 落地式</td><td>台</td><td>1</td><td>266.70</td><td>13.71</td><td>60.59</td><td>22.91</td><td>51.71</td><td>266.70</td><td>13.71</td><td>60.59</td><td>22.91</td><td>51.71</td></tr>
<tr><td colspan="9">小计</td><td>289.59</td><td>19.90</td><td>63.27</td><td>24.69</td><td>55.76</td></tr>
<tr><td colspan="9">未计价材料费</td><td colspan="5">878.62</td></tr>
<tr><td colspan="9">清单项目综合单价</td><td colspan="5">1 331.84</td></tr>
<tr><td rowspan="8">材料费明细</td><td colspan="6">主要材料名称、规格、型号</td><td>单位</td><td>数量</td><td>单价（元）</td><td>合价（元）</td><td colspan="2">暂估单价（元）</td><td>暂估合价（元）</td></tr>
<tr><td colspan="6">10 号槽钢</td><td>m</td><td>1.747 3</td><td>45.00</td><td>78.63</td><td colspan="2"></td><td></td></tr>
<tr><td colspan="6">动力配电箱 XL–10–3/35</td><td>台</td><td>1</td><td>800.00</td><td>800.00</td><td colspan="2"></td><td></td></tr>
<tr><td colspan="6"></td><td></td><td></td><td></td><td></td><td colspan="2"></td><td></td></tr>
<tr><td colspan="6"></td><td></td><td></td><td></td><td></td><td colspan="2"></td><td></td></tr>
<tr><td colspan="6"></td><td></td><td></td><td></td><td></td><td colspan="2"></td><td></td></tr>
<tr><td colspan="8">其他材料费</td><td>—</td><td>19.90</td><td colspan="2">—</td><td></td></tr>
<tr><td colspan="8">材料费小计</td><td>—</td><td>898.53</td><td colspan="2">—</td><td></td></tr>
</table>

【例 3–2】某小区住宅楼（1 个单元），6 层楼。电气照明系统图如图 3.2.1 所示。户配电箱 AL_4–2（型号为 XRM_3–03），规格为 185mm × 143mm × 85mm（高 × 宽 × 厚），接线端子采用焊接工艺连接。该户配电箱如何组价？

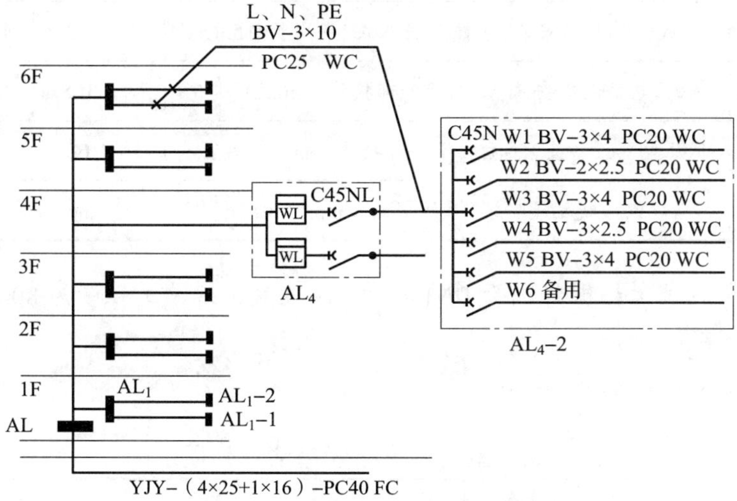

图 3.2.1　某住宅楼一单元电气照明系统图

解：配电箱 AL_4–2 的列项清单见表 3.2.4，组价所套用的定额及对应的定额量如表 3.2.5 所示。

表 3.2.4　配电箱工程量清单列项示意

序号	项目编码	项目名称	项目特征	计量单位	工程量	金额（元）		
						综合单价	合价	其中 暂估价
1	030404017003	配电箱	1. 名称：照明配电箱 AL_4–2； 2. 型号：XRM_3–03； 3. 规格：185mm × 143mm × 85mm（高 × 宽 × 厚）； 4. 接线端子材质、规格：BV10mm^2 36 个； 5. 端子板外部接线材质、规格：BV2.5mm^2 60 个，BV4mm^2 108 个； 6. 安装方式：嵌墙式	台	12			

例 3–1 和例 3–2 均为通过《安装计价定额》进行配电箱安装综合单价的确定。同为配电箱安装组价，所套用的定额却不同。对比两个例题的组价所套用的定额，说明综合单价的确定主要依据设备的安装工艺，而安装工艺主要体现在项目特征中。项目特征描述的准确性与完整性对综合单价的确定至关重要。

表 3.2.5　配电箱 AL_4–2 组价定额

编号	项目名称	工程量	计量单位
030404017003	配电箱	12	台
CD0107	成套配电箱安装 悬挂、嵌入式 半周长 0.5m	12	台
CD0416	低压电器设备安装 无端子外部接线（mm^2）≤ 6	108	个
CD0415	低压电器设备安装 无端子外部接线（mm^2）≤ 2.5	60	个
CD0419	焊铜接线端子安装 导线截面（mm^2）≤ 16	36	个

【例 3–3】室内消火栓镀锌钢管 *DN*100，螺纹连接，清单工程量为 80m，试进行清单列项并确定综合单价。

解：清单列项见表 3.2.6。

表 3.2.6　室内消火栓管道清单列项示例

序号	项目编码	项目名称	项 目 特 征	计量单位	工程量
1	030901002001	消火栓钢管	1. 安装部位：室内； 2. 材质、规格：镀锌钢管 *DN*100； 3. 连接形式：螺纹连接； 4. 压力试验及冲洗设计要求：水冲洗，水试压	m	80

依据表 3.2.6 中的项目名称及项目特征进行定额套用确定综合单价，见表 3.2.7。安装工程在组价套用定额的过程中，未计价材料的单价输入不可遗漏。

表 3.2.7　室内消火栓管道组价软件操作界面示例

序号	编号	项目名称	工程量	单位	综合	
					单价	合价
F 目 1	030901002001	消火栓钢管	80	m	126.66	10 132.80
F 定 1	CJ0035	消火栓镀锌钢管（螺纹连接）公称直径（mm 以内）100	8	10m	1 266.56	10 132.48
		镀锌钢管 *DN*100	80.4	m	60.46	4 860.98
		镀锌钢管接头管件 *DN*100	30.96	个	51.35	1 589.80

需要说明的是：消火栓管道安装项目不包括管道支架、管卡、托钩等制作、安装，管道支架需要另行项计量计价。

【例 3–4】室外消火栓镀锌钢管 *DN*100，螺纹连接，清单工程量为 80m，试进行清单列项并确定综合单价。

解：清单列项见表 3.2.8，与表 3.2.7 中的项目特征描述只有“室内”与“室外”的差别。

表 3.2.8 室外消火栓管道清单列项示例

序号	项目编码	项目名称	项 目 特 征	计量单位	工程量
1	030901002001	消火栓钢管	1. 安装部位：室外； 2. 材质、规格：镀锌钢管 *DN*100； 3. 连接形式：螺纹连接； 4. 压力试验及冲洗设计要求：水冲洗，水试压	m	80

由于是室外消火栓管道，《安装计价定额》J 消防工程分册说明规定：“五、1. 室外埋地管道执行 K《给排水、采暖、燃气工程》中室外给水管道安装相应项目。”因此，同材质、同规格、相同的连接形式及压力试验及冲洗设计要求（分部分项工程量清单的项目特征只有室内和室外的区别）的消火栓管道组价的定额是不一样的。依据表 3.2.8 中的项目名称及项目特征进行定额套用确定室外消火栓管道的综合单价，见表 3.2.9。

表 3.2.9 室外消火栓管道组价软件操作界面示例

序号	编号	项目名称	工程量	计量单位	综合	
					单价	合价
F 目 1	030901002001	消火栓钢管	80	m	95.59	7 647.20
F 定 1	CK0009	给排水管道 室外 镀锌钢管（螺纹连接）公称直径（mm 以内）100	8	10m	955.89	7 647.12
		镀锌钢管 *DN*100	81.04	m	60.46	4 899.68
		室外镀锌钢管螺纹管件 *DN*100	14.56	个	51.35	747.66

例 3–3 和例 3–4 均为通过《安装计价定额》进行消火栓管道安装综合单价的确定。同为消火栓镀锌钢管，所套用的定额分册却不一样。对比两个例题的组价所套用的定额，说明定额的套用需要熟练掌握应用《安装计价定额》的相关说明。

【例 3–5】消火栓系统中的 *DN*150 蝶阀，平焊法兰（电弧焊）连接，管道系统工作压力为 1.0MPa。试进行蝶阀的清单列项并确定综合单价。

解：《安装工程计算规范》J.6 相关问题及说明规定：“J.6.3 消防管道上的阀门、管道及设备支架、套管制作安装，应按本规范附录K给排水、采暖、燃气工程相关项目编码列项。”因此，蝶阀用031003003的清单编码列项，见表3.2.10。

表3.2.10　蝶阀组价软件操作界面示例

序号	项目编码	项目名称	项目特征	计量单位	工程量
1	031003003001	焊接法兰阀门	1. 类型：蝶阀； 2. 材质：碳钢； 3. 规格、压力等级：*DN*150、1MPa； 4. 连接形式：焊接法兰连接； 5. 焊接方法：电弧焊	个	1

《安装计价定额》J消防工程分册说明规定：“三、1. 阀门、气压罐安装、消防水箱、套管、支架制作安装（注明者除外），管道系统强度试验、冲洗，执行K《给排水、采暖、燃气工程》相应项目。”因此，蝶阀的组价所套用的定额如表3.2.11所示。

表3.2.11　蝶阀组价软件操作界面示例

序号	编号	项目名称	工程量	计量单位	综合	
					单价	合价
F目1	031003003001	焊接法兰阀门	1	个	929.16	929.16
F定1	CK0929	管道附件 法兰阀门 对夹式蝶阀安装 公称直径（mm以内）150	1	个	497.12	497.12
		对夹式蝶阀 *DN*150	1	个	320.00	320.00
F定2	CK1124	管道附件 碳钢平焊法兰安装 公称直径（mm以内）150	1	副	432.04	432.04
		碳钢平焊法兰 *DN*150	2	片	132.00	264.00

法兰阀门、法兰式附件安装项目均不包括法兰安装，应另行套用相应法兰安装项目。每副法兰和法兰式附件安装项目中，均包括一个垫片和一副法兰螺栓的材料用量。各种法兰连接用垫片均按石棉橡胶板考虑，如用其他材料，不得调整。法兰安装包括了紧螺栓的人工费及螺栓本身的材料费。

【例3–6】如图3.2.2所示为某消防泵房管道给水管道安装工程。设计要求管道穿墙采用钢套管，穿水池壁采用柔性防水套管，套管比所穿直管大2个规格。试进行该消防工程套管列项及综合单价计算。

解：（1）套管工程量：

集水坑排水管钢套管 *DN*75 工程量：1个；

消防管道穿外墙钢套管 *DN*150 工程量：2个；

消防管道穿水池壁柔性防水套管 *DN*150 工程量：2个；

《安装工程计算规范》J.6 相关问题及说明规定："J.6.3 消防管道上的阀门、管道及设备支架、套管制作安装，应按本规范附录 K 给排水、采暖、燃气工程相关项目编码列项。"因此，清单列项见表 3.2.12。

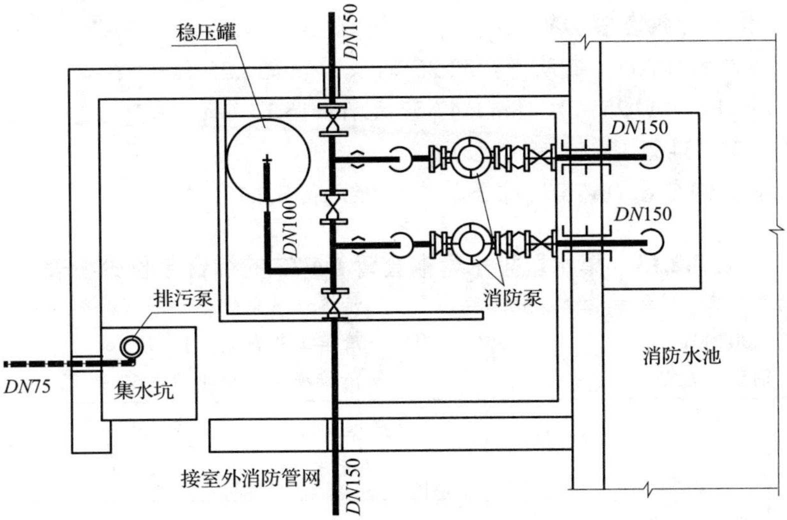

图 3.2.2 消防泵房管道布置图

表 3.2.12 套管工程量清单列项示例

序号	项目编码	项目名称	项目特征	计量单位	工程量	金额（元）		
						综合单价	合价	其中 暂估价
1	031002003001	钢套管 *DN*75	1. 名称、类型：钢套管； 2. 材质：碳钢； 3. 规格：*DN*75； 4. 填料材质：按设计、施工规范要求	个	1			
2	031002003002	钢套管 *DN*150	1. 名称、类型：钢套管； 2. 材质：碳钢； 3. 规格：*DN*150； 4. 填料材质：按设计、施工规范要求	个	2			
3	031002003003	柔性防水套管 *DN*150	1. 名称、类型：柔性防水套管； 2. 材质：碳钢； 3. 规格：*DN*150； 4. 填料材质：按设计、施工规范要求	个	2			

（2）套管综合单价的计算：

《安装计价定额》J 消防工程分册说明规定："三、1. 阀门、气压罐安装、消防水箱、套管、支架制作安装（注明者除外），管道系统强度试验、冲洗，执行 K《给排水、采暖、燃气工程》相应项目。"

1）集水坑排水管钢套管 *DN*75：

套用计价定额 CK0765　安装费：52.25 元 ×1 个 =52.25（元）；

未计价材料钢管 *DN*125：0.318m×47.57 元 /m=15.13（元）；

综合单价：52.25+15.13=67.38（元）；

集水坑排水管钢套管 *DN*75 的综合单价分析见表 3.2.13。

表 3.2.13　集水坑排水管钢套管 *DN*75 的综合单价分析表

工程名称：某消防泵房管道给水管道安装工程　　清单计量单位：个

项目编码：031002003001　　清单工程数量：1

清单项目名称：钢套管 *DN*75　　清单项目综合单价：67.38 元

序号	定额编号	项目名称	计量单位	数量	综合基价（元）		设备及未计价材料				
					单价	合价	未计价材料	单位	数量	单价	合价
1	CK0765	一般钢套管制作安装 介质管道公称直径(mm 以内) 80	个	1	52.25	52.25	钢管 *DN*125	m	0.318	47.57	15.13
	清单项目合价		个	1	67.38						
	清单项目综合单价		个	1	67.38						

2）消防管道穿外墙钢套管 *DN*150：

套用计价定额 CK0768 安装费：109.19 元 ×2 个 =218.38（元）；

未计价材料无缝钢管 *D*219×6：0.318m×2×179.09 元 /m=113.90（元）；

综合单价：（218.38+113.90）÷2=166.14（元）；

消防管道穿外墙钢套管 *DN*150 的综合单价分析见表 3.2.14。

3）消防管道穿水池壁柔性防水套管 *DN*150：

套用柔性防水套管制作计价定额 CH2689 制作费：562.82 元 ×2 个 =1 125.64（元）；

未计价材料碳钢管 *DN*250：11.80×2×4.2 元 /kg=99.12（元）；

套用柔性防水套管计价定额 CH2706 安装费：70.92 元 ×2 个 =141.84（元）；

综合单价：（1 125.64+99.12+141.84）÷2=683.30（元）；

消防管道穿水池壁柔性套管 *DN*150 的综合单价分析见表 3.2.15。

表 3.2.14　消防管道穿外墙钢套管 *DN*150 的综合单价分析表

工程名称：某消防泵房管道给水管道安装工程　　　　清单计量单位：个

项目编码：031002003002　　　　清单工程数量：2

清单项目名称：钢套管 *DN*150　　　　清单项目综合单价：166.14 元

序号	定额编号	项目名称	计量单位	数量	综合基价（元）		设备及未计价材料				
					单价	合价	未计价材料	单位	数量	单价	合价
1	CK0768	一般钢套管制作安装 介质管道公称直径（mm 以内）150	个	2	109.19	218.38	钢管 *DN*250	m	0.636	179.09	113.90
	清单项目合价				332.28						
	清单项目综合单价				166.14						

表 3.2.15　消防管道穿水池壁柔性套管 *DN*150 的综合单价表

工程名称：某消防泵房管道给水管道安装工程　　　　清单计量单位：个

项目编码：031002003003　　　　清单工程数量：2

清单项目名称：柔性防水套管 *DN*150　　　　清单项目综合单价：683.30 元

序号	定额编号	项目名称	计量单位	数量	定额综合单价（元）		设备及未计价材料				
					单价	合价	未计价材料	单位	数量	单价	合价
1	CH2689	柔性防水套管制作 *DN* ≤ 150	个	2	562.82	1 125.64	钢管 *DN*250	kg	23.600	4.2	99.12
2	CH2706	柔性防水套管安装 *DN* ≤ 150	个	2	70.92	141.84					
	清单项目合价				1 366.60						
	清单项目综合单价				683.30						

管道系统的安装中，套管是比较容易遗漏和出错的分项工程。例 3–6 展示了消防工程中套管的清单列项及组价。给排水、采暖、燃气工程中的套管组价同样需要注意《安装计价定额》的相关说明：刚性、柔性防水套管制作和安装执行 H《工业管道安装工程》相应项目。

【例 3–7】试确定例 2–23 中钢管 $\phi 325\times 8$ 的综合单价。

管道（含方形补偿器）安装组价软件操作界面示例见表 3.2.16。

表 3.2.16　管道（含方形补偿器）安装组价软件操作界面示例

编号	项目名称	工程量	计量单位
031001002001	钢管 $\phi 325\times 8$	427	m
CK0147	采暖管道室外钢管（电弧焊）公称直径（mm 以内）300	42.7	10m
CK1033	方形补偿器制作（弯头组成）	1	个
CK1052	方形补偿器安装	1	个

本例题主要是演示方形补偿器对管道组价的影响。方形补偿器以其所占长度列入管道安装工程量中（见例 2–23）；同时，方形补偿器制作安装应含在管道安装综合单价中（见表 3.2.16）。

【例 3–8】试确定例 2–23 中的刷油、防腐蚀、绝热分部分项工程的综合单价。

对 031201001001 管道刷油的组价示例见表 3.2.17。

表 3.2.17　管道刷油组价软件操作界面示例

编号	项目名称	工程量	计量单位	综合	
				单价	合价
031201001001	管道刷油	607.46	m^2	11.76	7 143.73
CM0001	手工除锈 管道 轻锈	60.746	$10m^2$	37.12	2 254.89
CM0059	管道刷油 红丹防锈漆 第一遍	60.746	$10m^2$	41.19	2 502.13
	醇酸防锈漆 C53–1	89.297	kg	10.10	901.90
CM0060	管道刷油 红丹防锈漆 增一遍	60.746	$10m^2$	39.33	2 389.14
	醇酸防锈漆 C53–1	78.97	kg	10.10	797.60

对 031201003001 管道支架刷油组价示例见表 3.2.18。

对 031208002001 管道绝热组价示例见表 3.2.19。

对 031208007001 保护层组价示例见表 3.2.20。

表 3.2.18 管道支架刷油组价软件操作界面示例

编号	项目名称	工程量	计量单位	综合	
				单价	合价
031201003001	管道支架刷油	2 092	kg	1.96	4 100.32
CM0005	手工除锈 一般钢结构 轻锈	20.92	100kg	47.60	995.79
CM0111	一般钢结构刷油 红丹防锈漆 第一遍	20.92	100kg	40.99	857.51
	醇酸防锈漆 C53-1	24.267	kg	10.10	245.10
CM0112	一般钢结构刷油 红丹防锈漆 增一遍	20.92	100kg	38.72	810.02
	醇酸防锈漆 C53-1	19.874	kg	10.10	200.73
CM0120	一般钢结构刷油 调和漆 第一遍	20.92	100kg	34.94	730.94
	酚醛调和漆 各色	16.736	kg	14.80	247.69
CM0121	一般钢结构刷油 调和漆 增一遍	20.92	100kg	33.43	699.36
	酚醛调和漆 各色	14.644	kg	14.80	216.73

表 3.2.19 管道绝热组价软件操作界面示例

编号	项目名称	工程量	计量单位	综合	
				单价	合价
031208002001	管道绝热	48.36	m^3	425.51	20 577.66
CM1331	管道绝热 纤维类制品安装 管道 DN 125 以下（厚度）60mm	12.075	m^3	440.20	5 315.42
	岩棉管壳	12.437	m^3	220.00	2 736.14
CM1335	管道绝热 纤维类制品安装 管道 DN 300 以下（厚度）60mm	36.287	m^3	420.60	15 262.31
	岩棉管壳	37.376	m^3	220.00	8 222.72

表 3.2.20 保护层组价软件操作界面示例

编号	项目名称	工程量	计量单位	综合	
				单价	合价
031208007001	保护层	981.65	m^2	22.23	21 822.08
CM1571	防潮层、保护层 铝箔 管道	98.165	$10m^2$	222.32	21 824.04

例 3-8 展示了《安装计价定额》中常用的刷油、防腐蚀、绝热工程定额套用注意事项：刷油定额是分遍数的，因此，项目特征需要对刷油的遍数进行准确描述；绝热定额是根据管道公称直径、绝热厚度分档编制的；计算设备、管道内壁防腐蚀工程量时，当壁厚

大于或等于 10mm 时，按其内径计算；当壁厚小于 10mm 时，按其外径计算。

第三节　四川省建筑安装工程费用

在 2020《计价定额》中，专门发布了《建筑安装工程费用》（以下简称“费用标准”）。费用标准规定：建筑安装工程费由分部分项工程费、措施项目费、其他项目费、规费、税金组成，分部分项工程费、措施项目费、其他项目费包含人工费、材料费、施工机具使用费、企业管理费和利润。

在建筑安装工程费组成中，分部分项工程费和单价措施项目费是按照工程量乘以综合单价计算的，总价措施项目费、其他项目费、规费、税金是按照规定的取费基础乘以对应的费率计算的，所以费用标准主要规定了总价措施项目费、其他项目费、规费、税金的计算方法及相应的费率或税率。

一、费用标准的适用范围

费用标准适用于四川省行政区域内与建设项目各专业工程相配套的各项费用。具体专业工程主要包括房屋建筑与装饰工程、仿古建筑工程、通用安装工程、市政工程、园林绿化工程、构筑物工程、爆破工程、城市轨道交通工程、既有及小区改造房屋建筑维修与加固工程、城市地下综合管廊工程、绿色建筑工程、装配式建筑工程、城市道路桥梁养护维修工程、排水管网非开挖修复工程。

费用标准按费率或税率计算的项目主要包括安全文明施工费、夜间施工增加费、二次搬运费、冬雨季施工增加费、已完工程及设备保护费、工程定位复测费、暂列金额、总承包服务费、规费及税金。

二、费用标准的取费费率

（一）安全文明施工费

安全文明施工费不得作为竞争性费用。环境保护费、文明施工费、安全施工费、临时设施费分基本费、现场评价费两部分计取。

1. 费用定义

（1）环境保护费。环境保护费是指施工现场为达到环保等部门要求所需要的各项措施费用，包括：

1）对施工现场裸露的场地和堆放的土石方采取覆盖、固化、绿化或洒水，以及对施工现场易产生粉尘的土石方开挖等采取喷雾等防治扬尘污染措施的费用；

2）为避免施工车辆车轮带泥行驶，在施工现场出入口设置清洗沟或清洗设备等发生的人工、材料与设施摊销费用；运输土石方、渣土、砂石、灰浆和施工垃圾等采取密闭式运输车或采取覆盖措施所增加的周转、摊销费用；

3）在施工现场设置密闭式垃圾站、办公区和生活区设置封闭式垃圾容器，实现施工垃圾与生活垃圾分类存放而购置容器的周转、摊销费用；

4）贮存水泥、石灰、石膏、砂土等易产生扬尘的物料采取密闭措施；不能密闭的，设置不低于堆放物高度的严密围挡，并采取有效覆盖措施防治扬尘污染发生的费用；

5）为保证施工现场排水通畅，在办公区、生活区以及作业区（包括明挖基坑的四周）设置排水沟等发生的措施费用；

6）施工现场施工机械设备降噪声、防扰民措施费用；

7）工程完工后，就以上措施发生的拆除、清运与恢复费用；

8）施工现场实际发生的其他环保措施费用。

（2）文明施工费。文明施工费是指施工现场文明施工所需要的各项措施费用，包括：

1）"五牌一图"的费用，包括：工程概况牌、管理人员名单及监督电话牌、消防保卫牌、安全生产牌、文明施工牌及施工现场总平面图；

2）现场围挡的墙面美化（包括内外粉刷、标语等）、压顶装饰费用；现场食堂制作间灶台及周边、厕所便槽贴瓷砖，地面混凝土硬化或贴地砖的费用；其他施工现场临时设施的装饰装修、美化措施费用；

3）符合场容场貌、材料堆放等相关规定要求采取措施发生的费用；

4）现场卫生清扫和保洁的费用；符合卫生要求的饮水设备、淋浴、消毒等设施费用；采取灭鼠、蚊虫、防煤气中毒、防疫等措施的费用；

5）施工现场地面的硬化费用；

6）施工现场出入口道路接顺发生的人工、材料与机械费用；

7）工程完工后，就以上措施发生的拆除、清运与恢复费用；

8）现场实际发生的为保证文明施工的其他措施费用。

（3）安全施工费。安全施工费是指施工现场安全施工所需要的各项措施费用，包括：

1）安全资料编制、安全施工标志的购置及安全宣传的费用，包括：施工现场入口处及主要施工区域、危险部位设置相应的安全警示标志牌；绘制安全标志布置图；根据工程部位和现场设施的变化，调整安全标志牌的设置；设置重大危险源公示牌；

2）"三宝"（安全帽、安全带、安全网）、"四口"（楼梯口、电梯井口、通道口、预留洞口）、"五临边"（阳台围边、楼板围边、屋面围边、槽坑围边、卸料平台两侧）、水平防护架、垂直防护架、外架封闭等防护的费用；

3）施工安全用电的费用，包括采用三级配电系统（配备总配电箱、分配电箱、开关箱三类标准电箱）、TN–S 接零保护系统、二级漏电保护系统、外电线路防护措施；

4）起重机、塔吊等起重设备（含井架、门架）及外用电梯的安全防护措施（含警示标志）费用及卸料平台的临边防护、层间安全门、防护棚等设施费用；

5）建筑工地起重机械的监测及检验检测费用；

6）施工机具防护棚及其围栏的安全保护设施费用；

7）保证消防器材配置合理，符合消防要求的消防器材的购置、周转、维护与定期检验等发生的费用；

8）施工现场配备常用药及绷带、止血带、担架等急救器材的费用；

9）治安综合治理费用；

10）施工现场安装和使用视频管理的费用；

11）建立健全安全隐患排查治理体系及施工现场安全隐患排查等所产生的费用；

12）工程完工后，就以上措施发生的拆除、清运与恢复费用；

13）为保证安全施工所发生的其他措施费用。

（4）临时设施费。临时设施费是指施工企业为工程施工所必须搭设的生活和生产用的临时建筑物、构筑物和其他临时设施费用等，包括：

1）施工现场围挡的安拆、维修、周转或摊销的费用。

2）施工现场临时建筑物、构筑物的搭设、维修、周转或摊销的费用，如门卫室、办公室、宿舍、食堂、厕所、淋浴间、开水房、文体活动室、盥洗设施，临时仓库、加工场、搅拌台、临时简易水塔、水池、泥浆沉淀池等；临时设施应符合环保、消防等要求。

3）施工现场规定范围内为达到现场办公、生活与作业的基本条件修建的临时给水、排水、供电、通信等临时管线等发生的搭设、维修、周转或摊销等费用。

4）施工现场规定范围内临时简易道路铺设及施工便桥的搭设、维修、周转或摊销等费用，具体范围如下：

①建筑工程：施工现场范围内临时简易道路铺设；

②市政工程：施工现场范围内临时简易道路铺设及施工便桥的搭设，但不包括为保证正常的公共交通秩序而修建的社会便桥及交通导改费用。

5）生产工人生活设施的购置、维护与周转等费用，包括宿舍内配置的床、衣柜、桌椅等。

6）工程完工后，就以上措施发生的拆除、清运与恢复费用。

7）其他临时设施搭设、维修、拆除、清运或摊销的费用。

2. 费率标准及计取方法

安全文明施工费包括环境保护费、文明施工费、安全施工费、临时设施费，其费用分为基本费和现场评价费两部分。

（1）基本费。基本费是指承包人在施工过程中发生的安全文明施工措施的基本保障费。增值税计算分为一般计税法和简易计税法，其安全文明施工基本费费率标准分别见表 3.3.1 和表 3.3.2

表 3.3.1 安全文明施工基本费费率标准（一般计税法）

序号	项目名称	工程类型	取费基础	基本费费率（%）	说明
一	环境保护费	—	分部分项工程及单价措施项目（定额人工费＋定额机械费）	0.55	（1）表中所列工程均为单独发包工程。房屋建筑与装饰工程、仿古建筑工程、绿色建筑工程、装配式房屋建筑工程、构筑物工程包括未单独发包的与其配套的线路、管道设备安装工程及室内外装饰装修工程。
二	文明施工费	房屋建筑与装饰工程、仿古建筑工程、绿色建筑工程、装配式房屋建筑工程、构筑物工程		2.30	

续表 3.3.1

序号	项目名称	工程类型	取费基础	基本费费率（%）	说明
二	文明施工费	单独装饰工程、单独通用安装工程	分部分项工程及单价措施项目（定额人工费＋定额机械费）	1.25	（2）单独装饰工程、单独通用安装工程包括未单独发包的与其配套的工程以及单独发包的城市轨道交通中的通信工程、信号工程、供电工程、智能与控制系统安装工程。 （3）市政工程、综合管廊工程包括未单独发包的与其配套的工程以及单独发包的市政给水、燃气、水处理、生活垃圾处理机械设备安装、路灯工程。 （4）城市轨道交通工程（不含单独发包的通信工程、信号工程、供电工程、智能与控制系统安装工程）包括未单独发包的与其配套的工程。 （5）园林绿化工程包括未单独发包的园路、园桥、亭廊等与其配套的工程。 （6）既有及小区改造房屋建筑维修与加固工程、排水管网非开挖修复工程、拆除工程包括未单独发包的与其配套的工程。 （7）单独土石方、单独地基处理与边坡支护工程、单独桩基工程包括未单独发包的与其配套的工程。
		市政工程、综合管廊工程、城市道路桥梁养护维修工程		1.65	
		城市轨道交通工程		1.65	
		园林绿化、总平、运动场工程		1.35	
		既有及小区改造房屋建筑维修与加固工程、排水管网非开挖修复工程、拆除工程		1.35	
		单独土石方、单独地基处理与边坡支护工程、单独桩基工程		0.55	
三	安全施工费	房屋建筑与装饰工程、仿古建筑工程、绿色建筑工程、装配式房屋建筑工程、构筑物工程		3.95	
		单独装饰工程、单独通用安装工程		1.95	
		市政工程、综合管廊工程、城市道路桥梁养护维修工程		2.10	
		城市轨道交通工程		2.10	
		园林绿化、总平、运动场工程		2.10	
		既有及小区改造房屋建筑维修与加固工程、排水管网非开挖修复工程、拆除工程		2.10	
		单独土石方、单独地基处理与边坡支护工程、单独桩基工程		0.70	

续表 3.3.1

序号	项目名称	工程类型	取费基础	基本费费率（%）	说明
四	临时设施费	房屋建筑与装饰工程、仿古建筑工程、绿色建筑工程、装配式房屋建筑工程、构筑物工程	分部分项工程及单价措施项目（定额人工费＋定额机械费）	3.00	（8）房屋建筑与装饰工程、仿古建筑工程、构筑物工程、市政工程、城市轨道交通工程安全施工费已包括施工现场设置安防监控系统设施的费用，如未设置或经现场评价不符合《四川省住房和城乡建设厅关于开展建设工程质量安全数字化管理工作的通知》（川建质安发〔2013〕39号）规定，安全文明施工费费率乘以系数0.75。 （9）承包人采取的扬尘防治措施不符合《四川省建筑工程扬尘污染防治技术导则（试行）》要求的，安全文明施工费中的环境保护费、文明施工费、临时设施费乘以系数0.80。 （10）承包人未按规定采取建筑工人实名制管理措施的，安全文明施工费中的安全施工费乘以系数0.98。 （11）城市轨道交通工程G.C地下区间工程定额安全文明施工费取费基础中的定额机械费乘以系数0.15
		单独装饰工程、单独通用安装工程		3.20	
		市政工程、综合管廊工程、城市道路桥梁养护维修工程		2.80	
		城市轨道交通工程		2.80	
		园林绿化、总平、运动场工程		3.35	
		既有及小区改造房屋建筑维修与加固工程、排水管网非开挖修复工程、拆除工程		2.95	
		单独土石方、单独地基处理与边坡支护工程、单独桩基工程		1.15	

表 3.3.2 安全文明施工基本费费率标准（简易计税法）

<table>
<tr><th>序号</th><th>项目名称</th><th>工程类型</th><th>取费基础</th><th>基本费费率（%）</th><th>说明</th></tr>
<tr><td>一</td><td>环境保护费</td><td>—</td><td rowspan="15">分部分项工程及单价措施项目（定额人工费＋定额机械费）</td><td>0.57</td><td rowspan="15">（1）表中所列工程均为单独发包工程。房屋建筑与装饰工程、仿古建筑工程、绿色建筑工程、装配式房屋建筑工程、构筑物工程包括未单独发包的与其配套的线路、管道设备安装工程及室内外装饰装修工程。
（2）单独装饰工程、单独通用安装工程包括未单独发包的与其配套的工程以及单独发包的城市轨道交通中的通信工程、信号工程、供电工程、智能与控制系统安装工程。
（3）市政工程、综合管廊工程包括未单独发包的与其配套的工程以及单独发包的市政给水、燃气、水处理、生活垃圾处理机械设备安装、路灯工程。
（4）城市轨道交通工程（不含单独发包的通信工程、信号工程、供电工程、智能与控制系统安装工程）包括未单独发包的与其配套的工程。
（5）园林绿化工程包括未单独发包的园路、园桥、亭廊等与其配套的工程。
（6）既有及小区改造房屋建筑维修与加固工程、排水管网非开挖修复工程、拆除工程包括未单独发包的与其配套的工程。</td></tr>
<tr><td rowspan="7">二</td><td rowspan="7">文明施工费</td><td>房屋建筑与装饰工程、仿古建筑工程、绿色建筑工程、装配式房屋建筑工程、构筑物工程</td><td>2.32</td></tr>
<tr><td>单独装饰工程、单独通用安装工程</td><td>1.26</td></tr>
<tr><td>市政工程、综合管廊工程、城市道路桥梁养护维修工程</td><td>1.66</td></tr>
<tr><td>城市轨道交通工程</td><td>1.66</td></tr>
<tr><td>园林绿化、总平、运动场工程</td><td>1.36</td></tr>
<tr><td>既有及小区改造房屋建筑维修与加固工程、排水管网非开挖修复工程、拆除工程</td><td>1.36</td></tr>
<tr><td>单独土石方、单独地基处理与边坡支护工程、单独桩基工程</td><td>0.55</td></tr>
<tr><td rowspan="7">三</td><td rowspan="7">安全施工费</td><td>房屋建筑与装饰工程、仿古建筑工程、绿色建筑工程、装配式房屋建筑工程、构筑物工程</td><td>4.14</td></tr>
<tr><td>单独装饰工程、单独通用安装工程</td><td>2.04</td></tr>
<tr><td>市政工程、综合管廊工程、城市道路桥梁养护维修工程</td><td>2.20</td></tr>
<tr><td>城市轨道交通工程</td><td>2.20</td></tr>
<tr><td>园林绿化、总平、运动场工程</td><td>2.20</td></tr>
<tr><td>既有及小区改造房屋建筑维修与加固工程、排水管网非开挖修复工程、拆除工程</td><td>2.20</td></tr>
<tr><td>单独土石方、单独地基处理与边坡支护工程、单独桩基工程</td><td>0.73</td></tr>
</table>

续表 3.3.2

序号	项目名称	工程类型	取费基础	基本费费率（%）	说明
四	临时设施费	房屋建筑与装饰工程、仿古建筑工程、绿色建筑工程、装配式房屋建筑工程、构筑物工程	分部分项工程及单价措施项目（定额人工费+定额机械费）	3.16	（7）单独土石方、单独地基处理与边坡支护工程、单独桩基工程包括未单独发包的与其配套的工程。 （8）房屋建筑与装饰工程、仿古建筑工程、构筑物工程、市政工程、城市轨道交通工程安全施工费已包括施工现场设置安防监控系统设施的费用，如未设置或经现场评价不符合《四川省住房和城乡建设厅关于开展建设工程质量安全数字化管理工作的通知》（川建质安发〔2013〕39号）规定，安全文明施工费费率乘以系数0.75。 （9）承包人采取的扬尘防治措施不符合《四川省建筑工程扬尘污染防治技术导则（试行）》要求的，安全文明施工费中的环境保护费、文明施工费、临时设施费乘以系数0.80。 （10）承包人未按规定采取建筑工人实名制管理措施的，安全文明施工费中的安全施工费乘以系数0.98。 （11）城市轨道交通工程G.C地下区间工程定额安全文明施工费取费基础中的定额机械费乘以系数0.15
		单独装饰工程、单独通用安装工程		3.37	
		市政工程、综合管廊工程、城市道路桥梁养护维修工程		2.95	
		城市轨道交通工程		2.95	
		园林绿化、总平、运动场工程		3.53	
		既有及小区改造房屋建筑维修与加固工程、排水管网非开挖修复工程、拆除工程		3.11	
		单独土石方、单独地基处理与边坡支护工程、单独桩基工程		1.21	

（2）现场评价费是指承包人执行有关安全文明施工规定，经发包人、监理人、承包人共同依据相关标准和规范性文件规定对施工现场承包人执行有关安全文明施工规定情况进行自评，并经住房和城乡建设行政主管部门施工安全监督机构（以下简称施工安全监督机构）核定安全文明施工措施最终综合评价得分，由承包人自愿向安全文明施工费费率测定机构申请并经测定费率后获取的安全文明施工措施增加费。

1）安全文明施工现场评价费费率。安全文明施工现场评价费费率依据施工安全监督机构核定的安全文明施工最终综合评价得分确定。

具体计算方法为：得分为80分者，现场评价费费率按基本费费率的40%计取，80分以上每增加1分，其现场评价费费率在基本费费率的基础上增加3%，中间值采用插入法计算，保留小数点后两位数字，第三位四舍五入。现场评价费费率计算公式如下：

现场评价费费率＝基本费费率 ×40%+ 基本费费率 ×（最终综合评价得分 −80）×3%　（3−1）

2）最终综合评价得分低于70分（不含70分）的，只计取安全文明施工费中的临时设施基本费。

3）施工期间承包人发生一般及以上生产安全事故的，安全文明施工费中的安全施工费按应计费率的60%计取。

4）工地地面应做硬化处理而未做的，其安全文明施工费中的文明施工费按应计费率的60%计取。

5）房屋建筑与装饰工程、仿古建筑工程、绿色建筑工程、装配式房屋建筑工程、构筑物工程、市政工程、综合管廊工程、城市轨道交通工程安全施工费已包括施工现场安装和使用视频监控系统的费用以及专门的安全隐患排查等费用，如未安装和使用或经现场评价不符合《四川省住房和城乡建设厅关于开展建设工程质量安全数字化管理工作的通知》（川建质安发〔2013〕39号）规定，或未按要求组织专门的安全隐患排查的，其安全文明施工费中的安全施工费按应计费率的75%计取。

（3）安全文明施工费的费率测定采取自愿的原则。工程竣工后，自愿申请安全文明施工费费率测定的承包人持施工安全监督机构确认的《建设工程安全文明施工措施评价及费率测定表》到工程所在地工程造价管理机构申请办理测定。未设工程造价管理机构的县（区、市）所属建设工程项目，其安全文明施工费费率的测定机构由县（区、市）住房和城乡建设行政主管部门确定，报市、州工程造价管理机构备案。

（4）安全文明施工费的计费方法。

环境保护费＝（分部分项工程及单价措施项目的定额人工费＋定额机械费）× 环境保护费测定费率　（3−2）

文明施工费＝（分部分项工程及单价措施项目的定额人工费＋定额机械费）× 文明施工费测定费率　（3−3）

安全施工费＝（分部分项工程及单价措施项目的定额人工费＋定额机械费）× 安全施工费测定费率　（3−4）

临时设施费＝（分部分项工程及单价措施项目的定额人工费＋定额机械费）× 临时设施费测定费率　（3−5）

（5）安全文明施工费计取的有关规定。

1）在编制设计概算、施工图预算、招标控制价（最高投标限价、标底）时应足额计取，即环境保护费、文明施工费、安全施工费、临时设施费费率按基本费费率加现场评价费最高费率计取。

$$环境保护费费率=环境保护基本费费率\times 2 \tag{3-6}$$

$$文明施工费费率=文明施工基本费费率\times 2 \tag{3-7}$$

$$安全施工费费率=安全施工基本费费率\times 2 \tag{3-8}$$

$$临时设施费费率=临时设施基本费费率\times 2 \tag{3-9}$$

2）在编制投标报价时，应按招标人在招标文件中公布的安全文明施工费金额计取。

3）在编制竣工结算时，安全文明施工费按如下规定计取：

①对承包人向安全文明施工费费率测定机构申请测定费率，并出具《建设工程安全文明施工措施评价及费率测定表》的，按《建设工程安全文明施工措施评价及费率测定表》测定的费率办理竣工结算；承包人未向安全文明施工费费率测定机构申请测定费率的，只能按规定计取安全文明施工费基本费。

②对因发包人原因造成施工安全监督机构未核定安全文明施工措施最终评价得分，承包人无法向安全文明施工费费率测定机构申请测定费率的，发包人、监理人、承包人共同对施工现场承包人执行有关安全文明施工规定情况进行检查和评分的结果，测定安全文明施工费费率，在《建设工程安全文明施工措施评价及费率测定表》中确认并说明原因，作为竣工结算的依据。

③对发包人直接发包的专业工程，纳入总包工程现场评价范围但未单独进行安全文明施工措施现场评价的，其安全文明施工费以发包人直接发包的工程类型，只能按规定计取安全文明施工费基本费。

④对发包人直接发包的专业工程，纳入总包工程现场评价范围但未单独进行安全文明施工措施现场评价的，其安全文明施工费按该工程总承包人的《建设工程安全文明施工措施评价及费率测定表》测定的费率执行；纳入总包工程现场评价范围但该工程总承包人未测定安全文明施工费费率的，其安全文明施工费以该总承包工程类型，只能按基本费费率计取。发包人直接发包工程的安全文明施工纳入总包人统一管理的，总承包人收取相应项目安全文明施工费的40%。

4）对采用工程总承包方式（含EPC方式）或按建筑面积平方米造价包干等方式发包的工程，在签订工程承包合同时无法确定安全文明施工费具体金额或未采用四川省计价依据确定工程造价的，房屋建筑工程和市政基础设施工程的安全文明施工费计取基础分别暂按签订合同价中建安工程造价（含合同价款调整）的22.5%、17.5%计算，以此作为发包人与承包人在工程承包合同中明确安全文明施工费总费用以及编制费用预付计划的依据，并在结算时以此作为计算合同中安全文明施工费的依据。

（二）夜间施工增加费、二次搬运费、冬雨季施工增加费、已完工程及设备保护费、工程定位复测费

夜间施工增加费、二次搬运费、冬雨季施工增加费、已完工程及设备保护费、工程定位复测费等其他总价措施项目费应根据拟建工程的特点确定。

1. 费用定义

（1）夜间施工增加费。夜间施工增加费是指因夜间施工所发生的夜班补助费、夜间施工降效、夜间施工照明设备摊销及照明用电等费用。

（2）二次搬运费。二次搬运费是指因施工场地条件限制而发生的材料、构配件、半成品等一次运输不能到达堆放地点，必须进行二次或多次搬运所发生的费用。

（3）冬雨季施工。冬雨季施工是指在冬季或雨季施工需增加的临时设施、防滑、排除雨雪、人工及施工机械效率降低等费用。

（4）已完工程及设备保护费。已完工程及设备保护费是指竣工验收前，对已完工程及设备采取的必要保护措施所发生的费用。

（5）工程定位复测费。工程定位复测费是指工程施工过程中进行全部施工测量放线和复测工作的费用。

2. 费率标准及计取规定

夜间施工增加费、二次搬运费、冬雨季施工增加费、已完工程及设备保护费、工程定位复测费等其他总价措施项目费费率标准见表 3.3.3。

表 3.3.3 其他总价措施项目费计费标准

序号	项目名称	取费基础	一般计税	简易计税	说明
			费率（%）		
1	夜间施工	分部分项工程及单价措施项目（定额人工费 + 定额机械费）	0.48	0.49	城市轨道交通工程G.C地下区间工程定额安全文明施工费取费基础中的定额机械费乘以系数 0.15
2	二次搬运		0.23	0.24	
3	冬雨季施工		0.36	0.37	
4	工程定位复测		0.09	0.10	

（1）编制招标控制价（最高投标限价、标底）时，招标人应根据工程实际情况选择列项，按以上标准计取。

（2）编制投标报价时，投标人应按照招标人在总价措施项目清单中列出的项目和计算基础自主确定相应费率并计算措施项目费。

（3）编制竣工结算时，其他总价措施项目费应根据合同约定的金额（或费率）计算，发包、承包双方依据合同约定对其他总价措施项目费进行了调整的，应按调整后的金额计算。

（三）暂列金额

（1）暂列金额是指建设单位在工程量清单中暂定并包括在工程合同价款中的一笔款项。用于施工合同签订时尚未确定或者不可预见的所需材料、工程设备、服务的采购，施工中可能发生的工程变更、合同约定调整因素出现时的工程价款调整以及发生的索赔、现场签证确认等的费用。

（2）计算方法。暂列金额应根据拟建工程特点确定。

1）编制招标控制价（最高投标限价、标底）时，暂列金额可按分部分项工程费和措施项目费的10%~15%计取。

2）编制投标报价时，暂列金额应按招标人在其他项目清单中列出的金额填写。

3）编制竣工结算时，若发生属于暂列金额范围的事项，应按照合同约定的原则计入竣工结算。

（四）暂估价

（1）暂估价是指招标人在工程量清单中提供的用于支付必然发生但暂时不能确定价格的材料、工程设备的单价以及专业工程的金额，包括材料暂估单价、工程设备暂估单价、专业工程暂估价。

（2）计算方法。

1）在编制招标控制价（最高投标限价、标底）时，计日工项目和数量应按其他项目清单列出的项目和数量执行，计日工中人工、机械台班单价应包括综合费，综合费包括管理费、利润、安全文明施工费等。综合费的计取不分一般计税和简易计税。计日工中的人工单价（含税）应按工程造价管理机构公布的单价计算，计日工中人工单价综合费按定额人工单价的28.38%计算；计日工中的施工机械台班单价按2020《计价定额》"附录一施工机械台班费用定额"为基础计算。计日工中机械单价综合费按定额机械台班单价的23.83%计算。若海拔高度大于2km时，定额人工单价及定额机械台班单价应按定额规定乘以海拔降效系数为基础计取综合费。

计日工中的材料单价应按工程造价管理机构发布的工程造价信息中的材料单价计算，工程造价信息未发布材料单价的材料，其价格应按市场调查确定的单价计算。

2）在编制投标报价时，计日工按招标人在其他项目清单列出的项目和数量执行，投标人自主确定综合单价并计算计日工费用。

3）在编制竣工结算时，计日工的费用应按发包、承包双方确认的实际数量和合同约定的相应项目综合单价计算。

（五）计日工

（1）计日工是指在施工过程中，承包人完成发包人提出的工程合同范围以外的零星项目或工作，按合同中约定的单价计价的费用。

（2）计算方法。

1）在编制招标控制价（最高投标限价、标底）时，计日工项目和数量应按其他项目清单列出的项目和数量，计日工中的人工单价和施工机械台班单价应按工程造价管理机构公布的单价计算。计日工人工单价综合费费率按25%计算，计日工人工单价 = 工程造价管理机构发布的工程所在地相应工种计日工人工单价 + 相应工种定额人工单价 × 25%。

计日工中的材料单价应按工程造价管理机构发布的工程造价信息中的材料单价计算，工程造价信息未发布材料单价的材料，其价格应按市场调查确定的单价计算。

2）编制投标报价时，计日工按招标人在其他项目清单中列出的项目和数量，投标人自主确定综合单价并计算计日工费用。

3）编制竣工结算时，计日工的费用应按发包人实际签证确认的数量和合同约定的相应项目综合单价计算。

（六）总承包服务费

（1）总承包服务费是指总承包人为配合协调发包人进行的专业工程发包，对发包人自行采购的材料、工程设备等进行保管以及施工现场管理、竣工资料汇总整理等服务所需的费用。

（2）计算方法与费率。

1）编制招标控制价（最高投标限价、标底）时，总承包服务费应根据招标文件列出的服务内容和要求按下列规定计算。

①当招标人仅要求总包人对其发包的专业工程进行施工现场协调和统一管理、对竣工资料进行统一汇总整理等服务时，总包服务费按发包的专业工程估算造价的1.5%左右计算。

②当招标人要求总包人对其发包的专业工程既进行总承包管理和协调，又要求提供相应配合服务时，总承包服务费根据招标文件列出的配合服务内容，按发包的专业工程估算造价的3%~5%计算。

③招标人自行供应材料、设备的，按招标人供应材料、设备价值的1%计算。

2）编制投标报价时，总承包服务费应依据招标人在招标文件中列出的分包专业工程内容和供应材料设备情况，按照招标人提出的协调、配合与服务内容和施工现场管理需要由投标人自主确定。

3）编制竣工结算时，总承包服务费应依据合同约定的金额计算，发包、承包双方依据合同约定对总承包服务费进行了调整的，应按调整后的金额计算。

（七）规费

（1）规费是指根据国家法律、法规规定，由省级政府或省级有关权力部门规定施工企业必须缴纳，应计入建筑安装工程造价的费用。规费包括社会保险费、住房公积金、工程排污费，规费不得作为竞争性费用。

1）社会保险费包括养老保险费、失业保险费、医疗保险费、工伤保险费、生育保险费。

①养老保险费是指企业按照规定标准为职工缴纳的基本养老保险费；

②失业保险费是指企业按照规定标准为职工缴纳的失业保险费；

③医疗保险费是指企业按照规定标准为职工缴纳的基本医疗保险费；

④工伤保险费是指企业按照规定标准为职工缴纳的工伤保险费；

⑤生育保险费是指企业按照规定标准为职工缴纳的生育保险费；

2）住房公积金是指企业按照规定标准为职工缴纳的住房公积金。

3）工程排污费是指按照规定缴纳的施工现场工程排污费。

（2）计算方法与费率。

1）使用国有资金投资的建设工程，编制设计概算、施工图预算、招标控制价（最高投标限价、标底）时，规费按表3.3.4“规费费率计取表”中Ⅰ档费率计算。

2）投标人投标报价按招标人在招标文件中公布的招标控制价（最高投标限价）的规费金额填写，计入工程造价。

3）发包、承包双方签订承包合同和办理工程竣工结算时，按表3.3.4“规费费率计取表”计算。

表 3.3.4 规费费率计取表

序号	取费类别	企业资质	计取基础	规费费率（%）
1	Ⅰ档	房屋建筑工程施工总承包特级 市政公用工程施工总承包特级	分部分项工程及单价措施项目定额人工费	9.34
2	Ⅱ档	房屋建筑工程施工总承包一级 市政公用工程施工总承包一级		8.36
3	Ⅲ档	房屋建筑工程施工总承包二、三级 市政公用工程施工总承包二、三级		6.58
4	Ⅳ档	施工专业承包 劳务分包资质		4.8

4）工程排污费按工程所在地环境保护部门和国家有关规定执行，按实计入。

按照财税〔2018〕4 号文件，工程排污费从 2018 年 1 月 1 日后停止征收，但费用名称没有取消。

5）无资质企业，规费费率按下限计取；同一承包人有多种资质，规费费率按最高资质对应的费率计取。

（八）税金

税金是指国家税法规定应计入建筑安装工程造价内的增值税、城市维护建设税、教育附加及地方教育附加等。

税金应按规定标准计算，不得作为竞争性费用。

1. 增值税一般计税法

（1）销项税额 = 税前不含税工程造价 × 销项增值税税率 9%。

（2）附加税按以下规定计算。

1）编制招标控制价（最高投标限价、标底）和投标报价时，按综合附加税税率表计算，见表 3.3.5。

表 3.3.5 综合附加税税率表

项目名称	计算基础	综合附加税税率
附加税（城市维护建设税、教育费附加、地方教育附加）	税前不含税工程造价	（1）工程在市区时：0.313%； （2）工程在县城镇时：0.261%； （3）工程不在县城镇时：0.157%

2）编制竣工结算时，按合同约定的方式计算。方式一：按国家规定附加税计取标准计算，见表 3.3.6。方式二：发承包双方约定综合附加税税率计算。

表 3.3.6　国家规定附加税计取标准

项目名称	计算基础	综合附加税税率
附加税（城市维护建设税、教育费附加、地方教育附加）	增值税（销项税额 – 进项税额）	（1）工程在市区时：12%； （2）工程在县城镇时：10%； （3）工程不在县城镇时：6%

2. 增值税简易计税法

（1）以“元”为计算单位的费用调整，见表 3.3.7。

表 3.3.7　以“元”为计算单位的费用调整表

调整项目	机械费（其他机械费）	管理费	其他材料费、安装定额计价材料费、轨道、市政定额等部分计价材料费	摊销材料费	调整方法
调整系数	1.108 2	1.009 1	1.11	1.129 6	以定额项目综合基价中的相应费用乘以对应调整系数

（2）以“费率（%）”表现的费用标准详见 2020《四川省建设工程工程量清单计价定额》中构筑物工程、爆破工程、建筑安装工程费用、附录的相关内容。

（3）材料预算含税价格（含税信息价）。

1）材料预算价格应是含税价格，2020《计价定额》材料基价为不含税价格。

2）材料含税价格计算公式：

$$材料单价 = \{（材料原价 + 运杂费）\times [1+ 运输损耗率（\%）]\} \times [1+ 采购保管费费率（\%）] \quad (3\text{–}10)$$

3）材料价格包括材料原价、运杂费、运输损耗、采购保管费等。其中，材料原价按“材料分类及适用税率表”进行计算，见表 3.3.8。运杂费均按交通运输业增值税税率 9% 进行计算。财税部门规定与表 3.3.8 不一致时，按财税部门的规定执行。

表 3.3.8　材料分类及适用税率表

材料名称	文件依据	税率（征收率）
建筑用和生产建筑材料所用的砂、土、石料、商品混凝土（仅限于以水泥为原材料生产的水泥混凝土）；以自己采掘的砂、土、石料或其他矿物连续生产的砖、瓦、石灰（不含黏土实心砖、瓦）、自来水	《关于部分货物适用增值税低税率和简易办法征收增值税政策的通知》（财税〔2009〕9 号）及《关于简并增值税征收率政策的通知》（财税〔2014〕57 号）	3%

续表 3.3.8

材料名称	文件依据	税率（征收率）
苗木、草皮、农膜、暖气、冷气、煤气、石油液化气、天然气、沼气、居民用煤炭制品、农药、化肥、二甲醚	《关于深化增值税改革有关政策的公告》（财政部 税务总局 海关总署公告 2019 年第 39 号）	9%
其余材料	《关于部分货物适用增值税低税率和简易办法征收增值税政策的通知》（财税〔2009〕9 号）及《关于深化增值税改革有关政策的公告》（财政部 税务总局 海关总署公告 2019 年第 39 号）	13%

（4）简易计税方法下增值税及附加税费费率，见表 3.3.9。表中的税前工程造价不包括规定不计税的工程设备金额及甲供材料（设备）费。

表 3.3.9　简易计税方法下增值税及附加税费费率

项目名称	计算基础	增值税及附加税费费率（%）		
		工程在市区	工程在县城、镇	工程不在县城、镇
增值税及附加税费	税前工程造价	3.37	3.31	3.19

第四节　安装工程最高投标限价的编制

一、安装工程最高投标限价编制概述

最高投标限价是指工程招投标活动中招标人在招标文件中明确的对招标工程限定的最高报价，投标报价高于该价格的投标文件将被否决。按照最高投标限价要求编制的就是招标控制价。

招标控制价是招标人根据国家或省级、行业建设主管部门颁发的有关计价依据和计价定额，以及拟定的招标文件和招标工程量清单，结合工程具体情况编制的招标工程的最高限价。

按照我国现行工程量清单计价规范规定，我国国有资金投资的工程建设项目必须采用工程量清单招标，招标人应负责编制招标控制价或委托具有相应资质的工程造价咨询人编制招标控制价。招标控制价编制完成后，不应上调或下浮。同时为了体现招标的公平、公正性，防止招标人有意抬高或压低工程造价，按照国家《中华人民共和国招标投标法实施条例》相关规定，招标人设有最高投标限价的，应当在招标文件中明确最高投标限价或者最高投标限价的计算方法。

（一）招标控制价的编制依据

（1）《建设工程工程量清单计价规范》GB 50500–2013；

（2）国家或省级、行业建设主管部门颁发的计价定额和计价办法；

（3）建设工程设计文件及相关资料；

（4）拟订的招标文件及招标工程量清单；

（5）与建设项目相关的标准、规范、技术资料；

（6）施工现场情况、工程特点及常规施工方案；

（7）工程造价管理机构发布的工程造价信息，当工程造价信息没有发布时，参照市场价；

（8）其他的相关资料。

（二）招标控制价编制的一般规定

（1）招标控制价应按照上述“（一）招标控制价的编制依据”的规定编制，不应上调或下浮。

（2）当招标控制价超过批准的概算时，招标人应将其报原概算审批部门审核。

（3）采用的材料价格应该是政府工程造价管理机构每月通过工程造价信息发布的材料价格，一般称为材料信息价。工程造价信息中未发布价格的材料，应通过市场询价确定，称为材料市场价。如果在编制招标控制价时未采用工程造价管理部门发布的材料信息价而是采用的材料市场价，需要在招标文件中予以说明。

（4）编制招标控制价时，规费应按照2020《计价定额》中“规费费率计取表”中Ⅰ档费率计算。

（5）编制招标控制价时，安全文明施工费应足额计取，即环境保护费、文明施工费、安全施工费、临时设施费的费率按照基本费费率加现场评价费最高费率计取。

（三）招标控制价编制的主要内容

1. 招标控制价封面

招标控制价封面编制要求与招标工程量清单一样，必须填写与招标工程量清单一致的工程项目名称，盖招标人公章。如果招标控制价是招标人委托工程造价咨询机构编制的，还应加盖工程造价咨询人的公章。

2. 招标控制价扉页

扉页签字、盖章应完整并符合相关规定。招标人自行编制招标控制价时，招标人及法定代表人或其授权人应签字或盖章，招标控制价的编制人应签字并盖造价人员专用章，复核人应是招标人自己的注册一级造价工程师，并签字盖一级造价工程师专用章。

招标人委托工程造价咨询人编制招标控制价时，除招标人加盖单位公章及其法定代表人或其授权人签字或盖章外，工程造价咨询人应盖单位资质专用章，其法定代表人或其授权人应签字或盖章，招标控制价的编制人应由在工程造价咨询人注册的造价工程师签字盖专用章，复核人应是在工程造价咨询人注册的一级造价工程师签字并盖专用章。

在使用计算机软件进行工程计价和组价时，通常情况下，扉页上的招标控制价大小写数额均由计算机自动生成。

3. 总说明

招标控制价是在招标工程量清单的基础上编制的，必须完全按照招标工程量清单总说明的要求进行。所以招标控制价的编制总说明必须遵从招标工程量清单总说明的要求编写。

由于编制招标控制价是工程计价的范畴，编制中会出现一些新问题，也应在总说明中明示，以便招标人和投标人甚至评标专家正确使用。如材料基准价选用的哪一期工程造价信息，人工费调整系数如何确定，材料调价风险系数的选用等。

4. 建设项目招标控制价汇总表、单项工程招标控制价汇总表、单位工程招标控制价汇总表

在使用工程造价计价软件的情况下，上述三个汇总表都是由计算机自动汇总和分类的。首先按照分部分项工程费、措施项目费、其他项目费、规费、税金项目费用的计算结果，自动生成单位工程招标控制价汇总表；若干个单位工程招标控制价，自动生成单项工程招标控制价汇总表；所有的单项工程招标控制价一起，自动生成建设项目招标控制价汇总表。编制中对最后的结果一定要认真比较和核对，通过各个数据之间的逻辑关系，对其正确性做出判断。

5. 分部分项工程和单价措施项目清单与计价表

这是招标控制价编制中最重要的环节。

分部分项工程费用是指完成工程量清单列出的各分部分项工程量所需的费用，包括人工费、材料费、机械使用费、企业管理费、利润以及一定范围内的风险费用。

《建设工程工程量清单计价规范》GB 50500–2013 规定，分部分项工程费应根据招标文件中的分部分项工程量清单项目的特征描述及有关要求，按综合单价计算。

采用综合单价计价是工程量清单计价方法的一个重要特征。按照《建设工程工程量清单计价规范》GB 50500–2013 的规定，综合单价是完成一个规定清单项目所需的人工费、材料和工程设备费、施工机具使用费和企业管理费、利润以及一定范围内的风险费用。这样的综合单价还不是全费用单价，没有包括总价措施项目费、规费和税金等费用。综合单价中的风险费用的考虑和计算也是目前工程造价管理中的重要问题。

分部分项工程费计算的实质就是综合单价的组价问题。一般情况下，综合单价的组价方法有以下两种：

（1）套用计价定额计算综合单价。针对工程量清单中的一个项目描述的特征，按照与工程量清单计价配套的有关计价定额的项目划分和工程量计算规则，套用定额基价、计算综合单价。套用计价定额时，必须仔细核对工程内容、项目特征、材料规格，并根据施工图及说明的做法选择正确的定额项目，尽量避免漏项、重项、错项、高项低套、低项高套及定额档次划分混淆不清等情况发生。

由于工程量清单项目编制的综合性，每个清单项目可能包括一个或几个定额子目，在套用计价定额时，就必须将几个定额子目的单价查出，乘以各自的定额工程量得到各自的合价；几个定额子目的合价叠加，再除以工程量清单的工程量，就得到一个清单项目的综合单价。这就是工程量清单计价通过计价定额的组价过程。

工程量清单项目套用计价定额组价的结果是计算该清单项目的综合单价。在套用定额时，还需要考虑对需要调整或换算的项目进行调整或换算。一是根据各地规定对人工费、材料单价、机械费等进行调整；二是当分部分项工程的内容、材料规格、施工方法、强度等级及配合比等条件与定额项目不相符合时，应根据定额的说明要求，在规定的允许范围内做出配合比换算、混凝土强度等级换算、厚度换算、其他有关的材料代换等，最后才能得出该项目的正确的综合单价。

综合单价乘以对应的清单工程量，就得到一个分部分项工程的合价，所有合价相加得到总价，就完成了分部分项工程量清单的计价过程。

（2）根据实际费用估算综合单价。针对工程量清单中的一个项目描述的特征，按照实际可能发生的费用项目进行有关费用估算并考虑风险费用，然后除以清单工程量得出该项目的综合单价。比如，某电缆沟土方工程，工程量清单中项目描述的特征为土方开挖、土方运输，工程量为 1 000m^3。在清单组价时，首先根据工程实际情况和施工组织设计确定采用单斗液压挖掘机进行土方开挖，同时配有自卸汽车运土，基底加宽施工工作面每边为 300mm，确定堆弃土地点及运距为 15km；然后计算出实际的挖土方量为 1 200m^3；根据市场上的单斗液压挖掘机挖土和自卸汽车运土 15km 以及包括人工修边检底及一定风险的每立方米单价（假如为 15 元 /m^3），计算出机械土方施工的费用（18 000 元）；汇总 1 200m^3 土方工程施工所需的各项估算费用及管理费、预期利润（假如为 1 800 元）；最后，将总费用除以 1 000m^3，得出每立方米的综合单价（19.8 元 /m^3）。这种方法由于需要丰富的造价经验和大量的基础数据，所以目前应用较少。

在编制招标控制价时，分部分项工程费应根据拟定的招标文件中的分部分项工程量清单项目的特征描述及有关要求计价，综合单价中应包括招标文件中划分的应由投标人承担的风险范围及其费用，招标文件中没有明确的，应提请招标人明确。招标工程量清单提供了暂估单价的材料和工程设备，在计算其综合单价时，应按暂估的单价计入综合单价。

单价措施项目清单计价是指可以计算工程量的措施项目，如脚手架搭拆、建筑物超高增加等，一般情况下，综合单价的组价方法有以下两种：

（1）按照单价措施项目清单计价，即完全按照分部分项工程量清单的方式，套用计价定额，按规定进行人工、材料的调整，按规则进行定额换算，最后得出清单综合单价，再乘以对应的单价措施项目工程量，完成单价措施项目清单计价。

（2）依据相应的计价定额说明，按规定计价。例如，给排水、采暖、燃气管道的脚手架搭拆费按定额人工费的 5% 计算，其中人工占 35%，机械占 5%。

6. 综合单价分析表

综合单价分析表包括分部分项工程费综合单价分析表和单价措施项目费综合单价分析表。综合单价分析表就是将构成招标控制价综合单价中所含人工费、材料费、机械使用费、企业管理费和利润各项费用进行分拆和分析的表格。它以构成分部分项工程和单价措施项目工程的每一项综合单价为基础，重点对综合单价中工料机费用构成进行分析。

对人工费，综合单价分析表可以反映综合单价中人工工日消耗量的多少以及人工工日的单价。如果人工费进行了调整，分析表也能看出调整的幅度大小。

对材料费，综合单价分析表可以分析出构成综合单价的材料种类和数量，以及每一种材料的消耗量及损耗率，同时能提供每一种材料的单价。如果材料价格进行了调整，分析表也能反映材料调价的情况。

对机械费，综合单价分析表可以反映构成综合单价的机械消耗量以及机械费的价格，以及机械费是否进行了调整的情况。

对企业管理费和利润，综合单价分析表可以反映出构成综合单价的管理费和利润价格的高低。如果调整了管理费和利润，综合单价分析表也可以分析出调整幅度的大小。

7. 总价措施项目清单与计价表

总价措施项目计价是指措施项目费用的发生和金额与实际完成的实体工程量大小无法直接联系的措施项目，如安全文明施工费、夜间施工增加费、二次搬运费等，应按总价措施项目计价。总价措施项目计价以“项”为单位，查用计价定额中准确的费率，按照规定采用正确的计算基数，完成总价措施项目计价。

在编制招标工程量清单时，招标人提出的措施项目清单是根据一般情况确定的，没有考虑不同投标人的“个性”，由于各投标人拥有的施工装备、技术水平和采用的施工方法有差异，因此在编制招标控制价时，措施项目费应根据拟定的招标文件中的措施项目清单，依据国家或省级、行业建设主管部门颁发的计价定额和计价办法规定的标准计算。

措施项目清单中的安全文明施工费应按照国家或省级、行业建设主管部门的规定的标准计取，不得作为竞争性费用。

8. 其他项目清单与计价汇总表

其他项目是指暂列金额、暂估价（包括材料暂估单价、工程设备暂估单价、专业工程暂估价）、计日工、总承包服务费。前两个费用是招标人暂估的费用，后两个费用是招标人和投标人都需编制的费用。其他项目的具体内容应根据拟建工程的具体情况确定。

（1）暂列金额明细表。暂列金额是招标人在编制招标工程量清单中已经确定的，编制招标控制价时只需直接引用并填入暂列金额明细表即可，并按规定计入招标控制价的总价中。

（2）材料（工程设备）暂估单价及调整表。材料和设备的暂估单价是招标人在编制招标工程量清单中已经确定的，只需直接填入表内即可。暂估价中的材料单价或工程设备单价在编制招标控制价时应根据招标工程量清单中提供的单价计入综合单价。

（3）专业工程暂估价及结算价表。专业工程暂估价是招标人在编制招标工程量清单中已经确定的，编制招标控制价时只需直接引用并填入该表即可，并按规定计入招标控制价的总价中。

（4）计日工表。在编制招标工程量清单时，计日工项目和数量已在计日工表中列出了项目和数量，其目的是要求投标人报价。在招标人编制招标控制价时，计日工中的人工单价应按工程造价管理机构公布的单价计算；计日工中的施工机械台班单价应按2020《计价定额》附录一的规定为基础计算；计日工中的材料单价应按照工程造价管理机构发布的工程造价信息中的材料单价计算，工程造价信息没有发布材料单价的材料，其价格应按市场询价确定的单价计算。

（5）总承包服务费计价表。在编制招标控制价时，总承包服务费的费率和金额由招标人依据招标文件列出的服务内容和具体要求，按照2020《计价定额》的相关规定确定。

9. 发包人提供材料和工程设备一览表

此表已经由招标人在编制招标工程量清单时提出，在编制招标控制价时，编制人只需全部照转即可。

10. 承包人提供主要材料和设备一览表（适用于造价信息差额调整法）、承包人提供主要材料和设备一览表（适用于价格指数调整法）

此两表也已经由招标人在编制招标工程量清单时提出，在编制招标控制价时，编制人只需全部照转即可。

招标控制价编制的内容及具体表式详见本书附录三：招标控制价编制实例。

（四）招标控制价的表式组成

按照2020《计价定额》的规定，招标控制价表格须采用统一格式，由下列表式组成：

（1）招标控制价封面。

（2）招标控制价扉页。

（3）总说明。

（4）建设项目招标控制价汇总表。

（5）单项工程招标控制价汇总表。

（6）单位工程招标控制价汇总表。

（7）分部分项工程和单价措施项目清单与计价表。

（8）综合单价分析表

（9）总价措施项目清单与计价表。

（10）其他项目清单与计价汇总表：

1）暂列金额明细表；

2）材料（工程设备）暂估单价及调整表；

3）专业工程暂估价及结算价表；

4）计日工表；

5）总承包服务费计价表。

（11）发包人提供材料和工程设备一览表。

（12）承包人提供主要材料和设备一览表（适用于造价信息差额调整法）。

（13）承包人提供主要材料和设备一览表（适用于价格指数调整法）。

上述表格的具体表式详见本书附录安装工程招标控制价编制实例。

二、安装工程最高投标限价编制实例

招标控制价应由具有编制能力的招标人或受其委托具有相应资质的工程造价咨询人编制和复核。工程造价咨询人接受招标人委托编制招标控制价，不得再就同一工程接受投标人委托编制投标报价。

招标人应在发布招标文件时公布招标控制价，同时应将招标控制价及有关资料报送工程所在地或有该工程管辖权的行业管理部门工程造价管理机构备查。

（一）电气设备安装工程工程量清单编制实例

工程概况、施工图、工程量清单见本书第二章第三节。

按招标控制价的编订顺序，完整的电气设备安装工程的招标控制价见本书附录六。

（二）给排水工程招标控制价编制实例

工程概况、施工图、工程量清单见本书第二章第三节。

按招标控制价的编订顺序，完整的给排水工程的招标控制价见本书附录七。

第五节　安装工程投标报价的编制

一、安装工程投标报价编制依据

（1）《建设工程工程量清单计价规范》GB 50500–2013；
（2）国家或省级、行业建设主管部门颁发的计价办法；
（3）企业定额，国家或省级、行业建设主管部门颁发的计价定额和计价办法；
（4）招标文件、招标工程量清单及其补充通知、答疑纪要；
（5）建设工程设计文件及相关资料；
（6）施工现场情况、工程特点及投标时拟定的施工组织设计或施工方案；
（7）与建设项目相关的标准、规范等技术资料；
（8）市场价格信息或工程造价管理机构发布的工程造价信息；
（9）其他的相关资料。

二、安装工程投标报价编制原则

投标报价是投标人响应招标文件的要求，结合施工现场条件，根据自身的施工水平和管理能力，以企业定额或者参照建设行政主管部门发布的计价定额，所报出的对招标工程项目期望进行承包施工的交易总价。

按照《建设工程工程量清单计价规范》GB 50500–2013 的规定，投标报价应由投标人或受其委托具有相应资质的工程造价咨询人编制。投标人应按照相关规定自主确定投标报价，且投标报价不得低于工程成本。同时，投标人必须按招标工程量清单填报价格。项目编码、项目名称、项目特征、计量单位、工程量必须与招标工程量清单一致。投标人的投标报价高于招标控制价的应予废标。

（一）投标报价的表式组成

按照 2020《计价定额》的规定，投标报价表格须采用统一格式，由下列表式组成：
（1）投标总价封面。
（2）投标总价扉页。
（3）总说明。
（4）建设项目投标报价汇总表。
（5）单项工程投标报价汇总表。
（6）单位工程投标报价汇总表。
（7）分部分项工程和单价措施项目清单与计价表。
（8）综合单价分析表
（9）总价措施项目清单与计价表。
（10）其他项目清单与计价汇总表：
1）暂列金额明细表；
2）材料（工程设备）暂估单价及调整表；

3）专业工程暂估价及结算价表；

4）计日工表；

5）总承包服务费计价表。

（11）发包人提供材料和工程设备一览表。

（12）承包人提供主要材料和设备一览表（适用于造价信息差额调整法）。

（13）承包人提供主要材料和设备一览表（适用于价格指数调整法）。

（二）投标报价编制的基本原则

从上述投标报价的表式组成可以看出，投标报价与招标控制价的组成基本一致。在编制投标报价的各项费用时，采用的方式方法也基本相同。但是，编制投标报价的基本原则仍有不同。

（1）投标人自主报价。投标报价由投标人或受其委托具有相应资质的工程造价咨询机构编制。投标人应按照自己的企业定额和市场状况报价，也可以参照政府建设行政主管部门发布的计价定额结合市场情况报价。除工程造价管理机构规定的安全文明施工费、规费、税金不得作为竞争性费用外，其余费用投标人应自主报价。

（2）投标报价不得低于工程成本。工程成本是投标人为实施合同工程并达到质量标准，在确保安全施工的前提下，必须耗用或使用的人工、材料、工程设备、施工机械台班及管理等方面发生的费用和按照规定缴纳的规费、税金。投标报价低于工程成本的，在评标时将会被否决。

（3）编制依据有不同。在采用计价定额方面，招标控制价的编制只能使用政府建设行政主管部门发布的计价定额；而投标人编制投标报价应优先采用企业定额，同时也可以参照政府建设行政主管部门发布的计价定额。

（4）采用材料、设备单价的要求不同。招标控制价的编制应优先采用工程造价管理机构发布的材料信息价，只有在材料信息价缺价的情况或某些特殊情况下，才能采用材料市场价。而投标报价的编制并没有这样的规定，而是提倡优先采用材料市场价，同时也可以参照材料信息价。

（5）价格标准不同。编制招标控制价只能使用政府主管部门发布的计价定额，编制的结果不能上调或下浮，必须体现招标控制价的公正性。而投标报价的价格标准掌握在投标人手中，除不能超过招标控制价、不得低于工程成本外，价格变化的幅度完全由投标人自己的投标策略决定。

上述招标控制价与投标报价的不同点，完全体现了投标人自主确定投标报价的基本原则。

三、安装工程投标报价编制方法

1. 分部分项工程费编制

在编制投标报价时，分部分项工程工程量必须是招标工程量清单提供的工程量，综合单价应依据招标文件及其招标工程量清单中的分部分项工程量清单项目的特征描述确定计算，综合单价中应包括招标文件中划分的应由投标人承担的风险范围及其费用。其中人工费依据企业定额和市场价格计算，也可以按国家或省级、行业建设主管部门颁发的计价定额和计价办法的规定计算；材料费依据企业定额和市场价格计算，也可以按国家或省级、行业建设主管部门颁发的计价定额和计价办法的规定计算。招标工程量清单提供了暂估单价的材料和工程设备，投标人应按暂估的单价计入综合单价。机械费依据企业定额和市场价格计算，也可以按国家或省级、行业建设主管部门颁发的计价定额和计价办法的规定计算。企业管理费和利润，可以依据企业定额结合市场和企业具体情况计算，也可以按国家或省级、行业建设主管部门颁发的计价定额和计价办法的规定计算。

2. 综合单价分析表编制

投标报价的综合单价分析表编制包括分部分项工程综合单价分析表、单价措施项目综合单价分析表两部分。

通过综合单价分析表，将构成投标报价综合单价中所含人工费、材料费、机械使用费、企业管理费和利润各项费用进行分拆和分析，它以构成分部分项工程和单价措施项目工程的每一项综合单价为基础，重点对综合单价中人工、材料、机械费用构成、消耗量、损耗率进行分析，为实施工程造价管控提供依据。投标报价综合单价分析表的分析内容与招标控制价综合单价分析表内容相同。

3. 总价措施项目清单与计价表编制

在编制总价措施项目清单与计价表时，投标人应根据招标文件中的措施项目清单及投标时拟定的施工组织设计或施工方案依据企业定额和市场价格自主计算，也可以按国家或省级、行业建设主管部门颁发的计价定额和计价办法的规定计算。另外，投标人投标时可根据招标工程实际情况结合施工组织设计或施工方案，对招标人所列的措施项目进行增补。投标人对招标文件编列的措施项目或施工组织设计或施工方案中已有的措施项目未报价的，若中标，结算时不得增加或调整相应措施项目的措施费。

按照2020《计价定额》的规定，为了保证招标投标的公正性和可操作性，投标人在投标报价时填报安全文明施工费，应按招标人在招标文件中公布的安全文明施工费固定金额计取，不需自行计算安全文明施工费金额。竣工结算时，再按2020定额规定重新计算安全文明施工费。

4. 其他项目清单与计价汇总表编制

（1）对暂列金额，在投标报价时投标人应按招标人在招标工程量清单中的其他项目清单列出的金额填写，不得增加或减少。

（2）对材料、工程设备暂估价，投标人投标报价时，应将招标人在其他项目清单中列出的材料单价或设备单价计入投标报价综合单价；专业工程暂估价应按招标人在其他项目清单中列出的金额填写，并进入合同总价。

（3）对计日工的报价，投标人应按招标人在其他项目清单中列出的项目和数量，自主确定综合单价并计算计日工费用。一般情况下，计日工中的人工单价和施工机械台班单价应按工程造价管理机构公布的单价计算，计日工中的材料单价应按工程造价管理机构发布的工程造价信息中的材料单价计算，工程造价信息未发布材料单价的材料，其价格应按市场询价确定的单价计算。编制竣工结算时，计日工的费用应按发包人实际签证确认的数量和投标人所填报的相应计日工综合单价计算。

（4）对总承包服务费的投标报价，投标人应依据招标人在招标文件中列出的分包专业工程内容和甲供材料设备情况，按照招标人提出的协调、配合与服务要求和施工现场管理需要由投标人自主确定报价。一般情况下，对总承包服务费报价，招标人仅要求对分包的专业工程进行总承包管理和协调时，按分包的专业工程估算造价的 1.5% 计算；招标人要求对分包的专业工程进行总承包管理和协调并同时要求提供配合服务时，根据招标文件中列出的配合服务内容和提出的要求按分包的专业工程估算造价的 3%~5% 计算；招标人自行供应材料的，按招标人供应材料价值的 1% 计算。

5. 发包人提供材料和工程设备一览表编制

此表为招标人填写。招标人已经在招标工程量清单中填写完毕并提供给投标人。投标人可将此表直接列入投标报价表式中，作为竣工结算的依据之一。

6. 承包人提供主要材料和设备一览表编制（适用于造价信息差额调整法）

此表除“投标单价”外，其他内容已经由招标人填写完毕。投标人在投标时，只需自主确定投标单价即可。

7. 承包人提供主要材料和设备一览表编制（适用于价格指数调整法）

此表招标人已经填写了“名称、规格、型号”和“基本价格指数 F_0”内容，投标人应根据招标工程的人工费、机械费和材料、工程设备价值在投标总价中所占的比例，填写“变值权重 B”的内容。竣工结算时，再按规定确定“现行价格指数 F_t”。

8. 规费金额的确定

按照 2020《计价定额》的统一要求，投标报价表式中没有列出规费清单表格，但投标人在编制投标报价时，必须确定规费的金额。为保证投标的公正性，按照 2020《计价定额》的规定，投标人投标报价时，应按照招标人在招标文件中公布的招标控制价的规费金额填写，不需投标人自己计算规费金额。竣工结算时，再按 2020《计价定额》的规定重新计算规费。

第六节 工程结算与合同价款的调整

工程结算指发承包双方根据国家有关的法律、法规和合同约定，对合同工程在实施中、终止时、已完工后的工程项目进行的合同价款计算、调整和确认，包括期中结算、终止结算、竣工结算。

合同价款指发承包双方在合同中约定的工程造价。合同价款调整指调整因素出现后，发承包双方根据合同约定，对合同价款进行变动的提出、计算和确认。合同价款的支付主要指发包人对承包人预付款的支付及扣回、期中支付、竣工结算价款支付及合同解除的价款支付等。本节主要介绍期中结算与支付、合同价价款的调整、竣工结算等内容。

一、期中结算与支付

合同价款的期中结算，指在合同工程施工过程中，按合同约定的付款周期进行的工程进度款结算。合同价款的期中支付，指发包人按照合同约定对付款周期内承包人完成的合同价款给予支付的款项，也就是工程进度款的结算支付。工程进度款的支付是合同价款期中支付最主要的一种支付。

发承包双方应按照合同约定的时间、程序和方法，根据工程计量结果，办理期中价款结算，支付进度款。进度款支付周期，应与合同约定的工程计量周期一致。同时，工程进度款支付涉及政府投资资金的，应按照国库集中支付等国家相关规定及合同中专用条款的约定办理。

（一）期中支付的计量

1. 期中支付工程计量的概念

工程计量是期中支付的前提和依据，工程量的计算既是发包人控制施工阶段工程造价的关键环节，也是约束承包人履行合同义务的重要手段。期中支付的计量工作是局部的，只能作为支付当期进度款的依据，不能作为竣工结算的依据。单价合同的特点是需要计算工程量后才能进行工程价款的结算，招标工程量清单中所列的工程量只是用于投标人报价参考的，是招标人根据拟建工程设计文件预计的工程量。工程合同价款结算必须按承包人履行合同义务所完成的实际工程量结算。

2. 工程计量的方法

工程量必须按照合同约定以及现行国家计量规范规定的工程量计算规则计算。工程计量可按月或工程形象进度分阶段计量，具体计量周期在合同中约定，主要分为单价合同计量和总价合同计量。

（1）单价合同的计量。单价合同的计量必须以承包人完成合同工程应予计量的工程量计算及确定。承包人施工中进行工程计量时若发现招标工程量清单中出现漏项、工程量计算偏差以及工程变更引起工程量增减时，应按承包人履行合同义务完成的工程量计算。但由于因承包人原因造成的超出合同工程范围施工或返工的工程量，发包人不予计量，具体程序如下：

1）承包人应当按照合同约定的计量周期和时间向发包人提交当期已完工程量报告。发包人应在收到报告后 7 天内核实，并将核实计量结果通知承包人。发包人未在约定时间内进行核实的，承包人提交的计量报告中所列的工程量应视为承包人实际完成的工程量。

2）发包人认为需要进行现场计量核实时，应在计量前 24 小时通知承包人，承包人应为计量提供便利条件并派人参加。当双方均同意核实结果时，双方应在上述记录上签字确认。承包人收到通知后不派人参加计量，视为认可发包人的计量核实结果。发包人不按照约定时间通知承包人，致使承包人未能派人参加计量，计量核实结果无效。

3）当承包人认为发包人核实后的计量结果有误时，应在收到计量结果通知后的 7 天内向发包人提出书面意见，并应附上其认为正确的计量结果和详细的计算资料。发包人收到书面意见后，应在 7 天内对承包人的计量结果进行复核后通知承包人。承包人对复核计量结果仍有异议的，按照合同约定的争议解决办法处理。

4）承包人完成已标价工程量清单中每个项目的工程量并经发包人核实无误后，发承包双方应对每个项目的历次计量报表进行汇总，以核实最终结算工程量，并应在汇总表上签字确认。

（2）总价合同的计量。采用工程量清单计价方式招标形成的总价合同，工程量计算按照单价合同计量的规定计算。

采用经审定批准的施工图及其预算方式发包形成的总价合同，除按照工程变更规定的工程量增减外，总价合同各项目的工程量应为承包人用于结算的最终工程量。

总价合同约定的项目计量应以合同工程经审定批准的施工图为依据，发承包双方应在合同中约定工程计量的形象目标或时间节点进行计量。

承包人应在合同约定的每个计量周期内对已完成的工程进行计量，并向发包人提交达到工程形象目标完成的工程量和有关计量资料的报告。

发包人应在收到报告后 7 天内对承包人提交的上述资料进行复核，以确定实际完成的工程量和工程形象目标。对其有异议的，应通知承包人进行共同复核。

当工程施工内容及条件方式变化而总价合同约定可以调整合同价款时的计量，按照单价合同计量的规定计算。

（二）期中结算与支付

1. 期中支付价款的计算

（1）已完工程的结算价款已标价工程量清单的单价项目，承包人应按工程计量确认的工程量与综合单价计算。如综合单价发生调整，应按发承包双方确认的综合单价计算进度款。

已标价工程量清单的总价项目，承包人应按合同中约定的进度款支付分解，分别列入进度款支付申请中的安全文明施工费和本周期应支付的总价项目的金额中。

（2）支付价款的调整承包人的现场签证和应得的索赔金额等调整费用列入本周期应增加金额中，由发包人提供的材料、设备等金额，应从进度款支付中扣出，列入本周期应扣减的金额中。

（3）支付比例按照《建设工程价款结算暂行办法》及《建设工程工程量清单计价规范》GB 50500–2013 规定：工程进度款的支付比例按合同约定，按期中结算价款总额计，不低于 60%，不高于 90%。

2. 期中支付的程序

承包人应在每个计量周期到期后的 7 天内向发包人提交已完工程进度款支付申请一式四份，详细说明此周期认为有权得到的款额，包括分包人已完工程的价款。支付申请应包括下列内容：

（1）累计已完成的合同价款。

（2）累计已实际支付的合同价款。

（3）本周期合计完成的合同价款，包括本周期已完成单价项目的金额、本周期应支付的总价项目的金额、本周期已完成的计日工价款、周期应支付的安全文明施工费、本周期应增加的金额。

（4）本周期合计应扣减的金额，包括本周期应扣回的预付款、本周期应扣减的金额。

（5）本周期实际应支付的合同价款。

上述金额中，“本周期应增加的金额”包括除单价项目、总价项目、计日工、安全文明施工费外的全部应增金额，如索赔、现场签证金额。“本周期应扣减的金额”包括除预付款外的全部应减金额。

3. 期中价款的支付

发承包双方应按照合同约定的时间、程序和方法，根据工程计量结果，办理期中价款结算。主要规定如下：

（1）计量和付款周期可采用分段或按月结算的方式。按月结算与支付，即实行按月支付进度款，竣工后结算的办法。

（2）支付时间要求。发包人应在收到承包人进度款支付申请后的14天内，根据计量结果和合同约定对申请内容予以核实，确认后向承包人出具进度款支付证书。若发承包双方对部分清单项目的计量结果出现争议，发包人应对无争议部分的工程计量结果向承包人出具进度款支付证书。

发包人应在签发进度款支付证书后的14天内，按照支付证书列明的金额向承包人支付进度款。若发包人逾期未签发进度款支付证书，则视为承包人提交的进度款支付申请已被发包人认可，承包人可向发包人发出催告付款的通知。发包人应在收到通知后的14天内，按照承包人支付申请的金额向承包人支付进度款。

二、合同价款调整

（一）合同价款调整的原因

合同价款调整指在合同价款调整因素出现后，发承包双方根据合同约定，对其合同价款进行变动的提出、计算和确认。

发承包双方应当在施工合同中约定合同价款。施工合同是基于签订时静态的承包范围、设计标准、施工条件等为前提的，发承包双方的权利和义务的分配也是以此为基础的。工程在实施过程中，如果这种静态前提被打破，就会涉及合同价款的调整，发承包双方应当在施工合同中明确约定合同价款的调整事项、调整原则、调整方法及调整程序等主要内容。

按照《建设工程工程量清单计价规范》GB 50500–2013的规定，合同价款调整的主要事项（但不限于）有以下五大类：

（1）法规变化类，主要包括法律法规的变化事件。

（2）工程变更类，主要包括工程变更、项目特征不符、工程量清单缺项、工程量偏差、计日工等事项。

（3）物价变化类，主要包括物价变化、暂估价事项。

（4）工程索赔类，主要包括不可抗力、提前竣工或赶工补偿、误期赔偿、索赔等事项。

（5）其他类事项，主要包括现场签证以及发承包双方约定的其他调整事项。现场签证根据签证内容，有的可归于工程变更类，有的可归于索赔类，有的不涉及价款调整。

对于规范规定的这些调整事项，在实际施工合同约定时，可根据工程具体情况，选择通常对合同价影响及调整较大一些事项，在订立合同时具体约定。如法律法规变化、工程变更、物价变化、索赔等事项的调整。

（二）合同价款调整的主要方法

当工程施工时出现了事项导致合同价款需要调整时，首先按合同约定的条款执行。不详的按现行国家标准《建设工程工程量清单计价规范》GB 50500–2013的规定执行。以下主要介绍物价变化和工程量偏差引起合同价款调整的主要方法。

1. 物价变化的调整

施工合同履行期间，因人工、材料、工程设备、施工机具台班价格变化影响合同价款时，发承包双方应根据合同约定的调整方法，对合同价款进行调整。按照现行国家标准《建设工程工程量清单计价规范》GB 50500–2013的规定，物价变化引起合同价款调整方法有两种：价格指数调整价格差额和造价信息调整价格差额。

（1）采用价格指数调整价格差额根据《建设工程工程量清单计价规范》GB 50500-2013 的规定：因人工、材料和工程设备、施工机械台班等价格波动影响合同价格时，发承包双方可根据规范附录 A.1 提供的价格调整公式计算差额并调整合同价款。

（2）采用造价信息调整价格差额采用造价信息调整价格差额方法，是利用工程所在地发布的材料和设备的价格信息，对合同约定的可调项目一项一项单独计算价差累计调整差额的方法。这种调整方法比较直观，是主要适用于使用材料及设备品种较多的工程项目。

施工合同履行期内，人工、机械使用费按照国家或省、自治区、直辖市建设行政管理部门、行业建设管理部门或其授权的工程造价管理机构发布的人工成本信息、机械台班单价或机械使用费系数进行调整；材料和设备价格需调整时，由发包人确认需调整的材料单价及数量作为调整合同价款差额的依据。

1）人工单价的调整。人工单价发生变化时，发承包双方应按省级或行业建设主管部门或其授权的工程造价管理机构发布的人工成本文件调整合同价款。但承包人人工费或人工单价报价高于发布的除外，不予调整。

2）材料及工程设备价格的调整。材料、工程设备价格变化的价款调整，按照发包人提供的主要材料和工程设备一览表，根据发承包双方约定的风险范围，按下列规定调整：

承包人投标报价中材料单价低于基准单价：施工期间材料单价涨幅以基准单价为基础超过合同约定的风险幅度值，或材料单价跌幅以投标报价为基础超过合同约定的风险幅度值时，其超过部分按实调整；承包人投标报价中材料单价高于基准单价：施工期间材料单价跌幅以基准单价为基础超过合同约定的风险幅度值，或材料单价涨幅以投标报价为基础超过合同约定的风险幅度值时，其超过部分按实调整；承包人投标报价中材料单价等于基准单价：施工期间材料单价涨、跌幅以基准单价为基础超过合同约定的风险幅度值时，其超过部分按实调整。

承包人应在采购材料前将采购数量和新的材料单价报送发包人核对，确认用于本合同工程时，发包人应确认采购材料的数量和单价。发包人在收到承包人报送的确认资料后 3 个工作日不予答复的视为已经认可，作为调整合同价款的依据。如果承包人未报经发包人核对即自行采购材料，再报发包人确认调整合同价款的，如发包人不同意，则不做调整。

3）施工机具台班单价的调整。施工机械台班单价或施工机械使用费发生变化超过省级或行业建设主管部门或其授权的工程造价管理机构规定的范围时，按其规定调整合同价款。

2. 工程量偏差的调整

（1）工程量偏差工程量偏差指承包人按照合同工程的图纸（含经发包人批准由承包人提供的图纸）实施，按照现行国家计量规范规定的工程量计算规则计算得到的完成合同工程项目应予计量的工程量与相应的招标工程量清单项目列出的工程量之间出现的量差。

（2）合同价款调整方法施工合同履行期间，因工程量偏差引起综合单价调整，《建设工程工程量清单计价规范》GB 50500-2013 规定按下列方法调整：

对于任一招标工程量清单项目，当工程量偏差超过 15% 时，可进行调整。当工程量增加 15% 以上时，增加部分的工程量的综合单价应予调低；当工程量减少 15% 以上时，减少后剩余部分的工程量的综合单价应予调高。

工程量变化引起相关措施项目相应发生变化，如按系数或单一总价方式计价的，工程量增加的措施项目费调增，工程量减少的措施项目费调减。如未引起相关措施项目发生变化，则不予调整。

三、竣工结算与支付

竣工结算是指发包、承包双方根据国家有关法律、法规规定和合同约定，在承包人完成合同约定的全部工作后，对最终工程价款的调整和确定。竣工结算分为：单位工程竣工结算、单项工程竣工结算和建设项目竣工总结算。竣工结算文件一般由承包商编制，建设单位审核，也可委托具有相应资质的工程造价咨询公司审核。

（一）竣工结算的编制

1. 竣工结算的编制规定

工程完工后，发包、承包双方必须在合同约定时间内办理工程竣工结算。工程竣工结算应由承包人或受其委托具有相应资质的工程造价咨询人编制，并应由发包人或受其委托具有相应资质的工程造价咨询人核对。竣工结算由承包人编制，发包人核对。实行总承包的工程，由总承包人对竣工结算的编制负总责。

2. 竣工结算的编制依据

竣工结算编制的主要依据有：

（1）国家现行的工程量清单计价规范；

（2）工程合同；

（3）发承包双方实施过程中已确认的工程量及其结算的合同价款；

（4）发承包双方实施过程中已确认调整后的合同价款；

（5）建设工程设计文件及相关资料；

（6）投标文件；

（7）其他相关资料及依据。

3. 竣工结算的计价原则

（1）分部分项工程和措施项目中的单价项目应依据发承包双方确认的工程量与已标价工程量清单的综合单价计算；发生调整的，应以发承包双方确认调整的综合单价计算。

（2）措施项目中的总价项目应依据已标价工程量清单的项目和金额计算；发生调整的，应以发承包双方确认调整的金额计算，其中安全文明施工费应按照国家或省级、行业建设主管部门的规定计算。

（3）其他项目应按下列规定计价：计日工的费用应按发包人实际签证确认的数量和相应项目综合单价计算；若暂估价中的材料、工程设备是招标采购的，其单价按中标价在综合单价中调整。若暂估价中的材料、工程设备为非招标采购的，其单价按发承包双方最终确认的单价在综合单价中调整。若暂估价中的专业工程是招标发包的，其专业工程费按中标价计算；若暂估价中的专业工程为非招标发包的，其专业工程费按发承包双方与分包人最终确认的金额计算；总承包服务费应依据已标价工程量清单的金额计算，发承包双方依据合同约定对总承包服务费进行了调整，应按调整后的金额计算。现场签证发生的费用在办理竣工结算时应在其他项目费中反映。现场签证费用金额依据发承包双方签证确认的金额计算。

（4）规费和税金计算应按照国家或省级、行业建设主管部门对规费和税金的计取标准计算。规费中的工程排污费应按工程所在地环境保护部门规定的标准缴纳后按实列入。

（5）发承包双方在合同工程实施过程中已经确认的工程计量结果和合同价款，在竣工结算办理中应直接进入结算。

（二）竣工结算的程序

1. 承包人提交竣工结算文件

合同工程完工后，承包人应编制竣工结算文件，并应在提交竣工验收申请的同时向发包人提交竣工结算文件。承包人未在合同约定的时间内提交竣工结算文件，经发包人催告后14天内仍未提交或没有明确答复的，发包人有权根据已有资料编制竣工结算文件，作为办理竣工结算和支付结算款的依据，承包人应予以认可。

2. 发包人核对竣工结算文件

（1）发包人应在收到承包人提交的竣工结算文件后的28天内核对。发包人经核实，认为承包人还应进一步补充资料和修改结算文件，应在上述时限内向承包人提出核实意见，承包人在收到核实意见后的28天内应按照发包人提出的合理要求补充资料，修改竣工结算文件，并应再次提交给发包人复核后批准。

（2）发包人应在收到承包人再次提交的竣工结算文件后的28天内予以复核，将复核结果通知承包人。如果发包人、承包人对复核结果无异议的，应在7天内在竣工结算文件上签字确认，竣工结算办理完毕；如果发包人或承包人对复核结果认为有误的，无异议部分办理不完全竣工结算；有异议部分由发承包双方协商解决；协商不成的，应按照合同约定的争议解决方式处理。

（3）发包人在收到承包人竣工结算文件后的28天内，不核对竣工结算或未提出核对意见的，应视为承包人提交的竣工结算文件已被发包人认可，竣工结算办理完毕。

（4）承包人在收到发包人提出的核实意见后的28天内，不确认也未提出异议的，应视为发包人提出的核实意见已被承包人认可，竣工结算办理完毕。

3. 发包人委托工程造价咨询机构核对竣工结算文件

发包人委托工程造价咨询人核对竣工结算的，工程造价咨询人应在28天内核对完毕，核对结论与承包人竣工结算文件不一致的，应提交给承包人复核；承包人应在14天内将同意核对结论或不同意见的说明提交工程造价咨询人。工程造价咨询人收到承包人提出的异议后，应再次复核，复核无异议的，发承包双方应在7天内在竣工结算文件上签字确认，竣工结算办理完毕；复核后仍有异议的，对于无异议部分办理不完全竣工结算；有异议部分由发承包双方协商解决；协商不成的，按照合同约定的争议解决方式处理。承包人逾期未提出书面异议的，应视为工程造价咨询人核对的竣工结算文件已经得到承包人认可。

4. 竣工结算文件的签认

对发包人或发包人委托的工程造价咨询人指派的专业人员与承包人指派的专业人员经核对后无异议并签名确认的竣工结算文件，除非发承包人能提出具体、详细的不同意见，发承包人都应在竣工结算文件上签名确认。

合同工程竣工结算核对完成，发承包双方签字确认后，发包人不得又要求承包人与另一个或多个工程造价咨询人重复核对竣工结算。

（三）竣工结算的支付

1. 承包人提交支付申请

承包人应根据办理的竣工结算文件，向发包人提交竣工结算款支付申请。申请应包括：竣工结算合同价款总额；累计已实际支付的合同价款；应预留的质量保证金；实际应支付的竣工结算款金额。

2. 发包人签发支付证书

发包人应在收到承包人提交竣工结算款支付申请后7天内予以核实，向承包人签发竣工结算支付证书。

3. 支付竣工结算款

发包人签发竣工结算支付证书后的14天内，应按照竣工结算支付证书列明的金额向承包人支付结算款。

发包人在收到承包人提交的竣工结算款支付申请后7天内不予核实，不向承包人签发竣工结算支付证书的，应视为承包人的竣工结算款支付申请已被发包人认可；发包人应在收到承包人提交的竣工结算款支付申请7天后的14天内，按照承包人提交的竣工结算款支付申请列明的金额向承包人支付结算款。

发包人未按上述规定支付竣工结算款的，承包人可催告发包人支付，并有权获得延迟支付的利息。发包人在竣工结算支付证书签发后或者在收到承包人提交的竣工结算款支付申请7天后的56天内仍未支付的，除法律另有规定外，承包人可与发包人协商将该工程折价，也可直接向人民法院申请将该工程依法拍卖。承包人应就该工程折价或拍卖的价款优先受偿。

第七节　竣工决算的编制

一、竣工决算概述

竣工决算是指所有建设项目竣工后，建设单位根据国家有关规定在新建、改建和扩建工程建设项目竣工验收阶段编制的竣工决算报告，是由建设单位编制的反映建设项目实际造价和投资效果的综合文件。竣工决算书是以实物数量和货币指标为计量单位，综合反映竣工项目从筹建开始到项目竣工交付使用为止的全部建设费用、建设成果和财务情况的总结性文件；是建设项目竣工验收报告的重要组成部分；是正确核定新增固定资产的价值、考核分析投资效果、建立健全经济责任制的重要依据；是反映建设成果的总结性经济文件。

建设单位通过竣工决算，以便考核投资效果。同时，施工单位在承包的工程完工后，也要对工程实际施工的成本做一个内部的工程决算，也称工程竣工成本决算，通常是以单位工程为对象，对其预算成本，实际成本和成本变化额度进行核算对比，它是以单位工程竣工结算为依据进行编制的，目的在于进行实际成本分析，反映经营管理效果，总结经验提高企业的管理水平，特别是在工程量清单招标中，企业只有不断降低成本，提高报价的竞争力，充分研究企业消耗量定额，合理确定综合单价，控制施工成本，革新施工技术，才能在市场竞争中处于有利地位。因此，施工企业的成本决算也是企业经营管理的一项重要经济措施及手段。

二、竣工决算的内容和编制

（一）竣工决算的内容

竣工决算由“竣工决算报表”和“竣工情况说明书”两大部分组成。一般大中型建设项目的竣工决算报表包括：竣工工程概况表、竣工财务决算表、建设项目交付使用财产总表和建设项目交付使用财产明细等；一般小型建设项目的竣工决算报表包括：竣工决算总表和交付使用财产明细表两部分。竣工决算的主要内容有以下几方面：

1. 竣工财务决算说明书

竣工财务决算说明书主要反映竣工工程建设成果和经验，是对竣工决算报表进行分析和补充分说明的文件，是全面考核分析工程投资与造价的书面总结。竣工财务决算说明书内容主要包括建设项目概况、资金来源及运用等财务分析、基本建设收入、投资包干结余、竣工结余资金的上交分配情况、各项经济技术指标的分析等。

2. 竣工财务决算报表

建设项目竣工财务决算报表要根据大、中型建设项目和小型建设项目分别制定。大、中型建设项目竣工决算报表包括：建设项目竣工财务决算审批表，大、中型建设项目交付使用资产总表；小型建设项目竣工财务决算报表包括：建设项目竣工财务决算审批表，竣工财务决算总表，建设项目交付使用资产明细表。

3. 工程竣工图

工程竣工图是真实地记录各种地上、地下建筑物、构筑物等情况的技术文件，是工程进行交工验收、维护改建和扩建的依据，是国家的重要技术档案。国家规定：各项新建、扩建、改建的基本建设工程，都要编制竣工图，其具体要求有：

（1）凡按图竣工没有变动的，由施工单位（包括总包和分包施工单位）在原施工图上加盖“竣工图”标志后，即作为竣工图。

（2）凡在施工过程中，虽有一般性设计变更，但能将原施工图加以修改补充作为竣工图的，可不重新绘制，由施工单位负责在原施工图（必须是新蓝图）上注明修改部分，并附以设计变更通知单和施工说明，加盖“竣工图”标志后，作为竣工图。

（3）凡结构形式改变、施工工艺改变、平面布置改变、项目改变以及有其他重大改变、不宜再在原施工图上修改、补充时，应重新绘制改变后的竣工图。由原设计原因造成的，由设计单位负责重新绘制；由施工原因造成的，由施工单位负责重新绘图；由其他原因造成的，由建设单位自行绘制或委托设计单位绘制。施工单位负责在新图上加盖“竣工图”标志，并附以有关记录和说明，作为竣工图。

4. 工程竣工造价对比分析

对控制工程造价所采取的措施、效果及其动态的变化进行认真的比较对比，总结经验教训。批准的概算是考核建设工程造价的依据。主要对实物工程量、主要材料消耗量、建设单位管理费、建筑及安装工程其他直接费等进行分析对比。

（二）竣工决算的编制

建设项目竣工决算由建设单位组织有关人员进行编制，设计、施工、物资供应及使用单位等密切配合，并提供有关资料，其编制过程主要有以下几方面：

1. 竣工决算的编制要求

为了严格执行建设项目竣工验收制度，正确核定新增固定资产价值，考核分析投资效果，建立健全经济责任制，所有新建、扩建和改建等建设项目竣工后，都应及时、完整、正确的编制好竣工决算。建设单位要做好以下工作：

（1）按照规定组织竣工验收，保证竣工决算的及时性。

所有建设项目（或单项工程）按照批准的设计文件所规定的内容建成后，具备了投产和使用条件的，都要及时组织验收。对于竣工验收中发现的问题，应及时查明原因，采取措施加以解决。

（2）整理竣工项目资料，保证竣工决算的完整性。

在建设过程中，建设单位必须随时收集项目建设的各种资料，并在竣工验收前，对各种资料进行系统整理，分类立卷，为编制竣工决算提供完整的数据资料，为投产后加强固定资产管理提供依据。

（3）核对各项账目，保证竣工决算的正确性。

工程竣工后，建设单位要认真核对各项交付使用资产的建设成本；做好各项账务、物资以及债权的清理结余工作，该偿还的应及时偿还，该收回的应及时收回，对各种结余的材料、设备、施工机械工具等，要逐项清点核实，妥善保管，按照国家有关规定进行处理，不得任意侵占，对竣工后结余资金，要按规定上交财政部门或上级主管部门。

2. 竣工决算的编制步骤

（1）收集、整理和分析有关依据资料。在编制竣工决算文件之前，要系统地整理所有的技术资料、工料结算的经济文件、施工图纸和各种变更与签证资料，并分析它们的准确性。完整、齐全的资料是准确而迅速编制竣工决算的必要条件。

（2）清理各项财务、债务和结余物资。在收集、整理和分析有关资料，要特别注意建设工程从筹建到竣工投产或使用的全部费用的各项账务，债权和债务的清理，做到工程完毕账目清晰，即要核对账目，又要查点库有实物的数量，做到账与物相等、账与账相符，对结余的各种材料、工器具和设备，要逐项清点核实，妥善管理，并按规定及时处理，收回资金。对各种往来款项要及时进行全面清理，为编制竣工决算提供准确的数据和结果。

（3）填写竣工决算报表。建设工程决算表格中的内容，根据编制依据中的有关资料进行统计或计算各个项目和数量，并将其结果填到相应表格的栏目内，完成所有报表的填写。

（4）编制建设工程竣工决算说明。按照建设工程竣工决算说明的内容要求，根据编制依据材料填写在报表中的结果，编写文字说明书。

（5）做好工程造价对比分析。

（6）清理、装订好竣工图。

（7）上报主管部门审查。将上述编写的文字说明和填写的表格经核对无误后，装订成册，即为建设工程竣工决算文件。将其上报主管部门审查，并把其财务成本部分送交开户银行签证。

附录　实　　例

附录一　电气设备安装工程工程量计算书

电气设备安装工程工程量计算

序号	计 算 内 容	计算式及说明	单位	数量
1	配电箱			
		总配电箱（AW）1 600×600×370（高×宽×厚）1×1=1	台	1
		户配电箱（AL）400×500×200（高×宽×厚）1×8=8	台	8
2	总配电箱（AW）			
2.1	W1–W8 回路（AW--AL11，AL12，AL21，AL22，AL31，AL32，AL41，AL42）			
	穿管 PC32	［0.1（埋地）+1.107+3.245+0.474+1.5+0.1（埋地）］×4+（3+6+9）（AL11，21，31，41）+［0.1（埋地）+1.021+2.962+1.994+1.5+0.1（埋地）］×4+（3+6+9）（AL21，22，32，42）	m	92.81
	穿线 BV10	（92.81+（1.6+0.6）AW 预留 ×8+（0.4+0.5）AL 预留 ×8）×3	m	352.83
2.2	VL1 回路			
	PC20	（3–1.6）+9（竖直）+（0.714+3.129+0.563+0.589+0.589×3+1.476）（水平）+（3–1.8）×5（竖直）	m	24.64
	BV–2.5	24.64×2+（1.6+0.6）×2	m	53.68
	半球吸顶节能灯	5	个	5
	暗装声光控延时单极开关	5	个	5
	灯头盒	5	个	5
	开关盒	5	个	5
	接线盒	4	个	4
	总配电箱（AW）-- 弱电			
2.3	VL2 回路			
	PC20	2.523（水平）+（0.1+1.5+0.1）（竖直）	m	4.22
	BV–2.5	（4.22+1.6+0.6）×3	m	19.26
2.4	VL3 回路			

续表

序号	计 算 内 容	计算式及说明	单位	数量
	PC20	1.872（水平）+（0.1+1.5+0.1）（竖直）	m	3.57
	BV–2.5	（3.57+1.6+0.6+0.5+0.5）×3	m	20.31
3	户配电箱各回路			
3.1	WL1 回路			
	PC20（穿 3 线管）	（3–1.5–0.4）配电箱竖向 +（0.9+1.731+3.646+2.278+3.354+3.647+2.904+2.5+4.089+3.912+3.012）+1.097+（3–1.3）双联开关竖向 =35.87 35.87×2（一梯两户）×4（4 层楼）=286.96	m	286.96
	PC20（穿 2 线管）	0.828+1.341+2.457+1.744+1.878+1.935+3.345+2.416+1.342+（3–1.3）×9 单联开关竖向 =32.59 32.59×2（一梯两户）×4（4 层楼）=260.72	m	260.72
	BV–2.5	286.96×3+260.72×2+［（0.4+0.5）×3］×4（4 层楼）×2（一梯两户）	m	1 403.92
	开关盒	10×4（4 层楼）×2（一梯两户）	个	80
	灯头盒	11×4（4 层楼）×2（一梯两户）	个	88
	暗装单极单控开关	9×4（4 层楼）×2（一梯两户）	个	72
	暗装双联单极开关	1×4（4 层楼）×2（一梯两户）	个	8
	防湿防潮灯	6×4（4 层楼）×2（一梯两户）	个	48
	普通节能型灯	5×4（4 层楼）×2（一梯两户）	个	40
3.2	WL2 回路			
	PC20	［（7.377+1.296）（水平）+（3–1.5+0.1+0.3+0.1）竖直］×4×2	m	85.38
	BV4	85.38×3+［（0.4+0.5）×3］×4×2	m	277.74
	插座盒	1×4×2	个	8
	柜式空调三孔安全插座	1×4×2	个	8
3.3	WL3 回路			
	PC20	［（7.072+1.861）+（3–1.5–0.4+（3–2.45）］×4×2	m	84.66
	BV4	84.66×3+（0.4+0.5）×3×4×2	m	275.58
	插座盒	1×4×2	个	8
	壁式空调三孔安全插座	1×4×2	个	8
3.4	WL4 回路			
	PC20	｛（5.248）（水平）+［3–1.5–0.4+（3–2.45）］竖直｝×4×2	m	55.18
	BV4	55.18×3+（0.4+0.5）×3×2×4	m	184.74

续表

序号	计 算 内 容	计算式及说明	单位	数量
	插座盒	1×4×2	个	8
	壁式空调三孔安全插座	1×4×2	个	8
3.5	WL5 回路			
	PC20	{(9.707)(水平)+[3−1.5−0.4+(3−2.45)]竖直}×4×2	m	90.86
	BV−4	90.86×3+(0.4+0.5)×3×2×4	m	294.18
	插座盒	1×4×2	个	8
	壁式空调三孔安全插座	1×4×2	个	8
3.6	WL6 回路			
	PC20	[1.5+0.1+1.363+2.910+0.2(墙厚)+(0.3+0.1)×3+3.686+(0.3+0.1)+4.468+0.2(墙厚)+(0.3+0.1)×3+4.050+(0.3+0.1)+5.458+(0.3+0.1)×2+1.416+(0.3+0.1)+3.429+(0.3+0.1)]×4×2	m	271.84
	BV2.5	271.84×3+(0.4+0.5)×3×4×2	m	837.12
	插座盒	9×4×2	个	72
	单相五孔安全插座	9×4×2	个	72
3.7	WL7 回路			
	PC20	[(3−1.5−0.4)+2.773+(3−1.5)×2+(3−1.5)×2+5.546+(3−1.5)×2+1.544+(3−2.1)×2+1.274+(3−0.3)×2+2.837+(3−1.5)]×2×4	m	262.19
	BV−4	262.19×3+(0.4+0.5)×3×2×4	m	808.17
	洗衣机三孔防溅安全插座	1×4×2	个	8
	抽油烟机单相三孔安全插座	1×4×2	个	8
	厨房单相三孔安全插座	1×4×2	个	8
	卫生间五孔安全单相插座	2×4×2	个	16
	柜冰箱二三孔安全插座	1×4×2	个	8
	插座盒		个	48
3.8	WL8 回路			
	PC20	[1.137(水平)+1.5+0.1+0.3+0.1(竖直)]×4×2	m	25.10
	BV−2.5	25.10×3+[(0.4+0.5)+(0.3+0.2)]×3×4×2	m	108.90
4	小计			
	PC32	92.81	m	92.81

续表

序号	计 算 内 容	计算式及说明	单位	数量
	BV10	352.83	m	352.83
	PC20	24.64+4.22+3.57+286.72+260.69+85.38+84.66+55.18+90.86+271.84+262.19+25.10	m	1 455.05
	BV2.5	53.68+19.26+20.31+1 403.92+837.12+108.90	m	2 443.19
	BV4	277.74+275.58+184.74+294.18+808.17	m	1 840.41
	接线盒	4	个	4
	半球吸顶节能灯（楼梯间）	5	个	5
	普通节能型灯	40	个	40
	防湿防潮吸顶灯	48	个	48
	灯头接线盒	5+88	个	93
	暗装单极单控开关	72	个	72
	暗装双联单极开关	8	个	8
	暗装声光控延时单极开关	5	个	5
	开关接线盒	5+80	个	85
	壁式空调三孔安全插座	8+8+8	个	24
	柜式空调三孔安全插座	8	个	8
	单相五孔安全插座	72	个	72
	卫生间五孔安全单相插座	16	m	16
	洗衣机三孔防溅安全插座	8	个	8
	厨房单相三孔安全插座	8	个	8
	抽油烟机单相三孔安全插座	8	m	8
	柜冰箱二三孔安全单相插座	8	m	8
	插座盒	8+8+8+8+72+48	个	152
5	防雷系统			
	屋顶避雷带 ▬40×4 扁钢	［23.5×3+10.5×4+（15.3−13.8）×6］×1.039	m	126.24
	防雷引下线	［15.3+1（基础圈梁深度）］×9	m	146.70
	接地电阻测试点	2	块	2
	户外接地母线 ▬40×4 镀锌扁钢	［（10.5+1.5×2）×2+（23.5+1.5×2）×2+1.5×9）］×（1+3.9%）	m	97.15
	基础圈梁钢筋接地	（3.2+4.2×2+2.3×2+3.9×2+3.65×2+4.2+10.5×3+3.45）×2+2.7+（4.2+1）	m	148.80
	总等电位端子箱	1	个	1
	扁钢 ▬40×4	1.6+0.2+1.5	m	3.30
	PC25	0.689+0.2+1.5	m	2.39
	BV25	2.39+1.6+0.6+0.5+0.5	m	5.59

附录二 电气设备安装工程招标工程量清单

某住宅楼＿＿＿＿＿＿＿＿工程

招标工程量清单

招 标 人：＿＿＿＿＿＿＿＿＿＿＿＿
（单位盖章）

造价咨询人：＿＿＿＿＿＿＿＿＿＿＿＿
（单位盖章）

某住宅楼＿＿＿＿工程

招标工程量清单

招　标　人：＿＿＿＿＿＿＿＿＿＿
（单位盖章）

造价咨询人：＿＿＿＿＿＿＿＿＿＿
（单位资质专用章）

法定代表人
或其授权人：＿＿＿＿＿＿＿＿＿＿
（签字或盖章）

法定代表人
或其授权人：＿＿＿＿＿＿＿＿＿＿
（签字或盖章）

编　制　人：＿＿＿＿＿＿＿＿＿＿
（造价人员签字盖专用章）

复　核　人：＿＿＿＿＿＿＿＿＿＿
（一级造价工程师签字盖专用章）

编制时间：　年　月　日

复核时间：　年　月　日

总 说 明

工程名称：某住宅楼

1. 工程概况

1.1 工程名称：成都某科技公司住宅楼。

1.2 工程概况：本项目建设单位为成都某科技有限公司，项目位于成都市龙泉驿区，建筑面积为1 340m^2，结构形式为框架结构，建筑高度13.1m。

1.3 工程设计单位：成都某建筑设计有限公司。

2. 工程量清单编制范围

成都某科技有限公司新建成都某科技公司住宅楼项目电气施工图范围内的电气设备安装工程，具体施工范围及内容详见施工图纸、工程量清单等。

2.1 电气设备安装工程：包括控制设备及低压电器安装、配管、配线、照明器具安装、防雷接地及其他工程等（具体详见工程量清单）。

2.2 电气设备安装工程需说明问题：

主体施工阶段的预留、预埋、设备基础、凿槽刨沟、预埋件等，以及设备、部件、构配件、配管、照明器具等安装到位后的堵补、管吊洞、收边收口和防火封堵工作等由主体施工单位负责，包括整个项目的技术管理、进度管理、资料管理等，施工单位报价须综合考虑上述工作，后期结算上述工作不再单独计价。

3. 工程量清单编制依据

3.1 成都某建筑设计有限公司设计的“成都某科技公司综合楼项目设计施工图”2018年11月版。

3.2 施工现场实际情况、工程特点及常规施工方案。

3.3 国家、省、市有关工程量清单编制的文件。

3.4 《建设工程工程量清单计价规范》GB 50500–2013、《通用安装工程工程量清单计算规范》GB 50856–2013及相关配套文件。

3.5 2020年《四川省建设工程工程量清单计价定额》及相关配套文件。

3.6 工程相关的规范、标准、技术资料。

4. 工程质量、材料、施工等的特殊要求

4.1 工程质量要求：工程质量及材料应达到国家、省、市现行验收标准，并按四川省现行相关文件规定满足安全文明施工的相关要求，材料品质、规格必须满足施工图纸的要求且达到国家或地方相关质量技术规范、标准的要求及甲方合同约定要求。本工程所有项目应满足国家相关法律、法规、规范及相关章程条例等，满足相应工程竣工验收规范，满足使用要求及移交物业要求。

4.2 材料质量要求：本工程使用的材料均为符合国家环保要求的材料，工程所用的材料均应达到国家相关质量技术规范、标准的要求且有合格证及相应检验报告。

5. 报价注意事项

5.1 工程量清单是依据《通用安装工程工程量清单计算规范》GB 50856–2013、施工图及相关技术规范、标准图集等进行编制的。清单项工程量计算规则如清单编制说明或项目特征有说明按清单说明或项目特征计量，未说明按上述规范计量规则计量。

5.2 本工程所有项目的工作内容应包含清单计价规范所列出的工作内容（但不仅限于此），其完整的工作内容应为按照设计图纸、现行的相关施工工艺、技术规范标准、施工质量验收标准和施工规范等要求实施完成该项工程并达到设计和验收规范要求的所有内容。

5.3 工程量清单中所列工程量仅作为报价基础，不能作为最终结算的依据，结算时以合同约定计量方式为准。

5.4 甲方保留取消工程量清单中某些项目和减少或增加工程量清单中某些项目工程数量的权利。施工方须在综合单价内充分考虑此风险，不得以此作为理由提出任何形式的索赔。

5.5 本清单所提供暂估材料及设备品牌范围仅作为此次报价之用，甲方保留对其品牌更换的权利。更换材料及设备品牌对应项目的结算综合单价为该项目所报综合单价扣除原报品牌材料及设备价格后加经甲方认质认价的更换品牌材料及设备价格，施工方须充分考虑此风险，不得以此作为理由提出任何形式的索赔。

6. 报价要求

6.1 本次招标工程分部分项与单价措施项目清单采用工程量清单综合单价报价，综合单价的测定应按设计要求（包括须施工方完成或配合完成的深化设计图纸范围）、工程量清单中的工程项目特征及工作内容、施工及验收规范的要求，以保证工程质量、工程进度和安全生产及文明施工管理为前提。报价应由施工方依据甲方提供的工程量清单、图纸、勘察报告、补遗书、答疑书等，结合施工现场实际情况、自然条件和施工方自身技术、管理水平、经营状况、机械设备以及编制的施工组织设计和有关要求自行编制确定。

6.2 综合单价为完成一个规定清单项目所需的人工费、材料和工程设备费、施工机具使用费和企业管理费、利润，以及一定范围内的风险的费用。

6.3 安全文明施工费（环境保护费、文明施工费、安全施工费、临时设施费）为不可竞争费用，投标人应按招标人给定的金额进行报价，工程竣工结算时按照合同约定计取。规费是指按政府和政府有关部门规定必须缴纳的费用，不得纳入投标竞争的范围，投标人应按招标人给定的金额进行投标报价，工程竣工结算时按2020《四川省建设工程工程量清单计价定额费用标准》规定的费率计取。

6.4 工程量清单的每一个项目，都需填入综合单价及合价，对于没有填入综合单价及合价的项目，其费用视为已包括在工程量其他综合单价及合价中；不同单位工程的分部分项清单相同项目的报价应统一，如有差异，按最低的一个报价进行结算。

6.5 施工方到工地踏勘以充分了解工地位置、情况、道路、装卸限制及任何其他影响报价的情况，任何因忽视或误解工地情况而导致的索赔或工期延长申请将不被批准；施工现场内部道路等由施工方自行完成。由施工单位自行从甲方提供的取水接驳点引至使用点安装水表计量，按月付费使用，上述费用由施工方自行完成并办理相关手续及承担相应费用（含水费）；由施工单位自行从甲方提供的电源接驳点箱变引至各使用点，安装电表计量，按月付费使用接驳点后的所有费用（含电费）由施工方承担。施工过程中总承包单位需协调并配合分包单位水电使用，施工方报价须综合考虑上述因素。

6.6 清单内的工作内容和工程特征描述为该分部分项的主要内容，未列完或未明确的内容及特征以设计及相关规范为准，设计及规范未明确的由投标人根据现场考察、施工经验和所有资料综合考虑报价，中标后，其所报综合单价不予调整。

6.7 清单项目中所包含的各种主材、辅材等全部材料均应包含在清单项目综合单价内；所有设施设备均应满足设计及相关规范要求、业主的使用要求，包含对移交单位人员培训等相关费用。

6.8 特别注意：若投标文件中通过汇总计算的合价出现计算错误，则结算时以不利于投标人的原则进行相应单价或合价的修正；若投标文件中修改了招标人给定的数据时，则结算时以不利于投标人的原则进行相应单价或合价的修正。

6.9 其他未尽事宜详见招标文件。

7. 本工程招标控制总价为 108 214.75 元（其中：安全文明施工费为 3 589.70 元，暂列金额为 8 097.37 元，规费为 2 312.53 元）

分部分项工程和单价措施项目清单与计价表

工程名称：某住宅楼【电气设备安装工程】　　　　标段：

序号	项目编码	项目名称	项目特征	计量单位	工程量	金额（元）		
						综合单价	合价	其中 暂估价
		0304 电气设备安装工程						
1	030404017001	配电箱AW	1．名称：单元配电计量箱； 2．型号：AW； 3．规格：1 600×600×370； 4．接线端子材质、规格：BV10 24 个 5．端子板外部接线材质、规格：BV2.5 8 个 6．安装方式：落地式	台	1			
2	030404017002	配电箱AL	1．名称：用户照明配电箱； 2．型号：AL； 3．规格：400×500×200； 4．端子板外部接线材质、规格：BV2.5 48 个，BV4 120 个 5．安装方式：悬挂嵌入式	台	8			
3	030404034001	单联单控开关	1．名称：单联单控开关； 2．规格：250V，10A； 3．安装方式：距地 1.8m 暗装	个	72			
4	030404034002	双联单控开关	1．名称：双联单控开关； 2．规格：250V，10A； 3．安装方式：距地 1.8m 暗装	个	8			
5	030404034003	声光控延时开关	1．名称：声光控延时开关； 2．规格：250V，10A； 3．安装方式：距地 1.8m 暗装	个	5			

续表

序号	项目编码	项目名称	项 目 特 征	计量单位	工程量	金额（元）		
						综合单价	合价	其中 暂估价
6	030404035001	空调三孔安全插座	1. 名称：壁式空调三孔安全插座； 2. 规格：250V，10A； 3. 安装方式：距地 2.45m 暗装	个	24			
7	030404035002	空调三孔安全插座	1. 名称：柜式空调三孔安全插座； 2. 规格：250V，15A； 3. 安装方式：距地 0.3m 暗装	个	8			
8	030404035003	单相五孔安全插座	1. 名称：单相五孔安全插座； 2. 规格：250V，10A； 3. 安装方式：距地 0.3m 暗装	个	72			
9	030404035004	卫生间五孔安全单相插座	1. 名称：卫生间五孔安全单相插座； 2. 规格：250V，10A； 3. 安装方式：距地 1.5m 暗装	个	16			
10	030404035005	洗衣机三孔防溅安全插座	1. 名称：洗衣机三孔防溅安全插座； 2. 规格：250V，10A； 3. 安装方式：距地 1.5m 暗装	个	8			
11	030404035006	抽油烟机单相三孔安全插座	1. 名称：抽油烟机单相三孔安全插座； 2. 规格：250V，10A； 3. 安装方式：距地 2.1m 暗装	个	8			
12	030404035007	厨房单相三孔安全插座	1. 名称：厨房单相三孔安全插座； 2. 规格：250V，10A； 3. 安装方式：距地 1.5m 暗装	个	8			
13	030404035008	柜冰箱二三孔安全单相插座	1. 名称：柜冰箱二、三孔安全插座； 2. 规格：250V，10A； 3. 安装方式：距地 0.3m 暗装	个	8			

续表

序号	项目编码	项目名称	项目特征	计量单位	工程量	金额（元）		
						综合单价	合价	其中 暂估价
14	030409002001	接地母线	1．名称：户外接地母线； 2．材质：镀锌扁钢； 3．规格：40×4； 4．安装部位：地坪下 0.75m； 5．安装形式：埋地	m	97.15			
15	030409003001	避雷引下线	1．名称：避雷引下线； 2．材质：柱内主筋； 3．规格：2 根 ϕ16； 4．安装形式：柱主筋通长焊接	m	146.7			
16	030409004001	均压环	1．名称：基础钢筋； 2．材质：圆钢； 3．规格：2 根 ϕ16； 4．安装形式：利用基础圈梁钢筋	m	148.8			
17	030409005001	避雷网	1．名称：屋顶避雷带； 2．材质：热镀锌扁钢； 3．规格：40×4； 4．安装形式：沿女儿墙及屋面	m	126.24			
18	030409006001	避雷短针	1．名称：避雷短针； 2．材质：镀锌圆钢； 3．规格：ϕ12； 4．安装形式、高度：伸出女儿墙 0.5m 与防雷带可靠焊接，安装参见 99D501–12–16	根	8			
19	030409008001	总等电位端子箱	1．名称：总等电位端子箱； 2．规格：500×500×100	台	1			
20	030409008002	测试板	1．名称：接地电阻测试点； 2．安装参见“99D501–1”2–23 页做法（二）	块	2			
21	030411001001	配管 PC32	1．名称：塑料管； 2．材质：阻燃塑料管； 3．规格：DN32； 4．配置形式：暗配	m	92.81			

续表

序号	项目编码	项目名称	项 目 特 征	计量单位	工程量	金额（元）		
						综合单价	合价	其中
								暂估价
22	030411001002	配管 PC20	1. 名称：塑料管； 2. 材质：阻燃塑料管； 3. 规格：*DN*20； 4. 配置形式：暗配	m	1 455.29			
23	030411001003	配管 PC25	1. 名称：塑料管； 2. 材质：阻燃塑料管； 3. 规格：*DN*25； 4. 配置形式：暗配	m	2.4			
24	030411004001	配线 BV10	1. 名称：管内穿线； 2. 配线形式：照明线路； 3. 型号：BV； 4. 规格：$10mm^2$	m	352.83			
25	030411004002	配线 BV2.5	1. 名称：管内穿线； 2. 配线形式：照明线路； 3. 型号：BV； 4. 规格：$2.5mm^2$	m	2 443.13			
26	030411004003	配线 BV4	1. 名称：管内穿线； 2. 配线形式：照明线路； 3. 型号：BV； 4. 规格：$4mm^2$	m	1 840.41			
27	030411004004	配线 BV25	1. 名称：管内穿线； 2. 配线形式：照明线路； 3. 型号：BV； 4. 规格：$25mm^2$	m	4.39			
28	030411006001	接线盒	1. 名称：接线盒； 2. 材质：塑料； 3. 规格：86 型（有盖）； 4. 安装形式：暗装	个	4			
29	030411006002	灯头盒	1. 名称：灯头盒； 2. 安装形式：暗装	个	93			
30	030411006003	开关盒、插座盒	1. 名称：开关盒、插座盒； 2. 材质：塑料； 3. 规格：86 型； 4. 安装形式：暗装	个	237			

续表

序号	项目编码	项目名称	项目特征	计量单位	工程量	金额（元）		
						综合单价	合价	其中 暂估价
31	030412001001	半球吸顶节能灯（楼梯间）	1．名称：半球吸顶节能灯（楼梯间）； 2．型号：XD–40 40W； 3．规格：灯罩直径 350mm	套	5			
32	030412001002	普通节能型灯	1．名称：普通节能型灯； 2．型号：XD–36 40W； 3．规格：灯罩直径 200mm	套	40			
33	030412001003	防湿防潮吸顶灯	1．名称：防湿防潮吸顶灯； 2．型号：FSFC–40 40W； 3．规格：灯罩直径 250mm	套	48			
		分部小计						
		单价措施项目清单						
		专业措施项目						
34	031301017007	脚手架搭拆		项	1			
		分部小计						
		分部小计						
合　计								

总价措施项目清单计价表

工程名称：某住宅楼【电气设备安装工程】　　　　标段：

序号	项目编码	项目名称	计算基础	费率（%）	金额（元）	调整费率（%）	调整后金额（元）	备注
1	031302001001	安全文明施工费						
1.1	①	环境保护费	分部分项工程及单价措施项目（定额人工费＋定额机械费）					
1.2	②	文明施工费	分部分项工程及单价措施项目（定额人工费＋定额机械费）					

续表

序号	项目编码	项目名称	计 算 基 础	费率（%）	金额（元）	调整费率（%）	调整后金额（元）	备注
1.3	③	安全施工费	分部分项工程及单价措施项目（定额人工费 + 定额机械费）					
1.4	④	临时设施费	分部分项工程及单价措施项目（定额人工费 + 定额机械费）					
2	031302002001	夜间施工增加费	分部分项工程及单价措施项目（定额人工费 + 定额机械费）					
3	031302004001	二次搬运费	分部分项工程及单价措施项目（定额人工费 + 定额机械费）					
4	031302005001	冬雨季施工增加费	分部分项工程及单价措施项目（定额人工费 + 定额机械费）					
5	031302006001	已完工程及设备保护费						
6	031302008001	工程定位复测费	分部分项工程及单价措施项目（定额人工费 + 定额机械费）					
合　计								

其他项目清单与计价汇总表

工程名称：某住宅楼【电气设备安装工程】　　　　　　　　　　标段：

序号	项 目 名 称	金额（元）	结算金额（元）	备　注
1	暂列金额	8 097.37		明细详见表 –12–1
2	暂估价			
2.1	材料（工程设备）暂估价 / 结算价	—		明细详见表 –12–2
2.2	专业工程暂估价 / 结算价			明细详见表 –12–3
3	计日工			明细详见表 –12–4
4	总承包服务费			明细详见表 –12–5
合　计		8 097.37		—

暂列金额明细表

工程名称：某住宅楼【电气设备安装工程】　　　　　标段：

序号	项目名称	计量单位	暂定金额（元）	备注
1	暂列金额	项	8 097.37	
合计			8 097.37	—

材料（工程设备）暂估单价及调整表

工程名称：某住宅楼【电气设备安装工程】　　　　　标段：

序号	材料（工程设备）名称、规格、型号	计量单位	数量		暂估（元）		确认（元）		差额 ±（元）		备注
			暂估	确认	单价	合价	单价	合价	单价	合价	
合计											

专业工程暂估价及结算价表

工程名称：某住宅楼【电气设备安装工程】　　　　　标段：

序号	工程名称	工程内容	暂估金额（元）	结算金额（元）	差额 ±（元）	备注
合计						

计日工表

工程名称：某住宅楼【电气设备安装工程】　　　　　标段：

编号	项目名称	单位	暂定数量	实际数量	综合单价（元）	合价（元）	
						暂定	实际
一	人工						
1	装饰（抹灰工程除外）、通用安装工程普工	工日	10				

续表

编号	项目名称	单位	暂定数量	实际数量	综合单价（元）	合价（元）	
						暂定	实际
2	装饰（抹灰工程除外）、通用安装工程技工	工日	10				
3	高级技工	工日	10				
人工小计							
二	材料						
材料小计							
三	施工机械						
施工机械小计							
总计							

总承包服务费计价表

工程名称：某住宅楼【电气设备安装工程】　　　　标段：

序号	项目名称	项目价值（元）	服务内容	计算基础	费率（%）	金额（元）
	合计					

承包人提供主要材料和工程设备一览表

（适用造价信息差额调整法）

工程名称：某住宅楼【电气设备安装工程】　　　　标段：

序号	名称、规格、型号	单位	数量	风险系数（%）	基准单价（元）	投标单价（元）	发承包人确认单价（元）	备注
1	单相五孔安全插座10A	套	73.44		37.23			
2	刚性阻燃管 PC32	m	103.947		3.10			
3	刚性阻燃管 PC20	m	1 629.925		2.30			
4	铜芯聚氯乙烯绝缘导线 BV-10	m	370.472		6.12			

续表

序号	名称、规格、型号	单位	数量	风险系数（%）	基准单价（元）	投标单价（元）	发承包人确认单价（元）	备注
5	铜芯聚氯乙烯绝缘导线 BV-2.5	m	2 834.031		1.38			
6	铜芯聚氯乙烯绝缘导线 BV-4	m	2 024.451		1.99			
7	塑料灯头盒	个	94.86		6.58			
8	塑料开关盒 86 型	个	86.7		5.60			
9	塑料插座盒 86 型	个	155.04		6.54			
10	半球吸顶节能灯 XD-40 40W	套	5.05		36.67			
11	防湿防潮吸顶灯 FSFC-40 40W	套	48.48		64.62			
12	铜芯绝缘导线 BV-25	m	4.61		12.11			
13	刚性阻燃管 PC25	m	2.688		2.80			
14	吸顶灯	套	40.4		45.00			
15	用总等电位端子箱 MEB	个	1.005		300.00			
16	镀锌圆钢	kg	4		4.05			
17	接线盒 86 型	个	4.08		4.60			
18	双联单控开关	只	8.16		46.10			
19	单元配电箱 1 600 × 600 × 370	台	1		1 258.00			
20	单元配电箱 400 × 500 × 200	台	8		680.00			
21	空调三孔安全插座 10A	套	24.48		36.26			
22	卫生间五孔安全单相插座 10A	套	16.32		38.58			
23	洗衣机三孔防溅安全插座 10A	套	8.16		29.55			
24	抽油烟机单相三孔安全插座 10A	套	8.16		27.17			

续表

序号	名称、规格、型号	单位	数量	风险系数（%）	基准单价（元）	投标单价（元）	发承包人确认单价（元）	备注
25	厨房单相三孔安全插座 10A	套	8.16		27.17			
26	柜冰箱二三孔安全单相插座 15A	套	8.16		36.11			
27	单联单控开关 10A	只	73.44		33.77			
28	声光控延时开关 10A	个	5.1		58.75			
29	空调三孔安全插座 15A	套	8.16		41.67			
30	热镀锌扁钢 40×4	m	234.56		4.91			

附录三 给排水工程给水系统工程量计算书

给排水工程工程量计算——给水系统

序号	计 算 内 容	计算式及说明	单位	数量
1	引入管	PPR 热熔连接		
	*DN*50	单根长度 =0.6+0.2+0.75（水平）=1.55 1.55×2 户 ×2 单元 =6.2	m	6.20
	闸阀 *DN*50	1×2 户 ×2 单元 =4	个	4.00
2	管道附件			
	水表 *DN*25	6×2 户 ×2 单元 =24	组	24.00
3	给水立管	PPR 热熔连接		
	JLn–1（*DN*25）	0.25–0.2=0.05 0.05×2 户 ×2 单元 =0.2	m	0.20
	JLn–2（*DN*25）	（3–0.2）+0.25=3.05 3.05×2 户 ×2 单元 =12.2	m	12.20
	JLn–3（*DN*25）	（6–0.2）+0.25=6.05 6.05×2 户 ×2 单元 =24.2	m	24.20
	JLn–4（*DN*25）	（9–0.2）+0.25=9.05 9.05×2 户 ×2 单元 =36.2	m	36.20
	JLn–5（*DN*25）	（12–0.2）+0.25=12.05 12.05×2 户 ×2 单元 =48.2	m	48.20
	JLn–6（*DN*25）	（15–0.2）+0.25=15.05 15.05×2 户 ×2 单元 =60.2	m	60.20
给水立管（*DN*25）小计			m	181.20
4	给水支管	PPR 热熔连接		
4.1	冷水管			
	*DN*25	单根长度 =（0.5–0.25）+0.2+1.17+ （1–0.5）（蹲便器）+1.36=3.48 3.48×6 层 ×2 户 ×2 单元 =83.52	m	83.52
	*DN*20	单根长度 =0.35+1.0+（2.5–0.5）+1.1+1.2+（2.5–0.5）+ 1.8+（2.5–0.5）+1.1+（2.5–0.5）+1.5+ 2+0.6+（1.1–0.5）（热水器）=19.25 19.25×6 层 ×2 户 ×2 单元 =462	m	462.00

续表

序号	计 算 内 容	计算式及说明	单位	数量
	*DN*15	单根长度 =0.2+（2.5–0.5）+2+（1.2–0.5）（淋浴器）+（1.2–0.5）（洗衣机水龙头）+（0.5–0.45）（洗脸盆）+（0.5–0.45）（洗涤盆）=5.7 5.7×6 层 ×2 户 ×2 单元 =136.8	m	136.80
4.2	热水管			
	*DN*20	单根长度 =（1.1–0.6）（热水器）+0.8+2+1.5+（2.6–0.6）+1.1+（2.6–0.6）+1.8+（2.6–0.6）+1.2=14.9 14.9×6 层 ×2 户 ×2 单元 =357.6	m	357.60
	*DN*15	单根长度 =（1.2–0.6）（淋浴器）+2.0+0.2+（2.6–0.6）+1.1+（2.6–0.6）+1.0+0.6+（0.6–0.45）（洗脸盆）+（0.6–0.45）（洗涤盆）=9.8 9.8×6 层 ×2 户 ×2 单元 =235.2	m	235.20
5	给水管汇总	PPR 热熔连接		
	引入管 *DN*50		m	6.20
	冷水管 *DN*25	181.2+83.52=264.72	m	264.72
	冷水管 *DN*20		m	462.00
	冷水管 *DN*15		m	136.80
	热水管 *DN*20		m	357.60
	热水管 *DN*15		m	235.20
6	凿（压）槽	462.00+136.80+357.60+235.20+83.52	m	1 275.12

附录四 给排水工程排水系统工程量计算书

给排水工程工程量计算——排水系统

序号	计算内容	计算式及说明	单位	数量
1	PLD–1	UPVC 承插连接		
1.1	干管 *DN*100	单根长度 =（18+2+1.7）立管 +（0.27+0.94+0.6+0.5+1.5）=25.51 25.51×2 户 ×2 单元 =102.04	m	102.04
1.2	底层 PD–1d			
	*DN*50	单根长度 =0.35（地漏）+1.0+0.35（洗脸盆）+1.0=2.7 2.7×2 户 ×2 单元 =10.8	m	10.80
	*DN*100	单根长度 =0.9+（1.7–0.35）+1.5+0.8=4.55 4.55×2 户 ×2 单元 =18.2	m	18.20
1.3	标准层			
	*DN*50	单根长度 =0.35（洗脸盆）+（1.2+0.4+0.4）+0.35（地漏）=2.7 2.7×5 层 ×2 户 ×2 单元 =54	m	54.00
	*DN*100	单根长度 =（0.94+0.27）=1.21 1.21×5 层 ×2 户 ×2 单元 =24.2	m	24.20
2	PLD–2	UPVC 承插连接		
2.1	干管 *DN*100	单根长度 =18+2.0+1.7+2.0=23.7 小计：23.7×2 户 ×2 单元 =94.8	m	94.80
2.2	底层 PD–2d			
	*DN*50	单根长度 =0.35（洗涤盆）+0.35×2（地漏）+0.36+0.55=1.96 1.96×2 户 ×2 单元 =7.84	m	7.84
	*DN*75	单根长度 =（0.78–0.2–0.13）+2.1=2.55 2.55×2 户 ×2 单元 =10.2	m	10.20
	*DN*100	单根长度 =（1.7–0.35）+2=3.35 3.35×2 户 ×2 单元 =13.4	m	13.40
2.3	标准层			
	*DN*50	单根长度 =0.35（洗涤盆）+0.35（地漏）+0.35（地漏）+0.36+0.55+0.2=2.16 2.16×5 层 ×2 户 ×2 单元 =43.2	m	43.20

续表

序号	计 算 内 容	计算式及说明	单位	数量
	*DN*75	单根长度 =1.55+（0.78−0.13）=2.2 2.2×5 层 ×2 户 ×2 单元 =44	m	44.00
3	排水管汇总	UPVC 承插连接		
	*DN*100	102.04+18.2+24.2+94.8+13.4=252.64	m	252.64
	*DN*75	10.2+44=54.2	m	54.20
	*DN*50	10.8+54+7.84+43.2=115.84	m	115.84
4	管沟	（0.1+0.3×2）×（1.5+1.5+2.0+2.0）×（1.7−0.45）=6.125	m^3	6.13
5	套管			
	钢套管 *DN*150	5×2×2×2=40	个	40
	刚性防水套管 *DN*100	2×2×2=8	个	8
6	卫生器具			
	大便器	1×6×2×2=24	组	24
	洗脸盆	1×6×2×2=24	组	24
	洗涤盆	1×6×2×2=24	组	24
7	给排水附件			
	普通地漏	2×6×2×2=48	组	48
	洗衣机地漏	1×6×2×2=24	组	24
	洗衣机水龙头	1×6×2×2=24	个	24
8	打洞（孔）*DN*100	12×2 户 ×2 单元	个	48

附录五 给排水工程招标工程量清单

某住宅楼______________工程

招标工程量清单

招 标 人：______________

（单位盖章）

造价咨询人：______________

（单位盖章）

某住宅楼＿＿＿＿＿＿＿＿工程

招标工程量清单

招　标　人：＿＿＿＿＿＿＿＿
（单位盖章）

造价咨询人：＿＿＿＿＿＿＿＿
（单位资质专用章）

法定代表人
或其授权人：＿＿＿＿＿＿＿＿
（签字或盖章）

法定代表人
或其授权人：＿＿＿＿＿＿＿＿
（签字或盖章）

编　制　人：＿＿＿＿＿＿＿＿
（造价人员签字盖专用章）

复　核　人：＿＿＿＿＿＿＿＿
（一级造价工程师签字盖专用章）

编制时间：　年　日　日

复核时间：　年　日　日

总 说 明

工程名称：某住宅楼

1. 工程概况

1.1 工程名称：成都某科技公司住宅楼。

1.2 工程概况：本项目建设单位为成都某科技有限公司，项目位于成都市龙泉驿区，建筑面积为 1 905m^2，结构形式为框架结构，建筑高度 18.6m。

1.3 工程设计单位：成都某建筑设计有限公司。

2. 工程量清单编制范围

成都某科技有限公司新建成都某科技公司住宅楼项目给排水施工图范围内的给排水工程，具体施工范围及内容详见施工图纸、工程量清单等。

2.1 给排水工程：包括管道安装、套管安装、管道附件、卫生洁具及其他工程等（具体详见工程量清单）。

2.2 给排水工程需说明问题：主体施工阶段的预留、预埋、设备基础、凿槽刨沟、预埋件等，以及设备、部件、构配件、管道等安装到位后的堵补、管吊洞、收边收口和防火封堵工作等由主体施工单位负责，包括整个项目的技术管理、进度管理、资料管理等，施工单位报价须综合考虑上述工作，后期结算上述工作不再单独计价。

3. 工程量清单编制依据

3.1 成都某建筑设计有限公司设计的“成都某科技公司综合楼项目设计施工图”2018 年 11 月版。

3.2 施工现场实际情况、工程特点及常规施工方案。

3.3 国家、省、市有关工程量清单编制的文件。

3.4 国家标准《建设工程工程量清单计价规范》GB 50500–2013、《通用安装工程工程量清单计算规范》GB 50856–2013 及相关配套文件。

3.5 2020 年《四川省建设工程工程量清单计价定额》及相关配套文件。

3.6 工程相关的规范、标准、技术资料。

4. 工程质量、材料要求

4.1 工程质量要求：工程质量及材料应达到国家、省、市现行验收标准，并按四川省现行相关文件规定满足安全文明施工的相关要求，材料品质、规格必须满足施工图纸的要求且达到国家或地方相关质量技术规范、标准的要求及甲方合同约定要求。本工程所有项目应满足国家相关法律、法规、规范及相关章程条例等，满足相应工程竣工验收规范，满足使用要求及移交物业要求。

4.2 材料质量要求：本工程使用的材料均为符合国家环保要求的材料，工程所用的材料均应达到国家相关质量技术规范、标准的要求且有合格证及相应检验报告。

5. 报价注意事项

5.1 工程量清单是依据《通用安装工程工程量清单计算规范》GB 50856–2013、施工图及相关技术规范、标准图集等进行编制的。清单项工程量计算规则如清单编制说明或项目特征有说明按清单说明或项目特征计量，未说明按上述规范计量规则计量。

5.2 本工程所有项目的工作内容应包含清单计价规范所列出的工作内容（但不仅限

于此），其完整的工作内容应为按照设计图纸、现行的相关施工工艺、技术规范标准、施工质量验收标准和施工规范等要求实施完成该项工程并达到设计和验收规范要求的所有内容。

5.3 工程量清单中所列工程量仅作为报价基础，不能作为最终结算的依据，结算时以合同约定计量方式为准。

5.4 甲方保留取消工程量清单中某些项目和减少或增加工程量清单中某些项目工程数量的权利。施工方须在综合单价内充分考虑此风险，不得以此作为理由提出任何形式的索赔。

5.5 本清单所提供暂估材料及设备品牌范围仅作为此次报价之用，甲方保留对其品牌更换的权利。更换材料及设备品牌对应项目的结算综合单价为该项目所报综合单价扣除原报品牌材料及设备价格后加经甲方认质认价的更换品牌材料及设备价格，施工方须充分考虑此风险，不得以此作为理由提出任何形式的索赔。

6. 报价要求

6.1 本次招标工程分部分项与单价措施项目清单采用工程量清单综合单价报价，综合单价的测定应按设计要求（包括须施工方完成或配合完成的深化设计图纸范围）、工程量清单中的工程项目特征及工作内容、施工及验收规范的要求，以保证工程质量、工程进度和安全生产及文明施工管理为前提。报价应由施工方依据甲方提供的工程量清单、图纸、勘察报告、补遗书、答疑书等，结合施工现场实际情况、自然条件和施工方自身技术、管理水平、经营状况、机械设备以及编制的施工组织设计和有关要求自行编制确定。

6.2 综合单价为完成一个规定清单项目所需的人工费、材料和工程设备费、施工机具使用费和企业管理费、利润，以及一定范围内的风险的费用。

6.3 安全文明施工费（环境保护费、文明施工费、安全施工费、临时设施费）为不可竞争费用，投标人应按招标人给定的金额进行报价，工程竣工结算时按照合同约定计取。规费是指按政府和政府有关部门规定必须缴纳的费用，不得纳入投标竞争的范围，投标人应按招标人给定的金额进行投标报价，工程竣工结算时按2020《四川省建设工程工程量清单计价定额费用标准》规定的费率计取。

6.4 工程量清单的每一个项目，都需填入综合单价及合价，对于没有填入综合单价及合价的项目，其费用视为已包括在工程量其他综合单价及合价中；不同单位工程的分部分项清单相同项目的报价应统一，如有差异，按最低的一个报价进行结算。

6.5 施工方到工地踏勘以充分了解工地位置、情况、道路、装卸限制及任何其他影响报价的情况，任何因忽视或误解工地情况而导致的索赔或工期延长申请将不被批准；施工现场内部道路等由施工方自行完成。由施工单位自行从甲方提供的取水接驳点引至使用点安装水表计量，按月付费使用，上述费用由施工方自行完成并办理相关手续及承担相应费用（含水费）；由施工单位自行从甲方提供的电源接驳点箱变引至各使用点，安装电表计量，按月付费使用接驳点后的所有费用（含电费）由施工方承担。施工过程中总承包单位需协调并配合分包单位水电使用，施工方报价须综合考虑上述因素。

6.6 清单内的工作内容和工程特征描述为该分部分项的主要内容，未列完或未明确的内容及特征以设计及相关规范为准，设计及规范未明确的由投标人根据现场考察、施工经验和所有资料综合考虑报价，中标后，其所报综合单价不予调整。

6.7 清单项目中所包含的各种主材、辅材等全部材料均应包含在清单项目综合单价内；所有设施设备均应满足设计及相关规范要求、业主的使用要求，包含对移交单位人员培训等相关费用。

6.8 特别注意：若投标文件中通过汇总计算的合价出现计算错误，则结算时以不利于投标人的原则进行相应单价或合价的修正；若投标文件中修改了招标人给定的数据时，则结算时以不利于投标人的原则进行相应单价或合价的修正。

6.9 其他未尽事宜详见招标文件。

7. 本工程招标控制总价为 212 081.92 元（其中：安全文明施工费为 7 100.84 元，暂列金额为 16 519.32 元，规费为 4 689.21 元）

分部分项工程和单价措施项目清单与计价表

工程名称：某住宅楼【给排水工程】　　标段：

序号	项目编码	项目名称	项目特征	计量单位	工程量	金额（元）		
						综合单价	合价	其中 暂估价
1	031001006001	塑料管	1. 安装部位：室内； 2. 介质：冷水； 3. 材质、规格：PP-R 管、*DN*15； 4. 连接方式：热熔	m	136.8			
2	031001006002	塑料管	1. 安装部位：室内； 2. 介质：冷水； 3. 材质、规格：PP-R 管、*DN*20； 4. 连接方式：热熔	m	462			
3	031001006003	塑料管	1. 安装部位：室内； 2. 介质：冷水； 3. 材质、规格：PP-R 管、*DN*25； 4. 连接方式：热熔	m	264.72			
4	031001006004	塑料管	1. 安装部位：室内； 2. 输送介质：冷水； 3. 材质、规格：PP-R 管、*DN*50； 4. 连接方式：热熔	m	6.2			
5	031001006005	塑料管	1. 安装部位：室内； 2. 介质：热水； 3. 材质、规格：PP-R 管、*DN*15； 4. 连接方式：热熔	m	235.2			

续表

<table>
<tr><th rowspan="3">序号</th><th rowspan="3">项目编码</th><th rowspan="3">项目名称</th><th rowspan="3">项 目 特 征</th><th rowspan="3">计量单位</th><th rowspan="3">工程量</th><th colspan="3">金额（元）</th></tr>
<tr><th rowspan="2">综合单价</th><th rowspan="2">合价</th><th>其中</th></tr>
<tr><th>暂估价</th></tr>
<tr><td>6</td><td>031001006006</td><td>塑料管</td><td>1. 安装部位：室内直埋；
2. 介质：热水；
3. 材质、规格：PP-R 管、DN20；
4. 连接方式：热熔；
5. 压力试验及吹、洗设计要求：满足设计及验收规范的要求；
6. 消毒冲洗：满足设计及验收规范的要求</td><td>m</td><td>357.6</td><td></td><td></td><td></td></tr>
<tr><td>7</td><td>031001006007</td><td>塑料管</td><td>1. 安装部位：室内；
2. 输送介质：排水；
3. 材质、规格：UPVC、DN50；
4. 连接方式：承插式黏结</td><td>m</td><td>115.84</td><td></td><td></td><td></td></tr>
<tr><td>8</td><td>031001006008</td><td>塑料管</td><td>1. 安装部位：室内；
2. 输送介质：排水；
3. 材质、规格：UPVC、DN75；
4. 连接方式：承插式黏结</td><td>m</td><td>54.2</td><td></td><td></td><td></td></tr>
<tr><td>9</td><td>031001006009</td><td>塑料管</td><td>1. 安装部位：室内；
2. 输送介质：排水；
3. 材质、规格：UPVC、DN100；
4. 连接方式：承插式黏结</td><td>m</td><td>252.64</td><td></td><td></td><td></td></tr>
<tr><td>10</td><td>031002001001</td><td>管道支架</td><td>1. 材质：塑料；
2. 管架形式：成品管卡 DN25</td><td>套</td><td>172</td><td></td><td></td><td></td></tr>
<tr><td>11</td><td>031002001002</td><td>管道支架</td><td>1. 材质：塑料；
2. 管架形式：成品管卡 DN100</td><td>套</td><td>120</td><td></td><td></td><td></td></tr>
<tr><td>12</td><td>031002001003</td><td>管道支架</td><td>1. 材质：塑料；
2. 管架形式：成品管卡 DN75</td><td>套</td><td>60</td><td></td><td></td><td></td></tr>
<tr><td>13</td><td>031002001004</td><td>管道支架</td><td>1. 材质：塑料；
2. 管架形式：成品管卡 DN50</td><td>套</td><td>140</td><td></td><td></td><td></td></tr>
<tr><td>14</td><td>031002003001</td><td>钢套管</td><td>1. 名称、类型：管楼板套管；
2. 材质：钢制；
3. 规格：DN100；
4. 填制材料：满足设计和规范要求</td><td>个</td><td>40</td><td></td><td></td><td></td></tr>
</table>

续表

序号	项目编码	项目名称	项 目 特 征	计量单位	工程量	金额（元）		
						综合单价	合价	其中 暂估价
15	031002003002	刚性防水套管	1. 名称、类型：刚性防水套管； 2. 材质：钢制； 3. 规格：*DN*100； 4. 填制材料：满足设计和规范要求	个	16			
16	031003001001	闸阀	1. 名称：闸阀； 2. 规格：Z44TZ15T-10、*DN*50； 3. 连接形式：螺纹连接	个	4			
17	031003013001	水表	1. 安装部位：室内； 2. 型号、规格：LXS 型旋翼式、*DN*25； 3. 连接形式：螺旋连接； 4. 附件配置：JIIW-10T 型铜截止阀 1 个	组	24			
18	031004003001	洗脸盆	1. 材质：陶瓷； 2. 规格、类型：M2212； 3. 组装形式：立柱式； 4. 附件名称、数量：冷热水混合龙头 1 个	组	24			
19	031004004001	洗涤盆	1. 材质：不锈钢； 2. 规格、类型：M2210； 3. 附件名称、数量：回转混合龙头 1 个	组	24			
20	031004006001	大便器	1. 材质：陶制； 2. 规格、类型：*DN*25 蹲式； 3. 组装形式：瓷低水箱； 4. 附件名称、数量：金属软管、角阀	组	24			
21	031004014001	普通地漏	1. 名称：塑料地漏； 2. 型号、规格：*DN*50	个	48			
22	031004014002	洗衣机地漏	1. 名称：不锈钢地漏； 2. 型号、规格：*DN*50	个	24			
23	031004014003	洗衣机水龙头	1. 材质：不锈钢； 2. 型号、规格：*DN*15	个	24			

续表

序号	项目编码	项目名称	项 目 特 征	计量单位	工程量	金额（元）		
						综合单价	合价	其中 暂估价
24	010101007001	管沟土方	1．土壤类别：综合考虑； 2．管径：*DN*100； 3．挖沟深度：1.25m； 4．回填要求：夯填	m^3	6.13			
25	030413002001	凿（压）槽	1．名称：剔槽； 2．规格：*DN*15、*DN*20、*DN*25； 3．类型：砖结构直埋管剔槽	m	1 275.12			
26	030413003001	预留孔洞	1．名称：预留孔洞； 2．规格：*DN*100； 3．类型：混凝土板预留孔洞	个	48			
		分部小计						
		单价措施项目清单						
		专业措施项目						
27	031301017013	脚手架搭拆		项	1			
		分部小计						
		分部小计						
合　计								

总价措施项目清单计价表

工程名称：某住宅楼【给排水工程】　　　　标段：

序号	项目编码	项目名称	计 算 基 础	费率（%）	金额（元）	调整费率（%）	调整后金额（元）	备注
1	031302001001	安全文明施工费						
1.1	①	环境保护费	分部分项工程及单价措施项目（定额人工费＋定额机械费）					
1.2	②	文明施工费	分部分项工程及单价措施项目（定额人工费＋定额机械费）					

续表

序号	项目编码	项目名称	计 算 基 础	费率（%）	金额（元）	调整费率（%）	调整后金额（元）	备注
1.3	③	安全施工费	分部分项工程及单价措施项目（定额人工费+定额机械费）					
1.4	④	临时设施费	分部分项工程及单价措施项目（定额人工费+定额机械费）					
2	031302002001	夜间施工增加费	分部分项工程及单价措施项目（定额人工费+定额机械费）					
3	031302004001	二次搬运费	分部分项工程及单价措施项目（定额人工费+定额机械费）					
4	031302005001	冬雨季施工增加费	分部分项工程及单价措施项目（定额人工费+定额机械费）					
5	031302006001	已完工程及设备保护费						
6	031302008001	工程定位复测费	分部分项工程及单价措施项目（定额人工费+定额机械费）					
合 计								

其他项目清单与计价汇总表

工程名称：某住宅楼【给排水工程】　　　　标段：

序号	项 目 名 称	金额（元）	结算金额（元）	备 注
1	暂列金额	16 519.32		明细详见表 -12-1
2	暂估价			
2.1	材料（工程设备）暂估价 / 结算价	—		明细详见表 -12-2
2.2	专业工程暂估价 / 结算价			明细详见表 -12-3
3	计日工			明细详见表 -12-4
4	总承包服务费			明细详见表 -12-5
合 计		16 519.32		—

暂列金额明细表

工程名称：某住宅楼【给排水工程】　　　　　　　　　　　　　标段：

序号	项 目 名 称	计量单位	暂定金额（元）	备注
1	暂列金额	项	16 519.32	
合计			16 519.32	—

材料（工程设备）暂估单价及调整表

工程名称：某住宅楼【给排水工程】　　　　　　　　　　　　　标段：

序号	材料（工程设备）名称、规格、型号	计量单位	数量		暂估（元）		确认（元）		差额 ±（元）		备注
			暂估	确认	单价	合价	单价	合价	单价	合价	
合计											

专业工程暂估价及结算价表

工程名称：某住宅楼【给排水工程】　　　　　　　　　　　　　标段：

序号	工 程 名 称	工 程 内 容	暂估金额（元）	结算金额（元）	差额 ±（元）	备注
合计						

计 日 工 表

工程名称：某住宅楼【给排水工程】　　　　　　　　　　　　　标段：

编号	项 目 名 称	单位	暂 定 数 量	实际数量	综合单价（元）	合价（元）	
						暂定	实际
一	人工						
1	装饰（抹灰工程除外）、通用安装工程普工	工日	10				
2	装饰（抹灰工程除外）、通用安装工程技工	工日	10				
3	高级技工	工日	10				
人工小计							

续表

编号	项目名称	单位	暂定数量	实际数量	综合单价（元）	合价（元）	
						暂定	实际
二	材料						
	材料小计						
三	施工机械						
	施工机械小计						
	合计						

总承包服务费计价表

工程名称：某住宅楼【给排水工程】　　　　标段：

序号	项目名称	项目价值（元）	服务内容	计算基础	费率（%）	金额（元）
	合计					

承包人提供主要材料和工程设备一览表
（适用造价信息差额调整法）

工程名称：某住宅楼【给排水工程】　　　　标段：

序号	名称、规格、型号	单位	数量	风险系数（%）	基准单价（元）	投标单价（元）	发承包人确认单价（元）	备注
1	成品管卡 *DN*25	套	180.6		4.90			
2	成品管卡 *DN*100	套	126		8.50			
3	成品管卡 *DN*75	套	63		7.90			
4	成品管卡 *DN*50	套	147		6.50			
5	瓷蹲式大便器	个	24.24		380.00			
6	瓷蹲式大便器低水箱及配件	套	24.24		120.45			
7	金属软管 *D*25	根	24.24		3.19			
8	角型阀（带铜活）*DN*25	个	24.24		34.92			
9	洗脸盆	个	24.24		485.84			
10	洗脸盆排水附件	套	24.24		45.22			
11	混合冷热水龙头	个	24.24		52.13			

续表

序号	名称、规格、型号	单位	数量	风险系数（%）	基准单价（元）	投标单价（元）	发承包人确认单价（元）	备注
12	角型阀（带铜活）*DN*15	个	48.48		34.92			
13	金属软管 *D*15	根	48.48		3.08			
14	洗涤盆	个	24.24		445.86			
15	洗涤盆排水附件	套	24.24		46.83			
16	洗涤盆托架∟40×5	副	24.24		32.82			
17	长颈水嘴 *DN*15	个	24.24		19.91			
18	PP–R 管（冷）*DN*15	m	138.989		3.33			
19	PP–R 管件 *DN*15	个	405.108		4.00			
20	PP–R 管（冷）*DN*20	m	469.392		4.27			
21	PP–R 管件 *DN*20	个	963.85		4.50			
22	PP–R 管件 *DN*25	个	286.162		7.50			
23	PP–R 管件 *DN*50	个	4.086		25.00			
24	PP–R 管（冷）*DN*25	m	268.956		10.99			
25	PP–R（冷）*DN*50	m	6.299		30.28			
26	PP–R（热）*DN*15	m	238.963		4.03			
27	PP–R（热）*DN*20	m	363.322		4.97			
28	UPVC *DN*50	m	113.523		5.82			
29	UPVC 管件 *DN*50	个	102.518		3.90			
30	UPVC *DN*75	m	51.49		7.83			
31	UPVC 管件 *DN*75	个	62.655		7.20			
32	UPVC *DN*100	m	240.008		14.72			
33	UPVC 管件 *DN*100	个	292.052		16.84			
34	焊接钢管 *DN*150	m	12.72		4.90			
35	焊接钢管 *DN*150	kg	82.24		3.80			
36	普通地漏 *DN*50	个	48.48		24.21			
37	洗衣机地漏 *DN*50	个	24.24		34.21			
38	螺纹水表 *DN*25	个	24		120.80			
39	JIIW–10T 型铜截止阀 *DN*25	个	24.24		99.00			
40	洗衣机水龙头	个	24.24		50.00			
41	闸阀 Z44TZ15T–10 *DN*50	个	4.04		87.17			

附录六 电气设备安装工程招标控制价

某住宅楼＿＿＿＿＿＿＿＿工程

招标控制价

招 标 人：＿＿＿＿＿＿＿＿＿＿＿＿

（单位盖章）

造价咨询人：＿＿＿＿＿＿＿＿＿＿＿＿

（单位盖章）

某住宅楼电气＿＿＿＿＿＿工程

招标控制价

招标控制价（小写）：108 214.75 元

（大写）：壹拾万捌仟贰佰壹拾肆元柒角伍分

招　标　人：＿＿＿＿＿＿＿＿（单位盖章）　　造价咨询人：＿＿＿＿＿＿＿＿（单位资质专用章）

法定代表人
或其授权人：＿＿＿＿＿＿＿＿（签字或盖章）　　法定代表人
或其授权人：＿＿＿＿＿＿＿＿（签字或盖章）

编　制　人：＿＿＿＿＿＿＿＿（造价人员签字盖专用章）　　复　核　人：＿＿＿＿＿＿＿＿（一级造价工程师签字盖专用章）

编制时间：　　复核时间：

总 说 明

工程名称：某住宅楼

1. 工程概况

1.1　工程名称：成都某科技公司住宅楼。

1.2　工程概况：本项目建设单位为成都某科技有限公司，项目位于成都市龙泉驿区，建筑面积为 1 340m^2，结构形式为框架结构，建筑高度 13.1m。

1.3　工程设计单位：成都某建筑设计有限公司。

2. 工程量清单编制范围

成都某科技有限公司新建成都某科技公司住宅楼项目电气施工图范围内的电气设备安装工程，具体施工范围及内容详见施工图纸、工程量清单等。

2.1　电气设备安装工程：控制设备及低压电器安装、配管、配线、照明器具安装、防雷接地及其他工程等（具体详见工程量清单）。

2.2　电气设备安装工程需说明问题：主体施工阶段的预留、预埋、设备基础、凿槽刨沟、预埋件等，以及设备、部件、构配件、配管、照明器具等安装到位后的堵补、管吊洞、收边收口和防火封堵工作等由主体施工单位负责，包括整个项目的技术管理、进度管理、资料管理等，施工单位报价须综合考虑上述工作，后期结算上述工作不再单独计价。

3. 招标控制价编制依据

3.1　成都某建筑设计有限公司设计的“成都某科技公司综合楼项目设计施工图”2018 年 11 月版；

3.2　施工现场实际情况、工程特点及常规施工方案；

3.3　国家、省、市有关工程量清单编制的文件；

3.4　国家标准《建设工程工程量清单计价规范》GB 50500–2013、《通用安装工程工程量清单计算规范》GB 50856–2013 及相关配套文件；

3.5　2020 年《四川省建设工程工程量清单计价定额》及相关配套文件；

3.6　材料价格：材料价格按 2019 年 6 月成都市《工程造价信息》中龙泉驿区材料价格及相关市场价格按中等水平计取；

3.7　人工费调整按照川建造价发〔2019〕6 号文件执行；

3.8　安全文明施工措施费依据川建造价发〔2017〕5 号及川建造价发〔2019〕180 号文件相关规定计取；

3.9　规费：规费费率按高限进行计算；

3.10　销项增值税按川建造价发〔2019〕181 号文件计取；

3.11　工程相关的施工和验收规范。

4. 工程质量、材料、施工等的特殊要求

4.1　工程质量要求：工程质量及材料应达到国家、省、市现行验收标准，并按四川省现行相关文件规定满足安全文明施工的相关要求，材料品质、规格必须满足施工图纸的要求且达到国家或地方相关质量技术规范、标准的要求及甲方合同约定要求。本工程所有项目应满足国家相关法律、法规、规范及相关章程条例等，满足相应工程竣工验收规范，满足使用要求及移交物业要求。

4.2 材料质量要求：本工程使用的材料均为符合国家环保要求的材料，工程所用的材料均应达到国家相关质量技术规范、标准的要求且有合格证及相应检验报告。

5. 本工程招标控制价为 108 214.75 元（其中：安全文明施工费为 3 589.70 元，暂列金额为 8 097.37 元，规费为 2 312.53 元）

建设项目招标控制价汇总表

工程名称：某住宅楼

序号	单位工程名称	金额（元）	其中：（元）		
			暂估计	安全文明施工费	规费
		108 214.75		3 589.70	2 312.53
合计		108 214.75		3 589.70	2 312.53

单位工程招标控制价汇总表

工程名称：某住宅楼【电气设备安装工程】　　　　标段：

序号	汇 总 内 容	金额（元）	其中：暂估计（元）
1	分部分项及单价措施项目	77 084.44	
0304	电气设备安装工程	75 867.76	
2	总价措施项目	3 889.27	—
2.1	其中：安全文明施工费	3 589.70	—
3	其他项目	15 709.07	—
3.1	其中：暂列金额	8 097.37	—
3.2	其中：专业工程暂估价		—
3.3	其中：计日工	7 611.70	—
3.4	其中：总承包服务费		—
4	规费	2 312.53	—
5	创优质工程奖补偿奖励费		—
6	税前不含税工程造价	98 995.31	—
6.1	其中：除税甲供材料（设备）费		—
7	销项增值税额	8 909.58	—
8	附加税	309.86	—
招标控制价 / 投标报价总价合计 = 税前不含税工程造价 + 销项增值税额 + 附加税		108 214.75	

分部分项工程和单价措施项目清单与计价表

工程名称：某住宅楼【电气设备安装工程】　　　　　　　　　　　标段：

序号	项目编码	项目名称	项目特征	计量单位	工程量	金额（元）		
						综合单价	合价	其中 暂估价
		0304 电气设备安装工程						
1	030404017001	配电箱AW	1．名称：单元配电计量箱； 2．型号：AW； 3．规格：1 600×600×370； 4．接线端子材质、规格：BV10 24个； 5．端子板外部接线材质、规格：BV2.5 48个，BV4 120个； 6．安装方式：落地式	台	1	1 917.28	1 917.28	
2	030404017002	配电箱AL	1．名称：用户照明配电箱； 2．型号：AL； 3．规格：400×500×200； 4．端子板外部接线材质、规格：BV2.5 48个，BV4 120个； 5．安装方式：悬挂嵌入式	台	8	896.78	7 174.24	
3	030404034001	单联单控开关	1．名称：单联单控开关； 2．规格：250V，10A； 3．安装方式：距地1.3m暗装	个	72	44.63	3 213.36	
4	030404034002	双联单控开关	1．名称：双联单控开关； 2．规格：250V，10A； 3．安装方式：距地1.3m暗装	个	8	58.07	464.56	
5	030404034003	声光控延时开关	1．名称：声光控延时开关； 2．规格：250V，10A； 3．安装方式：距地1.8m暗装	个	5	69.36	346.80	
6	030404035001	空调三孔安全插座	1．名称：壁式空调三孔安全插座； 2．规格：250V，10A； 3．安装方式：距地2.45m暗装	个	24	49.20	1 180.80	

续表

序号	项目编码	项目名称	项 目 特 征	计量单位	工程量	金额（元）		
						综合单价	合价	其中 暂估价
7	030404035002	空调三孔安全插座	1. 名称：柜式空调三孔安全插座； 2. 规格：250V，15A； 3. 安装方式：距地 0.3m 暗装	个	8	54.71	437.68	
8	030404035003	单相五孔安全插座	1. 名称：单相五孔安全插座； 2. 规格：250V，10A； 3. 安装方式：距地 0.3m 暗装	个	72	50.18	3 612.96	
9	030404035004	卫生间五孔安全单相插座	1. 名称：卫生间五孔安全单相插座； 2. 规格：250V，10A； 3. 安装方式：距地 1.5m 暗装	个	16	51.56	824.96	
10	030404035005	洗衣机三孔防溅安全插座	1. 名称：洗衣机三孔防溅安全插座； 2. 规格：250V，10A； 3. 安装方式：距地 1.5m 暗装	个	8	42.35	338.80	
11	030404035006	抽油烟机单相三孔安全插座	1. 名称：抽油烟机单相三孔安全插座； 2. 规格：250V，10A； 3. 安装方式：距地 2.1m 暗装	个	8	39.92	319.36	
12	030404035007	厨房单相三孔安全插座	1. 名称：厨房单相三孔安全插座； 2. 规格：250V，10A； 3. 安装方式：距地 1.5m 暗装	个	8	39.92	319.36	
13	030404035008	柜冰箱二三孔安全单相插座	1. 名称：柜冰箱二三孔安全插座； 2. 规格：250V，10A； 3. 安装方式：距地 0.3m 暗装	个	8	49.04	392.32	

续表

序号	项目编码	项目名称	项目特征	计量单位	工程量	金额（元）		
						综合单价	合价	其中 暂估价
14	030409002001	接地母线	1．名称：户外接地母线； 2．材质：镀锌扁钢； 3．规格：40×4； 4．安装部位：地坪下0.75m； 5．安装形式：埋地	m	97.15	43.16	4 192.99	
15	030409003001	避雷引下线	1．名称：避雷引下线； 2．材质：柱内主筋； 3．规格：2根ϕ16； 4．安装形式：柱主筋通长焊接	m	146.7	15.83	2 322.26	
16	030409004001	均压环	1．名称：基础钢筋； 2．材质：圆钢； 3．规格：2根ϕ16； 4．安装形式：利用基础圈梁钢筋	m	148.8	5.60	833.28	
17	030409005001	避雷网	1．名称：屋顶避雷带； 2．材质：热镀锌扁钢； 3．规格：40×4； 4．安装形式：沿女儿墙及屋面	m	126.24	19.96	2 519.75	
18	030409006001	避雷短针	1．名称：避雷短针； 2．材质：镀锌圆钢； 3．规格：ϕ12； 4．安装形式、高度：伸出女儿墙0.5m与防雷带可靠焊接，安装参见99D501–12–16	根	8	30.86	246.88	
19	030409008001	总等电位端子箱	1．名称：总等电位端子箱； 2．规格：500×500×100	台	1	314.61	314.61	

续表

序号	项目编码	项目名称	项目特征	计量单位	工程量	金额（元）		
						综合单价	合价	其中 暂估价
20	030409008002	测试板	1. 名称：接地电阻测试点； 2. 安装参见“99D501-1”2-23 页做法（二）	块	2	52.83	105.66	
21	030411001001	配管 PC32	1. 名称：塑料管； 2. 材质：阻燃塑料管； 3. 规格：*DN*32； 4. 配置形式：暗配	m	92.81	13.17	1 222.31	
22	030411001002	配管 PC20	1. 名称：塑料管； 2. 材质：阻燃塑料管； 3. 规格：*DN*20； 4. 配置形式：暗配	m	1 455.29	11.02	16 037.30	
23	030411001003	配管 PC25	1. 名称：塑料管； 2. 材质：阻燃塑料管； 3. 规格：*DN*25； 4. 配置形式：暗配	m	2.4	12.01	28.82	
24	030411004001	配线 BV10	1. 名称：管内穿线； 2. 配线形式：照明线路； 3. 型号：BV； 4. 规格：10mm^2	m	352.83	7.84	2 766.19	
25	030411004002	配线 BV2.5	1. 名称：管内穿线； 2. 配线形式：照明线路； 3. 型号：BV； 4. 规格：2.5mm^2	m	2 443.13	2.95	7 207.23	
26	030411004003	配线 BV4	1. 名称：管内穿线； 2. 配线形式：照明线路； 3. 型号：BV； 4. 规格：4mm^2	m	1 840.41	3.13	5 760.48	
27	030411004004	配线 BV25	1. 名称：管内穿线； 2. 配线形式：照明线路； 3. 型号：BV； 4. 规格：25mm^2	m	4.39	14.42	63.30	

续表

序号	项目编码	项目名称	项 目 特 征	计量单位	工程量	金额（元）		
						综合单价	合价	其中 暂估价
28	030411006001	接线盒	1．名称：接线盒； 2．材质：塑料； 3．规格：86 型（有盖）； 4．安装形式：暗装	个	4	10.62	42.48	
29	030411006002	灯头盒	1．名称：灯头盒； 2．安装形式：暗装	个	93	12.64	1 175.52	
30	030411006003	开关盒、插座盒	1．名称：开关盒、插座盒； 2．材质：塑料； 3．规格：86 型； 4．安装形式：暗装	个	237	12.37	2 931.69	
31	030412001001	半球吸顶节能灯（楼梯间）	1．名称：半球吸顶节能灯（楼梯间）； 2．型号：XD-40 40W； 3．规格：灯罩直径 350mm	套	5	64.17	320.85	
32	030412001002	普通节能型灯	1．名称：普通节能型灯； 2．型号：XD-36 40W； 3．规格：灯罩直径 200mm	套	40	71.39	2 855.60	
33	030412001003	防湿防潮吸顶灯	1．名称：防湿防潮吸顶灯； 2．型号：FSFC-40 40W； 3．规格：灯罩直径 250mm	套	48	91.21	4 378.08	
		分部小计					75 867.76	
		单价措施项目清单						
		专业措施项目						
34	031301017007	脚手架搭拆		项	1	1 216.68	1 216.68	
		分部小计					1 216.68	
		分部小计					1 216.68	
合计							77 084.44	

总价措施项目清单计价表

工程名称：某住宅楼【电气设备安装工程】　　标段：

序号	项目编码	项目名称	计 算 基 础	费率（%）	金额（元）	调整费率（%）	调整后金额（元）	备注
1	031302001001	安全文明施工费			3 589.70			
1.1	①	环境保护费	分部分项工程及单价措施项目（定额人工费＋定额机械费）	1.1	284.08			
1.2	②	文明施工费	分部分项工程及单价措施项目（定额人工费＋定额机械费）	2.5	645.63			
1.3	③	安全施工费	分部分项工程及单价措施项目（定额人工费＋定额机械费）	3.9	1 007.18			
1.4	④	临时设施费	分部分项工程及单价措施项目（定额人工费＋定额机械费）	6.4	1 652.81			
2	031302002001	夜间施工增加费	分部分项工程及单价措施项目（定额人工费＋定额机械费）		123.96			
3	031302004001	二次搬运费	分部分项工程及单价措施项目（定额人工费＋定额机械费）		59.40			
4	031302005001	冬雨季施工增加费	分部分项工程及单价措施项目（定额人工费＋定额机械费）		92.97			
5	031302006001	已完工程及设备保护费						
6	031302008001	工程定位复测费	分部分项工程及单价措施项目（定额人工费＋定额机械费）		23.24			
合　计					3 889.27	—	—	—

其他项目清单与计价汇总表

工程名称：某住宅楼【电气设备安装工程】　　　　标段：

序号	项 目 名 称	金额（元）	结算金额（元）	备注
1	暂列金额	8 097.37		明细详见表 -12-1
2	暂估价			
2.1	材料（工程设备）暂估价 / 结算价	—		明细详见表 -12-2
2.2	专业工程暂估价 / 结算价			明细详见表 -12-3
3	计日工	7 611.70		明细详见表 -12-4
4	总承包服务费			明细详见表 -12-5
合　计		15 709.07		—

暂列金额明细表

工程名称：某住宅楼【电气设备安装工程】　　　　标段：

序号	项 目 名 称	计量单位	暂定金额（元）	备注
1	暂列金额	项	8 097.37	
合　计			8 097.37	—

材料（工程设备）暂估单价及调整表

工程名称：某住宅楼【电气设备安装工程】　　　　标段：

序号	材料（工程设备）名称、规格、型号	计量单位	数量		暂估（元）		确认（元）		差额 ±（元）		备注
			暂估	确认	单价	合价	单价	合价	单价	合价	
合　计											

专业工程暂估价及结算价表

工程名称：某住宅楼【电气设备安装工程】　　　　标段：

序号	工 程 名 称	工 程 内 容	暂估金额（元）	结算金额（元）	差额 ±（元）	备注
合　计						

计 日 工 表

工程名称：某住宅楼【电气设备安装工程】　　　　标段：

编号	项 目 名 称	单位	暂 定 数 量	实际数量	综合单价（元）	合价（元）	
						暂定	实际
一	人工						
1	装饰（抹灰工程除外）、通用安装工程普工	工日	10		212.54	2 125.40	
2	装饰（抹灰工程除外）、通用安装工程技工	工日	10		266.06	2 660.06	
3	高级技工	工日	10		282.57	2 825.70	
人工小计						7 611.70	
二	材料						
材料小计							
三	施工机械						
施工机械小计							
总　　计						7 611.70	

总承包服务费计价表

工程名称：某住宅楼【电气设备安装工程】　　　　标段：

序号	项 目 名 称	项目价值（元）	服务内容	计算基础	费率（%）	金额（元）
	合　　计					

承包人提供主要材料和工程设备一览表
（适用造价信息差额调整法）

工程名称：某住宅楼【电气设备安装工程】　　　　标段：

序号	名称、规格、型号	单位	数量	风险系数(%)	基准单价（元）	投标单价（元）	发承包人确认单价（元）	备注
1	单相五孔安全插座 10A	套	73.44		37.23			
2	刚性阻燃管 PC32	m	103.947		3.10			
3	刚性阻燃管 PC20	m	1 629.925		2.30			

续表

序号	名称、规格、型号	单位	数量	风险系数(%)	基准单价(元)	投标单价(元)	发承包人确认单价(元)	备注
4	铜芯聚氯乙烯绝缘导线 BV-10	m	370.472		6.12			
5	铜芯聚氯乙烯绝缘导线 BV-2.5	m	2 834.031		1.38			
6	铜芯聚氯乙烯绝缘导线 BV-4	m	2 024.451		1.99			
7	塑料灯头盒	个	94.86		6.58			
8	塑料插座盒 86 型	个	241.74		6.54			
9	半球吸顶节能灯 XD-40 40W	套	5.05		36.67			
10	防湿防潮吸顶灯 FSFC-40 40W	套	48.48		64.62			
11	铜芯绝缘导线 BV-25	m	4.61		12.11			
12	刚性阻燃管 PC25	m	2.688		2.80			
13	吸顶灯	套	40.4		45.00			
14	用总等电位端子箱 MEB	个	1.005		300.00			
15	镀锌圆钢	kg	4		4.05			
16	接线盒 86 型	个	4.08		4.60			
17	双联单控开关	只	8.16		46.10			
18	单元配电箱 1 600×600×370	台	1		1 258.00			
19	单元配电箱 400×500×200	台	8		680.00			
20	空调三孔安全插座 10A	套	24.48		36.26			
21	卫生间五孔安全单相插座 10A	套	16.32		38.58			
22	洗衣机三孔防溅安全插座 10A	套	8.16		29.55			

续表

序号	名称、规格、型号	单位	数量	风险系数(%)	基准单价（元）	投标单价（元）	发承包人确认单价（元）	备注
23	抽油烟机单相三孔安全插座 10A	套	8.16		27.17			
24	厨房单相三孔安全插座 10A	套	8.16		27.17			
25	柜冰箱二三孔安全单相插座 15A	套	8.16		36.11			
26	单联单控开关 10A	只	73.44		33.77			
27	声光控延时开关 10A	个	5.1		58.75			
28	空调三孔安全插座 15A	套	8.16		41.67			
29	热镀锌扁钢 40×4	m	234.56		4.91			

附录七 给排水工程招标控制价

某住宅楼＿＿＿＿工程

招标控制价

招 标 人：＿＿＿＿＿＿＿＿＿＿＿＿＿＿
（单位盖章）

造价咨询人：＿＿＿＿＿＿＿＿＿＿＿＿＿＿
（单位盖章）

某住宅楼　工程

招标控制价

招标控制价（小写）：212 081.92 元

（大写）：贰拾壹万贰仟零捌拾壹元玖角贰分

招　标　人：________（单位盖章）

造价咨询人：________（单位资质专用章）

法定代表人
或其授权人：________（签字或盖章）

法定代表人
或其授权人：________（签字或盖章）

编　制　人：________（造价人员签字盖专用章）

复　核　人：________（一级造价工程师签字盖专用章）

编制时间：

复核时间：

总 说 明

工程名称：某住宅楼

1. 工程概况

1.1 工程名称：成都某科技公司住宅楼。

1.2 工程概况：本项目建设单位为成都某科技有限公司，项目位于成都市龙泉驿区，建筑面积为 1 905m^2，结构形式为框架结构，建筑高度 18.6m。

1.3 工程设计单位：成都某建筑设计有限公司。

2. 工程量清单编制范围

成都某科技有限公司新建成都某科技公司住宅楼项目给排水施工图范围内的给排水工程，具体施工范围及内容详见施工图纸、工程量清单等。

2.1 给排水工程：管道安装、套管安装、管道附件、卫生洁具及其他工程等（具体详见工程量清单）。

2.2 给排水工程需说明问题：主体施工阶段的预留、预埋、设备基础、凿槽刨沟、预埋件等，以及设备、部件、构配件、管道等安装到位后的堵补、管吊洞、收边收口和防火封堵工作等由主体施工单位负责，包括整个项目的技术管理、进度管理、资料管理等，施工单位报价须综合考虑上述工作，后期结算上述工作不再单独计价。

3. 招标控制价编制依据

3.1 成都某建筑设计有限公司设计的“成都某科技公司综合楼项目设计施工图”2018 年 11 月版；

3.2 施工现场实际情况、工程特点及常规施工方案；

3.3 国家、省、市有关工程量清单编制的文件；

3.4 国家标准《建设工程工程量清单计价规范》GB 50500–2013、《通用安装工程工程量清单计算规范》GB 50856–2013 及相关配套文件；

3.5 2020 年《四川省建设工程工程量清单计价定额》及相关配套文件；

3.6 材料价格：材料价格按 2019 年 6 月成都市《工程造价信息》中龙泉驿区材料价格及相关市场价格按中等水平计取；

3.7 人工费调整按照川建造价发〔2019〕6 号文件执行；

3.8 安全文明施工措施费依据川建造价发〔2017〕5 号及川建造价发〔2019〕180 号文件相关规定计取；

3.9 规费：规费费率按高限进行计算；

3.10 销项增值税按川建造价发〔2019〕181 号文件计取；

3.11 工程相关的施工和验收规范。

4. 工程质量、材料要求

4.1 工程质量要求：工程质量及材料应达到国家、省、市现行验收标准，并按四川省现行相关文件规定满足安全文明施工的相关要求，材料品质、规格必须满足施工图纸的要求且达到国家或地方相关质量技术规范、标准的要求及甲方合同约定要求。本工程所有项目应满足国家相关法律、法规、规范及相关章程条例等，满足相应工程竣工验收规范，满足使用要求及移交物业要求。

4.2 材料质量要求：本工程使用的材料均为符合国家环保要求的材料，工程所用的材料均应达到国家相关质量技术规范、标准的要求且有合格证及相应检验报告。

5. 本工程招标控制价为 212 081.92 元（其中：安全文明施工费为 7 100.84 元，暂列金额为 16 519.32 元，规费为 4 689.21 元）

单项工程投标报价汇总表

工程名称：某住宅楼

序号	单位工程名称	金额（元）	其中：（元）		
			暂估计	安全文明施工费	规费
1	给排水工程	212 081.92		7 100.84	4 689.21
合　计		212 081.92		7 100.84	4 689.21

单位工程招标控制价汇总表

工程名称：某住宅楼【给排水工程】　　标段：

序号	汇 总 内 容	金额（元）	其中：暂估价（元）
1	分部分项及单价措施项目	157 499.78	
0310	给排水、采暖、燃气工程	155 032.66	
2	总价措施项目	7 693.44	—
2.1	其中：安全文明施工费	7 100.84	—
3	其他项目	24 131.02	—
3.1	其中：暂列金额	16 519.32	—
3.2	其中：专业工程暂估价		—
3.3	其中：计日工	7 611.70	—
3.4	其中：总承包服务费		—
4	规费	4 689.21	—
5	创优质工程奖补偿奖励费		—
6	税前不含税工程造价	194 013.45	—
6.1	其中：除税甲供材料（设备）费		—
7	销项增值税额	17 461.21	—
8	附加税	607.26	
招标控制价 / 投标报价总价合计 = 税前不含税工程造价 + 销项增值税额 + 附加税		135 393.14	

分部分项工程和单价措施项目清单与计价表

工程名称：某住宅楼【给排水工程】　　　　标段：

序号	项目编码	项目名称	项目特征	计量单位	工程量	金额（元）		
						综合单价	合价	其中 暂估价
	0310		给排水、采暖、燃气工程					
1	031001006001	塑料管	1. 安装部位：室内直埋； 2. 介质：冷水； 3. 材质、规格：PP-R 管、*DN*15； 4. 连接方式：热熔； 5. 压力试验及吹、洗设计要求：满足设计及验收规范的要求； 6. 消毒冲洗：满足设计及验收规范的要求	m	136.8	28.60	3 912.48	
2	031001006002	塑料管	1. 安装部位：室内直埋； 2. 介质：冷水； 3. 材质、规格：PP-R 管、*DN*20； 4. 连接方式：热熔； 5. 压力试验及吹、洗设计要求：满足设计及验收规范的要求； 6. 消毒冲洗：满足设计及验收规范的要求	m	462	32.59	15 056.58	
3	031001006003	塑料管	1. 安装部位：室内； 2. 介质：冷水； 3. 材质、规格：PP-R 管、*DN*25； 4. 连接方式：热熔； 5. 压力试验及吹、洗设计要求：满足设计及验收规范的要求； 6. 消毒冲洗：满足设计及验收规范的要求	m	264.72	39.21	10 379.67	

续表

序号	项目编码	项目名称	项 目 特 征	计量单位	工程量	金额（元）		
						综合单价	合价	其中 暂估价
4	031001006004	塑料管	1．安装部位：室内； 2．输送介质：冷水； 3．材质、规格：PP–R 管、*DN*50； 4．连接方式：热熔； 5．压力试验及吹、洗设计要求：满足设计及验收规范的要求； 6．消毒冲洗：满足设计及验收规范的要求	m	6.2	75.62	468.84	
5	031001006005	塑料管	1．安装部位：室内直埋； 2．介质：热水； 3．材质、规格：PP–R 管、*DN*15； 4．连接方式：热熔； 5．压力试验及吹、洗设计要求：满足设计及验收规范的要求； 6．消毒冲洗：满足设计及验收规范的要求	m	235.2	28.73	6 757.30	
6	031001006006	塑料管	1．安装部位：室内直埋； 2．介质：热水； 3．材质、规格：PP–R 管、*DN*20； 4．连接方式：热熔； 5．压力试验及吹、洗设计要求：满足设计及验收规范的要求； 6．消毒冲洗：满足设计及验收规范的要求	m	357.6	33.30	11 908.08	
7	031001006007	塑料管	1．安装部位：室内； 2．输送介质：排水； 3．材质、规格：UPVC、*DN*50； 4．连接方式：承插式黏结	m	115.84	36.59	4 238.59	

续表

序号	项目编码	项目名称	项 目 特 征	计量单位	工程量	金额（元）		
						综合单价	合价	其中 暂估价
8	031001006008	塑料管	1. 安装部位：室内； 2. 输送介质：排水； 3. 材质、规格：UPVC、*DN*75； 4. 连接方式：承插式黏结	m	54.2	45.54	2 468.27	
9	031001006009	塑料管	1. 安装部位：室内； 2. 输送介质：排水； 3. 材质、规格：UPVC、*DN*100； 4. 连接方式：承插式黏结	m	252.64	63.22	15 971.90	
10	031002001001	管道支架	1. 材质：塑料； 2. 管架形式：成品管卡 *DN*25	套	172	8.10	1 393.20	
11	031002001002	管道支架	1. 材质：塑料； 2. 管架形式：成品管卡 *DN*100	套	120	13.06	1 567.20	
12	031002001003	管道支架	1. 材质：塑料； 2. 管架形式：成品管卡 *DN*75	套	60	11.50	690.00	
13	031002001004	管道支架	1. 材质：塑料； 2. 管架形式：成品管卡 *DN*50	套	140	9.71	1 359.40	
14	031002003001	钢套管	1. 名称、类型：管楼板套管； 2. 材质：钢制； 3. 规格：*DN*100； 4. 填制材料：满足设计和规范要求	个	40	72.53	2 901.20	

续表

序号	项目编码	项目名称	项目特征	计量单位	工程量	金额（元）		
						综合单价	合价	其中
								暂估价
15	031002003002	刚性防水套管	1. 名称、类型：刚性防水套管； 2. 材质：钢制； 3. 规格：*DN*100； 4. 填制材料：满足设计和规范要求	个	16	297.12	4 753.92	
16	031003001001	闸阀	1. 名称：闸阀； 2. 规格：Z44TZ15T-10、*DN*50； 3. 连接形式：螺纹连接	个	4	167.80	671.20	
17	031003013001	水表	1. 安装部位：室内； 2. 型号、规格:LXS 型旋翼式、*DN*25； 3. 连接形式:螺旋连接； 4. 附件配置：JIIW-10T 型铜截止阀 1 个	组	24	349.52	8 388.48	
18	031004003001	洗脸盆	1. 材质：陶瓷； 2. 规格、类型：M2212； 3. 组装形式：立柱式； 4. 附件名称、数量：冷热水混合龙头 1 个	组	24	764.69	18 352.56	
19	031004004001	洗涤盆	1. 材质：不锈钢； 2. 规格、类型：M2210； 3. 附件名称、数量：回转混合龙头 1 个	组	24	607.57	14 581.68	
20	031004006001	大便器	1. 材质：陶制； 2. 规格、类型：*DN*25 蹲式； 3. 组装形式：瓷低水箱； 4. 附件名称、数量：金属软管、角阀	组	24	701.51	16 836.24	

续表

序号	项目编码	项目名称	项 目 特 征	计量单位	工程量	金额（元）		
						综合单价	合价	其中 暂估价
21	031004014001	普通地漏	1．名称：塑料地漏； 2．型号、规格：*DN*50	个	48	48.20	2 313.60	
22	031004014002	洗衣机地漏	1．名称：不锈钢地漏； 2．型号、规格：*DN*50	个	24	58.30	1 399.20	
23	031004014003	洗衣机水龙头	1．材质：不锈钢； 2．型号、规格：*DN*15	个	24	54.63	1 311.12	
24	010101007001	管沟土方	1．土壤类别：综合考虑； 2．管径：*DN*100； 3．挖沟深度：1.25m； 4．回填要求：夯填	m^3	6.13	43.45	266.35	
25	030413002001	凿(压)槽	1．名称：剔槽； 2．规格：*DN*15、*DN*20、*DN*25； 3．类型：砖结构直埋管剔槽	m	1 275.12	5.18	6 605.12	
26	030413003001	预留孔洞	1．名称：预留孔洞； 2．规格：*DN*100； 3．类型：混凝土板预留孔洞	个	48	10.01	480.48	
		分部小计					155 032.66	
		单价措施项目清单						
		专业措施项目						
27	031301017013	脚手架搭拆		项	1	2 467.12	2 467.12	
		分部小计					2 467.12	
		分部小计					2 467.12	
合 计							157 499.78	

总价措施项目清单计价表

工程名称：某住宅楼【给排水工程】　　　　标段：

序号	项目编码	项目名称	计算基础	费率（%）	金额（元）	调整费率（%）	调整后金额（元）	备注
1	031302001001	安全文明施工费			7 100.84			
1.1	①	环境保护费	分部分项工程及单价措施项目（定额人工费＋定额机械费）	1.1	561.94			
1.2	②	文明施工费	分部分项工程及单价措施项目（定额人工费＋定额机械费）	2.5	1 277.13			
1.3	③	安全施工费	分部分项工程及单价措施项目（定额人工费＋定额机械费）	3.9	1 992.32			
1.4	④	临时设施费	分部分项工程及单价措施项目（定额人工费＋定额机械费）	6.4	3 269.45			
2	031302002001	夜间施工增加费	分部分项工程及单价措施项目（定额人工费＋定额机械费）		245.21			
3	031302004001	二次搬运费	分部分项工程及单价措施项目（定额人工费＋定额机械费）		117.50			
4	031302005001	冬雨季施工增加费	分部分项工程及单价措施项目（定额人工费＋定额机械费）		183.91			
5	031302006001	已完工程及设备保护费						
6	031302008001	工程定位复测费	分部分项工程及单价措施项目（定额人工费＋定额机械费）		45.98			
合　计					7 693.44	—	—	—

其他项目清单与计价汇总表

工程名称：某住宅楼【给排水工程】　　标段：

序号	项目名称	金额（元）	结算金额（元）	备注
1	暂列金额	16 519.32		明细详见表 -12-1
2	暂估价			
2.1	材料（工程设备）暂估价 / 结算价	—		明细详见表 -12-2
2.2	专业工程暂估价 / 结算价			明细详见表 -12-3
3	计日工	7 611.70		明细详见表 -12-4
4	总承包服务费			明细详见表 -12-5
合计		24 131.02		—

暂列金额明细表

工程名称：某住宅楼【给排水工程】　　标段：

序号	项目名称	计量单位	暂定金额（元）	备注
1	暂列金额	项	16 519.32	
合计			16 519.32	—

材料（工程设备）暂估单价及调整表

工程名称：某住宅楼【给排水工程】　　标段：

序号	材料（工程设备）名称、规格、型号	计量单位	数量		暂估（元）		确认（元）		差额 ±（元）		备注
			暂估	确认	单价	合价	单价	合价	单价	合价	
合计											

专业工程暂估价及结算价表

工程名称：某住宅楼【给排水工程】　　　　标段：

序号	工程名称	工程内容	暂估金额（元）	结算金额（元）	差额 ±（元）	备注
合计						

计日工表

工程名称：某住宅楼【给排水工程】　　　　标段：

编号	项目名称	单位	暂定数量	实际数量	综合单价（元）	合价（元）	
						暂定	实际
一	人工						
1	装饰（抹灰工程除外）、通用安装工程普工	工日	10		212.54	2 125.40	
2	装饰（抹灰工程除外）、通用安装工程技工	工日	10		266.06	2 660.60	
3	高级技工	工日	10		282.57	2 825.70	
人工小计						7 611.70	
二	材料						
材料小计							
三	施工机械						
施工机械小计							
总计						7 611.70	

总承包服务费计价表

工程名称：某住宅楼/安装工程【给排水工程】　　　　标段：

序号	项目名称	项目价值（元）	服务内容	计算基础	费率（%）	金额（元）
	合计					

承包人提供主要材料和工程设备一览表
（适用造价信息差额调整法）

工程名称：某住宅楼【给排水工程】　　　　标段：

序号	名称、规格、型号	单位	数量	风险系数（%）	基准单价（元）	投标单价（元）	发承包人确认单价（元）	备注
1	成品管卡 *DN*25	套	180.6		4.90			
2	成品管卡 *DN*100	套	126		8.50			
3	成品管卡 *DN*75	套	63		7.90			
4	成品管卡 *DN*50	套	147		6.50			
5	瓷蹲式大便器	个	24.24		380.00			
6	瓷蹲式大便器低水箱及配件	套	24.24		120.45			
7	金属软管 *D*25	根	24.24		3.19			
8	角型阀（带铜活）*DN*25	个	24.24		34.92			
9	洗脸盆	个	24.24		485.84			
10	洗脸盆排水附件	套	24.24		45.22			
11	混合冷热水龙头	个	24.24		52.13			
12	角型阀（带铜活）*DN*15	个	48.48		34.92			
13	金属软管 *D*15	根	48.48		3.08			
14	洗涤盆	个	24.24		445.86			
15	洗涤盆排水附件	套	24.24		46.83			
16	洗涤盆托架∟40×5	副	24.24		32.82			
17	长颈水嘴 *DN*15	个	24.24		19.91			
18	PP-R 管（冷）*DN*15	m	138.989		3.33			
19	PP-R 管件 *DN*15	个	405.108		4.00			
20	PP-R 管（冷）*DN*20	m	469.392		4.27			

续表

序号	名称、规格、型号	单位	数量	风险系数（%）	基准单价（元）	投标单价（元）	发承包人确认单价（元）	备注
21	PP-R 管件 *DN*20	个	963.85		4.50			
22	PP-R 管件 *DN*25	个	286.162		7.50			
23	PP-R 管件 *DN*50	个	4.086		25.00			
24	PP-R 管（冷）*DN*25	m	268.956		10.99			
25	PP-R（冷）*DN*50	m	6.299		30.28			
26	PP-R（热）*DN*15	m	238.963		4.03			
27	PP-R（热）*DN*20	m	363.322		4.97			
28	UPVC *DN*50	m	113.523		5.82			
29	UPVC 管件 *DN*50	个	102.518		3.90			
30	UPVC *DN*75	m	51.49		7.83			
31	UPVC 管件 *DN*75	个	62.655		7.20			
32	UPVC *DN*100	m	240.008		14.72			
33	UPVC 管件 *DN*100	个	292.052		16.84			
34	焊接钢管 *DN*150	m	12.72		4.90			
35	焊接钢管 *DN*150	kg	82.24		3.80			
36	普通地漏 *DN*50	个	48.48		24.21			
37	洗衣机地漏 *DN*50	个	24.24		34.21			
38	螺纹水表 *DN*25	个	24		120.80			
39	JIIW-10T 型铜截止阀 *DN*25	个	24.24		99.00			
40	洗衣机水龙头	个	24.24		50.00			
41	闸阀 Z44TZ15T-10 *DN*50	个	4.04		87.17			

参 考 文 献

[1] 中华人民共和国住房和城乡建设部. 建设工程工程量清单计价规范 GB 50500-2013 [S]. 北京: 中国计划出版社, 2013.

[2] 中华人民共和国住房和城乡建设部. 通用安装工程工程量计算规范 GB 50856-2013 [S]. 北京: 中国计划出版社, 2013.

[3] 中华人民共和国住房和城乡建设部. 房屋建筑制图统一标准 GB/T 50001-2017 [S]. 北京: 中国建筑工业出版社, 2017.

[4] 全国造价工程师执业资格考试培训教材编审委员会. 建设工程技术与计量. 安装工程 [M]. 北京: 中国计划出版社, 2021.

[5] 全国造价工程师执业资格考试培训教材编审委员会. 建设工程计价 [M]. 北京: 中国计划出版社, 2021.

[6] 四川省工程造价人员资格考试培训教材编写委员会. 工程造价技术 [M]. 成都: 四川科学技术出版社, 2002.

[7] 李海凌, 卢永琴. 安装工程计量与计价, 2 版 [M]. 北京: 机械工业出版社, 2017.

[8] 李海凌, 李太富. 建筑安装工程识图 [M]. 北京: 机械工业出版社, 2014.

[9] 刘昌明, 鲍东杰. 建筑设备工程, 2 版 [M]. 武汉: 武汉理工大学出版社, 2012.

[10] 徐欣. 建筑设备识图与施工工艺 [M]. 北京: 机械工业出版社, 2015.